遺傳演算法及其應用

Advanced Design of Experiments

林昇甫　徐永吉 著

五南圖書出版公司 印行

序　言

近年來，遺傳演算法（或稱基因演算法（genetic algorithm））是一門被提出來用於搜尋近似最佳解的方法。遺傳演算法主要是依據對搜尋解好壞的判斷，利用基因遺傳的法則；也就是所謂的擇優，經過交配（crossover）運算以及突變（mutation）運算，將表現優良的基因經過演化保存且遺傳至下一代的子代中以達到搜尋最佳解的目的。反之，表現差的基因將在演化中逐漸被淘汰掉，透過這些演化規則遺傳演算法可以用在尋求近似最佳化的議題上。因此，在許多領域的研究學者像計算機科學、電機工程、機械……等等，都努力從不同角度來探討遺傳演算法。我們相信在透過眾多的學者的齊心合力下，遺傳演算法的研究將更蓬勃的發展。目前，遺傳演算法多應用於圖形識別、控制、預測、最佳路徑規畫……等研究上，至於商業化的產品並不多見。

本書僅從工程研究者的角度來探討遺傳演算法，本書並不著重遺傳演算法與大自然物種遺傳觀念間異同的探討，而是著重於遺傳演算法的理論、學習架構、相關應用……等等，透過詳細說明遺傳演算法的演化步驟以及詳細的程式虛擬碼簡介，讓讀者可以了解遺傳演化的相關學習流程，並更進一步的了解如何設計遺傳演算法。此外，本書也將遺傳演算法的相關理論以電腦模擬的方式應用於分類、時間序列分析、以及控制系統上，並比較不同遺傳演演化架構的差異。基於這個原則，本書的章節順序盡量依照遺傳算法的架構來介紹。當然，有時為了理論上的連貫性，本書也將這個順序作了些調整。本書從遺傳演算法的理論、學習架構一直介紹到遺傳演算應用於模糊系統、類神經系統、以及模糊類神經系統，讀者可以透過這些介紹更了解目前遺傳演算法的趨勢。而且，本書在每章的末尾都附上參考文獻以方便讀者查閱原始資料。

研讀完此書，我們相信讀者已經站在遺傳演算法這個領域的先端，並且具有能發展新的遺傳演算法架構的研究能力。我們期盼與各位讀者在這個領域一起努力、收穫。

本書能順利完成，得感謝五南圖書出版股份有限公司的鼎力支持，以及我們家人、親友的諒解以及協助。本書雖經過多次的仔細校對，然才疏學淺，如有疏漏，誤謬之處，尚祈請海內外先進專家不吝賜教。

林昇甫、徐永吉

謹識於新竹國立交通大學電機學院電控工程研究所

目　錄

第一章
遺傳演算法簡介

近年來，人工智慧成為電腦資訊科學中一項熱門的研究領域。人工智慧應用的領域包含了傳統的非線性控制系統、圖形辨識系統（pattern recognition system）、混沌系統（chaos system）控制，以及時間序列（time series）預測……等方面，由於在這些應用領域中的豐富成果使得愈來愈多的學者投入這項領域的研究，希望能找到更有效率、更準確讓結果收斂到最佳解（optima solution）的方法。

人類的研究總是希望不斷地追求更好的問題解答，以及希望能達到最佳的狀態，但是在事實上往往得到的結果是：最佳的解決方案雖然存在，但有時候可能是無法衡量或者是需要用很大的代價來尋找。有鑑於此，有很多的理論和方法都是為了用來搜尋近似最佳解（near optima solution）而發展出來的，最有名的例子如：數學規劃（mathematical programming）、作業研究（operational research），以及最佳化理論（theory of optimization）等學門都在探討如何搜尋近似最佳解的方法。近年來，遺傳演算法〔或稱基因演算法（genetic algorithm）〕也是一門被提出來用於搜尋近似最佳解的方法，遺傳演算法主要是依據對搜尋解好壞的判斷，利用基因遺傳的法則；也就是所謂的擇優，經過交配（crossover）運算以及突變（mutation）運算，達到將表現優良的基因經過演化後可以被保存且遺傳至下一代子代中的目的。反之，表現差的基因將在演化中逐漸被淘汰掉，透過這些演化規則，遺傳演算法可以用在尋求近似最佳化的議題上。

1.1 ｜緣起

遺傳演算法最早是由 Holland[1] 在 1960 年所提出的，主要以自然界進化現象為其參考來源進而發展出遺傳演算法。1967 年 Bagley[2] 在其論文中提出了遺傳演算法一詞，主要的目的在處理一些遊戲的程式。直到 1975 年，由 Holland 所著作的 *Adaptation in Natural and Artificial System* 一書 [3]，奠定了遺傳演算法的基礎。其後 1989 年 Goldberg 出版 *Genetic Algorithms in Search*，

Optimization and Machine Learning 一書 [4]，內容詳盡介紹了有關遺傳演算法的理論與應用，並且發展出一個單變數函數的計算遺傳演算 SGA（simple genetic algorithms）的程式，SGA 對於日後遺傳演算法在電腦程式的分析上提供了一個重要的基礎，而此書更是成為後來研究、了解遺傳演算法的重要參考文獻。接著 Kane 和 Schoenauer 等人 [5] 提出染色體（chromosome）使用位元陣列（bit-arrays）的方式表示截面積形狀並且比較不同的交換機制對於遺傳演算法的影響。Woon 等人 [6] 提出將遺傳演算法應用在形狀最佳化的研究上。

長久以來，許多學者致力於提升遺傳演算法的效率，其中 Wu、Shu 以及 Leung 等人 [7] 提出以遺傳演算法作為最佳化設計的整體性搜尋，加上利用類神經網路進行分類，以加快遺傳演算法的搜尋速度。Liu、Wang 以及 Raich 等人 [8] 提出改良的遺傳演算法，使得遺傳演算法的收斂速度加快。Nakanishi[9] 提出以異型同體（homology groups）方法和遺傳演算法的組合，用來避免因編碼出現有限元素法（finite element methods, FEM）而無法分析的問題。Chapman 等人 [10] 將運算區域先以較粗略的網格作運算，在將其分割成四部分，每個部分分別以較細的網格作運算，可以有效的節省演化時間。

近年來有許多學者提出了不同的遺傳演算法架構 [11]，遺傳演算法在其演進方面約略可整理如圖 1.1 所示，在圖 1.1 中遺傳演算法在其演進方面大致整理成簡易基因演算法、簡潔型基因演算法、符號式基因演算法、實數型基因演算法、菁英政策基因演算法、改良式基因演算法，以及混合式基因演算法等 7 種演算法，以下本書將依序介紹這幾種演算法的演進：

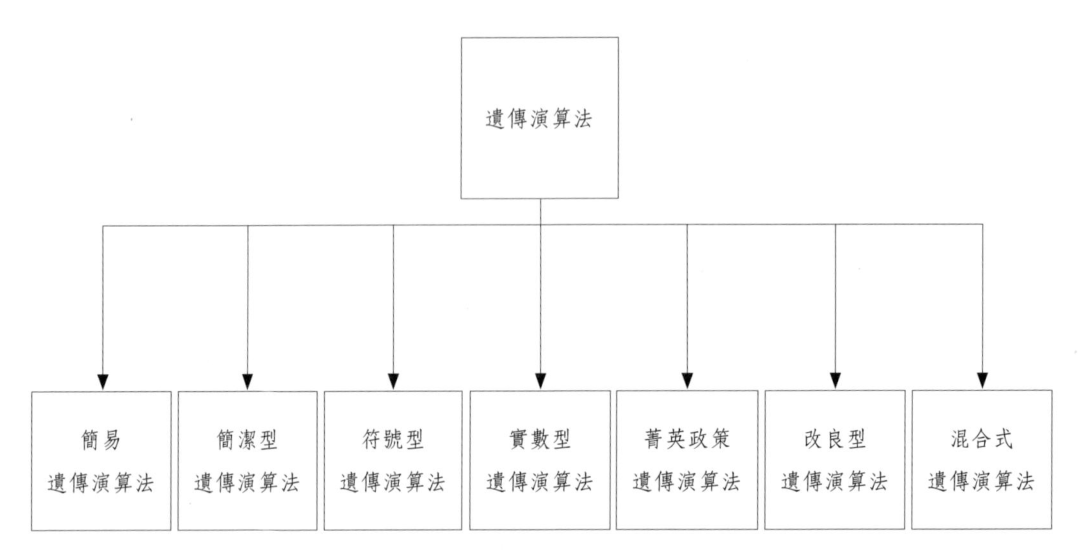

圖 1.1 遺傳演算法演進分類圖

簡易遺傳演算法（simple genetic algorithms）

簡易基因演算法[12]-[14]所組成的群體是由二進位編碼所組成，亦即需要將所有的問題利用二進位的型式表示，其演化架構依序為演化停止法則的制定、複製運算、交配運算，以及突變運算等利用基因運算子演化而產生新的子代，而在運算時尚須經過對群體中的元素編碼以及解碼的過程。

簡潔型遺傳演算法（compact genetic algorithms）

簡潔型遺傳演算法[15]主要是將群體以二進位方式編碼，而在每個基因值上加入一個機率函數，透過使用機率函數的計算求得群體的基因收斂值進而達到精簡群體的目的。

符號型遺傳演算法（symbol genetic algorithms）

這種基因演算法的架構主要是針對所欲處理的問題特性予以編碼（coding），主要是用來代替以二進位編碼表達問題的方式。例如：求解推銷員旅行問題 （traveling salesman problem）時，需要使用符號編碼來表示不同的城市[16][17]。和二進位編碼一樣，在運算時也須對群體中的元素編碼以及解碼。

實數型遺傳演算法（real-code genetic algorithms）

在經過二進位型遺傳演算法以及符號型遺傳演算法後，為了減低在實作遺傳演算法時需要經過編碼以及解碼的步驟，有學者進行實數型遺傳演算法的研究 [18]-[20]，主要的改變就是將群體的基因以實數方式進行編碼，透過這樣的做法可以減少演化時所需編解碼的步驟，而這個類型的遺傳演算法也是目前使用最多的演算法。

菁英政策遺傳演算法（elitism strategy genetic algorithms）

這種遺傳演算的流程採取了保存菁英政策，也就是在每一世代的群體中保留表現較佳的個體進行演化。由於在經過交配以及突變的運算後其群體中的結構可能會被改變或破壞，這樣的情況下群體中較佳的個體可能會無法生存至下一代，因此菁英政策遺傳演算法的流程會保留每一世代群體中較佳的個體。例如 Wang[21] 利用菁英政策遺傳演算法探討在非等效平行機台（unrelated machine）之排程問題，且求解效果良好，可使完工時間縮短，並協助管理者執行排程。

改良式遺傳演算法（improvement genetic algorithms）

改良式基因演算法 [22]-[25]，可以分為很多的層面的改良，例如群體架構的修改、交配機制的修改，以及突變機制的修改……等，主要的目的是希望透過演算法架構的修改增進演化的效能。

混合式遺傳演算法（hybrid genetic algorithms）

混合式基因演算法 [26]-[28] 是目前研究的趨勢，主要是因為遺傳演算法為群體多點同步的搜尋法，所以收斂性較慢，一般傳統上都是利用基因突變的方式來突破局部最佳解。而混合式基因演算法是結合基因演算法與其它局部搜尋（local search）之功能，用以跳脫局部最佳解（local optima solution），使結果接近全域最佳解（global optima solution）。例如 Wu 等 [29] 在 2006 年提出利用資料探勘的方法增加基因演算法的兩個步驟：DNA 植入以及 DNA 採掘增強局部搜尋的能力，以提升演化效率。

1.2 | 遺傳演算法定義

遺傳演算法或稱基因演算法（genetic algorithm）主要是透過模擬自然界生物的進化過程來達到求解問題的人工智慧方法。其主要的組成元素有基因、染色體、族群以及適應函數（fitness function，也就是模擬達爾文進化論中的「天擇」部分）。簡單來說遺傳演算法就是透過遺傳的方式在目前這一代的染色體中找到較佳的染色體進行演化，使得下一代的染色體能更佳的適應環境的過程，而同一演化世代中的染色體進行演化以適應環境的行為也就是所謂的學習行為。所以遺傳演算法可以說是一種嘗試錯誤、選擇優良後代，以及淘汰較差母代的尋優過程。

遺傳演算法根據其組成元素可以分為：基本元素－基因、基因的集合－染色體、染色體所組成的集合－族群，以及染色體進化的依據－適應值。這些基本組成元素是遺傳演算法中最重要的部分。在以下的章節中本書將針對各項元素分別介紹之。

1.2.1 遺傳演算法的基本元素——基因

在遺傳演算法中最基本的元素為基因（gene），基因是遺傳演算法中最基本的運算元。在進行遺傳演算法時最重要的事就是決定個體的編碼方式，而基因就是最基本的編碼單位，換言之就是將所欲處理的問題予以編碼成基因型式。在生物界中基因為組成染色體的基本單元，而其中的 DNA 是具有遺傳的物質，DNA 是由 ATGC 四種核酸鹼基所構成的序列。講到 DNA 的序列，可能就會讓很多讀者望而卻步，因為 DNA 的組成是相當複雜的，所幸在遺傳演算法中，只需要了解基因為組成染色體的基本單元即可，所以在實作時並不需要考慮到 DNA 的組成以及生物學方面的知識。

一般來說基因編碼型式在遺傳演算法是非常重要的，因為這是設計遺傳演算法的第一步，所以必須根據所需解決問題的類型來決定編碼形式，一般而言，基因編碼形式可以分實數編碼形式、二進位編碼形式，以及符號編碼形式，分別說明如下：

實數編碼形式

由於其較為直觀所以是最常使用且最方便的編碼形式[18]-[20]，實數編碼形式顧名思義就是將基因以實數型態表示，如圖 1.2 所示即為實數型基因的編碼，在圖 1.2 中基因位置 1，2，3，分別對應實數編碼的 35.77，11.57，11.36。

基因位置	1	2	3
基因數值	35.77	11.57	11.36

圖 1.2　實數型基因編碼

二進位編碼形式

圖 1.3 中為二進位基因編碼方式[12]-[14]，在圖 1.3 中，每 3 個位元代表一個數值，如基因位置 1 代表實數 7，而基因位置 2 代表實數 5。在二進位的基因編碼方式下，衡量基因效能時須進行二進位元的解碼，解碼的方式則依據編碼的反轉換進行，例如在圖 1.3 中，將基因位置 1 的 111 轉換成實數的 7。

代表數值	7			5			4		
基因位置	1			2			3		
基因數值	1	1	1	1	0	1	1	0	0

圖 1.3　二進位型基因編碼

符號編碼形式

最後一個基因編碼方式為符號編碼形式[16][17]，也就是將基因以特殊符號來進行編碼，符號的定義主要是依據問題來決定。圖 1.4 是符號編碼的例子，基因位置 1，2，3 分別對應符號變數 A，E，C。

基因位置	1	2	3
基因數值	A	E	C

圖 1.4　符號型基因編碼

1.2.2　基因的集合——染色體

在介紹完遺傳演算法的基本組成元素－基因的編碼方式後，接下來就是介紹基因的集合－染色體（chromosome），染色體是指由一群基因所組成的集合，跟基因不一樣的地方在於，染色體定義為一組完整的解（例如：代表整個神經網路的權重值、最短路徑、投資組合……等等），因此在進行遺傳演算法設計時，首先要做的步驟就是先識別問題，以及將問題所需的解編碼至染色體中，而要編碼至染色體中則須對染色體中的每個基因值編碼。

染色體的編碼方式如同 1.2.1 節中的基因編碼一般可以分為：以實數編碼為主的染色體編碼方式、以二進制編碼為主的染色體編碼方式以及以符號編碼為主的染色體編碼方式，如同基因編碼一般，染色體編碼方式的抉擇也與所欲解決的問題屬性有關，以下將介紹各項染色體編碼方式：

以實數編碼為主的染色體編碼方式

顧名思義就是染色體所組成的基因是以實數來編碼的，實數編碼形式的染色體較適用於神經網路求解權重值 [30] 以及模糊系統求解模糊歸屬函數 [31]……等可以將問題用實數型態表現出來的例子。圖 1.5 即為實數編碼型式的染色體，在圖 1.5 中的染色體是將圖 1.6 中的神經網路權重以實數編碼的呈現。在圖 1.5 中的染色體有六個基因，每個基因都是以實數編碼而成，而每個基因代表著圖 1.5 中神經網路的權重值，例如基因位置 1 代表圖 1.6 中的權重 w_{11}。

基因位置	1	2	3	4	5	6
代表參數	w_{11}	w_{12}	w_{21}	w_{22}	w_1	w_2
基因數值	35.77	11.57	11.36	34.25	12.36	15.58

圖 1.5　實數型編碼染色體

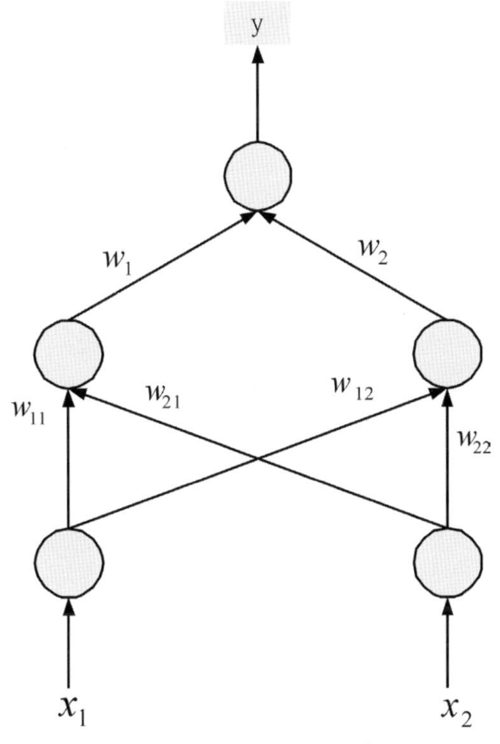

圖 1.6　神經網路架構

以二進制編碼為主的染色體編碼方式

這類型的染色體編碼跟實數型染色體編碼一樣，也可以用作適合將問題用實數型態表現出來的例子，但是通常二進制的編碼方式會造成染色體過長的問題（因為將實數編碼成二進制可能會造成染色體過長），所以一般較常應用的方面為適合較少參數的問題（如：函數求解 [32] 以及最短路徑 [33]……等等）。圖 1.7 中為染色體是以一位元的二進位基因編碼方式所組成，在圖 1.7 中染色體的編碼是依據圖 1.8 中的路徑節點的連通情況來進行編碼的，其中 0 代表不連通而 1 代表連通，圖 1.7 中所代表的路徑為 1-2-4-6-9-10（如圖 1.9 的虛線部分）。

基因位置	1	2	3	4	5	6	7	8	9	10
基因數值	1	1	0	1	0	1	0	0	1	1

圖 1.7　位元型基因編碼

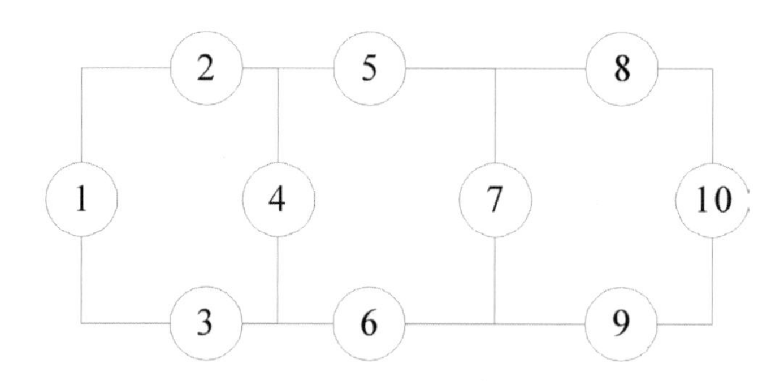

圖 1.8　路徑節點連通狀況

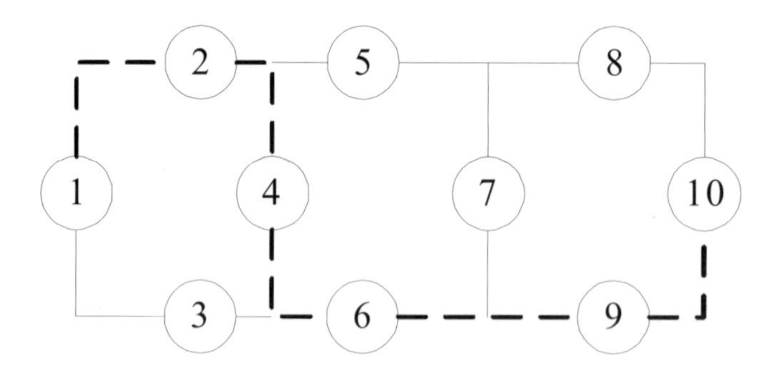

圖 1.9　圖 1.7 所代表的路徑

以符號編碼為主的染色體編碼方式

最後一個染色體編碼方式為符號編碼形式，主要是染色體基因以符號編碼組成。這個編碼方式適合的是可以將問題以符號方式呈現的類型（例如：股市投資組合 [34]、銷售員旅行問題 [16][17]……等等）。圖 1.10 是以符號編碼為主的染色體編碼方式，在圖 1.10 的染色體主要是將圖 1.11 的股市資料中的個股資料（鴻海、友達、聯電……等等）經過編號後任選五個個股的投資組合來編碼染色體，例如在圖 1.10 中的染色體基因 A，E，C，B，F 分別代表圖 1.11 中的鴻海、台積電、聯電、友達、以及精業。

基因位置	1	2	3	4	5
基因數值	A	E	C	B	F
代表值	鴻海	台積電	聯電	友達	精業

圖 1.10　符號型基因編碼

個股名稱	鴻海	友達	聯電	宏達電	台積電	精業
個股編碼	A	B	C	D	E	F
開盤價	…	…	…	…	…	…
最低價	…	…	…	…	…	…
收盤價	…	…	…	…	…	…
最高價	…	…	…	…	…	…

圖 1.11　股市資料

1.2.3　染色體所組成的集合——族群

在介紹完基因編碼以及由一組基因組合成的染色體的編碼方式之後，接下來要介紹的是染色體所組成的集合－族群（population）。在遺傳演算法中族群被定義為由多個染色體所組成的集合，如 1.2.2 節所述，染色體代表著一組解（例如一個神經網路的權重集合），所以換言之族群也可以說是由一組候選解所組成的集合，在族群中每個染色體都視為一組解，而最佳解的搜尋則是透過遺傳演算法的學習步驟得到的。在設計族群的時候有時為了方便進行遺傳演算法的學習步驟，通常會先將族群中的染色體進行編號，這樣在進行遺傳演化時，可以提升效能，這一部分在後面幾個章節會詳加敘述。族群的架構如圖 1.12 所示，在圖 1.12 中說明了一個具有 P_{Size} 條染色體的族群，其中每條染色體有 5 個基因，P_{Size} 被定義為族群大小參數。在這個族群中，每條染色體都被賦予一個屬於自己的編號，這個編號就代表著染色體，在後面的章節中本書將說明如何利用這個編號來增進遺傳演算法的效能。

染色體編號	基因值				
1	35.77	11.57	11.36	34.25	12.36
2	31.24	12.71	12.61	31.31	10.64
……	……	……	……	……	……
P_{Size}	31.17	10.71	14.61	36.46	14.98

圖 1.12　染色體族群

1.2.4　染色體進化的依據——適應函數

在介紹完遺傳演算法中基因、染色體，以及族群等組成元素後，接下來要介紹的是染色體進化的依據，也就是仿效達爾文進化論中「天擇」的機制。這個「天擇」的機制也就是適應函數（fitness function）的設計。在遺傳演算法中，適應函數或稱適應值（fitness value）主要是用來代表染色體表現的效能，如 1.2.2 節所述，染色體代表著所欲解決問題的一組解，但是如何去衡量染色體所代表的解和目標解之間的差異有多少則是依據適應函數的設計來衡量的。例如：圖 1.5 的染色體代表著圖 1.6 神經網路的解，而如何去衡量圖 1.5 染色體的好壞就需要透過適應函數的設計，例如可以使用錯誤函數（error function）的倒數來代表圖 1.5 染色體的好壞。一般而言，遺傳演算法中的適應函數值越大代表著染色體的適應程度越好，反之，適應函數值越小代表著染色體的適應程度越差。

雖然適應函數可用來評量染色體的適應程度（fitness degree），然而由於用來代表每個問題的目標衡量方法未必相同，因此適應函數的設計必須根據問題來調整後才能適用，但是有些問題並沒有明確目標（例如使用增強式學習的系統）[35] 亦或根本無目標（例如使用非監督式學習的系統）[36] 可供衡量，所以適應函數的設計可以說是遺傳演算法中一個很重要的課題。

適應函數的設計對染色體所產生的影響為：若產生的適應值範圍過於狹窄，會降低染色體的多樣性，容易發生族群中染色體過早收斂的情況，而過早收斂所造成的影響是在學習過程中找不到族群最佳解。在這種情況下可能需要做適應函數的調整，大致來說有兩種調整適應函數的類型:靜態比率調整（static scaling）[32][37] 與動態比率調整 [38]（dynamic scaling），分別說明如下：

靜態比率調整

靜態比率調整簡單來說是將適應函數做線性轉換，所以也可以稱為線性調整，此即：

$$Fitness\_Value' = AxFitness\_Value + B, \qquad (1.1)$$

其中 *Fitness_Value* 是調整前的適應函數，*Fitness_Value'* 是調整後的適應函數，*A* 與 *B* 是調整參數。

動態比率調整

而動態比率調整則是利用動態線性轉換來調整適應函數，意即將式（1.1）轉換為：

$$Fitness\_Value' = A*Fitness\_Value + B(t), \qquad (1.2)$$

其中 $B(t)$ 是隨著每一個演化世代動態變化的。

在以上的兩種方法中，又以靜態比率調整較被大家所採用，主要的原因是此類的方法設計上較簡單（因為是線性的轉換不需要考慮時變的問題），所以只需要決定 *A* 以及 *B* 的值即可進行調整。相較之下動態比率調整就顯得比較複雜（因為需要考慮 $B(t)$ 值隨時間改變的情形）且較難設計。關於適應函數設計的細節，本書將在後面的章節詳細的說明。

1.3 | 遺傳演算法架構

在前一章節介紹完遺傳演算法的基本元素：基因、染色體、族群，以及適應函數設計之後。在這一章節中將針對遺傳演算法的學習架構來說明，圖 1.13 為基因演算法的學習流程圖，在圖 1.13 的流程圖中，首先針對族群中的染色體進行初始化的運算，再將族群染色體初始化後，接著進行染色體適應值的計算，在計算完染色體的適應值後，依據所設定的終止條件決定結束演化或是繼續進行演化，若為終止演化則結束學習程序，若為繼續進行演化則挑選染色體進行遺傳演化的運算，遺傳演化的運算可以分為交配以及突變的運算，而這兩個運算如圖 1.13 所示都是依據某一機率值（交配機率與突變機率）來決定是否需要執行交配運算以及突變運算。

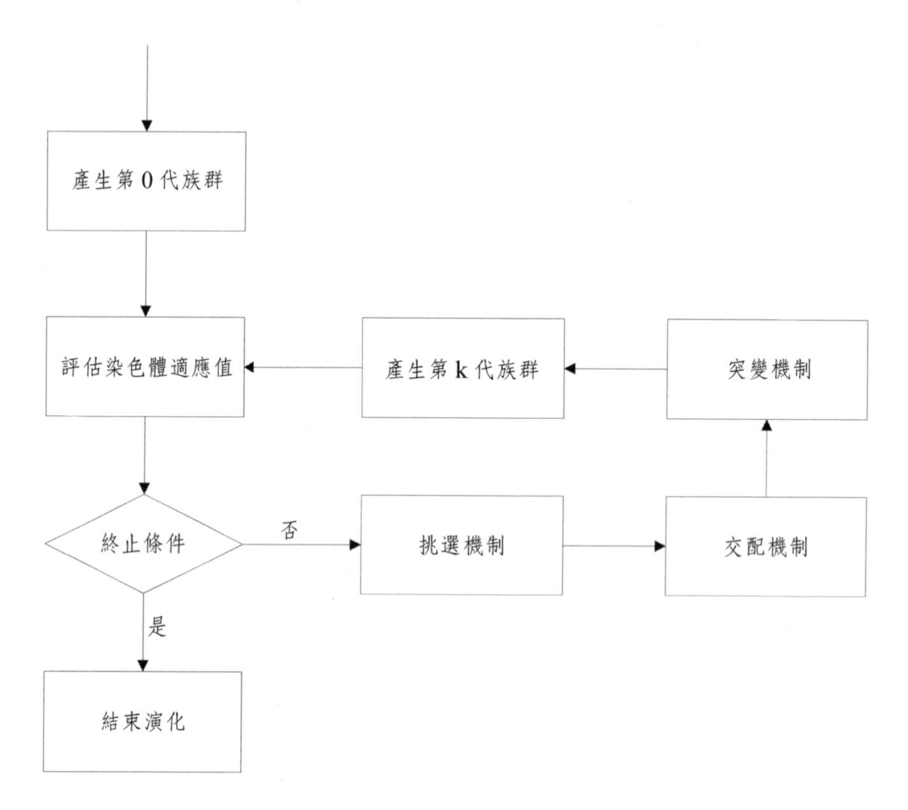

圖 1.13　基因演算法學習流程圖

圖 1.14 為遺傳演算法的學習架構圖，在圖 1.14 中說明了遺傳演算法中的主要運算步驟。如圖 1.14 所示，遺傳演算法主要運算步驟為：初始化染色體、衡量染色體效能、排序染色體、複製優良染色體、交配運算以及突變運算，其中除了初始化染色體這個步驟只需在遺傳演算法啟始時進行初始化染色體即

可，其它的運算（衡量染色體效能、排序染色體、複製優良染色體、交配運算，以及突變運算）則必須在每一個演化世代中重複的執行直到演化步驟結束（根據所定義的終止條件判斷是否結束演化）為止。以下本書將針對這些遺傳演化中的主要演化步驟做詳細的說明：

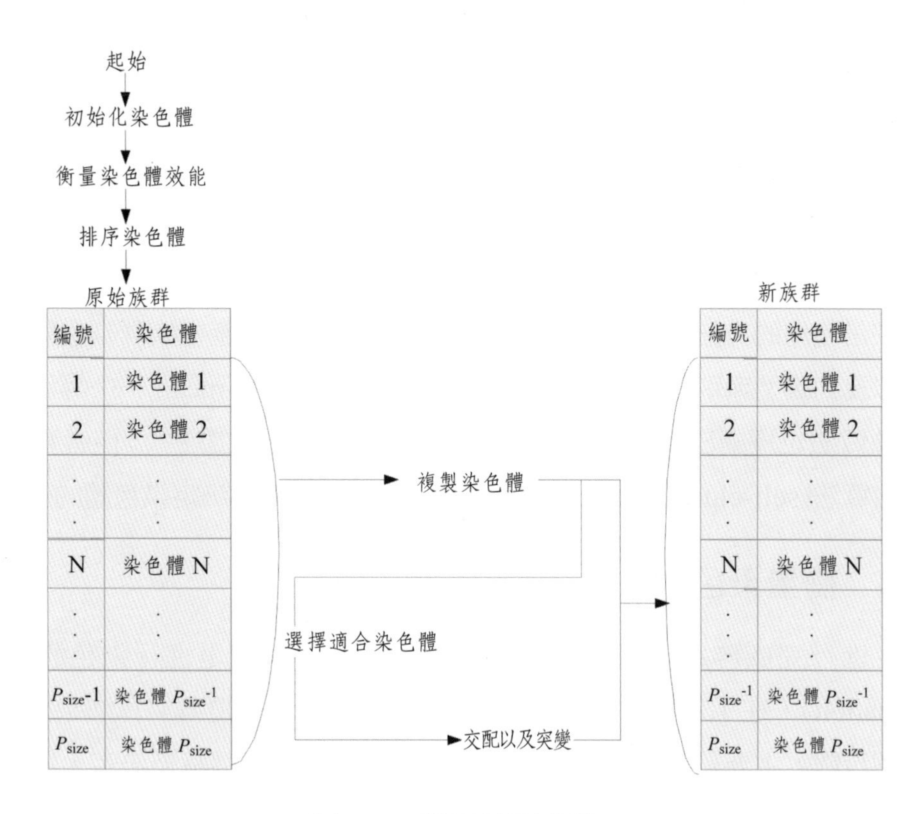

圖 1.14　基因演算法架構

1.3.1　初始化染色體

遺傳演算法的第一個步驟為初始化（initialization）族群中的染色體。在這個步驟中，主要是將族群初始化，在遺傳演算法中族群代表著染色體的集合，而染色體的編碼主要是根據問題來決定，所以初始化族群的方法，也根據不同的問題的種類而有所不同。一般而言，初始染色體的方法有非常多的方式，其中大略可以分為兩種類型：隨機產生方式[39]-[42]，以及根據資料分佈決定族群中染色體的初始值[43]-[45]，以下將分別說明這兩種方法：

隨機產生族群中染色體初始值方式

顧名思義，這個方法就是將族群中染色體的基因值隨機產生。隨機產生族群染色體方式是最常見且最容易的方法，因為在這個方法中只需要將染色體中的基因值隨機產生即可。隨機產生的方法，一般而言是根據問題本身的值域來決定的。

根據資料分佈產生族群中染色體初始值方式

在根據資料分佈產生族群中染色體初始值這個方法中，主要是希望族群中的染色體可以在初始化的時候就擁有較好的基因值，以利於後續的遺傳演化。通常較常使用的方法是根據資料的分佈來決定的，這種產生族群染色體的方式往往涉及到圖型識別的技術，如：C-mean 以及 fuzzy C-mean ……等等。近年來這種做法也逐漸出現在遺傳演算法的設計上，例如文獻[44]，作者利用自我分群演算法（self-clustering algorithm）分析資料的分佈並決定染色體的基因值。

1.3.2 衡量染色體

在進行完族群染色體初始化的步驟後，接下來就是進行染色體的衡量（evaluation），在 1.2.4 節中說過，染色體的衡量是整個遺傳演算法中很重要 2 的一個步驟，主要是在這個步驟中，族群中染色體的好壞將被決定，這個步驟將會持續直到整個演化過程結束為止。衡量染色體的方法也就是適應函數的設計，如 1.2.4 節所述，適應函數設計時若適應值範圍過於狹窄，會降低染色體的多樣性，容易發生族群中染色體過早收斂的情況。而在這種情況下適應函數的調整就有在本書 1.2.4 節中所介紹的靜態比率調整（static scaling）與動態比率調整（dynamic scaling）兩種方式。

1.3.3 排序染色體

在利用適應函數計算出族群中每條染色體的效能之後，接下來就是根據所計算出染色體的適應值大小進行排序（sorting）的步驟了。在排序族群染色體這個程序中，有相當多的方法被提出來，例如：氣泡排序法（bubble sort）[46]、選擇排序法（selection sort）[47]、快速排序法（quick sort）[48]、堆積排序法（heap sort）[49]、合併排序法（merge sort）[50]……等等著名的排序法。在排序演算法的實作中，也有相當多的演算法設計技巧可以用來幫助增加遺傳演算法的效能，例如在 1.2.3 節中所述將族群中的染色體進行編號，可以有助於在排序演算法中針對這些染色體序號進行排序以節省執行排序的時間。詳細的排序演算法，以及其設計技巧將在本書之後的章節有更詳細的敘述。

1.3.4 複製優良染色體

在將族群中染色體依照適應值大小排序後接下來就是針對排序結果在族群中進行複製（reproduction）優良染色體的步驟。在這個步驟中主要是希望將族群中優良的染色體保留下來，使得接下來的演化可以根據表現較佳的染色體進行演化。複製的方法主要可以分為：競爭式選擇以及輪盤式選擇兩種方法，以下將分別針對這兩種方法說明如下：

競爭式選擇

在競爭式選擇[51]中主要是利用隨機選取多條染色體並透過所挑選出染色體的適應值挑選出較佳適應值的染色體保留至下一個世代，詳細的步驟將在本書後面的章節中說明。

輪盤式選擇

輪盤式選擇[52]和競爭式選擇一樣也是透過染色體的適應值來決定保留的染色體，不一樣的地方是輪盤式選擇主要是算出各染色體效能的差異比例，再根據這個差異比例將較佳的染色體保留至下一個世代之中，詳細的步驟將在本書後面的章節中說明。

1.3.5 交配運算

介紹完初始化族群、衡量染色體、排序、複製等步驟之後，接下來要介紹的就是遺傳演算法中主要的學習運算－交配（crossover）。交配在遺傳演算法中是主要的運算子，在交配過程中主要是將兩個經過選擇的染色體（又稱為母代）經過交換基因值的運算程序來產生出新的子代，讓所產出的子代可以含有優良雙親的部分特性。交配的目的是希望可以藉著優良母代的基因值組的交換，而希望子代能夠產出擁有更高適應度的染色體，但是也有可能在交換過程中遺傳到母代較差的基因，所以在遺傳演算法中交配並無法保證所產出的子代擁有更好的適應值，不過由於在遺傳演算法中有複製的步驟，所以在族群中表現較差的子代將會在演化中慢慢被淘汰，反之，表現較佳的子代則可以繼續繁衍。在交配運算中主要有 4 種常見的交配方式：(1) 多點 [53]、(2) 雙點 [54]、(3) 單點 [55]，以及 (4) 定點交配 [56]……等等。這些交配運算將在本書中的後面章節作詳細的說明。圖 1.15 是交配程序的流程，在圖 1.15 中在交配之前先從排序好的染色體中選擇出適合的母代，接著根據定義的交配機率判斷是否執行交配運算，若要執行交配運算，則根據不同的交配策略（多點、雙點、單點，以及均一交配）交換母代基因以產生新的子代。

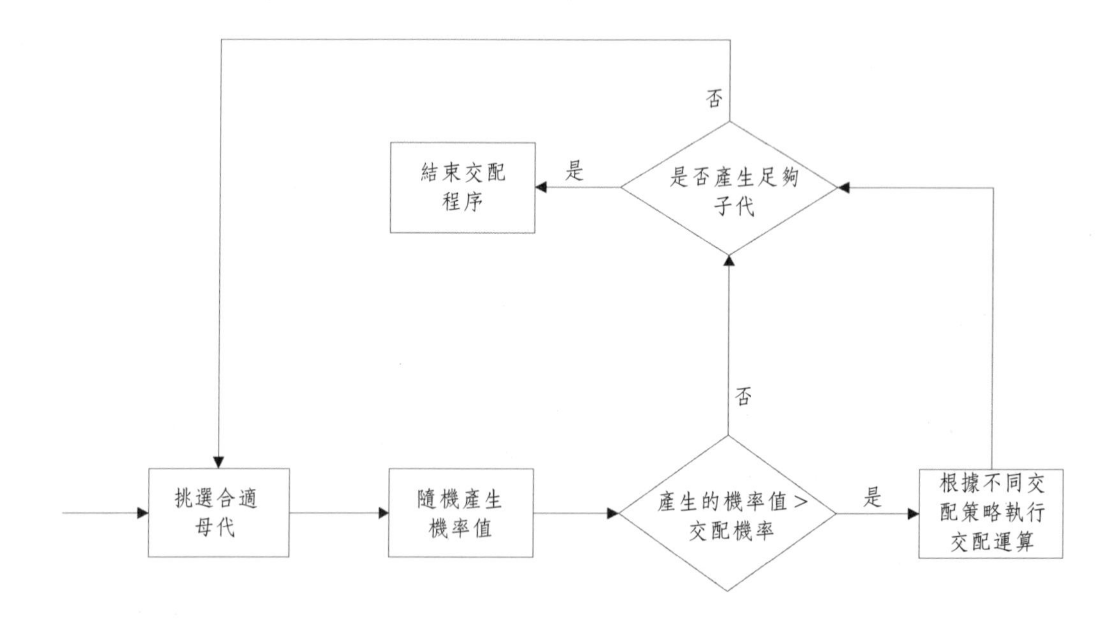

圖 1.15　交配程序的流程

1.3.6 突變運算

在遺傳演算法中突變（mutation）會讓染色體的基因值隨意的產生變化，藉以讓染色體跳脫出目前的搜尋空間以搜尋更佳的解。和交配運算一樣突變並無法保證所產出的染色體擁有更好的適應值，不過由於複製步驟，所以在族群中表現較差的染色體將會慢慢被淘汰。常見的突變方法是在染色體上針對一個基因來改變其值[57]。突變的作用會使得染色體搜尋未找過的空間，並將所改變的新基因透過交配加入至群體中其他的染色體。須注意的是突變運算類似隨機搜尋演算法，所以有可能會破壞染色體的結構，造成子代與母代間關聯性的降低。所以在執行突變運算時要注意執行的時機。在突變中也因為染色體編碼的方式而有不同的作法，而詳細的突變運算，將在本書的後面章節做詳細的說明。

圖 1.16 是突變程序的流程，在圖 1.16 中在突變之前先從族群中的染色體選擇出適合的染色體，接著根據定義的突變機率判斷是否執行突變運算，若要執行突變運算，則根據染色體編碼方式執行不同的突變演算法，改變所選取染色體的基因值以產生新的染色體。

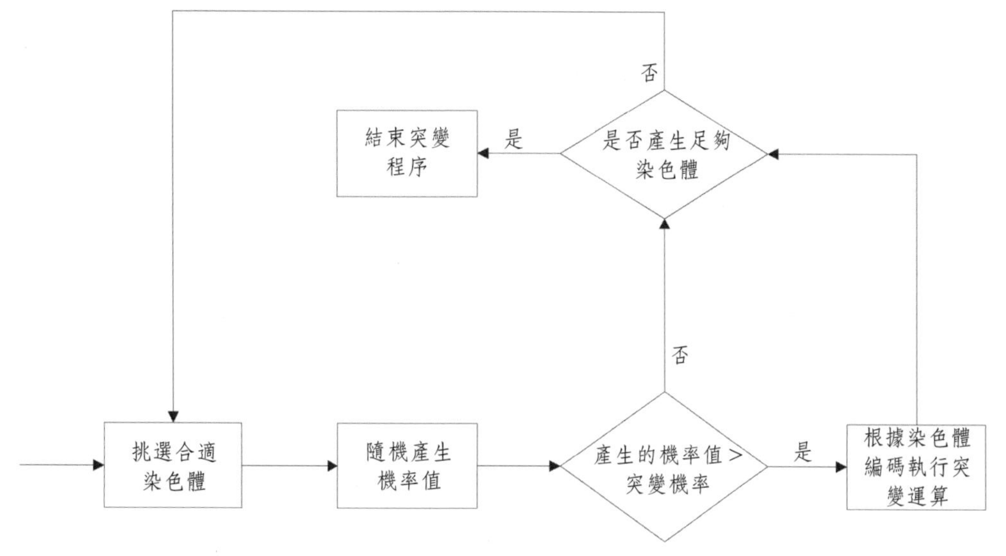

圖 1.16 突變程序的流程

1.4 ｜本書的架構

本書的架構說明如下：第二章中本書將介紹遺傳演算法理論，內容首先是介紹遺傳演算法理論，接著針對遺傳演算法內容進行介紹，主要針對：遺傳演算法的特性（包含全域搜尋、平行搜尋，以及簡易的計算……等等）、遺傳演算法相關理論以及基因演算法演化架構（分別以染色體編碼的型式分為二元編碼型基因演算法演化架構，以及實數編碼型基因演算法演化架構介紹），之後將會介紹其它相關的遺傳演算法（包含進化策略、進化型程式化，以及基因型程式化等遺傳演算法的相關研究）。

在第三章中本書將介紹遺傳演算法的學習架構，在這一章中本書主要分為：基因演算法學習程序概述、染色體中基因值的編碼方式（分為二元編碼、符號編碼，以及實數編碼的介紹）、染色體效能的衡量－適應函數設計、選擇與複製策略（分為競爭式選擇以及輪盤式選擇的選擇染色體策略，以及複製染色體策略介紹）、交配策略（分別以多點、雙點、單點、均一交配的交配運算，以及各方法的適用時機分別介紹）、突變策略（依染色體突變的種類，以及適用時機分別介紹之），以及基因演算法參數設計（依遺傳演算法的初始參數，以及最佳化參數設計分別介紹之）。

在第四章中，本書針對遺傳模糊系統作介紹，主要內容分為：模糊系統的基礎理論介紹（包含模糊及和歸屬函數以及推論……等等的相關介紹）、接著介紹遺傳演算法整合到模糊系統中的方法（在這裡本書將介紹模糊遺傳演算法的架構）、遺傳模糊系統的介紹（分別以遺傳模糊法則系統、模糊法則學習，以及知識庫學習分別介紹之）。

第五章中將延續第四章中所介紹的遺傳模糊系統，本章著重的是遺傳模糊系統的學習程序，內容主要分為：利用遺傳演算法調整模糊法則的介紹（包含模糊遺傳演算法的相關介紹）、接著將針對曼特寧模糊法則系統（Mamdani type fuzzy system）介紹基因調整歸屬函數的方法（其中將針對曼特寧模糊法則系統的歸屬函數型態，以及利用染色體基因調整歸屬函數的方法分別介紹之）。除了曼特寧模糊法則系統之外本書還將介紹基因調整 TSK 模糊法則的方法（其中包括如何使用染色體基因來調整 TSK 模糊法則系統（TSK-type fuzzy system）歸屬函數的方法、TSK 模糊法則系統中模糊法則的介紹以及利用染色體基因調整 TSK 模糊法則的方法介紹）。

在本書的第六章中將針對其他遺傳模糊系統的部分作介紹，內容主要分為：遺傳類神經系統的介紹以及遺傳模糊類神經系統的介紹（在此將針對曼特寧模糊類神經系統使用染色體基因調整權重的學習方法以及 TSK 模糊類神經系統使用染色體基因調整權重的學習方法分別介紹之）。

在本書最後一個章節將介紹有關遺傳演算法的相關應用領域，主要分為：分類的應用（包括 Iris 資料分類，以及乳癌診斷分類的應用）、時間序列分析的應用（包括混沌時間序列預測，以及大陽黑子預測的應用），以及控制系統的應用（包括倒單擺控制系統以及翹翹板控制系統的應用）。

參考文獻

[1] J. H. Holland, *Adaptation in Natural and Artificial System*, MIT Press, Cambridge, MA, USA, 1992.

[2] J. D. Bagley, "The behavior of adaptive systems which employ genetic and correlation algorithms," *Dissertation Abstracts International*, vol. 28, no. 12, 1967.

[3] J. H. Holland, *Adaptation in Natural and Artificial Systems*, Ann Arbor, MI: The University of Michigan Press, 1975.

[4] D. E. Goldberg, *Genetic Algorithms in Search, Optimization and Machine Learning*, Addison-Wesley Longman Publishing Co., Inc., Boston, MA, USA, 1998.

[5] C. Kane and M. Schoenauer, "Topological optimum design using genetic algorithms," *Control and Cybernetics*, vol. 25, no. 5, pp. 1059-1087, 1996.

[6] S. Y. Woon, O. M. Querin, and G. P. Steven, "Structural application of a shape optimization method based on a genetic algorithm," *Structural and Multidisciplinary*

Optimization, vol. 22, pp. 57-64, 2001.

[7] C. Y. Wu and C. H. Shu, "Topological optimization of two-dimensional structure using genetic algorithms and adaptive resonance theory," *TATUNG Journal*. vol. 26, pp. 213-224, November, 1996.

[8] Y. Liu and C. Wang, "A modified genetic algorithm based optimization of milling parameter," *International Journal Advanced Manufacturing Tech., vol.* 15, pp. 796-799, 1999.

[9] Y. Nakanishi, "Application of homology theory to topology optimization of three-dimensional structures using genetic algorithm," *Computer Methods in Applied Mechanics and Engineering*, vol. 190, pp. 3849-3863, 2001.

[10] C. D. Chapman, K. Saitou, and M. J. Jakiela, "Genetic algorithms as an approach to configuration and topology design," *ASME Journal of Mechanical Design*, vol. 116, no. 4, pp. 1005-1012, 1994.

[11] P. C. Chang, J. C. Hsieh, and C. H. Hsiao, "Application of genetic algorithm to the unrelated parallel machine problem scheduling," *Journal of the Chinese Institute of Industrial Engineering*, vol. 19, no. 2, pp. 79-95, 2002.

[12] J. B. Jensen and M. Nielsen, "A simple genetic algorithm applied to discontinuous regularization," *Proc. of the IEEE-SP Workshop Neural Networks for Signal Processing*, pp. 69 -78, 1992.

[13] A. K. Nag and A. Mitra, "Forecasting the daily foreign exchange rates using genetically optimized neural networks," *Journal of Forecasting*, vol. 21, pp. 501-511, 2002.

[14] D. F. Cook, D. C. Ragsdale, and R. L. Major, "Combining a neural network with a genetic algorithm for process parameter optimization," *Engineering Applications of Artificial Intelligence*, vol. 13, pp. 391-396, 2000.

[15] G. R. Harik, F. G. Lobo and D. E. Goldberg, "The compact genetic algorithm," *IEEE Trans. Evolutionary Computation*, vol. 3, no. 4, pp. 287-297, Nov. 1999.

[16] H. Braun, "On solving travelling salesman problems by genetic algorithms," *Lecture Notes in Computer Science*, vol. 496, pp. 129-133, 2006.

[17] D. Whitley and T. Starkweather, *Scheduling problems and traveling salesman: the genetic edge recombination*, Morgan Kaufmann Publishers Inc. San Francisco, CA, USA, 1989.

[18] C. J. Lin and Y. J. Xu, "Efficient reinforcement learning through dynamical symbiotic evolution for TSK-type fuzzy controller design," *International Journal General Systems*, vol. 34, no.5, pp. 559-578, 2005.

[19] J. Arabas, Z. Michalewicz, and J. Mulawka, "GAVaPS-A genetic algorithm with varying population size," *Proc. IEEE Int. Conf. Evolutionary Computation, Orlando*, pp. 73-78, 1994.

[20] M. Lee and H. Takagi, "Integrating design stages of fuzzy systems using genetic algorithms," *Proc. 2nd IEEE Int. Conf. Fuzzy Systems*, San Francisco, CA, pp. 612-617, 1993.

[21] J. T. Wang, "Two-stage multi-family flowshop scheduling problems with batching operations," *Journal of Chinese Institute of Industrial Engineer*, vol. 18, no. 3, pp. 77-85, 2002.

[22] C. F. Juang, J. Y. Lin, and C. T. Lin, "Genetic reinforcement learning through symbiotic evolution for fuzzy controller design," *IEEE Trans. Syst., Man, Cybern., Part B*, vol. 30, no. 2, pp. 290-302, Apr. 2000.

[23] S. Bandyopadhyay, C. A. Murthy, and S. K. Pal, "VGA-classfifer: design and applications," *IEEE Trans s. Syst., Man, and Cyber., Part B: Cybernetics*, vol. 30, pp. 890-895, DEC. 2000.

[24] D. E. Moriarty and R. Miikkulainen, "Efficient reinforcement learning through symbiotic evolution," *Mach. Learn.*, vol. 22, pp. 11-32, 1996.

[25] R. Tanese, "Distributed genetic algorithm," *Proc. Int. Conf. Genetic Algorithms*, pp. 434-439, 1989.

[26] A. Homaifar and E. McCormick, "Simultaneous design of membership functions and rule sets for fuzzy controllers using genetic algorithms," *IEEE Trans. Fuzzy Systs.*, vol. 3, no. 2, pp. 129-139, 1995.

[27] C. J. Lin and Y. C. Hsu, "Reinforcement hybrid evolutionary learning for recurrent

wavelet-based neuro-fuzzy systems," *IEEE Trans. Fuzzy Systems*, vol. 15, no. 4, pp. 729-745, 2007.

[28] C. J. Lin and Y. J. Xu, "Efficient reinforcement learning through dynamical symbiotic evolution for TSK-type fuzzy controller design," *International Journal General Systems*, vol. 34, no. 5, pp. 559-578, 2005.

[29] Y. T. Wu, Y. J. An, J. Geller, and Y. T. Wu, "A data mining based genetic algorithm," *Proc. IEEE Workshop SEUS-WCCIA,* pp. 27-28, 2006.

[30] D. Whitley, S. Dominic, R. Das, and C. W. Anderson, "Genetic reinforcement learning for neuro control problems," *Mach. Learn.*, vol. 13, pp. 259-284, 1993.

[31] C. L. Karr, "Design of an adaptive fuzzy logic controller using a genetic algorithm," *Proc. Int. Conf. Genetic Algorithms*, pp. 450-457, 1991.

[32] J. J. Grefenstette, "Optimization of control parameters for genetic algorithms," *IEEE Trans. Syst., Man, Cybern.*, vo16. no. 1, pp. 122-128, 1986.

[33] W. Wu and Q. Ruan, "A gene-constrained genetic algorithm for solving shortest path problem," *Proc. Int. Conf. Signal Processing*, vol. 3, pp. 2510 - 2513, 2004.

[34] Y. K. Kwon and B. R. Moon,, "A hybrid neurogenetic approach for stock forecasting," *IEEE Trans. Neural Networks*, vol. 18, no 3, pp. 851-864, MAY 2007.

[35] A. G. Barto, R. S. Sutton, and C. W. Anderson, "Neuron like adaptive elements that can solve difficult learning control problem," *IEEE Trans. Syst., Man, Cybern.*, vol. 13, no 5, pp. 834-847, 1983.

[36] S. Yakowitz, "Unsupervised learning and the identification of finite mixtures," *IEEE Trans. Information Theory*, vol. 16, no. 3, pp. 330-338, MAY 1970.

[37] Z. Michalewicz, *Genetic algorithms + data structures = evolution programs*, Artificial Intelligence. Berlin: Springer, 1992.

[38] M. Gen and R. Cheng, *Genetic Algorithms & Engineering Design*, New York: John Wiley & Sons, Inc, 1997.

[39] Q.C. Meng, T. J. Feng, Z. Chen, C. J. Zhou, and J. H. Bo, "Genetic algorithms encoding

study and a sufficient convergence condition of Gas," *Proc. Int. Conf. IEEE Systems, Man, and Cybernetics*, pp. 649-652, 1999.

[40] K. Belarbi and F. Titel, "Genetic algorithm for the design of a class of fuzzy controllers: an alternative approach," *IEEE Trans. Fuzzy Systems,* vol. 8, no. 4, pp. 398-405, 2000.

[41] C. T. Lin and C. P. Jou, "GA-based fuzzy reinforcement learning for control of a magnetic bearing system," *IEEE Trans. Syst., Man, Cybern., Part B*, vol. 30, no. 2, pp. 276-289, Apr. 2000.

[42] B. Carse, T. C. Fogarty, and A. Munro, "Evolving fuzzy rule based controllers using genetic algorithms," *Fuzzy Sets and Systems*, vol. 80, no. 3, pp. 273-293 June 24, 1996.

[43] C. F. Juang, "A hybrid of genetic algorithm and particle swarm optimization for recurrent network design," *IEEE Trans. Syst., Man, and Cyber*., vol. 34, *Part B*, no. 2, pp. 997-1006, 2004.

[44] C. J. Lin and Y. J. Xu, "A self-adaptive neural fuzzy network with group-based symbiotic evolution and its prediction applications," *Fuzzy Sets and Systems*, vol. 157, no. 8, pp. 1036-1056, 2006.

[45] C. F. Juang, "Combination of online clustering and Q-value based GA for reinforcement fuzzy system design," *IEEE Trans. Fuzzy Systems*, vol. 13, no. 3, pp. 289-302, JUNE 2005.

[46] C. Y. R. Chen, C. Y. Hou, and U. Singh, "Optimal algorithms for bubble sort based non-Manhattan channel routing, " *IEEE Trans. Computer-Aided Design of Integrated Circuits and Systems*, vol. 13, no. 5, pp. 603-609, MAY 1994.

[47] R. Finkbine, "Pattern recognition of the selection sort algorithm," *Proc. Int. Conf. IEEE Cognitive Informatics*, pp. 313-316, 2002.

[48] S. Wei and Z. Xing, "Synthetic Evaluation for Operating Economy of Thermal Power Plant Based on SVM and Quick Sort Algorithm," *Proc. Int. Conf. Natural Computation*, vol.1, pp. 670 - 673, 2007.

[49] J. Harkins, T. El-Ghazawi, E. El-Araby, and M. Huang, "Performance of sorting algorithms on the SRC 6 reconfigurable computer," *Proc. Int. Conf. Field-Programmable*

Technology, pp. 295- 296, 2005.

[50] D. L. Lee and K. E. Batcher, “A multiway merge sorting network,” *IEEE Trans. Parallel and Distributed Systems*, vol. 6, no. 2, pp. 211-215, FEB. 1994.

[51] D. Wicker, M. M. Rizki, and L. A. Tamburino, “The multi-tiered tournament selection for evolutionary neural network synthesis,” *Proc. Int. Conf. Combinations of Evolutionary Computation and Neural Networks*, pp. 207 - 215, 2000.

[52] Y. Zou, Z. Mi, and M. Xu, “Dynamic load balancing based on roulette wheel selection,” *Proc. Int. Conf. Communications, Circuits and Systems*, vol. 3, pp.1732 - 1734, 2006.

[53] K. Y. Lee and P. S. Mohamed, “A real-coded genetic algorithm involving a hybrid crossover method for power plant control system design,” *Proc. Int. Conf. Evolutionary Computation*, pp. 1069-1074, 2002.

[54] D. Beasley, D. R. Bull, and R. R. Martin, “An overview of genetic algorithms: Part 1, Fundamentals”, *University Computing*, vol. 15, no. 2, pp. 58-69, 1993.

[55] W. M. Spears, K. A. De Jong, T. Back, D. B. Fogel, and H. deGaris, “An overview of evolutionary computation,” *Proc. Conf. Machine Learning*, 1993.

[56] G. Syswerda, “Uniform crossover in genetic algorithms,” *Proc. Int. Conf. Genetic Algorithms and Their Applications*, San Mateo, CA: Morgan Kaufmann, pp. 2-9, 1989.

[57] R. Kowalczyk, “Constrained genetic operators preserving feasibility of solutions in genetic algorithms,” *Proc. Int. Conf. Genetic Algorithms in Engineering Systems: Innovations and Applications*, pp. 191-196, 1997.

第二章
遺傳演算法理論

在本章中將介紹遺傳演算法的理論，自 John Holland 於 1975 年提出利用遺傳演算法來解決最佳化求解問題後，多年來經過學者們的努力研究發展目前應用的層面可以說非常的廣泛，例如應用在數學函數求解、控制工程、統計以及股市研究……等等最佳化求解的領域上，都有相當出色的成果。遺傳演算法的由來主要是仿效達爾文的進化論中的物競天擇、適者生存的定律；透過生物基因（gene）所具有選擇優良基因（selection）、交配（crossover）及突變（mutation）的能力，藉著對母代的演化產生優良子代；而相對於遺傳演算法中則是將所要求解的問題先編碼成染色體的型式，接著再透過染色體中基因的選擇、交配及突變的程序來尋求最佳解。

在本章中，首先針對遺傳演算法的相關理論作介紹，內容主要包括遺傳演算法的相關知識，以及演算法目的的介紹。接著介紹遺傳演算法的主體，在這裡分為遺傳演算法的特色以及遺傳算法的架構來說明。而在本章的最後一個章節中將說明其他遺傳演算法的理論，透過介紹多種不同的遺傳演算法的理論，可以有助於讀者了解遺傳演算法上的研究，讓讀者可以在遺傳演算法的理論上啟發新的思維。

本章主要針對遺傳演算法的基礎架構作說明，包含相關理論以及演化架構的說明，主要是讓讀者了解遺傳演算法的演化流程，至於演化流程中的相關運算子〔選擇優良基因（selection）、交配（crossover），以及突變（mutation）……等等運算子〕將在第三章中詳述。

2.1 | 遺傳演算法相關理論簡介

在本章中將針對進化計算（evolutionary computation）這個在人工智能（artificial intelligence）研究領域的一項學科來說明仿效自然界生物演化的機制的演算法則，同時也介紹在演化計算領域中三種基本的理論模式：進化規劃（evolutionary programming）、進化策略（evolution strategy），以及遺傳演算法（genetic algorithms）。

進化計算（evolutionary computation）[1] 主要是仿效自生物演化過程而建立的計算程序。依據達爾文在進化論中所提到的「物競天擇，適者生存」的理論，可以發現自然界的物種在演化過程中是必須透過適應環境並產生優良子代使得子代可以更適應環境。仿效自進化論，在演化式計算中，為了可以在廣大空間的搜尋最佳解，所以必須透過仿效生物進化的方式讓子代可以遺傳自母代優良基因並透過擇優的過程找到較佳的接近最佳解。

透過進化計算所發展出來的演算法則稱為進化式演算法（evolutionary algorithms，或簡稱 EA）[2]。進化計算是人工智慧（artificial intelligence）研究領域的一個領域。目前經過學者的努力研究已經發展出很多的方法論，這些方法論大多屬於直覺式演算法（heuristic algorithm）[3]，也就是仿效自然界生物進化的過程。生物進化的過程是在有限資源的環境下，族群（population）中的各種生物體（individual），為了生存而需要互相競爭。在競爭的過程中，處於弱勢者將被逐漸淘汰，而優勢者除了可以被保留在環境中之外，也將可以增加繁殖子代的機會。生物體母代繁殖的子代會經由遺傳（genetic）演化的過程，保留部分母代的基因或特徵。反之，有可能在遺傳中，產生和母代不同的子代，成為新物種。因此每一個演化世代（generation）中，透過生物體的繁殖與弱勢物種的淘汰，群體中的生物體也將藉著演化逐漸的適應環境。許多學者根據這樣的生物進化機制，發展出各類進化式計算方法。

由自然界進化的觀點觀之，進化是一種適應動態環境變遷的一種過程，所以有別於在靜態環境下的擇優情況。在進化過程中系統將會趨向複雜。因此進化演算可說是種適應性複雜系統（adaptive complex system）的變化過程。

圖 2.1 為進化式演算法流程，在圖 2.1 中可以發現進化式演算法首先針對族群中的染色體進行初始化的運算，在將族群中的生物體初始化後接著衡量生物體對環境的適應情況，在衡量完生物體對環境的適應情況後選擇合適的母代生物體，透過選擇的母代，結合出新的子代，此時子代中即擁有母代的特徵了，接著進行子代的突變產生與母代的差異以產生新的物種。產生新的子代後，將新的子代取代原來群體中的生物體，接著依據所設定的終止條件決定結

束演化或是繼續進行演化，若為終止演化則結束學習程序，若為繼續進行演化則繼續進行衡量生物體對環境的適應情況、繼續選擇母代產生子代以及突變子代的演化。

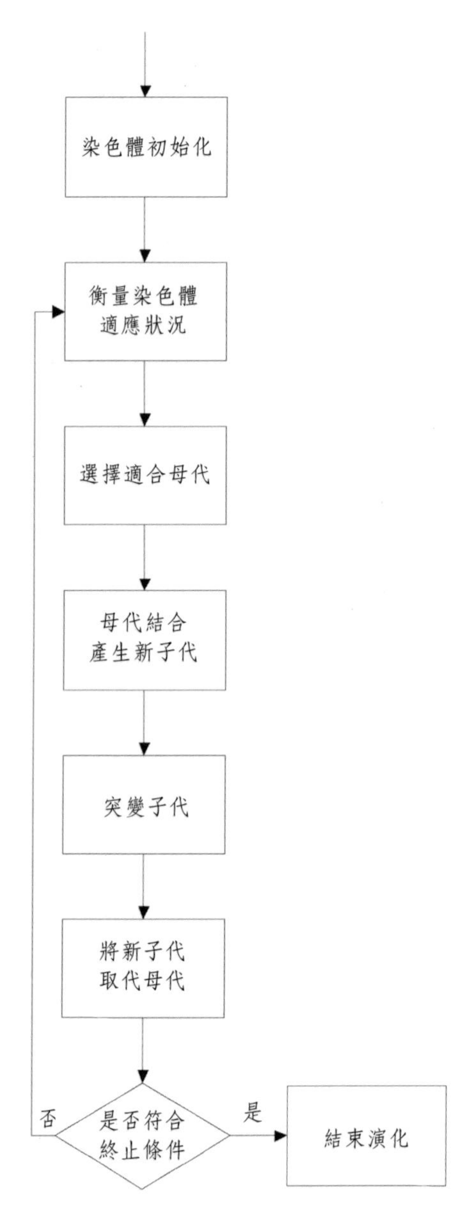

圖 2.1　進化式演算法流程圖

進化式演算法有四種基本的模式，而這四種基本模式也被稱為進化式演算法的主流模式 [4]，這四種模式分別是：進化規劃（evolutionary programming）[5]、進化策略（evolution strategy）[6]、遺傳規劃（genetic programming）[7] 以及遺傳演算法（genetic algorithms）[8]，以下將分別介紹之：

演化式規劃（evolutionary programming）

1960 年 L. Fogel 希望能發展出與人工智慧中專家系統 [9] 不同的領域，希望能消除在專家系統中需要人為定義決策以及參數的缺點，從而發展出能自我學習自我適應的演算法則。由演化的觀點觀之，Fogel 將這種學習機制視為一種在進化論的「天擇」觀念。所以不像專家系統中需要透過人類專家建立其思考行為供電腦模擬，取而代之的是讓系統自行演化學習出所需的行為並逐漸適應之。

在 Fogel 的研究中，他以有限狀態機 [10]-[11] 的模型來構成表現單元。有限狀態機的架構下邏輯機制代表其行為，因此在這種情況下完全不須考慮基因型別。Fogel 主要著重在行為的演化，因此在早期的研究中 Fogel 採用突變的機制產生各單元用以代表行為的變化。由此可知，Fogel 的研究中特別強調進化式規劃是一種由「上而下」的進化機制，和遺傳演算法是「下而上」的進化有所差異。

Fogel 將智慧這種行為看作是可以用在預測環境，並且根據預測結果採取適當的反應動作以達成目地的能力。在早期中，進化規劃採用有限狀態機作為其預測及反應動作的單元，而所謂的環境就是一連串用來操作有限狀態機的符號序列。而所輸入的符號單元必須對應至一個輸出符號單元。輸出符號單元對輸入符號單元的反應，可以從環境中獲得。各單元必須透過演化使有限狀態機的結果得到適應環境的最大值，否則將在天擇的機制中逐漸被淘汰。因此保留下來的單元將愈來愈適應環境，其複雜度也將會愈來愈複雜。

在 1960-1976 年，進化規劃雖然在研究以及應用的發展上有些進展。不過在人工智慧界對於 Fogel 所提出的進化式規劃大多抱懷疑的態度觀。之後在 1977-1985 中，進化式規劃的相關研究驟減，只有一些研究發表。而近年來由於 Fogel 對進化式規劃的大力提倡，目前的進化規劃已經發展成不在侷限於利用有限狀態機作為單元結構的架構了。取而代之的是根據所欲求解的問題，設定不同的單元結構和突變運算。所以在處理數值問題類型的進化規劃，所採取的運算就和進化策略很類似。目前進化式規劃已經被廣泛應用在如搜尋組合最佳化、控制系統、函數最佳化以及最短路徑求解……等問題上。

遺傳式規劃（genetic programming）

遺傳規劃是由美國史丹福大學的 Koza 教授所提出的，Koza 教授透過提出如何讓電腦可以透過自我學習來解決問題而不需要提供電腦詳細的指令集，從而發展出了遺傳規劃的研究 [6]。基本上 Koza 也是根據遺傳演算法的中的二進位遺傳演算法的機制，將原本以在二進位遺傳演算法以位元位為演化的基本單位，改以利用程式單元作為遺傳演化中基本構成單位。

在遺傳規劃中，每個單元的適應函數設計主要是根據群體中程式單元對環境的執行結果來決定。所以遺傳規劃，簡單來說就是將二進位遺傳演算法利用位元搜尋求解的過程，轉換為搜尋程式執行的行為空間。因此將二進位單元結構轉換成程式單元結構的過程中，原本對應的遺傳運算相對也要調整來適應這樣的架構。為了可以讓程式單元可以進行演化，最常的做法就是將程式透過樹狀結構來表示之。因此在 Koza 教授的研究中主要採用適合用於樹狀結構分析的 LISP 語言 [12]，作為遺傳規劃的程式語言。

在遺傳規劃的運算中，並沒有所謂的突變運算，取而代之的是兩個程式單元間的交換。因為在遺傳規劃主要是以程式為基本單元，所以必須考慮在遺傳演化過程中的一些控制因素。此外在函數的定義上也必須考慮這些函數是在這些單元程式中使用，而這些函數必須能應付高難度問題。

在遺傳規劃的機制中，與遺傳演算法的不同處為：在初始化族群時必須依照所欲求解的問題，決定所演化的程式所需的函數以及元素，透過隨機組合函數以及元素來產生初始化的群體。在每個演化世代中，遺傳規劃的適應函數設計與初始化群體步驟一樣必須根據欲求解的問題來決定。

進化策略（evolution strategy）

進化策略是 1960 年由德國柏林工業大學的 Rechenberg 教授所提出的 [7]。進化策略是 Rechenberg 教授為了解決流體力學（hydrodynamics）所提出的一個方法，在進化策略中主要說明生物種的演化過程會使的物種在延續的過程中達到最佳化，所以演化可以視為一種生物種延續的過程，透過物種的延續過程物種也將能達到適應環境的最佳化。

在最早的進化策略中只有選擇以及突變運算，而族群大小只有一個物種 [13]。所以這時期使用進化策略處理問題的演化過程較長而且效能也較差，而且突變運算的控制非常的困難，因為若控制不好則進化策略將與隨機搜尋一般無異。為了使進化策略更加的完善，在 1981 時，Schwefel 加入了交配運算，以及增加族群大小使族群包含超過一個模以上的物種 [14]。透過 Schwefel 的做法，使得進化策略與傳統的最佳化技巧在效能上有了顯著的區別。

進化策略在 Rechenberg 以及 Schwefel 的研究中是建立在數值分析，以及機率的基礎上 [15]-[18]，因此在進化策略中的單元是由實數所構成的。進化策略的架構首先是隨機產生初始化族群，接著利用適應函數來衡量族群中個體的適應程度，之後選擇合適的母代經過交配後產生新的子代，而子代自身也可能會以突變產生新物種。在進化策略中，經過母代交配以及突變的運算後產生的子代可能會超出原始的族群大小，在這種情況下可能的做法是從經過交配以及突變所產生的子代中選擇符合族群大小且表現最佳的物種。透過這樣的做法可以有效的避免進化策略在實作時族群因為演化的關係而越來越大的問題，也使得演算法的複雜度可以有效的降低。

遺傳演算法或稱基因演算法（genetic algorithms）

遺傳演算法由第一章所述是由 Holland 所提出的 [8]，主要的目是透過仿效自然界生物物種的進化過程，希望可以藉著結合自然界的機制應用在數學，以及工程上的問題來產生更佳的結果。近年來遺傳演算法已經被廣泛應用在搜尋問題最佳解的領域，透過藉由生物物種演化的基本運算，在個演化世代中進行演化，透過問題的適應程度來保留優良物種或淘汰不適應的物種來得到問題的最佳解。

遺傳演算法求解最佳化的基本精神為：對於所欲求解的問題編碼成相對應的染色體，接著透過適應函數的求解來得到各染色體對於所欲求解問題的適應程度；透過挑選適應程度較高的染色體來進行複製、交配，以及突變的運算完成一個世代的演化，如此疊代下去以產生適應程度最高的染色體。

遺傳演算法與其他最佳化方法不同之處在於遺傳演算法的運算是透過仿效大自然的演化機制而來，主要是針對所欲求解的問題經過編碼後所產生的染色體上，而非所欲求解的問題本身，所以在搜尋分析上遺傳演算法不受參數連續性的限制。

此外，在遺傳演算法中透過複製、交配、突變等運算可以隨機多點的同時搜尋，相較於其他最佳化方法的單點循序搜尋方式，可以避免落在局部最佳解的情況下，使得演算法可以得到問題的近似最佳解。遺傳演算法在運算時只需針對所欲求解的問題訂定適應函數即可，並不需其他的衡量指標（例如：函數的連續性的考量），所以遺傳演算法適合處理各類的問題（因為適應函數可以適用於各類問題的目標函數）。

經過本章的介紹，相信讀者已經對於進化計算這個領域有相當的了解。由於遺傳演算法的普遍性以及易於設計，所以在本書接下來的章節中，將針對進化演算法四種基本模式中的遺傳演算法作介紹，而其他三種進化演算法（進化規劃、進化策略，以及遺傳規劃），則只在這一章節中介紹給讀者了解，有興趣的讀者可以參考此類書籍以了解這類型演算法的詳細操作。

2.2 ｜遺傳演算法

在介紹完在進化計算這個領域後，在本節中，將針對遺傳演算法作更進一步的介紹。在本節中將針對遺傳演算法的特性，以及遺傳演算法的架構作說明，其中遺傳演算法的架構將分為二進位編碼型遺傳演算法、符號編碼型遺傳演算法，以及實數編碼型遺傳演算法進行介紹。

2.2.1 遺傳演算法特性

遺傳演算法是所有進化式演算法四種基本模式中最常被使用的演算法。在自然界中生物體的演化是透過母代染色體中的基因不斷的組合來產生新的子代物種，而這些子代物種除了繼承自母代基因外，還會自行突變以產生新的物種，新的子代在根據「天擇」來決定繼續存活在族群的機會。所謂的「天擇」機制是指在族群中的子代的基因中雖然具有母代的基因但並非完全繼承自母代優良的基因，同樣的突變基因亦同，所以在「天擇」機制中主要是根據子代在環境中的適應程度將適應力較強的子代保留下來，而適應力較弱的予以淘汰，而所保留下來的子代即為繼承自母代優良基因或擁有優良突變基因的物種。

由上可知遺傳演算法是透過基因的變換（交配以及突變），將所欲求解的問題先編碼成為基因的形式並將基因組成染色體，接著利用遺傳演化找到問題的近似最佳解。在演化的過程中主要是仿效生物界的進化過程，主要的運算有:排序（sorting）、複製（reproduction）、選擇（selection）、交配（crossover）以及突變（mutation）運算。

遺傳演算法的優缺點在學者 Chang[19] 的研究中指出傳演算法具有如表 2.1 所示的優缺點：

表 2.1　遺傳演算法的優缺點

優點	缺點
基因演算法是將問題參數轉換成編碼，而編碼即表達某一種訊息，在求解的過程中針對串列單元運作，因此可以跳脫搜尋空間的限制。	根據不同的問題（複雜或是單純）需採用不同的運算子，以提高搜尋效率，若隨意使用運算子，搜尋速度將會大受影響。
基因演算法在搜尋空間時採多點運作，而不是單點運作，因此較可以避免陷入區域最佳解。	基因演算法中並無記憶功能，因此會重複搜尋相同的點，而增加系統運作的時間。不若有些演算法可刪除相同的點，免除無謂的計算時間。
基因演算法在運作過程中，只使用適合度函數作為判斷的依歸，可免除許多繁雜的計算和推導。	
基因演算法的搜尋過程是採用隨機搜尋的方式，屬於盲目的搜尋法，此方式符合各種不同類型最佳化的問題。	

遺傳演算法具有以下幾點特性[20]：

1. 多元化

由於遺傳演算法可以透過族群中的母代基因的交配，以及子代基因突變的運算產出新的染色體使得族群具有多元化的考量，進而透過對族群中染色體適應值將適應者保留不適應者淘汰，如此的持續進行演化，直到滿足終止條件為止。

2. 通用性高

遺傳演算法非常適合處理非線性求解及不同性質之問題，所以通用性非常的高。

3. 全面考量

遺傳演算法透過多元性的族群可確保搜尋空間能被全面性的考量以及評估，避免演算法落入局部最佳解的問題。

4. 具可操作性

遺傳演算法透過適應函數的設計來對族群中的染色體作衡量藉以執行複製、選擇、交配以及突變等運算，而這些演化是屬於可定義，以及操作的運算子。

5. 考慮問題本身

遺傳演算法主要是將所欲求解的問題編碼成染色體後進行演化運算，所以考量的是染色體的搜尋而非所欲求解的問題本身，所以在搜尋分析上遺傳演算法不受參數連續性的限制。

6. 平行搜尋

遺傳演算法屬於高度平行的搜尋演算法，在演化過程中會同時考慮空間的多個點進行搜尋而不是只對單一點搜尋，因此可避免演算法陷入局部最佳解的情況。

7. 設計簡單

在遺傳演算法的設計中對於族群染色體的衡量主要是透過對適應函數的設計，所以設計時只須針對問題所對應的適應函數定義即可，沒有其他複雜的數學運算。

8. 機率規則

遺傳演算法所使用的是機率的規則而並非明確的規則來導引決定演算法的搜尋方向，因此可以適用在許多不同類型的問題上。

2.2.2 遺傳演算法演化架構

在本節中將介紹遺傳演算法的演化架構，遺傳演算法根據染色體編碼方式的不同可分為：二進位編碼型遺傳演算法、符號編碼型遺傳演算法，以及實數編碼型遺傳演算法三種方式，在這三種方式中各自有對應的演化架構，在本節中將針對這些演化架構作說明。

2.2.2.1 二進位編碼型遺傳演算法演化架構

二進位編碼型遺傳演算法是最早期由 John Holland 所提出來的 [8]，在個演算法中 Holland 仿效了大自然物種進化的觀念。首先，在代表著物種演化基本單位的基因中，在 Holland 的解釋下是以一個位元作為物種演化的基因，而由基因所組成的染色體也就是代表著所欲求解問題的一組解答。

在二進位編碼型遺傳演算法中也是透過遺傳演化的複製、選擇、交配等運算來進行演化，使物種透過母代染色體保留優良基因遺傳給子代，以及子代基因突變產生新物種的機制下可以搜尋到所欲求解問題的近似最佳解。

在二進位編碼型遺傳演算法中最特別的地方就是在進行演化時要經過染色體編解碼的過程，編解碼的過程分別說明如下：

編碼（coding）

由於在二進位編碼型遺傳演算法中需要將所欲求解的問題編碼至染色體中，而組成染色體的基因在二進位編碼型遺傳演算法中是以二進位形式進行編碼的，所以在設計二進位編碼型遺傳演算法時首先要考量的就是如何將所欲求解的問題以二進位的方式表示之。

解碼（decoding）

相對於編碼步驟，在二進位編碼型遺傳演算法進行染色體衡量時需要進行染色體的解碼。由於在初始化族群時已經針對所欲求解的問題進行二進位的染色體編碼，所以在進行染色體適應程度計算時需要將原先二進位形式的染色體解碼成所對應的問題的解形式（solution form），如此才能對染色體對求解問題的適應程度進行評量。

圖 2.2 是二進位編碼型遺傳演算法演化架構，在圖 2.2 中，演化的步驟為：首先針對問題的類型將染色體進行二進位的編碼並產生初始化的族群，接著進行染色體的解碼動作並將解碼結果進行適應函數的衡量以求得族群中每條染色體的適應值。在計算出染色體的適應值後，根據適應值的結果排序染色體，接著將排序好的染色體透過複製以保留適應值較高的染色體，並挑選合適的染色體作為母代進行基因值的交換（交配運算）以產生新的子代，而新的子代本身也將對其所擁有基因作突變以產生新的物種，新的物種則繼續經過解碼、衡量適應值、排序、複製、選擇、交配，以及突變等進化運算持續進行演化直到所定義的終止條件滿足為止。

在遺傳演算法中演化終止條件的設定主要是根據所欲處理問題的種類來決定，通常又可以分為定義固定演化代數，以及達成特定目標兩種不同的終止條件，分別說明如下：

定義固定演化代數的終止條件

在這個方法中主要是透過固定演化代數來執行演化，在達到定義的演化代數則跳出演化程序並將族群中染色體適應值最高的作為所欲求解問題的近似最佳解。

此類的方法最常應用的方面是監督式學習 [21] 的例子，在監督式學習架構中由於目標值是明確可衡量的，所以一般的做法是定義一個特定的演化代數讓族群中的染色體經過這個特定的演化代數的演化來搜尋最佳解。

達成特定目標的終止條件

在這個方法中，終止條件主要是定義遺傳演算法是否達成某個特定目標，

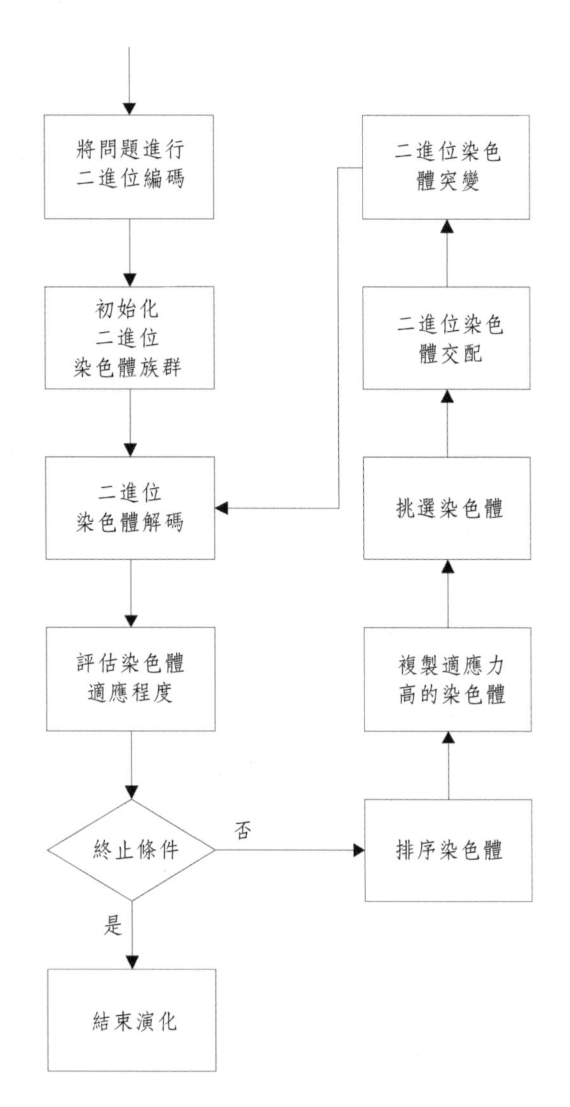

圖 2.2　二進位編碼型遺傳演算法演化架構

在達到特定目標時則跳出演化程序並將族群中染色體適應值最高的作為所欲求解問題的近似最佳解。

此類的方法最常應用的方面是監督式學習 [21] 以及增強式學習 [22] 的例子，在監督式學習架構中目標值明確，所以可以透過一個理想目標值加減標準差為特定目標值作為演化終止條件讓族群中的染色體以這個特定目標值作為目標搜尋最佳解。而在增強式學習方面由於目標值較不明確，所以一般的做法是定義一個描述演算法成功或失敗的訊號（一般稱為增強式訊號）作為終止條件，讓族群中的染色體依據這個增強式訊號作為目標搜尋最佳解。

圖 2.3 是二進位編碼型遺傳演算法的虛擬碼（suede code），在圖 2.3 中的虛擬碼執行流程如下：

```
Binary_Code_Genetic_Algorithm ()
{
    // 位符合終止條件進行演化
    while(not fitting end condition)
    {
        // 初始化二進位染色體族群
        Initialization_Binary_Chromosome();
        // 染色體二進位解碼
        Decode_Binary_Code();
        // 衡量染色體的函數
        Evaluation();
        // 判斷終止條件
        if (fitting end condition)
        {break;}
        // 排序染色體的函數
        Sorting();
        // 染色體進行複製函數
        Reproduction();
        // 自母代選擇染色體函數
        Selection();
        // 利用選擇母代並依據交配機率執行交配函數
        Crossover();
        // 子代依據突變機率執行的突變函數
        Mutation();
    }
}
```

圖 2.3　二進位編碼型遺傳演算法虛擬碼

1. 一開始會進行初始化族群的函數(Initialization_Binary_Chromosome)，在此函數中也包含了二進位編碼的結構。

2. 在初始化族群之後進行二進位染色體的解碼（Decode_Binary_Code）也就是還原各基因所對應問題的形式。

3. 接著衡量染色體的函數（Evaluation）這個函數主要是根據所欲求解問題來決定，接著判斷終止條件，終止條件的設計分為固定演化代數以及固定目標值的方法，若為繼續演化則執行步驟 4，否則結束程序。

4. 進行排序染色體的函數（Sorting）。

5. 將排序好的染色體進行複製函數（Reproduction）。

6. 自母代選擇染色體函數（Selection）。

7. 利用選擇母代並依據交配機率執行交配函數（Crossover）。

8. 子代依據突變機率執行的突變函數（Mutation），接著執行步驟 2。

在設計二進位編碼型遺傳演算法時根據其編碼特性需要注意的事項有下列兩個重要的項目：

1. 由於染色體的基因形式是以二進制形式進行編碼，所以在進行交配時因為繼承自母代的基因所以子代中的解會產生變化，整個演化就會在原始族群的空間中透過交換基因值來搜索在最佳解。同樣的在突變運算中子代會隨機的更換基因值來產生新的物種，由於突變會造成染色體的變異而這種影響在二進位編碼型遺傳演算法會更為劇烈，所以必須限制其突變的執行時機，一般的做法是利用突變機率來限制突變機制。

2. 此類的基因演算法因為需要將所欲求解的問題先編碼成二進制形式所以可想而知要是問題的參數量過大時會造成染色體過長的問題，例如一個以八進位代表一個參數的遺傳演算法，若所欲求解的問題中有 10 個參數的話，則染色體長度將成長為 80 個基因，若參數增加的話，則染色體長度將擴展的更快，染色體常過長的話，可能造成的影響是搜尋空間過大而可能無法正確收斂至所希望的目標值上。

2.2.2.2 符號編碼型遺傳演算法演化架構

符號編碼型遺傳演算法 [23] 主要是希望能透過簡單的編碼方式處理所欲求解的問題。在符號編碼型遺傳演算法中與二進位編碼型遺傳演算法一樣也需要經過編解碼個過程，只是相較於二進位的編碼，符號編碼型遺傳演算法只需要將問題的參數利用符號的方式進行編碼，透過這樣的方式來進行編碼主要是用來解決以二進位編碼時所產生的染色體過長的問題，透過將問題參數以符號編碼，每個參數以一個基因位置表示如此將可以有效降低染色體的長度。符號編碼型遺傳演算法最有名的應用實例是求解推銷員旅行問題（traveling salesman problem）。在求解推銷員旅行問題時需要使用符號編碼來表示不同的城市 [23]-[25]。

符號編碼型遺傳演算法與二進位編碼型遺傳演算法一樣，也是透過遺傳演化的複製、選擇、交配等運算來進行演化，使物種透過母代染色體保留優良基因遺傳給子代，以及子代基因突變產生新物種的機制下可以搜尋到所欲求解問題的近似最佳解。

圖 2.4 是符號編碼型遺傳演算法演化架構，在圖 2.4 中，演化的步驟為：首先依據問題的類型進行染色體符號式編碼以產生初始化族群，接著進行染色體的解碼並進行適應函數的衡量以求得族群中染色體的適應程度。在計算出族群中染色體的適應程度後，根據適應程度排序染色體並將排序好的染色體透過複製以保留適應較佳的染色體，之後挑選合適的染色體進行交配運算，以及突變運算以產生新的子代，新的物種則繼續經過解碼、衡量適應值、排序、複製、選擇、交配，以及突變等進化運算直到所定義的終止條件滿足為止。

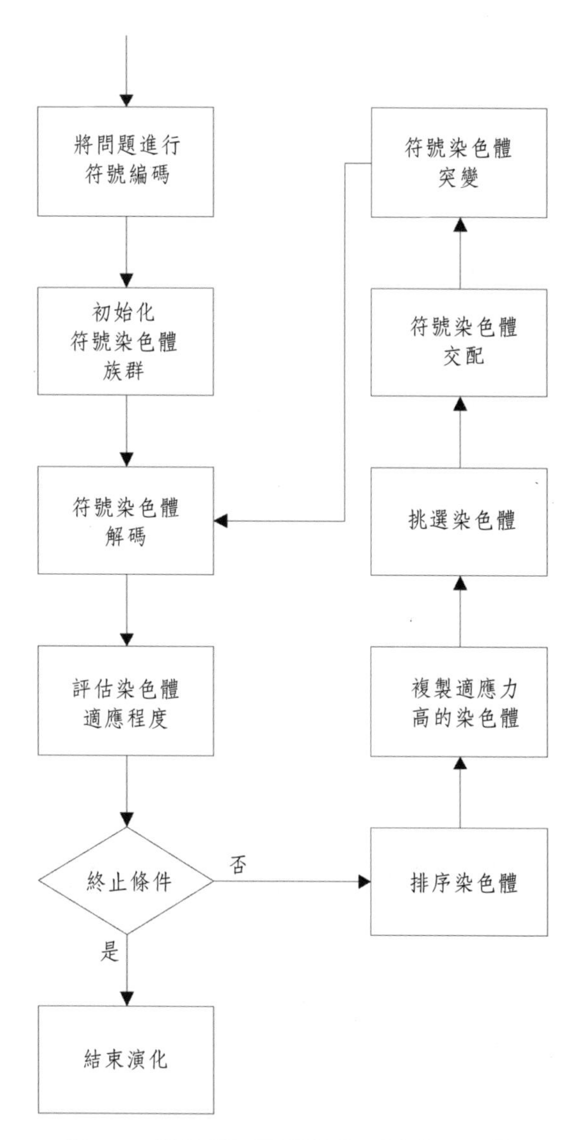

圖 2.4　符號編碼型遺傳演算法演化架構

圖 2.5 是符號編碼型遺傳演算法的虛擬碼，在圖 2.5 中的虛擬碼執行流程如下：

1. 演算法一開始執行初始化族群的函數（Initialization_Symbol_Chromosome），此函數包含了將求解問題轉為符號編碼的結構。

```
Symbol_Code_Genetic_Algorithm ()
{
    // 位符合終止條件進行演化
    while(not fitting end condition)
    {
        // 初始化符號染色體族群
        Initialization_Symbol_Chromosome();
        // 染色體符號解碼
        Decode_Symbol_Code();
        // 衡量染色體的函式
        Evaluation();
        // 判斷終止條件
        if(fitting end condition)
        {break;}
        // 排序染色體的函式
        Sorting();
        // 染色體進行複製函式
        Reproduction();
        // 自母代選擇染色體函式
        Selection();
        // 利用選擇母代並依據交配機率執行交配函式
        Crossover();
        // 子代依據突變機率執行的突變函式
        Mutation();
    }
}
```

圖 2.5　符號編碼型遺傳演算法虛擬碼

2. 在初始化族群之後進行符號染色體的解碼（Decode_Symbol_Code）也就是還原各基因所對應問題的形式。

3. 接著衡量染色體的函數（Evaluation）這個函數得到染色體適應值，接著判斷終止條件，終止條件的設計和二進位編碼型遺傳演算法一樣分為固定演化代數以及固定目標值的方法，若為繼續演化則執行步驟 4，否則結束演化。

4. 執行排序染色體的函數（Sorting）。

5. 執行複製函數（Reproduction）。

6. 自母代選擇染色體函數（Selection）。

7. 依據交配機率執行交配函數（Crossover）。

8. 依據突變機率執行的突變函數（Mutation），接著執行步驟 2。

在設計符號編碼型遺傳演算法時根據其編碼特性需要注意的事項如下：

1. 由於染色體的基因形式是以符號形式進行編碼，所以在進行交配時是將族群中的基因組合作交換，整個演化就會在原始族群的空間中交換符號組合來搜索在最佳解。相較於二進位編碼型遺傳演算法在符號編碼型遺傳演算法中交配並不會產生原始族群所包含的符號外的新符號，所以此時若初始族群並未將最佳解的可能符號組合產生出來的話，則演化有可能會落入局部最佳解。為了解決這樣的問題，突變運算在符號編碼型遺傳演算法中就顯得非常重要了。符號編碼型遺傳演算法的突變運算會產生新的符號基因到目前的子代中，透過這樣的做法可以增加演算法找到最佳解的機會，所以突變執行的機制應該要比二進位編碼型遺傳演算法更常發生，一般的做法也是利用突變機率調整執行突變的時機。

2. 符號編碼型遺傳演算法雖然在設計上比二進位編碼型遺傳演算法更為彈性（因為可以避免染色體長度過長的問題）。然而在此類演算法的設計上卻因為需要將染色體編碼成編碼形式，所以較為複雜，因為並非所有問題都可以用符號來表示，所以此類演算法可以解決的問題也較侷限，通常編碼型遺傳演算法最常應用在如：最短路徑求解 [26]、函數求解 [27]、推銷員旅行問題 [28]，以及樹狀結構搜尋 [29]……等等領域。

2.2.2.3 實數編碼型遺傳演算法演化架構

雖然符號編碼型遺傳演算法可以有效解決二進位編碼時造成的染色體過長的問題，然而由於此類演算法可以解決的問題也較侷限，而且並非所有問題都可以用符號來表示。此外，不論在符號編碼型遺傳演算法或是二進位編碼型遺傳演算法中都有著需要將染色體的基因編解碼的過程，而這個編解碼的過程有時是非常繁雜的。

有鑑於此，就有學者希望能提出一種傳演算法可以用來解決編解碼所造成的問題。1960 年由德國柏林工業大學的 Rechenberg 教授所提出的進化策略是最早在進化型演算法中不使用基因編碼的演算法，在進化策略中，所有個體的編碼是直接利用實數來進行編碼，透過這樣的做法可以得到較直觀於所欲求解的問題，以及對於演算法設計時不再需要設計複雜的編解碼步驟的好處。

近年來，有越來越多的學者透過實數編碼來設計遺傳演算法 [30]-[33]，在實數編碼型遺傳演算法中與二進位編碼型遺傳演算法，以及符號編碼型遺傳演算法不一樣的地方就是不需要經過複雜的編解碼過程，只需要分析所欲求解問題的參數接著將參數直接以實數方式進行染色體編碼，意即每個基因位置表示一個實數。透過這樣的方式來進行染色體編碼較為直觀，且方便設計也可以解決二進位編碼時所產生的染色體過長的問題，以及此種編碼方式可以適用於多種問題上，實數編碼型遺傳演算法 [30] 是目前最廣泛應用的遺傳演算法。通常實數編碼型遺傳演算法最常應用在如：神經網路求解 [34]、工程控制 [35]、非線性求解 [36] 以及股市指數預測 [37]……等等領域。

在實數編碼型遺傳演算法中與二進位編碼型遺傳演算法，以及符號編碼型遺傳演算法一樣也是透過遺傳演化的複製、選擇、交配等運算來進行演化，使物種透過母代染色體保留優良基因遺傳給子代，以及子代基因突變產生新物種的機制下可以搜尋到所欲求解問題的近似最佳解。

圖 2.6 是實數編碼型遺傳演算法演化架構，在圖 2.6 中，首先依據問題的類型產生初始化族群，接著利用適應函數的衡量求得族群中染色體的適應程度。在計算出族群中染色體的適應程度後，根據適應程度排序染色體。接著將排序好的染色體透過複製以保留適應較佳的染色體。判斷是否符合終止條件，若符合則結束演化，若不符合則挑選合適的染色體作為母代。並將所挑選好的母代進行交配運算以產生新的子代。產生新的子代將進行突變運算以產生新的

物種，接著將新產生族群繼續演化的步驟。

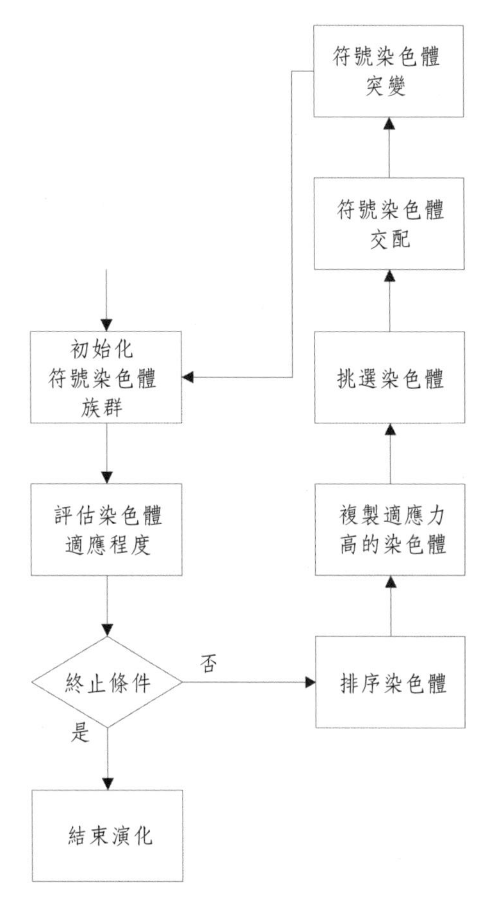

圖 2.6　實數編碼型遺傳演算法演化架構

圖 2.7 是實數編碼型遺傳演算法的虛擬碼，在圖 2.7 中的虛擬碼執行流程如下：

1. 演算法一開始執行初始化族群的函數(Initialization_Real_Code_Chromosome)，此函數包含了將求解問題以實數方式構成染色體，以及產生染色體族群的方法。

2. 執行衡量染色體的函數（Evaluation），透過這個函數可以得到染色體適應值。

```
Real_Code_Genetic_Algorithm ()
{
    //初始化實數染色體族群
    Initialization_Real_Code_Chromosome();
    //未符合終止條件進行演化
    while(not fitting end condition)
    {
        //衡量染色體的函式
        Evaluation();
        //判斷終止條件
        if(fitting end condition)
        {break;}
        //排序染色體的函式
        Sorting();
        //染色體進行複製函式
        Reproduction();
        //自母代選擇染色體函式
        Selection();
        //利用選擇母代並依據交配機率執行交配函式
        Crossover();
        //子代依據突變機率執行的突變函式
        Mutation();
    }
}
```

圖 2.7　實數編碼型遺傳演算法虛擬碼

3. 判斷終止條件，終止條件的設計和二進位編碼型遺傳演算法以及符號編碼型遺傳演算法一樣分為固定演化代數以及固定目標值的方法，若符合終止條件則結束演化否則繼續步驟 4 的運算。

4. 將步驟 3 結果執行排序族群中染色體的函數（Sorting）。

5. 執行複製函數（Reproduction）將適應程度高的染色體保留至新的族群

中。

6. 執行自族群中選擇染色體的函數（Selection）用以產出母代染色體。

7. 利用步驟 6 所選擇的母代依據交配機率（Crossover Rate）執行交配函數（Crossover）。

8. 依據突變機率執行的突變函數（Mutation）接著回到步驟 2 繼續執行。

在設計實數編碼型遺傳演算法和二進位編碼型，以及符號編碼型遺傳演算法一樣也有需要注意的事項，說明如下：

1. 在實數編碼型遺傳演算法中，由於染色體的基因形式是以實數型態直接進行編碼，所以在進行交配時子代會在原始族群的空間中透過交換基因值搜索最佳解。因此和符號編碼型遺傳演算法一樣在實數編碼型遺傳演算法中交配並不會產生原始族群所包含的實數外的值，所以演化也有可能會落入局部最佳解。為了解決這樣的問題，在實數編碼型遺傳演算法中突變運算的執行機制也必須根據符號編碼型遺傳演算法中的突變運算一般增加突變運算發生的機率。

2. 實數編碼型遺傳演算法由於在設計上簡化了編碼以及解碼的步驟，所以相較於二進位編碼型以及符號編碼型遺傳演算法更簡單實作且直觀。然而，在設計實數編碼型遺傳演算法時必須特別注意初始化染色體基因值範圍，以及突變運算所作的基因值替換的範圍。因為初始族群的基因值若是透過隨機產生的，則有可能因為隨機範圍過大而不易搜尋到最佳解。同樣的，在突變運算中，若所替代的基因值也是隨機產生的話，則也有可能因為隨機產生基因值範圍太大而造成相同問題。

2.3 | 其它遺傳演算法

在介紹完遺傳演算法的相關理論以及遺傳演算法的主體之後，在本章的最後一個章節中將說明其他衍生自遺傳演算法的理論。近年來，遺傳演算法經過學者的努力已經成為一個蓬勃發展的領域了，其中遺傳演算法的研究在染色體架構修改 [38]、多維式適應函數學習 [39]、遺傳運算子修改 [40]，以及混合式學習[41]……等等都是可以增加演算法效能的理論。

在本節中主要針對以染色體架構修改為主的進化演算法作介紹，主要的原因是此類的演算法屬於遺傳演算法中發展較為成熟的一類，而且相關理論以及也較完善，此外若讀者想要深入研究這方面的演算法也可以很方便的找到相關的書籍資料參考。

在以染色體架構修改為主的進化演算法中，主要是針對染色體的架構作探討，本書將其中較為著名的共生進化演算法[42]、族群式共生進化演算法[43]以及變動長度基因演算法[44]等三種演算法作介紹。透過介紹這三種以染色體架構修改為主的進化演算法，可以有助於了解遺傳演算法上的研究，讓讀者可以在遺傳演算法的理論上啟發新的思維。

2.3.1 共生進化（symbiotic evolution）

在這一小節中本書將介紹共生進化演算法（symbiotic evolution），共生進化的觀念最早是根據人類免疫系統的觀念而得到。人類的免疫系統能保護人體免於受外界病毒的感染，免疫系統不但可以識別病毒（抗原）入侵，更能根據不同的病毒種類（抗原），而產生不同的反應以產生抗體來消滅外來病毒（抗原）。

最早的共生進化雛型是在[45]-[47]中所提出的免疫系統演算法，該演算法主要是仿效生物體的免疫系統的行為過程所發展出來的。在免疫系統中，當病毒進入生物體時，免疫系統會根據不同的病毒種類以識別外來抗原，並產生抗體消滅外來抗原。對應到免疫系統演算法中，所欲求解的問題在此被視為抗原，而所欲求的解則被視為抗體。抗體經過細胞分裂產生出多種的解，其產生過程（意即演化機制）可以分為遺傳變異及高頻變異兩種，遺傳變異是子代指經由母代執行交配及突變所產生的變異，而高頻變異依據上一代的族群中，適應力較高的抗體會產生變異較小的子代，反之適應力較低者所產生的子代變異較大。在產出子代後會根據選擇運算淘汰適應程度低的抗體及保留適應度高的抗體，藉以在接下來的世代中演化出更好的抗體。

透過免疫系統演算法來搜尋所欲求解問題的最佳解有的特性可以說明如下：

1. 專門能力

在免疫系統演算法中抗體被定義為只對某種特定抗原產生作用，所以抗體是以某種的抗原為演化目標，具有專門能力。

2. 分散作用

在免疫系統演算法中的抗體散佈於整個問題解的搜尋空間，不需要集中控制。抗體會偵測其所能產生作用的抗原，不同的抗體發現其所能產生作用的抗原都會產生適當反應。

3. 適應能力

免疫系統演算法能對各種不同的抗原產生專門性的反應，若發生抗原並無所對應的抗體可以產生作用時，會挑出最能產生作用於該抗原的抗體，來消滅該抗原。

4. 學習能力

免疫系統演算法在感染某種抗原後，會產生合適的抗體抵抗該抗原，當抗原被消滅後會記憶該抗原的種類，使得再次感染該抗原時，可以有效的利用抗體抵抗該抗原。

在免疫系統演算法之中提出了抗體能對某一種特定的抗原產生作用的專一性，以及抗體是分散於全身的分散性可以有助於將問題分散式的處理，而這個分散式處理的觀念正是共生進化演算法的中心思想，在 1999 年，依據免疫系統演算法提出了所謂的共生進化觀念，在共生進化演算法中，將遺傳演算法加入了專門能力以及分散作用的觀念，也就是說在共生進化中，染色體不再代表著所欲求解問題的全解（whole solution），而是假設一條染色體在族群中代表的是所欲求解問題的部分解，而問題全解的搜尋是根據是組合族群中不同染色體來達成的。

在傳統的進化式演算法中往往都是以一個物種來代表所欲求解問題的解並且透過適應函數的設計來衡量每一個物種對所欲求解問題的適應程度。在共生進化演算法中物種對所欲求解問題的適應程度，則是透過加總所有組合透過物種組合所得到的適應值並將結果求平均而得到的（除以組合次數）。

在 [48]-[50] 的研究中，將部分解視為一種專門化的特性，專門化的特性可以確保對所欲求解問題搜尋的多樣性，換言之可以避免原先傳演算法中以一條染色體代替問題解的族群，因為搜尋範圍過大而落入區域最佳解的情況。在共生進化中一個單獨的特性並不能代表整個問題的解而是必須加上其他特性的整合才能用以代表問題的全解。相較於其他的傳統進化演算法 [1]，共生進化演算法透過將問題的解，分解成許多部分解以增加對問題解搜尋的多樣性，並藉以跳脫出傳統遺傳演算法中，希望能找到問題的最佳解但是在演化過程中卻往往落入局部最佳解的情況。

圖 2.8 說明共生進化演算法中的染色體架構圖，在圖 2.8 中可以發現在共生進化演算法中族群中的每條染色體代表的是一個部分解，而對於全解的衡量是透過組合族群中的染色體來達成的。相較於傳統的遺傳演算法，在傳統遺傳演算法中族群中的染色體代表的是問題的全解，也就是圖 2.8 中多條染色體的組合。

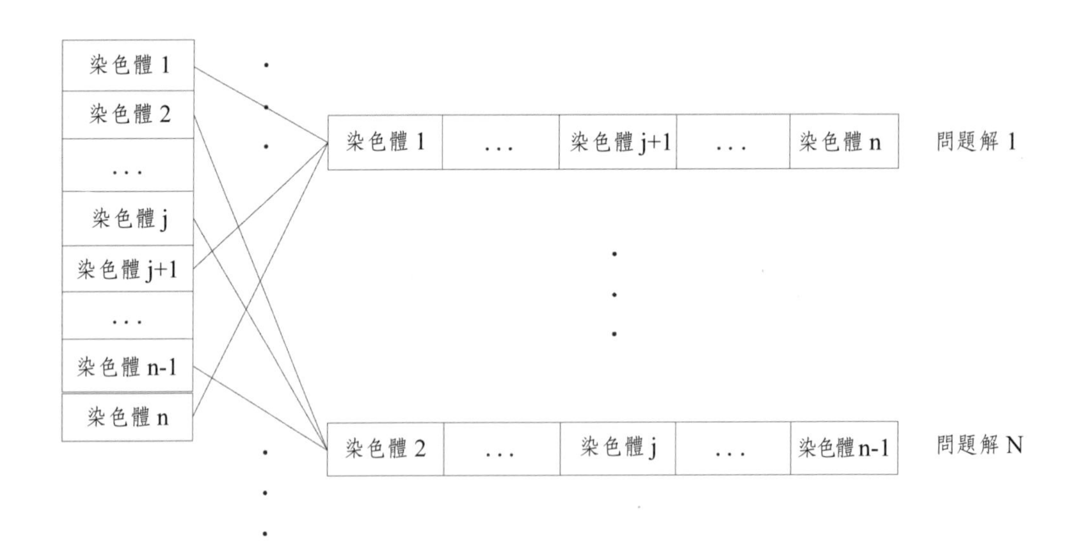

圖 2.8　共生進化演算法染色體架構

圖 2.9 是共生進化演算法演化架構圖，在圖 2.9 中說明了共生進化的演化步驟，首先依據問題的類型將問題的解分解成部分解的染色體形式之後進行初始族群的產生。接著利用適應函數的衡量求得族群中染色體的適應程度，由於在共生進化中染色體代表的是一個部分解，所以在這個步驟中適應值的衡量必須經過部分的修改 [51]，修改後的方式如下：

1. 自族群中隨機挑選 N 條染色體來組成染色體組合（或稱全解）。

2. 透過適應函數來衡量步驟 I 所挑選出來的染色體組合以求得該染色體組合（或稱全解）對問題的適應程度。

3. 將步驟 2 求得的適應函數值除以所選出來的組成全解的染色體個數（即步驟 1 的 N），接著將所得到的值累積至該染色體組合中。

4. 重複步驟 1 到 3 直到族群中的每條染色體被選擇足夠次數為止。同時，紀錄族群中每條染色體所被選擇的總次數。

5. 將每條染色體所累積的適應函數值（即步驟 3 的結果）除以在步驟 4 中所得到的染色體選擇總次數，所得到的平均適應函數值就代表著族群中每條染色體對問題解的適應程度。

在衡量完染色體的適應函數後，接著判斷是否符合終止條件，若符合則結束演化，若不符合則根據經過染色體衡量方式所計算出族群中染色體的適應程度排序族群中染色體，並將排序好的染色體透過複製的過程保留適應較佳的染色體，之後挑選合適的染色體作為母代進行交配運算以產生新的子代。所產生新的子代將進行突變運算以產生新的物種，接著將新產生族群繼續演化的步驟。

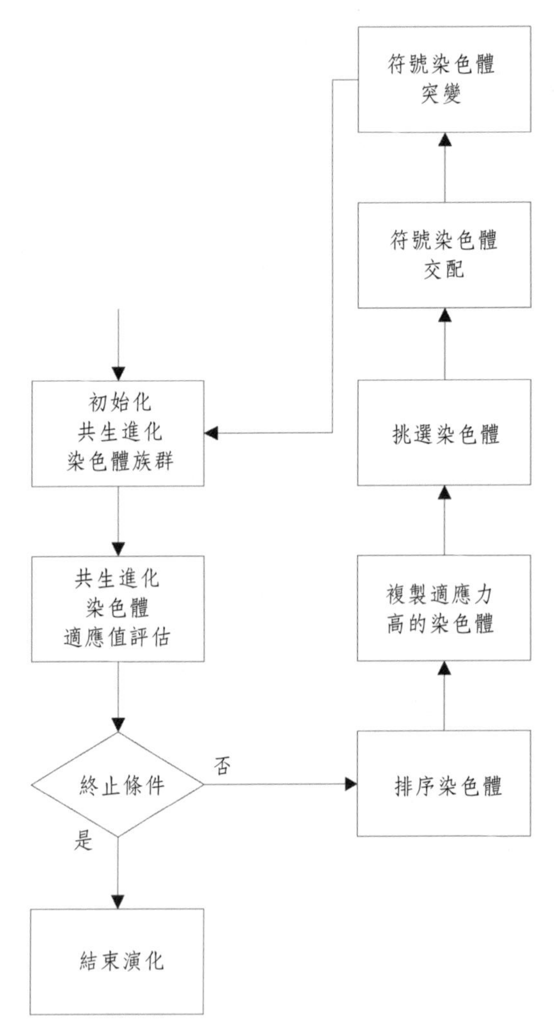

圖 2.9　共生進化演化架構圖

圖 2.10 是共生進化演算法的虛擬碼，在圖 2.10 中的虛擬碼執行流程如下：

1. 共生進化演算法一開始執行初始化族群的函數（Initialization），此函數包含：

   a. 將問題的解以適當方式轉換為許多部分解，並將每個部分解編碼成染色體。

   b. 產生初始化染色體族群。

```
Symbiotic_Evolution ()
{
    // 初始化族群的函式
    Symbiotic_ Evolution _Initialization();
    // 未符合終止條件進行演化
    while(not fitting end condition)
{
        // 執行衡量染色體適應值的函式
        Fitness Assignment();
        // 判斷終止條件
        if(fitting end condition)
        {break;}
        // 執行排序族群中染色體的函式
        Sorting();
        // 執行複製函式
        Reproduction();
        // 自族群中選擇染色體的函式
        Selection();
        // 執行交配函式
        Crossover();
        // 依據突變機率執行的突變函式
        Mutation();
    }
}
```

圖 2.10　共生進化演算法虛擬碼

2. 執行衡量染色體適應值的函數（Fitness Assignment），這個函數參考上述的共生進化染色體衡量方式進行。

3. 判斷終止條件，終止條件的設計和傳統遺傳演算法一樣分為固定演化代數以及固定目標值的方法，若符合終止條件則結束演化否則繼續步驟 4 的運算。

4. 將步驟 3 結果執行排序族群中染色體的函數（Sorting）。

5. 執行複製函數（Reproduction）將適應程度高的染色體保留至新的族群中。

6. 執行自族群中選擇染色體的函數（Selection）用以產出母代染色體。

7. 利用步驟 6 所選擇的母代依據交配機率（Crossover Rate）執行交配函數（Crossover）。

8. 依據突變機率執行的突變函數（Mutation）接著回到步驟 2 繼續執行。

2.3.2 群體基礎共生進化算法（Group-based Symbiotic Evolutionary Algorithm）

雖然共生進化演算法可以將問題分解成許多小部分予以特性化，並透過部分解的觀念增加染色體搜尋空間的多樣性，然而在共生進化中卻可能在造成過於針對部分解演化，而造成族群中染色體過分朝同一搜尋方向前進 [52]-[54]。在 Hsu 以及林這兩位學者的研究中 [43]，說明了共生進化所可能造成的影響，在共生進化中組成族群的染色體所代表的是一個部分解，在演化過程中透過複製交配突變……等等機制可能會造成族群中染色體因為繼承自母代優良基因而導致子代間差異變小，如此會造成每個部分解過於相像而無法透過部分解的組合找出問題的最佳解。為了解決這樣的問題，在 [43] 中提出相關的改善方式，也就是所謂的群體基礎共生進化演算法（group-based symbiotic evolutionary algorithm）。

在群體基礎共生進化演算法中，每條染色體與共生進化一樣是代表著一個部分解，不同的是，在群體基礎共生進化演算法中，代表部分解的集合又分別被獨立出來成為一個群體，也就是說每個群體代表著全解中某項特性（染色體）的集合。而問題的全解則是透過從不同的群體中特性的選擇來進行搜尋。

透過群體基礎共生進化演算法的設計可以讓組成全解的部分解（染色體）依據特性被分門別類，而每個群體獨自進行演化可以有效改善傳統共生進化演算法中因為每個部分解過於相像而無法透過部分解的組合找出問題的最佳解的問題。

圖 2.11 說明群體基礎共生進化演算法中的染色體架構圖，在圖 2.11 中可以發現在群體基礎共生進化演算法中有多個群體而每一個群體中的染色體集合代表的是全解中的某一個部分解集合，而對於全解的衡量是透過在每個群體中各選擇一條染色體來組成的。相較於傳統的共生進化演算法，在傳統共生進化演算法中只有一個族群並以族群中的染色體集合代表全解的部分解的集合，而對於全解的衡量是透過在族群中選擇適當染色體來組成的，讀者可以詳細比較圖 2.8 以及圖 2.11 即可了解群體基礎共生進化演算法以及共生進化演算法在染色體架構上的差異。

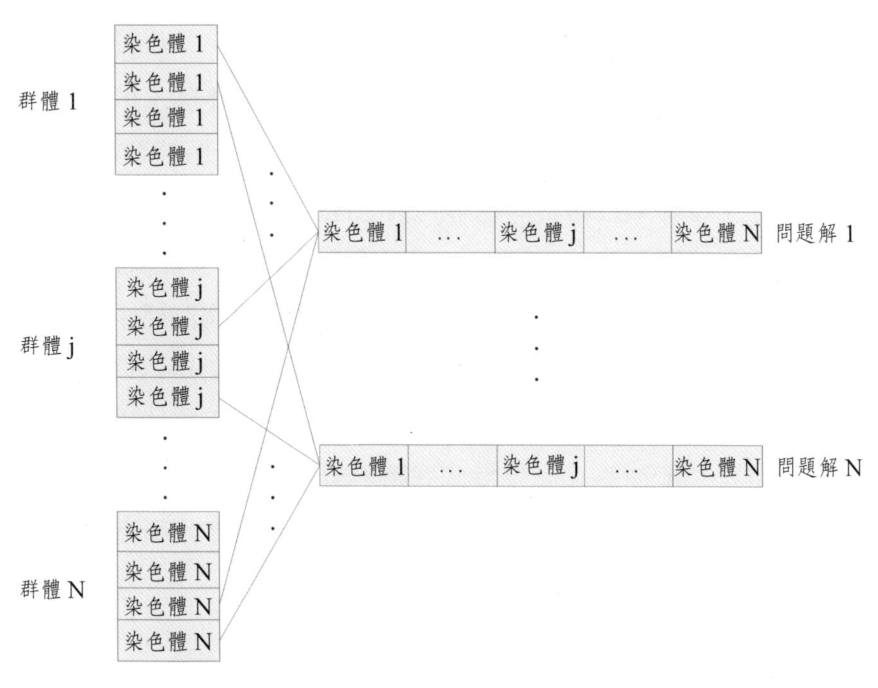

圖 2.11　群體基礎共生進化演算法染色體架構

圖 2.12 是群體基礎共生進化演算法演化架構圖，在圖 2.12 中說明了群體基礎共生進化的演化步驟，首先依據問題的類型將問題的解分解成部分解的染色體型式並將部分解形式依據相同特性歸類為相同群體，之後針對每個群體進

行初始族群的產生。接著利用適應函數的衡量求得每個群體中染色體的適應程度，由於在群體基礎共生進化中染色體代表的是全解中的某個部分解，所以在這個步驟中群體中染色體適應值的衡量也必須經過修改[43]，修改的方式如下：

1. 自每個群體（假設有 N 個群體）中隨機挑選 1 條染色體來組成染色體組合（即稱全解）。

2. 透過適應函數來衡量步驟 1 所挑選出來的染色體組合以求得該染色體組合（或稱全解）對問題的適應程度。

3. 將步驟 2 求得的適應函數值除以總群體數（即步驟 1 的 N），接著將所得到的值累積至步驟 1 每個群體所選擇的染色體中。

4. 重複步驟 1 到 3 直到每個群體中的每條染色體都被選擇足夠次數為止。同時，紀錄每個群體中每條染色體所被選擇的總次數。

5. 將每個群體每條染色體所累積的適應函數值（即步驟 3 的結果）除以在步驟 4 中所得到的每個群體中染色體選擇總次數，所得到的平均適應函數值就代表著每個群體中每條染色體對問題解的適應程度。

經過群體染色體衡量方式計算出每個群體中染色體的適應程度後，接著根據適應程度將每個群體中的染色體集合進行排序並將每個群體中排序好的染色體各自透過複製的過程保留適應較佳的染色體。接著判斷是否符合終止條件，若符合則結束演化，若不符合則在每個群體中各自挑選合適的染色體作為母代並將母代各自進行交配運算以產生每個群體中新的子代。每個群體中所產生新的子代將各自進行突變運算以產生新的物種，接著將新產生所有群體繼續演化的步驟。

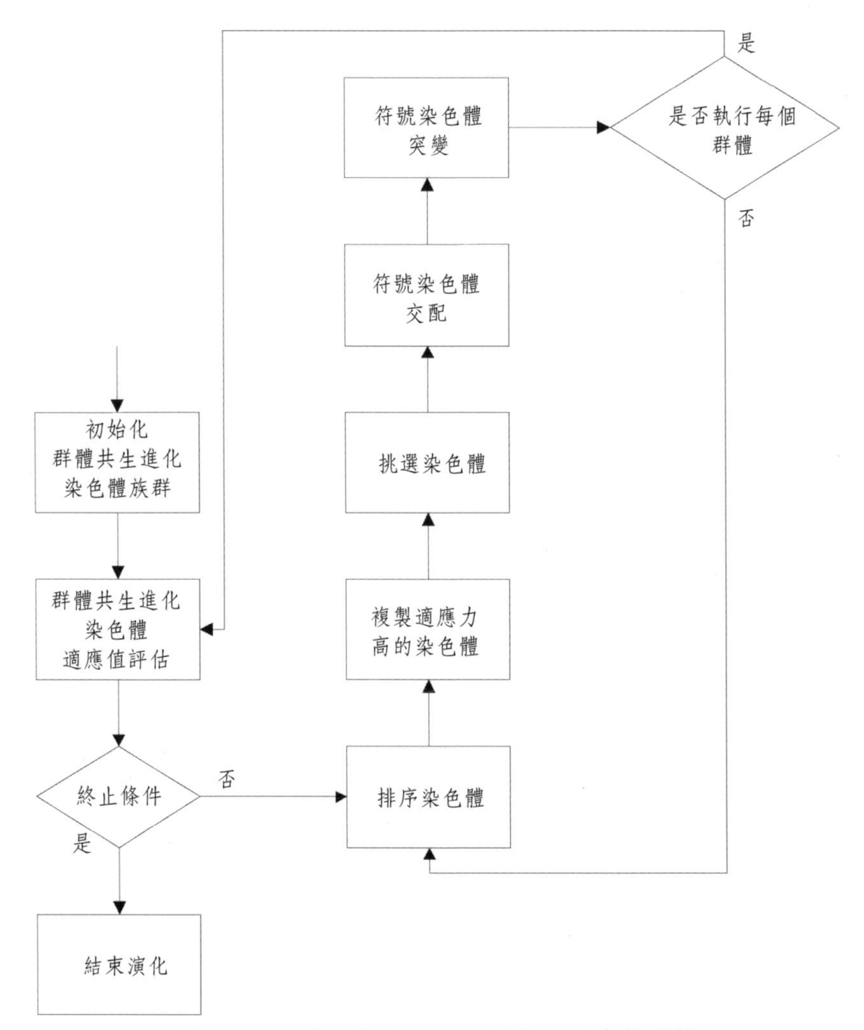

圖 2.12　群體基礎共生進化演算法演化架構圖

圖 2.13 是群體基礎共生進化演算法的虛擬碼，在圖 2.13 中的虛擬碼執行流程如下：

1. 群體基礎共生進化演算法一開始執行初始化族群的函數（Group_Based_Symbiotic_Evolution_Initialization），此函數包含：

   a. 將問題的解以適當方式轉換為許多部分解，並將每個部分解編碼成染色體。

```
Group_Based_Symbiotic_Evolution ()
{
        // 初始化族群的函式
        Group_Based_Symbiotic_Evolution_Initialization();
        // 未符合終止條件進行演化
        while(not fitting end condition)
        {
            // 執行衡量染色體適應值的函式
            Fitness Assignment();
            // 判斷終止條件
            if(fitting end condition)
            {break;}
            // 每個群體各自執行
            for(each group)
            {
                // 執行排序族群中染色體的函式
                Sorting();
                // 執行複製函式
                Reproduction();
                // 自族群中選擇染色體的函式
                Selection();
                // 執行交配函式
                Crossover();
                // 依據突變機率執行的突變函式
                Mutation();
            }
        }
}
```

圖 2.13　群體基礎共生進化演算法虛擬碼

b. 將每個部分解依據特性歸類為不同群體。

c. 產生初始化每個群體的染色體集合。

2. 執行衡量染色體適應值的函數（Fitness Assignment），這個函數參考上述的群體基礎共生進化算法中各群體中染色體衡量方式進行。

3. 判斷終止條件，若符合終止條件則結束演化否則繼續步驟 4 的運算。

4. 依據步驟 3 結果各自執行每個群體中染色體排序的函數（Sorting）。

5. 每個群體各自執行複製函數（Reproduction）將每個群體中適應程度高的染色體保留至新的群體中。

6. 每個群體各自執行自群體中選擇染色體的函數（Selection）用以產出每個群體的母代染色體。

7. 每個群體各自利用步驟 6 所選擇的母代染色體依據交配機率（crossover rate）執行交配函數（Crossover）以產生新的子代。

8. 每個群體所產生的新子代各自依據突變機率執行的突變函數（Mutation）以產生各自群體的新物種，接著將所得到的所有群體繼續步驟 2 的函數。

2.3.3 變動長度遺傳演算法（Variable Length Genetic Algorithm）

在前述的共生進化演算法以及群體基礎共生進化演算法都是透過修改染色體以及族群架構來改善演算法效能，然而在染色體長度上而言，以目前為止本書所介紹的演算法中族群的染色體長度是屬於固定長度。固定長度染色體的好處是實作方便，運算直覺，在已知長度的問題下可以加快學習速度（例如函數求解問題）；缺點則是當問題所需要的染色體長度為未知時（例如以遺傳算法求解類神經網路時則網路隱藏層數多半為未知），決定染色體長度的方法一般常見的方法有：輸入資料分群法（partition）[55]、錯誤嘗試法（try and error）[56]以及即時分群法（on-line clustering）[57]……等等，然而這些方法可能是複雜的、費時的或是無法有一定的準則來代表所決定的染色體長度是否合適。

有鑑於此，在 1999 年 Pal 教授提出了變動長度遺傳演算法（variable-length

genetic algorithm）[44]。在變動長度遺傳演算法中，族群中的每條染色體有著不一樣的長度，每條染色體代表著問題的全解，透過不同染色體長度的設計可以讓染色體的最佳長度在每次的進化中透過自我適應來決定。

透過變動長度遺傳演算法的設計可以讓代表著問題全解的染色體依據演化結果決定長度。相較於傳統遺傳演算法中透過資料分群法、錯誤嘗試法以及即時分群法……等等來決定染色體長度的方式，在變動長度遺傳演算法中決定的染色體長度的方法可以不需要額外執行決定的函數，且透過演化自我適應染色體長度的方式較為可信。

圖 2.14 說明變動長度遺傳演算法中的染色體架構圖，在圖 2.14 中可以發現在變動長度遺傳演算法中族群中的每條染色體的長度是變動的，每條染色體所代表的是問題的全解。相較於傳統的遺傳演算法，在傳統遺傳演算法中族群中的染色體長度是固定的。

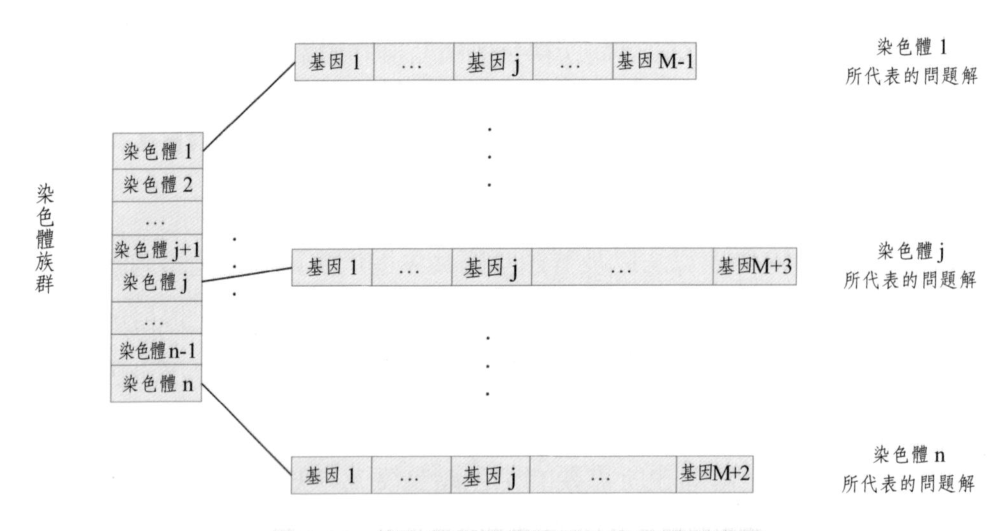

圖 2.14　變動長度遺傳演算法染色體架構圖

圖 2.15 是變動長度遺傳演算法演化架構，在圖 2.15 中，演化的步驟首先依據問題的類型產生初始化族群，在初始化的族群中染色體的長度為變動的（如圖 2.14 所示）。接著利用適應函數的衡量求得族群中染色體的適應程度。並

根據適應程度判斷是否符合終止條件，若符合則結束演化，若不符合則依據族群中染色體的適應程度排序染色體。接著將排序好的染色體透過複製以保留適應較佳的染色體，並在所保留的染色體中挑選合適的染色體作為母代進行交配運算以產生新的子代。產生新的子代將進行突變運算以產生新的物種，接著將新產生族群繼續演化的步驟。

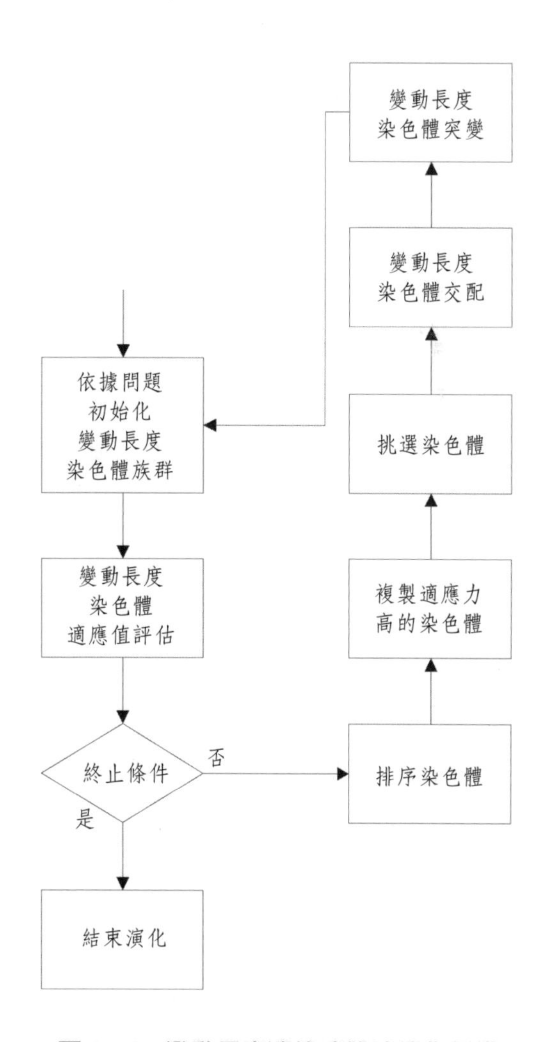

圖 2.15　變動長度遺傳演算法演化架構

在 2.15 的演化架構，需要注意的是交配以及突變運算的步驟，因為在變動長度遺傳演算法中染色體的長度是變動的，所以在交配以及突變運算時會遭遇到所選擇染色體母代長度不一的情況，在這種情況下，Pal 教授提出了以「#」來填補較短染色體空缺的解決方式以及其他的學者也提出了很多的方式[58]-[61]來解決這種問題。詳細的實作方式有興趣的讀者可以參考 Pal 教授的著作以及其他有關變動長度遺傳演算法的研究。

圖 2.16 是變動長度遺傳演算法的虛擬碼，在圖 2.16 中的虛擬碼執行流程如下：

1. 演算法一開始執行初始化族群的函數（Initialization_Variable-length_Chromosome），此函數包含：

a. 分析求解問題決定染色體變動長度。

b. 將步驟 a 的變動長度染色體族群初始化。

2. 執行衡量染色體的函數（Evaluation），透過這個函數可以得到染色體適應值。

3. 判斷終止條件，若符合終止條件則結束演化否則繼續步驟 4 的運算。

4. 將步驟 2 所得到染色體適應值執行排序族群中染色體的函數（Sorting）。

5. 執行複製函數（Reproduction）將適應程度高的染色體保留至新的族群中。

6. 執行自族群中選擇染色體的函數（Selection）用以產出母代染色體。

7. 利用步驟 6 所選擇的母代依據交配機率（crossover rate）執行變動長度交配函數（Variable-length Crossover）。

8. 依據突變機率執行變動長度的突變函數（Variable-length Mutation）接著回到步驟 2 繼續執行。

```
Variable-Length_Genetic_Algorithm ()
{
        // 位符合終止條件進行演化
        while(not fitting end condition)
        {
            // 初始化變動長度染色體族群
            Initialization_Variable-length_Chromosome();
            // 衡量變動長度染色體的函式
            Evaluation();
            // 判斷終止條件
            if(fitting end condition)
            {break;}
            // 排序染色體的函式
            Sorting();
            // 染色體進行複製函式
            Reproduction();
            // 自母代選擇染色體函式
            Selection();
            // 利用選擇母代並依據交配機率執行變動長度交配函式
            Variable_length_Crossover ();
            // 子代依據突變機率執行變動長度突變函式
            Variable_length_Mutation();
        }
}
```

圖 2.16　變動長度遺傳演算法虛擬碼

參考文獻

[1] J. He, J. Xu, and X. Yao, “Solving equations by hybrid evolutionary computation techniques,” *IEEE Trans. Evolutionary Computation,* vol. 4, no. 3, pp. 295-304, 2000.

[2] M. A. Abido, “Multiobjective evolutionary algorithms for electric power dispatch

problem," *IEEE Trans. Evolutionary Computation*, vol. 10, no. 3, pp. 315-329, 2006.

[3] W. C. Yen, "A simple heuristic algorithm for generating all minimal paths," *IEEE Trans. Reliability*, vol. 56, no. 3, pp. 488 - 494, 2007.

[4] C. J. Lin and Y. C. Hsu, "Reinforcement hybrid evolutionary learning for recurrent wavelet-based neuro-fuzzy systems," *IEEE Trans. Fuzzy Systems*, vol. 15, no. 4, pp. 729-745, 2007.

[5] L. J. Fogel, "Evolutionary programming in perspective: The top-down view," in *Computational Intelligence: Imitating Life*, J. M. Zurada, R. J. Marks II, and C. Goldberg, Eds. Piscataway, NJ: IEEE Press, 1994.

[6] I. Rechenberg, "Evolution strategy in *Computational Intelligence: Imitating Life*," J. M. Zurada, R. J. Marks II, and C. Goldberg, Eds. Piscataway, NJ: IEEE Press, 1994.

[7] J. K. Koza, *Genetic Programming: On the Programming of Computers by Means of Natural Selection.* Cambridge, MA: MIT Press, 1992.

[8] D. E. Goldberg, *Genetic Algorithms in Search Optimization and Machine Learning*. Reading, MA: Addison-Wesley, 1989.

[9] A. Kusiak, "Expert systems and optimization," *IEEE Trans. Software Engineering*, vol. 15, no. 8, pp. 1017 - 1020, 1989.

[10] G. D. Hachtel, E. Macii, A. Pardo, and F. Somenzi, "Markovian analysis of large finite state machines," *IEEE Trans. Computer-Aided Design of Integrated Circuits and Systems*, vol. 15, no. 12, pp. 1479 - 1493, 1996.

[11] G. D. Micheli, R. K. Brayton, and A. Sangiovanni-Vincentelli, "Optimal state assignment for finite state machines," *IEEE Trans. Computer-Aided Design of Integrated Circuits and Systems*, vol. 4, no. 3, pp. 269 - 285, 1985.

[12] D. Qian, D. Shan, Y. Zhao, and S. Zheng, "Design and implementation of a microprogrammed Lisp machine," *Journal of Computing & Control Engineering*, vol. 3, no. 5, pp. 241 - 245, 1992.

[13] I. Rechenberg, "Cybernetic solution path of an experimental problem," Aircr. Establ.,

libr. Transl. 1122. Farnborough, Hants., UK, 1965.

[14] T. Back and H. P. Schwefel, "An overview of evolu*tionary algorithms for parameter optimization*", Evolutionary Computation, vol. 1, no. 1, pp. 1-2, 1993.

[15] T. Nakanishi, "Research of material properties reliance for numerical analysis," *IEEE Trans. Computer-Aided Design of Integrated Circuits and Systems*, vol. 54, no. 2, pp. 609 - 613, 2008.

[16] D. A. Grier, "Gertrude blanch of the mathematical tables project," *IEEE Trans. Annals of the History of Computing*, vol. 19, no. 4, pp. 18 - 27, 1997.

[17] P. A. Nicati and P. A. Robert, "Numerical analysis of second-order polarization effects in a Sagnac current sensor," *IEEE Trans. Instrumentation and Measurement*, vol. 39, no. 1, pp. 219 - 224, 1990.

[18] N. Shimomura, I. Tawa, M. Nagata, and H. Akiyama, "Numerical analysis of multichannel gap switch in pulsed power generators," *IEEE Trans. Plasma Science*, vol. 27, no. 4, pp. 1213 - 1215, 1999.

[19] P. C. Chang, J. C. Hsieh, and C. H. Hsiao, "Application of genetic algorithm to the unrelated parallel machine problem scheduling," *Journal of the Chinese Institute of Industrial Engineering*, vol. 19, no. 2, pp. 79-95, 2002.

[20] F. Pernkopf and D. Bouchaffra, "Genetic-based EM algorithm for learning Gaussian mixture models," *IEEE Trans. Pattern Analysis and Machine Intelligence*, vol. 27, no. 8, pp. 1344 - 1348, 2005.

[21] C. J. Lin and C. T. Lin, "An ART-based fuzzy adaptive learning control network," *IEEE Trans. Fuzzy systs*., vol. 5, no. 4, pp. 477-496, 1997.

[22] X. Xu and H. G. He, "Residual-gradient-based neural reinforcement learning for the optimal control of an acrobat," in *Proc. IEEE Int. Conf. Intelligent Control*., 27-30, 2002.

[23] J. W. Pepper, B .L. Golden, and E.A. Wasil, "Solving the traveling salesman problem with annealing-based heuristics: a computational study," *IEEE Trans. Syst., Man, Cybern., Part A*, vol. 32, no. 1, pp. 72-77, 2002.

[24] X. H. Wang, J. J. Li, and J. M. Xiao, "Particle swarm optimization algorithm based on same side keeping and elitism," in Proc. *IEEE Int. Conf. Control and Decision*, pp. 3078 - 3082, 2008.

[25] D. Kaur and M. M. Murugappan, "Performance enhancement in solving traveling salesman problem using hybrid genetic algorithm," in *Proc. IEEE Int. Conf. Fuzzy Information Processing Society*, pp. 1 - 6, 2008.

[26] W. Wu and Q. Ruan, "A gene-constrained genetic algorithm for solving shortest path problem," *Proc. Int. Conf. Signal Processing*, vol. 3, pp. 2510 - 2513, 2004.

[27] H. Braun, "On solving travelling salesman problems by genetic algorithms," *Lecture Notes in Computer Science*, vol. 496, pp. 129-133, 2006.

[28] D. Whitley and T. Starkweather, *Scheduling problems and traveling salesman: the genetic edge recombination*, Morgan Kaufmann Publishers Inc. San Francisco, CA, USA, 1989.

[29] S. Y. Yuen and C. K. Chow, "A non-revisiting genetic algorithm," *Proc. IEEE Int. Conf. Evolutionary Computation*, pp. 4583 - 4590, 2007.

[30] C. J. Lin and Y. J. Xu, "Efficient reinforcement learning through dynamical symbiotic evolution for TSK-type fuzzy controller design," *International Journal General Systems*, vol. 34, no.5, pp. 559-578, 2005.

[31] J. Arabas, Z. Michalewicz, and J. Mulawka, "GAVaPS-A genetic algorithm with varying population size," *Proc. IEEE Int. Conf. Evolutionary Computation, Orlando*, pp. 73-78, 1994.

[32] M. Lee and H. Takagi, "Integrating design stages of fuzzy systems using genetic algorithms," *Proc. 2nd IEEE Int. Conf. Fuzzy Systems*, San Francisco, CA, pp. 612-617, 1993.

[33] F. Herrera and M. Lozano, "Gradual distributed real-coded genetic algorithms," *IEEE Trans. Evolutionary Computation*, vol. 4, no. 1, pp. 43 - 63, 2000.

[34] Y. K. Kwon and B. R. Moon, "A hybrid neurogenetic approach for stock forecasting," *IEEE Trans. Neural Networks*, vol. 18, no 3, pp. 851-864, 2007.

[35] D. A. Linkens and H. O. Nyongesa, "Genetic algorithms for fuzzy control.2. Online

system development and application," *IEE Proc. Control Theory and Applications*, vol. 142, no. 3, pp. 177 - 185, 1995.

[36] G. P. Liu and V. Kadirkamanathan, "Multiobjective criteria for neural network structure selection and identification of nonlinear systems using genetic algorithms," *IEE Proc. Control Theory and Applications*, vol. 146, no. 5, pp. 373 - 382, 1999.

[37] D. Whitley, S. Dominic, R. Das, and C. W. Anderson, "Genetic reinforcement learning for neuro control problems," *Mach. Learn.*, vol. 13, pp. 259-284, 1993.

[38] C. J. Lin and Y. J. Xu, "Efficient reinforcement learning through dynamical symbiotic evolution for TSK-type fuzzy controller design," *International Journal of General Systems*, vol. 34, no.5, pp. 559-578, 2005.

[39] B. A. Skinner, G. T. Parks, and P. R. Palmer, "Comparison of submarine drive topologies using multiobjective genetic algorithms," *IEEE Trans. Vehicular Technology*, vol. 58, no. 1, pp. 57-68, 2009.

[40] C. J. Lin and Y. J. Xu, "A novel genetic reinforcement learning for nonlinear fuzzy control problems," *Neurocomputing*, vol. 69, no. 16-18, pp. 2078-2089, 2006.

[41] C. J. Lin and Y. J. Xu, "The design of TSK-type fuzzy controllers using a new hybrid learning approach," *International Journal of Adaptive Control and Signal Processing*, vol. 20, no. 1, pp. 1-25, 2006.

[42] C. F. Juang, J. Y. Lin and C. T. Lin, "Genetic reinforcement learning through symbiotic evolution for fuzzy controller design," *IEEE Trans. Syst., Man, Cybern., Part B*, vol. 30, no. 2, pp. 290-302, 2000.

[43] C. J. Lin and Y. J. Xu, "A self-adaptive neural fuzzy network with group-based symbiotic evolution and its prediction applications," *Fuzzy Sets and Systems*, vol. 157, no. 8, pp. 1036-1056, 2006.

[44] S. Bandyopadhyay, C. A. Murthy, and S. K. Pal, "VGA-classifier: design and applications," *IEEE Trans. Syst., Man, and Cybern., Part B*, vol. 30, no. 6, pp. 890-895, 2000.

[45] H. F. Du, L. C. Jiao, and S. A. Wang, "Clonal operator and antibody clone algorithms," in *Proc. IEEE Int. Conf. Machine Learning and Cybernetics*, vol. 1, pp. 506 - 510, 2002.

[46] D. E. Moriarty and R. Miikkulainen, "Efficient reinforcement learning through symbiotic evolution," *Mach. Learn.*, vol. 22, pp. 11-32, 1996.

[47] R. E. Smith, S. Forrest, and A. S. Perelson, "Searching for diverse, cooperative populations with genetic algorithms," *Evol. Comput.*, vol. 1, no. 2, pp. 127-149, 1993.

[48] K. Leung, F. Cheong, and C. Cheong, "Consumer credit scoring using an artificial immune system algorithm," in *Proc. IEEE Int. Conf. Intelligent Signal Processing and Communication Systems*, pp. 3377 - 3384, 2007.

[49] A. Canova, F. Freschi, and M. Tartaglia, "Multiobjective optimization of parallel cable layout," *IEEE Trans. Magnetics*, vol. 43, no. 10, pp. 3914 - 3920, 2007.

[50] M. Gong, L. Zhang, L. Jiao, and W. Ma, "Differential immune clonal selection algorithm," in *Proc. IEEE Int. Conf. Intelligent Signal Processing and Communication Systems*, pp. 666 - 669, 2007.

[51] C. J. Lin and Y. J. Xu, "A self-constructing neural fuzzy network with dynamic-form symbiotic evolution," *AutoSoft Journal- Intelligent Automation and Soft Computing*, vol. 13, no. 2, pp. 123-137, 2007.

[52] H. Xiong and C. X. Sun, "Artificial immune network classification algorithm for fault diagnosis of power transformer," *IEEE Trans. Power Delivery*, vol. 22, no. 2, pp. 930 - 935, 2007.

[53] D. Y. Wang, H. C. Chuang, Y. J. Xu, and C. J. Lin, "A novel evolution learning for recurrent wavelet-based neuro-fuzzy networks," in *Proc. IEEE Int. Conf. Fuzzy Systems*, pp. 1092 - 1097, 2005.

[54] C. J. Lin, C. H. Chen, and C. T. Lin, "Efficient self-evolving evolutionary learning for neurofuzzy inference systems," *IEEE Trans. Fuzzy Systems*, vol. 16, no. 6, pp. 1476 - 1490, 2008.

[55] G. Karypis and V. Kumar, "Multilevel algorithms for multi-constraint graph

partitioning," in *Proc. IEEE Int. Conf. Supercomputing*, pp. 28 - 28, 1998.

[56] Y. Wen and A. Ferreyra, "On-line clustering for nonlinear system identification using fuzzy neural networks," in *Proc. IEEE Int. Conf. Fuzzy Systems*, pp. 678 - 683, 2005.

[57] J. J. Grefenstette, "Optimization of control parameters for genetic algorithms," *IEEE Trans. Syst., Man, Cybern.*, vo1. 6, no. 1, pp. 122-128, 1986.

[58] E. Saeidpour, V. S. Parizy, M. Abedi, and H. Rastegar, "Complete, integrated and simultaneously design for STATCOM fuzzy controller with variable length genetic algorithm for voltage profile improvement," in *Proc. IEEE Int. Conf. Harmonics and Quality of Power*, pp. 1 - 7, 2008.

[59] D. Chu and J. E. Rowe, "Crossover operators to control size growth in linear GP and variable length GAs," in *Proc. IEEE Int. Conf. Evolutionary Computation*, pp. 336 - 343, 2008.

[60] I. Saha, U. Maulik, and S. Bandyopadhyay, "A new differential evolution based fuzzy clustering for automatic cluster evolution," in *Proc. IEEE Int. Conf. Advance Computing s*, pp. 706 - 711, 2009.

[61] A. K. Magnusson and I. R. W. Sillitoe, "Constructive evolution of morphological filters for high-speed embedded image processing," in *Proc. IEEE Int. Conf. Systems, Man and Cybernetics*, vol. 3, pp. 3022 - 3027, 2004.

第三章
遺傳演算學習

在第二章中介紹遺傳演算法得相關理論，以及遺傳演算法的演化架構，在第二章結尾也介紹了遺傳演算法中的改善模型（共生進化、群體基礎共生進化以及變動長度遺傳演算法）。透過第二章的介紹，相信讀者對於遺傳演算法的相關理論以及演化架構都有了初步的認識了，對於二進位編碼式、符號編碼式，以及實數編碼式遺傳演算法演化架構在第二章也作了詳細的介紹。在這一章節中，本書將針對遺傳演算法的學習架構作說明，透過本章的學習，讀者可以了解遺傳演算法的學習程序以及各項學習運算的設計。

在本章中，首先介紹遺傳演算法學習程序的概述，內容主要介紹遺傳演算法的學習程序。接著介紹遺傳演算法學習程序中的各項運算，其中包含基因編碼（分為二進位編碼式、符號編碼式，以及實數編碼式基因）、適應函數設計（包含適應函數原理、靜態比率調整（static scaling），以及動態比率調整（dynamic scaling））、選擇以及複製策略介紹（分為選擇以及複製原理、競爭式選擇以及輪盤式選擇）、交配策略（分為各種交配策略以及適用時機），以及突變策略（分為各種突變策略以及適用時機）。在本章中的最後一個章節介紹了遺傳演算法中參數的設計（如：族群大小、交配以及突變機率）透過初始參數的介紹說明如何最佳化遺傳演算法的參數。

本章主要針對遺傳演算法的學習程序以及參數設計作說明，包含遺傳演算法相關學習運算以及參數設計的說明，主要是讓讀者了解遺傳演算法的學習運算以及在訂定相關參數時的最佳化方法。

3.1 | 遺傳演算法學習程序概述

在這一章節中，本書將介紹有關遺傳演算法在學習程序上的概述。遺傳算法主要是仿效自生物種進化的過程，所以在遺傳演算法學習程序也是根據生物種的演化來模擬；亦即依據物競天擇，適者生存的規則所演化而來，也就是適合目前環境的物種就有較大的機會生存下來，反之，不適合目前環境的物種，則將有可能被環境所淘汰。經過天擇的生物可以繼續繁衍後代，使得子代可以遺傳父代的優良特徵，以便於能夠更適應環境的變化；遺傳演算法正是基於這樣的原理來運作 [1]-[10]，經由複製（reproduction）、交配（crossover），以及突變（mutation）等三階段來產生更適合環境的子代。

圖 3.1 為遺傳演算法學習流程圖，在圖 3.1 中可以發現遺傳演算法的學習過程中主要有：初始值設定、複製、適應函數設計、終止條件判斷、選擇、交配以及突變等運算，以下本書將概述各項運算，隨後在 3.2 節到 3.6 節中將詳細說明各項遺傳演化運算的詳細流程：

1. 初始值設定運算

在進行基因演算法運作之前，必須對問題解進行編碼的動作，編碼後的結構即稱為染色體，而染色體是由多個基因所組成。一般而言，最為常用的染色體的編碼方式為二元編碼、符號編碼以及實數編碼三種。其中，二元編碼是利用二進位方式替染色體編碼，符號編碼則是透過定義的符號作為染色體的編碼方式而實數編碼則是直接利用數字本身做染色體編碼。

2. 複製運算

透過適應度函數判斷各組染色體的優劣，可決定出該染色體被保留至下一世代機率的大小，若適應度函數值較高者，則其被保留的機率將隨之較大；反之，若染色體適應度函數值較低者，則其被淘汰的機率也較大。

3. 適應函數設計

在傳演算法中，適應函數或稱適應值（fitness value）的設計主要是用來代表染色體表現的效能。

4. 排序運算

在利用適應函數計算出族群中每條染色體的效能之後，接下來就是根據所計算出染色體的適應值大小進行排序（sorting）。

5. 終止條件設定

運用基因演算法進行世代演化來求解時，必須先決定其演化終止的條件來終止演化的程序。

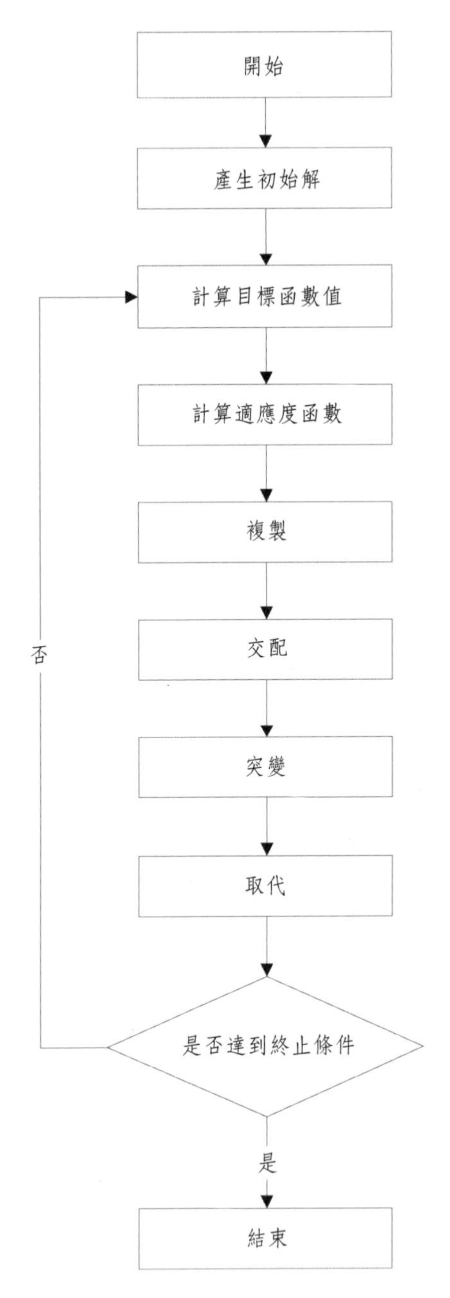

圖 3.1 遺傳演算法學習流程圖

6. 選擇運算

選擇運算是透過適應度函數判斷各組染色體的優劣決定出應該選擇出來作為交配的母代染色體的運算。

7. 交配運算

交配運算是針對複製後的母體，提供染色體基因一個交換的機制，以達到不同染色體間的基因可以透過一些固定邏輯進行交換，以增大搜尋空間。透過親代的交配所產生出來的子代可以作更跳躍式的搜尋，以跳脫局部最佳解而朝全域最佳解逼近。

8. 突變運算

突變運算元是避免基因演算法在演化的過程中，不會因為複製或交配等過程中而遺失了一些有用的資訊。突變運算元也是用來跳脫區域最佳解的一個重要步驟，使得搜尋的空間範圍更為廣大，以逼近全域最佳解。

3.2 丨染色體基因編碼

在本章中，將介紹遺傳演算法學習步驟的第一個運算－染色體基因編碼，在 1.2 節中介紹過，基因是遺傳演算中最基本的單位，透過對問題的解析，將問題以基因形式表達出來，由基因所組成的染色體即為對問題解析的結果，通常代表著問題的全解。

在基因編碼中首先透過對問題的分析來決定染色體長度，接著決定基因編碼形式，接著產生染色體基因。在染色體基因的編碼方面可以分為：二進位編碼、符號編碼以及實數編碼等三種 [11]-[20]，在本章以下的章節將分別介紹這三種染色體基因的編碼方式。

3.2.1 二進位編碼

在二進位編碼染色體基因的類型中 [11]-[14]，染色體的編碼是以二進位形式所組成，也就是染色體的基因是以 0 或 1 來表示，而染色體基因對應於問題的型式（n-bits）則是依據問題的類型來決定。圖 3.2 為二進位編碼染色體基因的形式，在圖 3.2 中，可以發現染色體的基因值為 0 或 1，在這個例子中染色體的基因是以 3-bits 的形式編碼的。

基因位置	1	2	3	4	5	6	7	8	9
基因值	0	1	0	0	1	1	1	0	1
代表值		2			3			5	

圖 3.2　二進位編碼染色體基因

二進位染色體基因編碼適合將問題用在可以用實數型態表現出來的例子，但是通常二進制的編碼方式會造成染色體過長的問題（因為將實數編碼成二進制可能會造成染色體過長），所以一般較常應用的方面為適合較少參數的問題。在求得染色體的編碼方式以及形式之後，接下來在二進制的染色體基因編碼中，解碼染色體的方式也將被定義，在二進制的染色體基因編碼中染色體的解碼為編碼的反轉換，透過將染色體解碼可以將基因值還原至原始問題中，以求得染色體的適應程度。

以下本書將舉出數學函數求解的例子來說明二進位編碼染色體基因的編碼以及解碼的流程。

例 3.1　數學函數求解

本例是求解數學函數的最大化問題，在本例中以 De Jong 著名的函數 [21] 說明之，函數說明如下：

$$\max\,(f(x_i)) = 100({x^2}_1 - x_2)^2 + (1 - x_1)^2 \qquad (3.1)$$

$$\text{where} \quad -2.048 \le x_i \le 2.048,\ \text{i} = 1,2.$$

在本例中希望能透過遺傳演算法找到函數 x_1 以及 x_2 使的式（3.1）為最大，在此將著重於如何將式（3.1）進行二進制編碼，詳細的方式如下：

問題分析

由式（3.1）可以發現這個問題主要是搜尋 x_1 以及 x_2 使得式（3.1）的結果為最大，屬於較少函數的問題所以適合透過二進制編碼的方式處理。在決定以二進制編碼的形式進行編碼後，接著是根據問題的搜尋空間決定染色體基因對應於問題的型式。

決定染色體基因對應於問題的型式

由於式（3.1）x_1 以及 x_2 的範圍為 [−2.048， 2.048]，因此染色體的基因若使用二進位編碼來代表 x_1 以及 x_2 首先要先決定變數的長度，變數編碼的長度可以下式決定：

$$(\text{Max} + |\text{Min}|) \times 10^n \qquad (3.2)$$

在式（3.2）中 Max 為變數的最大範圍，Min 為變數的最小範圍，而 n 為變數的精確度。

以此例來說若希望 x_1 以及 x_2 的精確度可以到小數後點三位，透過式（3.2）可以得到結果：

$$(2.048 + |-2.048|)*10^3 = 4096 \qquad (3.3)$$

式（3.3）中可以發現 $2^{11} < 2{,}048 \le 2^{12}$，因此需要 12 個位元來分別表示 x_1 以及 x_2。透過對式（3.1）的分析可以發現染色體問題的個體長度一共是 24 個位元。在決定完染色體的編碼方式以及形式之後，接下來定義解碼染色體的方式。

染色體解碼

染色體的解碼方式為：

$$\text{Min} + x \times (\text{Max} + |\text{Min}|) / (2^m - 1) \qquad (3.4)$$

在式（3.4）中 Max 為變數的最大範圍，Min 為變數的最小範圍，x 為染色體透過二進位轉十進位得到的變數而 m 為變數 x 對應到的位元長度。

若所產生的染色體如圖 3.3，在圖 3.3 中前 12 個基因為 x_1 而後 12 個基因為 x_2。其中 x_1 的值為 11 而 x_2 的值為 3072。在解碼方面，使用下列公式的計算可以得到所代表的 x_1 以及 x_2 的值：

$$x_1 = -2.048 + 11*(4.096) / (2^{12}-1) = -2.048 + 0.011 = -2.037 \qquad (3.5)$$

$$x_2 = -2.048 + 3072*(4.096) / (2^{12}-1) = -2.048 + 3.0728 = 1.0248 \qquad (3.6)$$

透過式（3.5）至（3.6）的解碼計算可以得到圖 3.3 中編碼的 x1 以及 x2 的變數所對應的值分別為 -2.037 以及 1.0248。

基因位置	1	2	3	4	5	6	7	8	9	10	11	12
基因值	0	0	0	0	0	0	0	0	1	0	1	1
對應值	11											
基因位置	13	14	15	16	17	18	19	20	21	22	23	24
基因值	0	1	1	0	0	0	0	0	0	0	0	0
對應值	3072											

圖 3.3　染色體基因

在本例中我們可以發現，雖然只有兩個變數的函數求解，然而在經過二進制基因編碼後卻發現染色體長度竟高達 24，依此類推若變數增加時，則染色體長度的增加是可觀的，此外，二進制編解碼運算也較複雜。

3.2.2　符號編碼

符號型染色體基因編碼 [15]-[17] 是希望能透過簡單的編碼方式處理所欲求解的問題。符號型染色體基因編碼也需要經過編解碼運算，不過符號型染色體基因編碼只需要將問題的參數利用符號的方式進行編碼，可以解決二進位編碼時產生染色體過長的問題。在符號型染色體基因編碼中每個符號參數以一個基因位置表示，而每個符號參數是透過對問題的編碼得到的，如此將可以有效降低染色體的長度。

圖 3.4 為符號編碼染色體基因的形式，在圖 3.4 中，可以發現染色體的基因值為符號形式。

基因位置	1	2	3	4	5	6	7	8
基因值	A	B	C	F	G	I	L	J

圖 3.4　符號編碼染色體基因

在求得染色體的符號編碼對應方式之後，接下來在符號式染色體基因編碼中，解碼染色體的方式也將被定義，與二進制的染色體基因編碼相同染色體的解碼為編碼的反轉換，透過將染色體解碼可以將基因值還原至原始問題中，以求得染色體的適應程度。

以下本書將舉出推銷員旅行問題的例子來說明符號編碼染色體基因的編碼以及解碼的流程。

例 3.2　推銷員旅行問題

推銷員旅行問題（traveling salesman problem）[22]-[25]，或稱為旅行商問題以及 TSP 問？是一種多局部最佳化的問題。在這個問題中假設在 N 個城市中，有一個推銷員要從其中一個城市出發，希望能用最短的距離走遍所有的城市，而後回到原先出發的城市。

在此例中本書將以圖 3.5 的城市節點圖來說明推銷員旅行問題。在圖 3.5 中，一共有 5 個城市，城市間的路線為相互全連通，在此例中將著重於如何將圖 3.5 進行符號編解碼，詳細的方式如下：

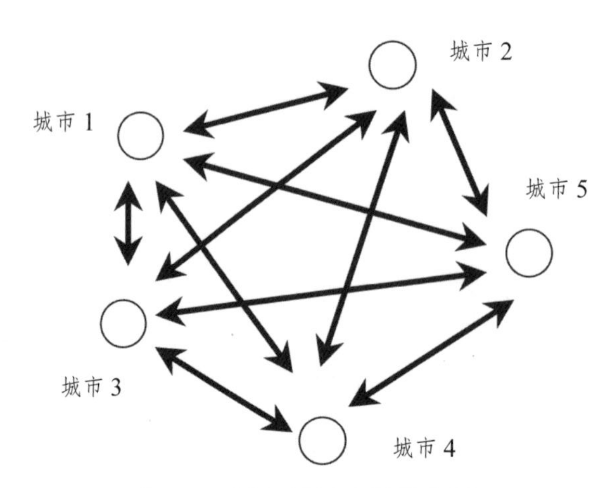

圖 3.5　城市相關位置示意圖

問題分析

由圖 3.5 可以發現這個問題主要是搜尋每個城市連通的最短距離，可以透過將圖 3.5 的城市以符號編碼透過連通城市組合的搜尋可以很容易的求得每個城市連通的最短距離。在決定以符號編碼的形式進行編碼後，接著是根據問題的搜尋空間決定染色體基因對應於問題的型式。

決定染色體基因對應於問題的型式

由於圖 3.5 中有 5 個城市，所以變數編碼的長度為 5，而每個城市可以編

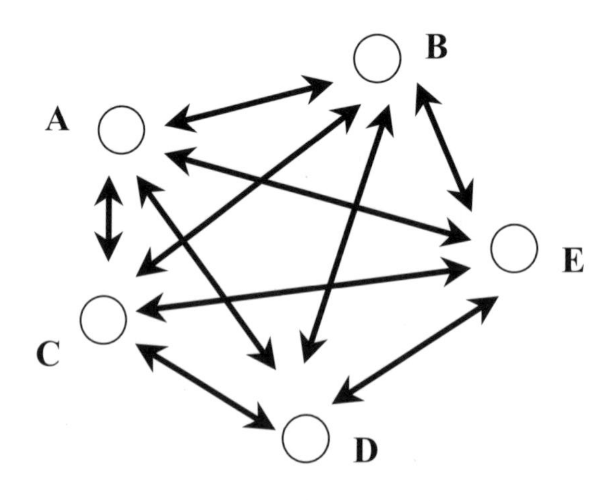

圖 3.6　編碼後城市圖

碼為如圖 3.6 的結果，在圖 3.6 中 5 個城市以 A-E 的符號表示之。在這個問題中，每個符號在一條染色體的基因中是不可以重複出現的。在決定完染色體的編碼形式後，接下來決定解碼方式。

染色體解碼

若所產生的染色體如圖 3.7，在圖 3.7 中的基因值為對應到圖 3.6 的城市符號編碼圖，以圖 3.7 的染色體為例所經過的城市順序為 A−>C−>E−>B−>D 如圖 3.8 虛線所示。而圖 3.8 虛線所對應到圖 3.6 的長度為

$$(A -> C) + (C -> E) + (E -> B) + (B -> D) \qquad (3.7)$$

基因位置	1	2	3	4	5
基因值	A	C	E	B	D
對應長度	(A−> C) + (C−> E) + (E −> B) + (B −> D)				

圖 3.7. 染色體基因

在本例中我們可以發現，在有 5 個變數的城市地圖中，在經過符號形式基因編碼後染色體長度只 5，因此可以發現透過符號型染色體基因編碼可以解決二進位編碼時產生染色體過長的問題。

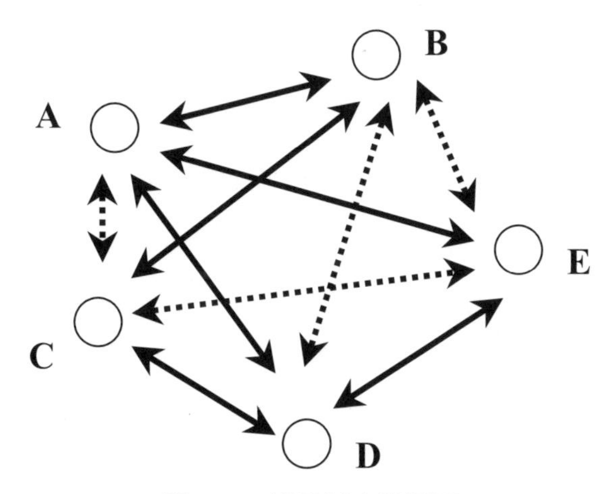

圖 3.8. 搜尋城市路徑圖

3.2.3 實數編碼

雖然符號型染色體編碼 [18]-[20] 可以有效解決二進位編碼時造成的染色體過長的問題，然而由於此類演算法可以解決的問題也較侷限，而且並非所有問題都可以用符號來表示。此外，符號型染色體編碼也需要經過染色體基因編解碼的過程。

為此，就有將基因的編碼直接利用實數來進行的做法，透過這樣的做法可以得到較直觀於所欲求解的問題以及對於演算法設計時不再需要設計複雜的編解碼步驟的好處。

圖 3.9 為實數編碼染色體基因的形式，在圖 3.9 中，可以發現染色體的基因值為實數形式。

基因位置	1	2	3	4	5	6	7	8
基因值	11	12	30	2	5	8	4	9

圖 3.9　實數編碼染色體基因

在實數編碼染色體基因中，解碼染色體的方式非常直覺，只須將染色體的基因值直接還原至原始問題中，即可求得染色體的適應程度。

以下本書將舉出神經網路求解權重的問題來說明實數編碼染色體基因的編碼以及解碼的流程。

例 3.3　神經網路設計

類神經網路（neural network）[25]-[35] 主要是透過模仿人類的神經系統求解現實問題的模型，透過神經網路的求解希望能有更好的表現。類神經網路主要由很多非線性運算元〔或稱神經元（neuron)〕所組成，各神經元間有許多的連結。一般來說神經元是以平行且分散的方式運作，因此可以同時處理大量資料，所以類神經網路是可以應用在很多需要處理大型的資料方面。

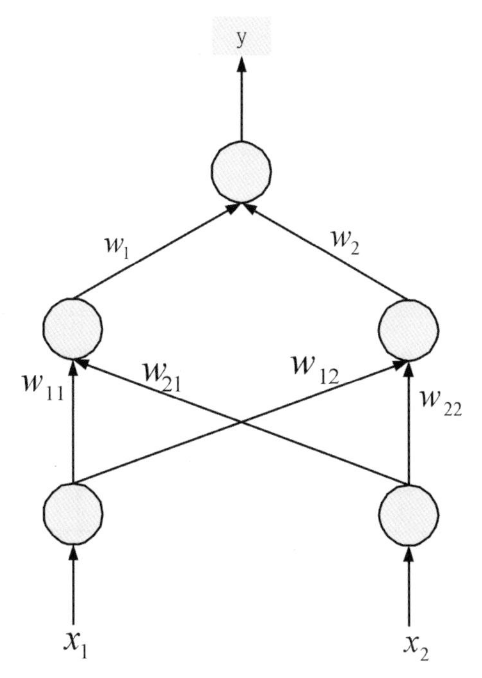

圖 3.10　神經網路架構

圖 3.10 為類神經網路架構圖，在圖 3.10 為 2 維輸入 1 維輸出的 3 層式類神經網路，在隱藏層中有 2 個神經元。其中，w_{ij} 代表第 i 個輸入到第 j 個隱藏層的權重而 w_i 代表第 i 個隱藏層到第 j 個輸出層的權重，本例中主要是針對類神經網路對應到的遺傳編碼的過程意即如何將圖 3.10 進行實數式基因編解碼，詳細的方式如下：

問題分析

由圖 3.10 可以發現這個問題主要是搜尋神經網路的權重值，由於在類神經網路求解權重的問題通常要搜尋的權重都很多而且權重值的範圍可能很大，所以不適用二進位的編碼，此外也無法將權重進行符號編碼。因此，非常適合使用實數編碼染色體基因。透過將圖 3.10 的權重直接以實數編碼來搜尋網路的最佳解可以有效降低染色體過長的問題以及簡化編解碼的過程。在決定以實數編碼的形式進行編碼後，接著是根據問題的搜尋空間決定染色體基因對應於問題的型式。

決定染色體基因對應於問題的型式

由於圖 3.10 中有 6 個權重，所以染色體編碼的長度為 6。在這個問題中，每個基因值代表著圖 3.10 的權重值範圍則根據問題來決定。在決定完染色體的編碼形式後，接下來決定解碼方式。

染色體解碼

若所產生的染色體如圖 3.11，在圖 3.11 中的基因值為對應到圖 3.11 的神經網路權重值。將圖 3.11 的基因解碼至所對應到的神經網路可以用圖 3.12 來表示之。

基因位置	1	2	3	4	5	6
代表參數	w_{11}	w_{12}	w_{21}	w_{22}	w_1	w_2
對應變數	3.13	5.18	8.84	6.11	8.66	6.69

圖 3.11　染色體基因

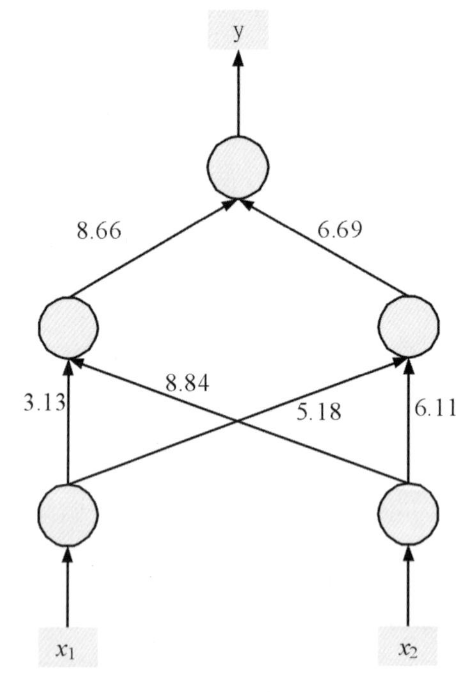

圖 3.12　神經網路架構

在本例中可以發現，在有 6 個變數的神經網路中，在經過實數形式基因編碼後染色體長度只有 6，而且在編解碼的過程中也十分的直覺且簡單，可以發現透過實數型染色體基因編碼可以有效降低染色體過長的問題以及簡化編解碼的過程。

3.3 ｜初始化染色體族群

在定義完遺傳演算法的染色體基因編碼後，接著就是進行染色體族群的初始化的動作，這個步驟的目的是為了產生染色體族群並給予族群中每條染色體初值，族群的架構，依據編碼方式一樣可以分為二進位型染色體族群、符號型染色體族群以及實數型染色體族群，不過這三種編碼方式的族群初始化的方法通常都可以互相適用所以在此不分開描述。

染色體族群的架構如圖 3.13 所示，在圖 3.13 中說明了一個具有 P_{Size} 條染色體的族群，其中每條染色體有 5 個基因，P_{Size} 為族群大小是遺傳演算法中的一個需要事先被設定的參數，至於這個參數要如何被設定，可以參照本章最後一個章節。

染色體編號	基因值				
1	35.77	11.57	11.36	34.25	12.36
2	31.24	12.71	12.61	31.31	10.64
…	…	…	…	…	…
P_{Size}	31.17	10.71	14.61	36.46	14.98

圖 3.13　染色體族群

在遺傳演化過程中必須先產生多對染色體，而由此多對染色體所組成的群體便稱之為母體，每個演化世代即是由母體中成對染色體依基因演化來產生下個世代的母體。一般而言，第一代母體稱之為初始母體，母體初始化流程圖如圖 3.14 所示，在圖 3.14 中首先決定族群的大小（在本書中族群大小指的是一個族群所能存放的染色體個數)，接著制定初始化策略，再來則是依據染色體編碼規則以制定的初始化策略產生初始化的族群染色體。一般來說，初始化母體方式（初始化策略）是利用隨機所產生 [36]-[45]。不過近年來也有學者提出配合啟發式的方式來初始化母體 [46]-[55]。在本章中，我們將針對這兩種不同的方式來說明如何產生初始母體。

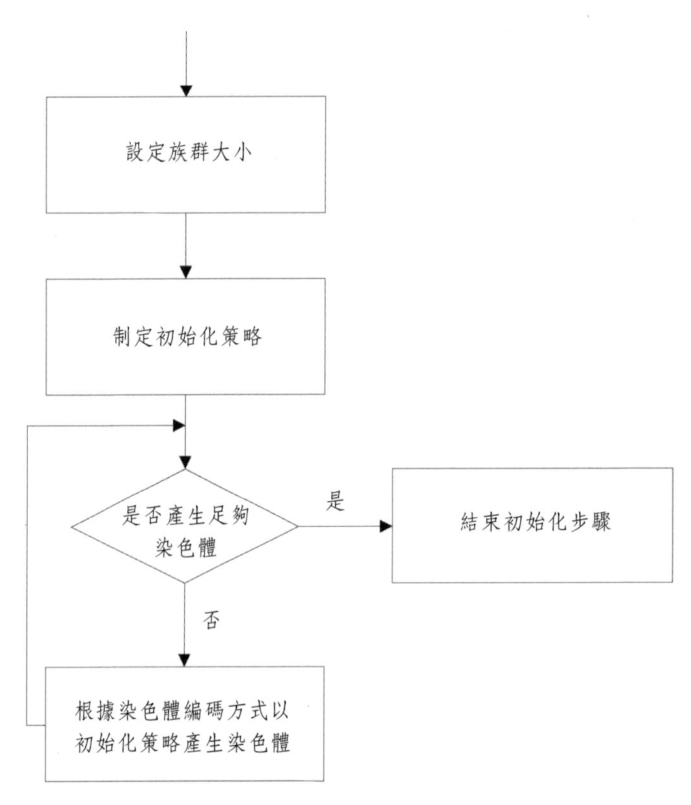

圖 3.14　母體初始化流程圖

3.3.1　隨機方式產生初始母體

本節將介紹以隨機方式產生初始母體的方法，這個方法顧名思義就是透過隨機的方式決定族群中染色體的初值，隨機方式則是透過事先定義的範圍產生染色體中的基因值。此類方法的優點是可以增加初始母體的多樣化，使得之後的演化運算可以在較大的搜尋空間中搜尋，不過缺點是隨機方式產生初始母體較無法則可以衡量初始族群的效能。一般來說，搜尋空間較小的且基因值範圍明確很適合用此種方式產生初始母體。隨機產生染色體族群的公式如下：

$$Population[i][j] = random[\text{Min, Max}] \tag{3.8}$$
$$i = 1, 2, \cdots\cdots, P_{Size}\,; j = 1, 2, \cdots\cdots, C_{lenght},$$

在式（3.8）中 Population 表示族群，i 以及 j 表示族群中第 i 條染色體的第 j 個基因，P_{Size} 為族群大小，C_{lenght} 為染色體長度，*random* 則為隨機函數，Min 以及 Max 代表隨機函數的最小範圍以及最大範圍。

以下本書將舉出例 3.4 以及 3.5 中的數學函數求解以及推銷員旅行問題的例子來說明以隨機方式產生初始母體方法的流程。

例 3.4　數學函數求解問題的隨機產生初始母體方法

由式 3.1 可以發現所欲搜尋的參數 x_1 以 x_2 範圍固定，所以適用以隨機方式產生初始母體的方法。在式（3.1）中參數 x_1 以 x_2 的範圍為 [−2.048，2.048] 經過式（3.3）的編碼後可以發現染色體的長度一共是 24 個位元，假若在此例中需要產生的族群大小為 4，則可將式（3.8）改寫成如下的公式：

$$Population[\text{i}][\text{j}] = random[0, 1] \tag{3.9}$$
$$i = 1, 2, \cdots\cdots, 4; j = 1, 2, \cdots\cdots, 24,$$

在式(3.9)中 P_{Size} 定義為 4，C_{lenght} 經計算後得到為 24，*random* 則為隨機函數，隨機函數 *random* 的最小範圍以及最大範圍因為基因是二進位方式編碼所以分別為 0 以及 1。

圖 3.15 是經過式（3.9）所產生出來的初始族群，在圖 3.15 中每一條染色體都是以 24 位元的二進位方式編碼，其中前 12 位元為 x_1 所對應的值，後 12 位元為 x_2 所對應的值，經過式（3.5）至（3.6）可以將圖 3.15 的初始族群解碼成所對應參數 x_1 以 x_2 的值。圖 3.16 為經過式（3.5）至（3.6）的解碼結果。

染色體編號	基因值	
1	000000000010	010000000010
2	000000100010	001000100010
3	00010000100	000100010000
4	000000011000	01000100000

圖 3.15　染色體族群

染色體編號	x_1	x_2
1	−2.0460	−1.0217
2	−2.0140	−1.5019
3	−1.9160	−1.7759
4	−2.0240	−1.5039

圖 3.16　解碼後的染色體族群

例 3.5　推銷員旅行問題的隨機產生初始母體方法

因為染色體在本例中是以符號方式進行編碼，由圖 3.6 可知在本例中的符號為 A-E 五個符號，因為推銷員必須走完所有城市且每個城市只能走一次所以在此例中染色體是由 5 個基因所組成，假若在此例中需要產生的族群大小為 4，則可將式（3.8）改寫成如下的公式：

$$Population\ [\mathrm{i}][\mathrm{j}] = random[1,5] \quad (3.10)$$
$$i = 1, 2, \cdots\cdots, 4\ ; j = 1, 2, \cdots\cdots, 5,$$

在式（3.10）中 P_{Size} 定義為 4，染色體長度 C_{size} 為 5，*random* 則為隨機函數，隨機函數 *random* 的最小範圍以及最大範圍因為基因是符號方式編碼，在此我們將 A-E 五個符號以 1-5 代替。

圖 3.17 是經過式（3.10）所產生出來的初始族群，在圖 3.17 中每一條染色體都是以符號方式編碼，經過式（3.7）可以將圖 3.17 的初始族群解碼成所對應的長度值。圖 3.18 為經過式（3.7）的解碼結果。

染色體編號	基因值				
1	A	C	E	B	D
2	A	B	E	C	D
3	A	B	C	E	D
4	A	E	B	C	D

圖 3.17　染色體族群

染色體編號	基因值
1	(A−>C) + (C−>E) + (E−>B) + (B−>D)
2	(A−>B) + (B−>E) + (E−>C) + (C−>D)
3	(A−>B) + (B−>C) + (C−>E) + (E−>D)
4	(A−>E) + (E−>B) + (B−>C) + (C−>D)

圖 3.18　編碼對應長度值

3.3.2 啓發式產生初始母體

在此例中，將提出另一種初始母體的方式，以啟發式觀念來產生族群，有別於隨機產生方式，在此中方法中，著重於產生較優化的初始族群，希望能透過較優化的初始族群使得在將來的演化中可以有效的加速演化，此類方法的優點是可以增加初始母體對問題的適應性，使得之後的演化運算可以集中在對問題較適應的搜尋空間中搜尋，不過缺點是透過產生優化的初始族群可會產生初始族群過於朝向局部最佳解的搜尋空間而無法跳脫出來。以下本書將介紹透過優生學觀念產生初始化族群的方式。

2005 年，林以及徐這兩位學者 [46]-[48] 提出了效能式遺傳演算法，在這個演算法中，提出了利用優生學觀念來產生初始母體。在啟發式產生母體的演算法中，母體初始化是透過所謂的循序式動態演化策略，透過動態式的生成母體族群使得母體在初始化時得到較佳的染色體組合，在接下來的演化中可以以助於演化的效能，啟發式產生初始化母體演算法如下：

步驟 0

隨機產生第一組染色體根據如下的公式；

$$Population[1][j] = random[\text{Min}, \text{Max}] \quad (3.11)$$
$$j = 1, 2, \cdots\cdots, C_{size},$$

在式（3.11）中 *Population* 表示族群，$Population[i][j]$ 表示族群中第 i 條染色體的第 j 個基因，P_{Size} 為族群大小，C_{size} 為染色體長度，*random* 則為隨機函數，Min 以及 Max 代表隨機函數的最小範圍以及最大範圍。從式（3.11）可以發現在啟發是產生母體的第一組染色體和式（3.8）一樣是透過隨機方式來產生的。

步驟 1

根據第一組染色體進行循序式動態演化策略來產生族群中其他的染色體，循序式動態演化策略是延伸自局部搜尋程序 [47] 的演算法。在循序式動態演化策略中前一組染色體的每一個基因將透過循序搜尋被選取，而每一個被選取的基因將會根據其適應函數值來更新以及評量，也就是新染色體的基因值更新是根據適應函數值來決定，循序式動態演化策略的詳細步驟如下：

(a) 根據前一條染色體循序搜尋基因。

(b) 更新循序搜尋到的每個基因根據下式：

$$Population[i][j] =$$
$$Population[i][j] + \Delta(fitness\_value, Max - Population[i][j]), \text{ if } \alpha > 0.5 \quad (3.12)$$
$$Population[i][j] - \Delta(fitness\_value, - Population[i][j] - Min), \text{ if } \alpha < 0.5$$
$$i = 2, 3, \cdots\cdots, P_{Size}\ ; j = 1, 2, \cdots\cdots, C_{size},$$

$$\Delta(fitness\_value, v) = v * \lambda * (1 / fitness\_value)^{\lambda} \quad (3.13)$$

其中 $\alpha, \lambda \in [0, 1]$ 分別為介於 0 到 1 的隨機數值；*fitness_value* 是計算適應函數值，i 以及 j 代表第 i 個族群的第 j 個基因。函數 Δ（*fitness_value, v*）的值會隨著試應函數值遞增而遞減，這樣的現象主要是希望再在啟發式的初始族群中在一開始時因為適應值較差而進行較大範圍的最佳解搜尋，而當適應值穩定時進行小範圍的最佳解搜尋，透過這樣的作法可以增加出使族群的基因值經過調整搜尋範圍而得到較佳的初始效能，以利後續的演化步驟。在相關研究中可以發現透過啟發式的初始化族群可以有效加速後續的演化。

(c) 假如在 (a) 中所產生的基因值經過計算適應值後發現可改善現有的染色體效能擇進行修正，否則將原先位修改的染色體基因值復原。接著繼續執行步驟 (a) 直到每一個基因都被選擇為止。透過這樣的作法可以確保每一次基因的修改都能造成是應值得提升，因此在初始化族群建立後可以增加初始化染色體對最佳解的適應程度。

啟發式產生族群的方法有相當多種的理論，其中尚有利用圖形識別觀念產生優化族群的理論 [56]-[60]、透過資料分佈決定初始族群 [61]-[70]……等等，礙於篇幅在本書中無法詳細介紹，有興趣的讀者可以參考這方面相關的論文。

3.4 | 適應函數設計

在遺傳演算法中，適應函數的設計主要是用作搜尋最佳解的依據。也就是說適應度函數決定了每一個族群中染色體適應環境的能力，是遺傳演算法中用以判斷一條染色體生存與否的依據，合適的適應度函數往往可以將染色體的優劣比較出來，故適應度函數通常依設計者對問題求解的要求而會有不同的製定。在本節中，本書將介紹在遺傳算法中適應函數的設計方法。

在適應函數的設計中，雖然適應函數值可以用來代表每一個染色體對最佳解的適應程度，但針對每一個問題，可能所需要適應函數都不盡相同，一般而言，適應函數的設計可以分為監督式 [71]-[75]，以及增強式適應函數設計 [76]-[80] 兩種，以下將分別介紹這兩種適應函數的設計。

3.4.1 監督式適應函數設計

顧名思義為具有明確定義目標的適應函數設計，在這一類的問題中，多半最佳解具有明確的目標可供計算，如函數逼近、股市漲跌……，在這類的問題中由於目標明確多半所利用的方法也較直觀，如下例：

例 3.6　以最小均方根的倒數作為適應函數

在這一類的問題中主要是透過計算目標值與實際染色體值的差異作為適應函數的設計，例如：類神經網路的求解、函數逼近以及溫度控制……等等，透過精確的逼近目標值來讓染色體具有較佳的效能，由於適應函數所代表的值越高代表染色體的適應程度越高，所以利用最小均方根來作為適應函數的設計時需將計算結果取倒數來代表染色體的適應值 [71]，如下式：

$$Fintness\_Value = \frac{1}{\sqrt{\frac{(\sum_{i=1}^{n}(x_i^d - x_i')^2)}{n}}} \tag{3.14}$$

在式（3.14）中 n 代表輸入總數、x_i^d 代表第 i 個目標輸出解以及 x_i 代表染色體輸出第 i 個解。

例 3.7　以準確度作為適應函數

在這一類的問題中主要是將適應函數值以準確度（%）來表示，在這一類的問題中主要是透過計算目標值與實際染色體值是否相符（相符的準確度）作為適應函數的設計，例如：股市漲跌預測、黃金期貨漲跌預測，以及分類問題……等等，透過精確的計算與目標值的精確度來讓染色體具有較佳的效能，與利用最小均方根來作為適應函數的設計的方法不同處是由於在以準確度作為適應函數設計的方法中準確度越高代表染色體的適應程度越高，所以利用精確度作為適應函數的設計 [75] 時不需將計算結果取倒數來代表染色體的適應值，如下式：

$$
\begin{aligned}
&\text{If } x_i^d = x'_i \text{ then} \\
&Fitness\_Value = Fitness\_Value + 1, \qquad (3.15) \\
&\text{where } i = 1,2,\cdots n. \\
&Fitness\_Value = Fitness\_Value/n
\end{aligned}
$$

在式（3.15）中 n 代表輸入總數、x_i^d 代表第 i 個目標輸出解以及 x'_i 代表染色體輸出第 i 個解，式（3.15）的適應值計算即為準確度也就是在 n 個輸入中，目標輸出解以及染色體輸出解之間相同的程度。

3.4.2 增強式適應函數設計

在這類的問題中，由於目標較為不明確或是問題的精確度要求並不嚴格或是明確的目標取得較為耗時或是成本過高，因此需要透過一個較簡單的訊號來設計適應函數，此類的問題多半是求解控制問題（例如：溫度控制、雙足機器人、機器手臂、蹺蹺板……等等），由於此類的問題多半只需要正確控制訊號而不要求能準確的計算輸出（例如控制雙足機器人時只需要能成功行走至目的地而不跌倒即可不需要精確的計算每一步需要的施力為多少），所以相較於監督式學習中需要明確計算輸出值與目標值間精確差異的作法不同，在增強式適應值設計中，適應函數的設計主要是以訊號為觀念，所謂的訊號就是成功或是失敗的訊號，而成功和失敗的訊號則根據所需控制的系統不同而需不同的設計，如下例：

例 3.8　倒單擺控制系統

在一個倒單擺系統中[80]，其類神經網路求解問題中輸入為單擺角度、車子位置、車子加速度，以及單擺角加速度，而輸出為施予車子的牛頓力，其增強型應函數設計如下：

$$Fitness\_Value = TIME\_STEP \qquad (3.16)$$

在式（3.16）中的 *TIME_STEP* 代表單擺沒有超過定義角度以及車子沒有超過

定義位置的成功次數，成功次數越高代表適應值越高。

例 3.9　蹺蹺板控制系統

在一個蹺蹺板系統中，[79]，其類神經網路求解問題中輸入為蹺蹺板角度、球位置、球加速度，以及蹺蹺板角加速度，而輸出為施予蹺蹺板的牛頓力，其增強型適應函數設計如下：

$$Fitness\_Value = TIME\_STEP \tag{3.17}$$

在式（3.17）中的 *TIME_STEP* 代表球沒有超過定義位置以及蹺蹺板沒有超過定義角度的成功次數，成功次數越高代表適應值越高。

由上面的小節可以知道雖然問題的適應函數可用來評估族群中各個染色體的適應程度 （fitness），但是針對各種不同的問題，每一問題的類型（例如監督型或是增強型的問題）可能都不一定相同，即便是相同類型的問題也有可能需要修正適應函數才能適用所要求解的問題，更甚者是有些問題甚至沒有明確的適應函數可供使用。

一般來說，屬於工程上的問題（例如上例中的控制問題）是沒有簡單的適應函數可供使用，要解決這樣的問題通常就是另外設計一個模擬程式來做為適應函數或是如例 3.8 及例 3.9 中利用增強式訊號來設計。而另外有些適應函數則是產生的適應值範圍過於狹小，無法增加族群中染色體的多樣性，在這樣的情形下，很容易發生因為族群中染色體的多樣性不足而使得演化過程中族群中染色體因為過早收斂而造成演化無法得到族群最佳解的情形。

針對上述適應值範圍過於狹小的問題可以透過適應函數的調整來解決，根據 [81]-[82] 中的研究，有兩種基本的適應函數調整類型：其中之一是靜態比率調整 （static scaling）[81]，另一個則是是動態比率調整 [82]（dynamic scaling），在接下來的小節中本書將針對這兩種調整類型說明之。

3.4.3 靜態比率適應函數調整

靜態比例適應函數調整是最簡單的適應函數調整，靜態比例調整是將適應函數做線性轉換，因此又可以稱為線性適應函數調整，調整方法如下式：

$$Fithess\_value_{Adjust} = \alpha Fithess\_value_{Orignal} + \beta \quad (3.18)$$

在式（3.18）中 $Fithess\_value_{Orignal}$ 是原來染色體的適應值，$Fithess\_value_{Adjust}$ 是染色體調整後的適應值，α 以及 β 是定義的參數。

在本節中將針對靜態比率適應函數調整詳細說明這個做法。如式（3.18）所示，$Fithess\_value_{Orignal}$ 是原來染色體的適應值，$Fithess\_value_{Adjust}$ 是染色體調整後的適應值，式（3.18）中的 α 以及 β 需滿足下式：

$$\begin{aligned} &\overline{Fitness\_Value_{Adjust}} = \overline{Fitness\_Value_{Orignal}} \\ &\max(Fitness\_Value_{Adjust}) = \overline{m \times Fitness\_Value_{Orignal}} \\ &\min(Fitness\_Value_{Adjust}) > 0 \end{aligned} \quad (3.19)$$

其中 $\max(Fitness\_Value_{Adjust})$ 是經過調整後的最大適應函數值，而是 $\min(FitnessValue_{Adjust})$ 經過調整後的最小適應函數值。式（3.19）第一式是確保調整前後族群中染色體的平均適應函數值維持不變，式（3.19）第二式是說明調整後的最大適應函數值是調整前平均適應值的 m 倍，式（3.19）第三式是確保調整後最小適應值不會小於 0。

其他關於靜態比率適應函數調整方法還有 Gillies 這位學者所提出的 p 將適應函數值 $Fitness\_Value_{Orignal}$ 調整成為某一乘冪 m〔如式（3.20）〕，在 Gillies 的文章中指出 m 值設定為 1.005 時有較佳的效能。

$$FitnessValue_{Adjust} = FitnessValue_{Orignal}^{m} \quad (3.20)$$

3.4.4 動態比率適應函數調整

動態比率調整就是動態線性轉換，也就是如下式的轉換：

$$Fithess\_value_{Adjust} = \alpha\, Fithess\_value_{Orignal} + \beta(t) \quad (3.21)$$

在式（3.21）中，$\beta(t)$ 隨著每一次演化代數動態變化產生的。

關於動態比率調整的方法，有很多學者針對 $\beta(t)$ 的變化提出很多的方法，有興趣的讀者可以參考這些論文。

3.5 ｜排序族群染色體

排序染色體族群主要是將經過計算而得到適應值的染色體進行排序，以方便進行接下來的演化步驟，透過排序可以知道目前染色體接進最佳解的程度，而排序的方法，與資料結構所提及的排序演算法一樣，在本節中，本書將介紹有關排序方面的較為常見的演算法 [83]-[87]：氣泡排序法、選擇排序法、插入排序法、合併排序法，以及快速排序法。

3.5.1 氣泡排序法

氣泡排序法（bubble sort）[83] 又稱為交換排序法（interchange sort），在排序演算法中是屬於最為簡單也是最為常用的演算法，在氣泡演算法中，主要的觀念為，將數列中兩個相鄰的資料互相比對，假如前一個比後一個小時，則互相交換位置。

一般來說，有 n 筆資料時，最多需要 $n-1$ 次的掃描，而每一次的掃描過後，資料量就減 1，若沒有變更的話，就代表整個數列已經排好了，氣泡排序的流程如圖 3.19 所示，氣泡排序的詳細流程說明如下：

1. 依序取得未排序染色體適應值。

2. 將染色體適應值與下一個染色體適應值比較，若小於下一個染色體適應值則交換位置。

3. 判斷是否將每個未排序染色體適應值讀取完成，若否則進行步驟 1，若是則將最後一個染色體適應值設為已排序，進行步驟 4。

4. 判斷是否排序完成，若是則結束排序，若否則針對未排序的染色體適進行步驟 1。

例 3.10 主要是針對氣泡排序法做說明，希望讀者可以透過例 3.10 對氣泡排序法有更詳細的認識。

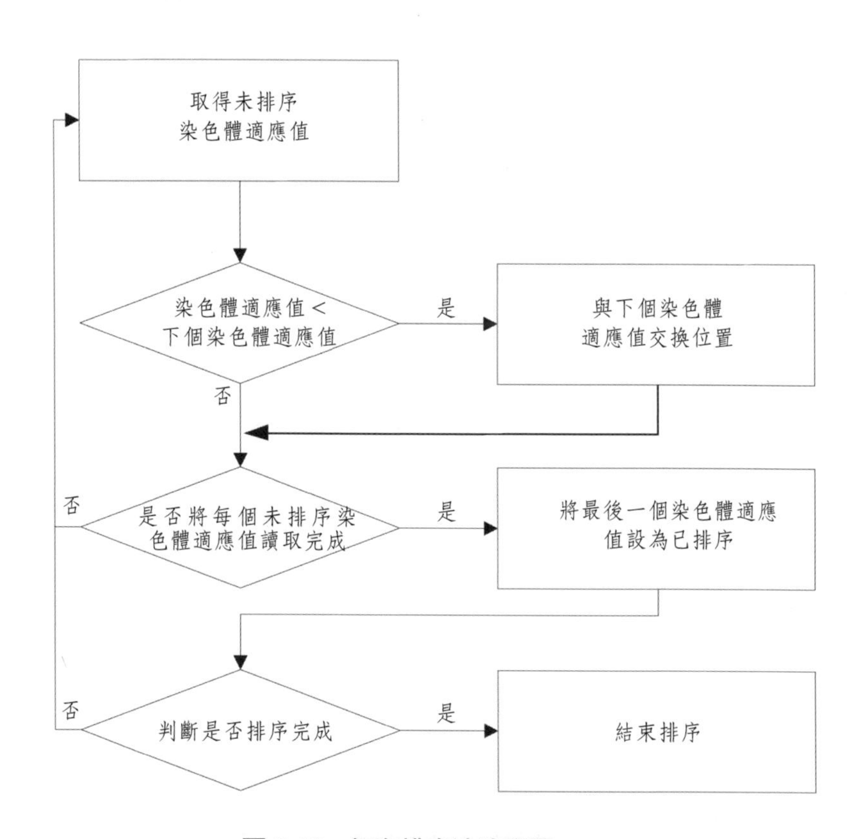

圖 3.19　氣泡排序法流程圖

例 3.10　氣泡排序法

假設族群大小為 8 的染色體適應值如圖 3.20 所示，則所進行氣泡排序法的步驟如下，其中斜體的數值代表每次掃描所比對的適應值：

染色體編號	適應值
1	15
2	1
3	35
4	8
5	11
6	64
7	19
8	4

圖 3.20　族群染色體適應值

第一次掃描：(**15，1，35，8，11，64，19，4**)

(***15，1***，35，8，11，64，19，4)

(15，***35，1***，8，11，64，19，4)

(15，35，***8，1***，11，64，19，4)

(15，35，8，***11，1***，64，19，4)

(15，35，8，11，***64，1***，19，4)

(15，35，8，11，64，***19，1***，4)

(15，35，8，11，64，19，***4，1***)

第二次掃描：(**15，35，8，11，64，19，4，1**)

(***35，15***，8，11，64，19，4，1)

(35，***15，8***，11，64，19，4，1)

(35，15，***11，8***，64，19，4，1)

(35，15，11，***64，8***，19，4，1)

(35，15，11，64，***19，8***，4，1)

(35，15，11，64，19，***8，4***，1)

第三次掃描：(**35，15，11，64，19，8，4，1**)

(***35，15***，11，64，19，8，4，1)

(35，***15，11***，64，19，8，4，1)

(35，15，***64***，***11***，19，8，4，1)

(35，15，64，***19***，***11***，8，4，1)

(35，15，64，19，***11***，***8***，4，1)

第四次掃描：(**35**，**15**，**64**，**19**，**11**，**8**，**4**，**1**)

(***35***，***15***，64，19，11，8，4，1)

(35，***64***，***15***，19，11，8，4，1)

(35，64，***19***，***15***，11，8，4，1)

(35，64，19，***15***，***11***，8，4，1)

第五次掃描：(**35**，**64**，**19**，**15**，**11**，**8**，**4**，**1**)

(***64***，***35***，19，15，11，8，4，1)

(64，***35***，***19***，15，11，8，4，1)

(64，35，***19***，***15***，11，8，4，1)

(64，35，19，***15***，***11***，8，4，1)

第六次掃描：(**64**，**35**，**19**，**15**，**11**，**8**，**4**，**1**)

(***64***，***35***，19，15，11，8，4，1)

(64，***35***，***19***，15，11，8，4，1)

(64，35，***19***，***15***，11，8，4，1)

在第 6 次的掃描中因為沒有交換產生，所以可以確定數列已經由大到小排序好了。排序完後的染色體如圖 3.21 所示。

染色體編號	適應值
4	64
7	35
6	19
2	11
1	8
5	4
3	1

圖 3.21　族群染色體適應值使用氣泡排序法

3.5.2 選擇排序法

選擇排序法 [84] 首先在所有染色體中挑選最大的適應值，將其放在在第一個位置上（適應函數越大代表染色體適應程度越高），之後將剩下的染色體挑選最大的適應值，將其放在在第二個位置上，依此類推，圖 3.22 為選則排序法流程圖，流程詳細說明如下：

1. 挑選最大的適應值。

2. 將最大適應值的染色體移至目前未排序染色體的第 1 個位置，並標記為已排序。

3. 判斷是否所有染色體皆排序完成，若完成則結束排序，否則繼續步驟 1。

例 3.11 說明選擇排序法的實例，讀者可以透過例 3.11 更加了解選擇排序法。

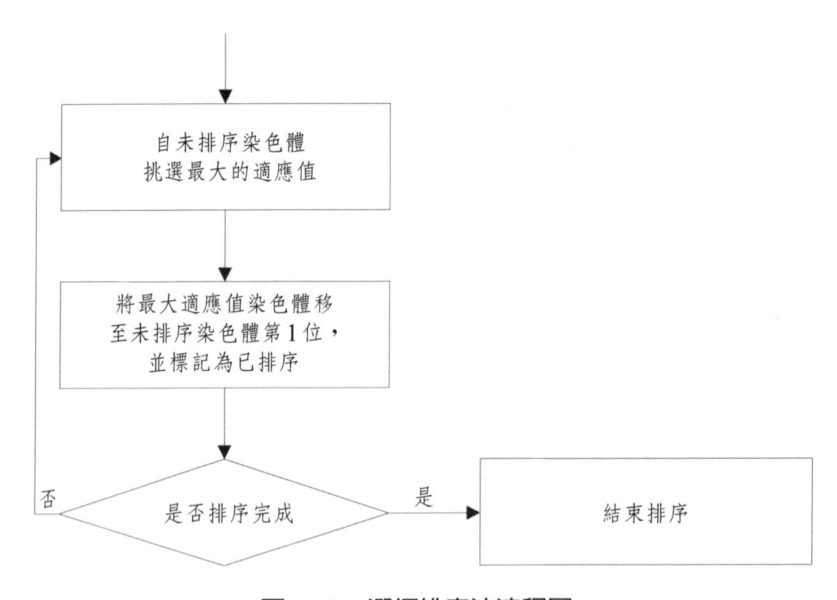

圖 3.22 選擇排序法流程圖

例 3.11 選擇排序法

假設族群大小為的染色體適應值如圖 3.23 所示，則所進行選擇排序法的步驟如下，其中斜體的數值代表每次排序所找到的最大適應值：

染色體編號	適應值
1	30
2	24
3	50
4	2
5	45
6	12
7	9

圖 3.23　族群染色體適應值

原始染色體適應值排列：

30(1)　24(2)　50(3)　2(4)　45(5)　12(6)　9(7)

步驟 1：

50(3)　24(2)　30(1)　2(4)　45(5)　12(6)　9(7)

步驟 2：

50(3)　***45(5)***　30(1)　2(4)　24(2)　12(6)　9(7)

步驟 3：

50(3)　45(5)　***30(1)***　2(4)　24(2)　12(6)　9(7)

步驟 4：

50(3)　45(5)　30(1)　***24(2)***　2(4)　12(6)　9(7)

步驟 5：

50(3)　45(5)　30(1)　24(2)　***12(6)***　2(4)　9(7)

步驟 6：

50(3)　45(5)　30(1)　24(2)　12(6)　***9(7)***　2(4)

排序完後的染色體如圖 3.24 所示。

染色體編號	適應值
3	50
5	45
1	30
2	24
6	12
7	9
4	2

圖 3.24　族群染色體適應值使用選擇排序法

3.5.3　插入排序法

插入排序法 [85] 是將加入的染色體置於適當的位置，在排序時主要將目前的染色體位置排序好，接著將每次讀取的染色體適應值和排序好的染色體比對，將染色體置於適當的位置，依此類推，圖 3.25 為插入排序法流程圖，流程詳細說明如下：

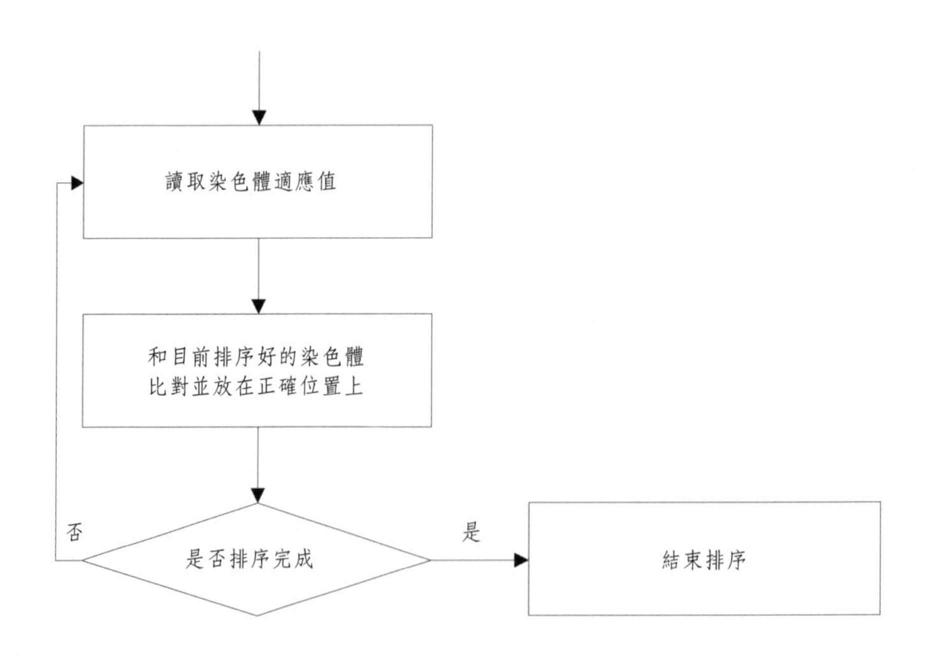

圖 3.25　插入排序法流程圖

1. 依序讀取染色體適應值。

2. 將目前所讀取的染色體進行排序，也就是將每次所讀取的染色體和目前排序好的比對並將之放在正確的位置上。

3. 判斷是否所有染色體皆排序完成，若完成則結束排序，否則繼續步驟 1。

例 3.12 說明插入排序法的實例，讀者可以透過例 3.12 更加了解插入排序法。

例 3.12　插入排序法

假設族群大小為的染色體適應值如圖 3.26 所示，則所進行插入排序法的步驟如下，其中斜體的數值代表進行排序的適應值：

染色體編號	適應值
1	10
2	34
3	51
4	9
5	23
6	72
7	18

圖 3.26　族群染色體適應值

原始染色體適應值排列：

10(1)　34(2)　51(3)　9(4)　23(5)　72(6)　18(7)

步驟 1：

34(2)*　*10(1)　51(3)　9(4)　23(5)　72(6)　18(7)

步驟 2：

51(3)*　*34(2)*　*10(1)　9(4)　23(5)　72(6)　18(7)

步驟 3：

51(3)*　*34(2)*　*10(1)*　*9(4)　23(5)　72(6)　18(7)

步驟 4：

51(3) ***34(2)*** ***23(5)*** ***10(1)*** ***9(4)*** 72(6) 18(7)

步驟 5：

72(6) ***51(3)*** ***34(2)*** ***23(5)*** ***10(1)*** ***9(4)*** 18(7)

步驟 6：

72(6) ***51(3)*** ***34(2)*** ***23(5)*** ***18(7)*** ***10(1)*** ***9(4)***

排序完後的染色體如圖 3.27 所示。

染色體編號	適應值
6	72
3	51
2	34
5	23
7	18
1	10
4	9

圖 3.27 族群染色體適應值使用插入排序法

3.5.4 合併排序法

合併排序法 [86] 是將兩個或兩個以上已排序好的檔案，合併成一個大的已排序好的檔案。例如在一堆無排序的染色體中，可以先將它們一對一合併，再來二對二合併，三對三合併，以此類推，因為需要額外的空間做合併檔案之用，因此合併排序法所需的額外空間與檔案大小成正比。圖 3.28 為合併排序法流程圖，流程詳細說明如下：

1. 先將族群染色體倆倆排好。
2. 將染色體一對一對的進行排序，排序好的染色體為一組已排序資料。
3. 將以排序資料繼續一對一對的進行排序，直到整個族群排序完畢為止。

例 3.13 說明合併排序法的實例，讀者可以透過例 3.13 更加了解合併排序法。

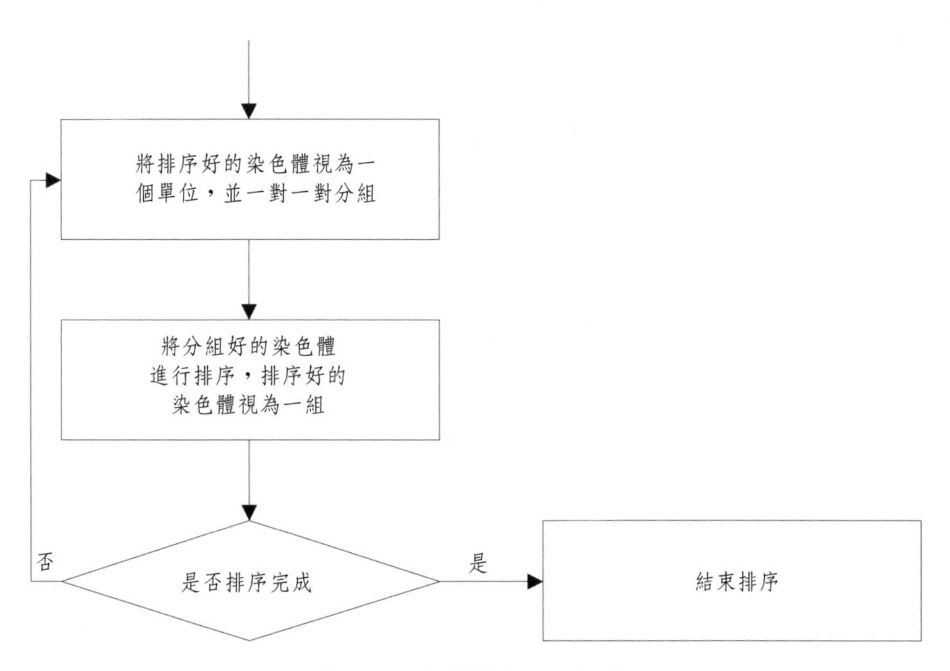

圖 3.28　合併排序法流程圖

例 3.13　合併排序法

假設族群大小為 8 的染色體適應值如圖 3.29 所示，則所進行合併排序法的步驟如下，其中斜體的數值代表進行排序的適應值：

染色體編號	適應值
1	18
2	2
3	30
4	34
5	12
6	32
7	6
8	8

圖 3.29　族群染色體適應值

原始染色體適應值排列：

18(1) 2(2) 30(3) 34(4) 12(5) 32(6) 6(7) 8(8)

步驟 1：

(18(1) 2(2)) (34(4) 30(3)) (32(6) 12(5)) (8(8) 6(7))

步驟 2：

[(34(4) 30(3)) (18(1) 2(2))] [(32(6) 12(5)) (8(8) 6(7))]

步驟 3：

{[(34(4) 30(3)) (18(1) 2(2))] [(32(6) 12(5)) (8(8) 6(7))]}

34(4) *32*(6) *30*(3) *18*(1) *12*(5) *8*(8) *6*(7) *2*(2)

排序完後的染色體如圖 3.30 所示。

染色體編號	適應值
4	34
6	32
3	30
1	18
5	12
8	8
7	6
2	2

圖 3.30 族群染色體適應值使用合併排序法

3.5.5 快速排序法

快速排序法 [87] 又稱為劃分交換排序（partition exchange sorting）。就平均時間而言，快速排序是所有排序中最佳的。圖 3.31 為快速排法流程圖，快速排序法其步驟如下：

1. 以第一條染色體的適應值做基準。
2. 由左至右掃描染色體的適應值，一直找到染色體的適應值小於步驟 1 的基準，讓左半部的資料都是小於步驟 1 的基準。

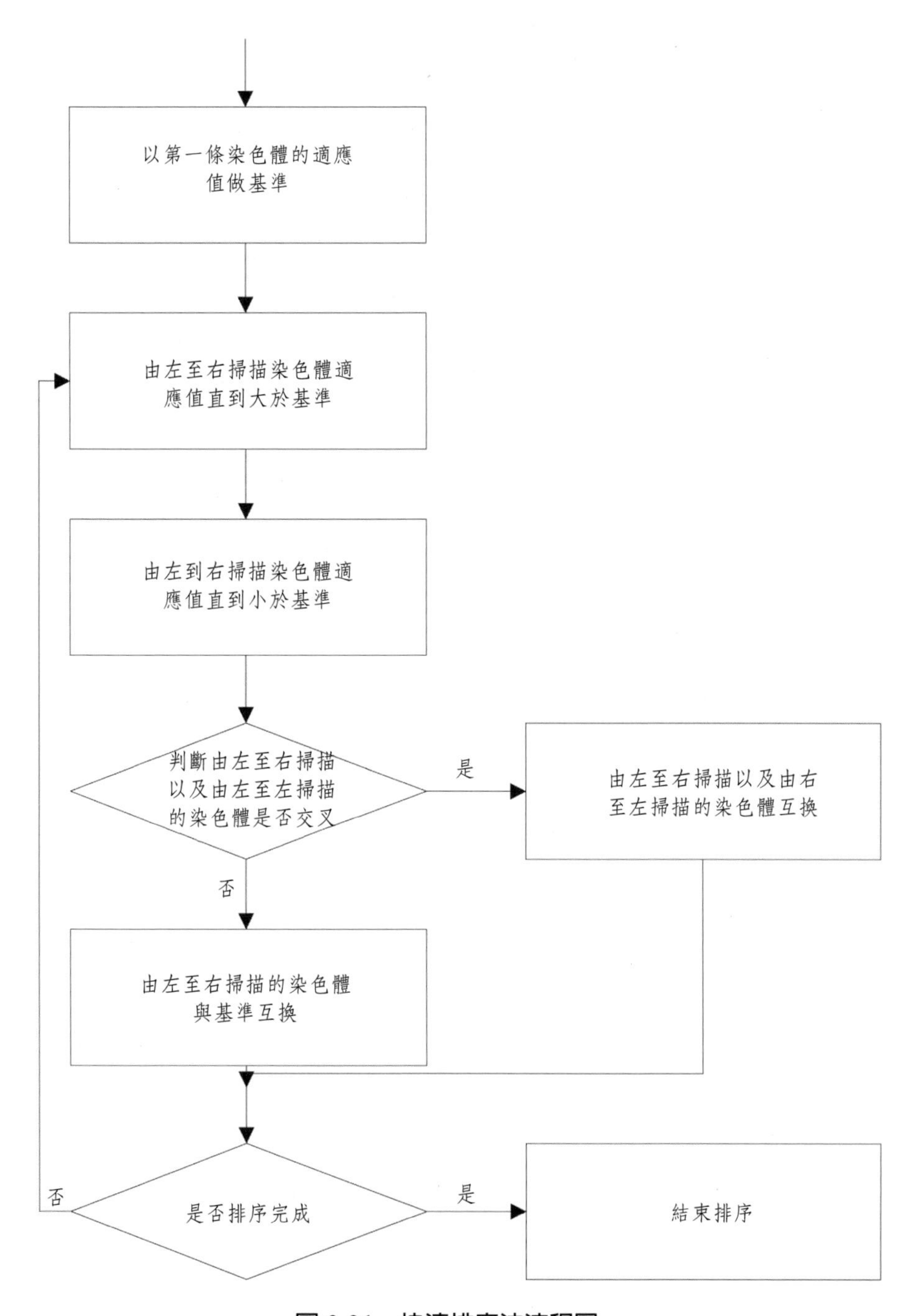

圖 3.31　快速排序法流程圖

3. 由右至左掃描染色體的適應值，染色體的適應值大於步驟 1 的基準，讓右半部的資料都是小於步驟 1 的基準。

4. 當步驟 2 和步驟 3 的染色體位置未交叉時將彼此互換，否則將步驟 1 的基準與和步驟 3 所找到的染色體的適應值互換，讓基準位於其正確的位置，此時原來的記錄已分成兩部分（較大和較小的）。

5. 重複步驟 2-4 直到排序完成為止。

例 3.14 說明快速排序法的實例，讀者可以透過例 3.14 更加了解快速排序法。

例 3.14　快速排序法

假設族群大小為的染色體適應值如圖 3.32 所示，則所進行快速排序法的步驟如下，其中有底線的數值代表基準值，斜體的數值代表彼此互換的適應值：

染色體編號	適應值
1	11
2	4
3	31
4	9
5	3
6	22
7	41

圖 3.32　族群染色體適應值

原始染色體適應值排列：

$\underline{11(1)}$　4(2)　31(3)　9(4)　3(5)　22(6)　41(7)

步驟 1：

$\underline{11(1)}$　***41(7)***　3(5)　9(4)　31(3)　22(6)　***4(2)***

步驟 2：

$\underline{11(1)}$　41(7)　***22(6)***　9(4)　31(3)　***3(5)***　4(2)

步驟 3：

11(1) 41(7) 22(6) ***31(3)*** ***9(4)*** 3(5) 4(2)

步驟 4：

31(3) 41(7) 22(6) ***11(1)*** ***9(4)*** 3(5) 4(2)

步驟 5：

分成 31(3) 41(7) 22(6) 以及 9(4) 3(5) 4(2)

步驟 6：

41(7) ***31(3)*** ***22(6)***

步驟 7：

9(4) 3(5) 4(2)

步驟 8：

9(4) ***4(2)*** ***3(5)***

步驟 9：合併步驟 4、6 以及 8

41(7) 31(3) 22(6) 1(1) 9(4) 4(2) 3(5)

排序完後的染色體如圖 3.33 所示。

染色體編號	適應值
7	41
3	31
6	22
1	11
4	9
2	4
5	3

圖 3.33 族群染色體適應值使用快速排序法

除了上述的排序法之外，在資料結構中尚有堆積排序法以及二元樹排序法……等等，有興趣的讀者可以參考資料結構的書籍。

3.6 ｜複製策略

在排序好族群中染色體後，接下來就是針對族群中的染色體進行複製的步驟，複製的步驟主要是希望族群中表現較佳的染色體可以被複製較多的數量，透過複製步驟，新的子代族群可以保留母代中表現較好的染色體，藉以加速族群收斂的速度。

複製流程圖如圖 3.34 所示，在圖 3.34 中我們可以發現新子代的族群中前半部是透過母代複製而後半部子代的族群則是根據前半部母代進行交配以及突變而來的，新子代的族群中前半部染色體數量大小的決定一般是複製三分之二到二分之一的母代優良色體到新子代中，而其餘的部分則是依據前辦部的染色體進行交配以及突變。

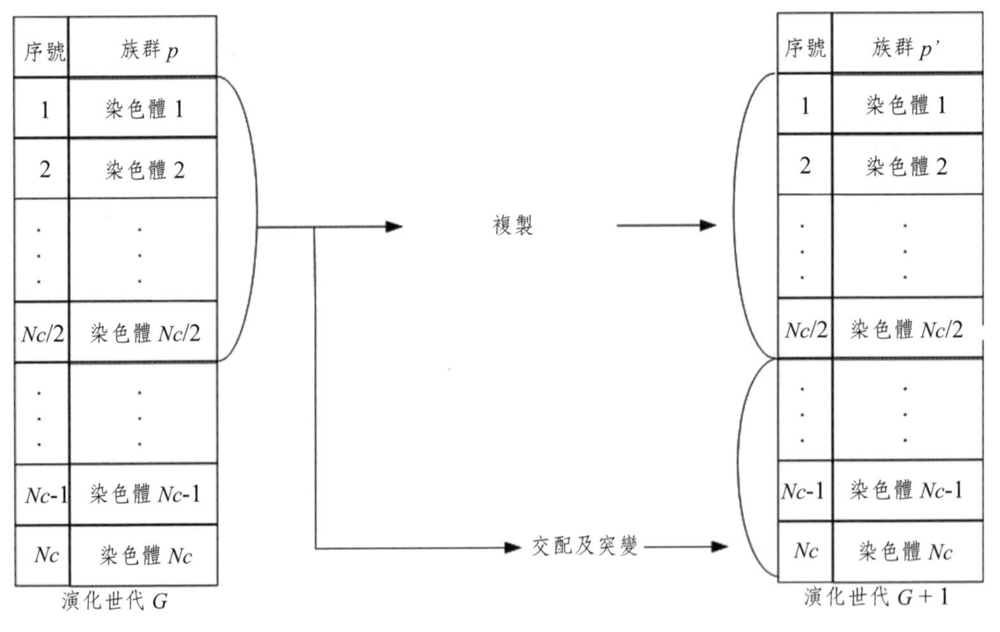

圖 3.34　複製流程圖

由於複製可以加速族群的收斂，所以複製的策略需要慎加的選擇，若複製過多的母代族群中表現較佳的染色體，可能會造成染色體族群過早收斂，而複製太少的母代染色體可能會造成母代優良基因過少而收斂過慢，在大部分研究中所使用的複製方式有完全複製 [88]、選擇複製(菁英政策)[89] 以及輪盤複製 [90] 等方法。完全複製法，是指將演化過後的子代染色體，完全取代原先的父代染色體；選擇複製或稱為菁英策略複製法，則是透過適應度函數的評估，由父代染色體與子代染色體中，篩選出適應度較高的染色體予以保留；而輪盤複製則是依據染色體適應值機率大小為原則進行複製。

在接下來的小節中本書將詳細的介紹完全式複製、競爭式複製，以及輪盤式複製策略。

3.6.1 完全式複製策略

完全式複製策略 [88] 顧名思義就是直接將母代族群的染色體直接複製到子代中，完全式複製策略的步驟說明如下：

a. 先計算族群中各染色體適應值並且將各染色體依據適應值排序。

b. 自排序好的母代族群的前半部中的染色體直接複製到子代的族群的染色體中。

圖 3.35 是完全式複製策略的虛擬碼，其中 P_{size} 以及 C_{size} 分別代表族群大小以及染色體長度，而 *NewPopulation*[*i*][*j*] 以及 *OldPopulation*[*i*][*j*] 分別代表子代族群以及母代族群中第 *i* 條染色體的第 *j* 個基因，在圖 3.39 中的虛擬碼執行流程如下：

1. 演算法一開始執行排序族群染色體的演算法（sorting)。

2. 依序讀取族群中前半部的染色體。

3. 依序將母代染色體基因讀入子代族群染色體基因中。

透過圖 3.35 的說明讀者可以更加了解完全式複製策略，完全式複製策略只是直接將母代經排序的染色體直接複製到子代中，所以無法放大表現較佳的染色體，因此無法增加較佳染色體演化的機會，所以完全式複製策略的收斂速度較慢。以下例子為完全式複製策略的運算：

```
CompleteReproduction()
{
  // 執行排序演算法排序染色體
  Sorting();
  Let j = 0, i = 0;
  while (i < Psize/2)
{
          while (j<Csize)
          {
            // 依序將母代前半段族群染色體讀入子代族群中
            NewPopulation[i][j] = OldPopulation[i][j];
            j = j + 1;
          }
          i = i + 1;
          }
}
```

圖 3.35　完全式複製策略虛擬碼

例 3.15　完全式複製

圖 3.36 為有 10 個染色體的族群，每條染色體皆經過適應值計算以及排序的步驟，假設在競爭式選取中我們希望在子代中前二分之一的染色體是透過母代複製而來，則經過完全式複製的子代族群的染色體如圖 3.37 染色體族群，從圖 3.37 可以發現完全式複製是將染色體直接複製給子代。

染色體編號	適應值
7	41
3	31
6	22
8	20
1	11
4	9
9	6
2	4
5	3
10	1

圖 3.36　原始染色體族群

子代染色體編號	母代染色體編號
1	7
2	3
3	6
4	8
5	1
6	由交配及突變產生
7	由交配及突變產生
8	由交配及突變產生
9	由交配及突變產生
10	由交配及突變產生

圖 3.37　完全式複製子代染色體族群

3.6.2　競爭式複製策略

競爭式複製策略 [89] 是較為簡單的複製策略，主要是利用隨機的方法將母代中表現較佳的染色體透過比較的步驟產生至新的子代中，競爭式複製策略的步驟說明如下：

a. 自排序好的母代族群的前半部中隨機選擇 n 條染色體，其中 n 為自行定義的值。

b. 將選擇好的 *n* 條染色體的適應函數值進行比較，具有最高適應函數值的染色體將被複製到子代中。

c. 重複步驟 a 的動作，直到子代族群中的前半部染色體都被複製完成為止。

圖 3.38 是競爭式複製策略的虛擬碼，其中 P_{size} 以及 C_{size} 分別代表族群大小以及染色體長度，而 *NewPopulation*[*i*][*j*] 以及 *OldPopulation*[*i*][*j*] 分別代表子代族群以及母代族群中第 *i* 條染色體的第 *j* 個基因，在圖 3.38 中的虛擬碼執行流程如下：

1. 演算法一開始執行排序族群染色體的演算法（Sorting）。
2. 隨機產生 *n* 個族群位置。
3. 找出 *n* 個族群位置中具有最大適應值者。
4. 將步驟 3 所在的染色體複製到新的子代中。
5. 判斷是否複製足夠數量，若是則停止複製運算，若否則繼續步驟 2-4。

在設計競爭式複製策略時需要考量到每次競爭式選擇的染色體數量（*n* 值的定義），如圖 3.38 每次競爭式選擇需要針對 *n* 條染色體的適應函數值進行比較，因此若 *n* 值越大，則會趨近於將母代前半段中的優良染色體中具有較高適應值的染色體大量複製，如此會造成族群過早收斂，以及染色體過於相像的問題，因此 *n* 值須訂定合適的值。以下例子為競爭式複製策略的運算：

例 3.16　競爭式複製

圖 3.39 為有 10 個染色體的族群，每條染色體皆經過適應值計算以及排序的步驟，假設在競爭式選取中我們希望在子代中前二分之一的染色體是透過母代複製而來，所設定的 n 值為 3，若隨機選擇的染色體如圖 3.40，則依照競爭式選擇我們將挑選具最高適應值的染色體（圖 3.40 中的染色體編號 7 的染色體）。

```
CompetitionReproduction()
{
  // 執行排序演算法排序染色體
  Sorting();
  int j = 0, k = 0, i = 0;
  int SelectChrSite = 0,RandValue;
  while (i < Psize/2)
  {
        k = 0;
        while(k < n)
        {
            // 隨機產生母體染色體位置
            RandValue = Rand(1, Psize/2);
            // 將產生的隨機母體位置判斷染色體適應函數值決定複製位置
            if(k==0)
            { SelectChrSite = RandValue;}
            else
            {
                if(fitness(RandValue) > fitness(SelectChrSite))
                {SelectChrSite = RandValue;}
            }
            k = k + 1;
        }
        while (j < Csize)
        {
          // 依序將母代族群的第 SelectChrSite 個染色體讀入子代族群中
            NewPopulation[i][j] = OldPopulation[SelectChrSite][j];
            j = j + 1;
        }
        i = i+1;
    }
}
```

圖 3.38　競爭式複製策略

染色體編號	適應值
7	41
3	31
6	22
8	20
1	11
4	9
9	6
2	4
5	3
10	1

圖 3.39　原始染色體族群

染色體編號	適應值
7	41
8	20
4	9

圖 3.40　競爭式複製結果

3.6.3　輪盤式複製策略

輪盤式複製策略 [90] 是透過適應函數判斷各組染色體的優劣，可決定出該染色體被保留至下一世代機率的大小，若適應函數值較高者，則其被保留的機率將隨之較大；反之，若染色體適應度函數值較低者，則其被淘汰的機率也較大。當確定所有染色體的優劣之後，便透過複製將較好的染色體予以保留，所以複製的作用在於保留較優良的染色體，而淘汰較差的染色體。輪盤式複製策略的步驟說明如下：

a. 將排序好的母代族群中的染色體依下式計算適應函數比例值：

$$TotalFitness = \sum_{i=1}^{Psize} Fitness\_Value_i,$$

$$FitnessRate_j = \sum_{i=1}^{j} \frac{Fitness\_Value_i}{TotalFitness} \quad (3.22)$$
$$\text{where } j = 1, 2, ..., P_{size},$$

其中，$Fitness\_Value_i$ 代表族群中第 i 條染色體的適應函數值；$TotalFitness$ 代表族群中所有染色體適應值的總和；$Fitness\_Value_j$ 代表族群中第 i 條染色體的適應函數值佔總適應函數值的累進比例值；在經過式（3.22）的計算後可以得到族群中各條染色體適應值所佔的比重。

b. 以下式產生一組隨機值

$$RandValue = Rand[0, 1] \quad (3.23)$$

式（3.23）表示隨機產生一組介於 0 到 1 的隨機值。

c. 根據式（3.23）所產生的隨機值依據下式判斷應該選擇複製到子代族群的染色體：

$$SelectedPopulation_i = Population[k],$$
$$\text{if } fitnessRate_{k-1} < RandValue \leq fitnessRate_k \quad (3.24)$$
$$\text{where } i = 1, 2, ..., R_{Size}$$

其中，$SelectedPopulation_i$ 代表子代族群中第 i 條染色體；代表母代族群中第 k 條染色體；R_{Size} 代表子代族群中前半部染色體的數量；在式（3.24）中，若由式（3.23）所計算出來的值介於母代族群中某條染色體的適應值經式（3.22）計算後所得累進機率的情形時，則將該染色體複製至子代中。

d. 重複步驟 b 到 c 的動作，直到子代族群中的前半部染色體都被複製完成為止。

透過輪盤式複製策略的運算後可以發現，染色體具有越高比例的適應函數值的話，在子代的族群中將會有較多的機會被保留下來，而且，相較於競爭式複製策略而言，輪盤式複製策略不需要注意 n 值的定義，所以輪盤式複製策略是目前較多採用的複製策略。

圖 3.41 是輪盤式複製策略的虛擬碼，其中 P_{size} 以及 C_{size} 分別代表族群大

```
CompetitionReproduction()
{
    // 執行排序演算法排序染色體
    Sorting();
    // 計算適應函數值比例
    Compute_FitnessRate();
    int j = 0, k = 0, i = 0;
    int SelectChrSite = 0, RandValue;
    while (i < P_size /2)
    {
        // 隨機產生 0 到 1 的隨機值
        RandValue = Rand(0, 1);
        k = 1;
        while(k < P_size /2)
        {
            // 將產生的隨機與計算出來適應函數值比例比較決定複製位置
            if(FitnessRate[k-1]<= RandValue < FitnessRate[k])
            {SelectChrSite = k;}
            k = k + 1;
        }
        while (j < C_size)
        {
          // 依序將母代族群的第 SelectChrSite 個染色體讀入子代族群中
            NewPopulation[i][j] = OldPopulation[SelectChrSite][j];
            j = j + 1;
        }
        i = i + 1;
    }
}
```

圖 3.41　輪盤式複製策略虛擬碼

小以及染色體長度，而 *NewPopulation*[*i*][*j*] 以及 *OldPopulation*[*i*][*j*] 分別代表子代族群以及母代族群中第 i 條染色體的第 j 個基因，在圖 3.41 中的虛擬碼執行流程如下：

1. 演算法一開始執行排序族群染色體的演算法（Sorting）。
2. 透過式（3.22）計算適應函數值比例。
3. 透過式（3.23）產生 0 到 1 的隨機值。
4. 將產生的隨機透過式（3.24）決定複製位置。
5. 判斷是否複製足夠數量，若是則停止複製運算，若否則繼續步驟 2-4。

透過圖 3.41 的說明可以有助於讀者了解輪盤式複製策略，為了讓讀者對輪盤式複製策略更加明瞭本書已接下來的例子說明輪盤式複製策略的運算：

例 3.17　輪盤式複製策略

若圖 3.42 所示為具有 8 條染色體的族群，每條染色體皆經過適應值計算以及排序的步驟，假設在競爭式選取中我們希望在子代中前二分之一的染色體是透過母代複製而來則選取染色體的計算如下：

染色體編號	適應值
1	1.6
2	1.0
3	0.8
4	0.6
5	011
6	0.09
7	0.06
8	0.04

圖 3.42.　排序後染色體族群

$$TotalFitness = \sum_{i=1}^{4} Fitness\_Value_i$$
$$=1.6+1.6+0.8+1.0=4 \tag{3.25}$$

第一條染色體 C_1 的保留比例

$$\begin{aligned} FitnessRate_1 &= \frac{Fitness\_Value_1}{TotalFitness} \\ &= \frac{1.6}{4} = 0.4 \end{aligned} \tag{3.26}$$

第二條染色體 C_2 的保留比例

$$\begin{aligned} FitnessRate_2 &= \sum_{i=1}^{2} \frac{Fitness\_Value_i}{TotalFitness} \\ &= 0.4 + \frac{0.6}{4} = 0.55 \end{aligned} \tag{3.27}$$

第三條染色體 C_3 的保留比例

$$\begin{aligned} FitnessRate_3 &= \sum_{i=}^{3} \frac{Fitness\_Value_i}{TotalFitness} \\ &= 0.4 + 0.15 + \frac{0.8}{4} = 0.75 \end{aligned} \tag{3.28}$$

第四條染色體 C_4 的保留比例

$$\begin{aligned} FitnessRate_4 &= \sum_{i=1}^{4} \frac{Fitness\_Value_i}{TotalFitness}, \\ &= 0.4 + 0.15 + 0.2 + \frac{1.0}{4} = 1.0 \end{aligned} \tag{3.29}$$

各染色體的累積保留比例如圖 3.43 左邊的圓餅圖，若隨機產生值如下：

$$\begin{aligned} &\mathrm{R}andValue_1 = 0.25, \\ &\mathrm{R}andValue_2 = 0.34, \\ &\mathrm{R}andValue_3 = 0.95, \\ &\mathrm{R}andValue_4 = 0.63, \end{aligned} \tag{3.30}$$

新子代第一條染色體為

$$\because RadValue_1 \leq fitnessRate_1$$
$$\therefore SelectedPopulation_1 = Population[1] = C_1, \tag{3.31}$$

新子代第二條染色體為

$$\because RadValue_2 \leq fitnessRate_1$$
$$\therefore SelectedPopulation_2 = Population[1] = C_1, \tag{3.32}$$

新子代第三條染色體為

$$\because fitnessRate_3 < RandValue_3 \leq fitnessRate_3$$
$$\therefore SelectedPopulation_3 = Population[4] = C_4, \tag{3.33}$$

新子代第四條染色體為

$$\because fitnessRate_2 < RandValue_4 \leq fitnessRate_3$$
$$\therefore SelectedPopulation_4 = Population[4] = C_3, \tag{3.34}$$

所產生的子代新族群將如圖 3.43 右邊所示。

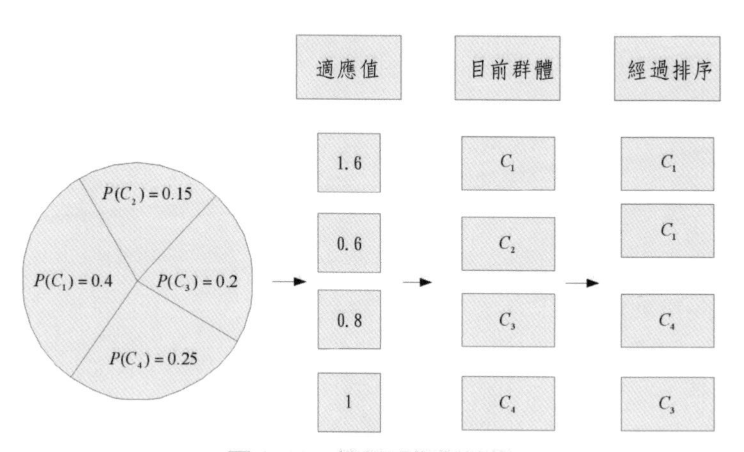

圖 3.43　輪盤式複製結果

3.7 交配策略

在經過複製運算後子代族群中的染色體可以保留母代具有較佳效能的染色體，然而，在子代族群中並未有新的基因值組加入染色體中，為了讓演化能順利進行必須透過交配運算來透過組合不同染色體的基因產生新的染色體。

交配所針對的是複製後的子代（也就是新子代的前半部），提供染色體基因一個交換的機制，以達到不同染色體間的基因可以透過一些固定邏輯進行交換，以增大搜尋空間。透過親代的交配所產生出來的子代可以作跳躍式的搜尋，以幫助遺傳演算法跳脫局部最佳解而朝全域最佳解逼近。

交配是主要的遺傳運算子，將族群中兩兩染色體經過合併的運算來產生新的子代族群的染色體，讓子代各含有優良母代的部分特性。交配的目的是希望子代能夠藉由交配來組合出具有更高適應函數值的染色體，但是也有可能子代在將配過程中只交換了母代染色體較差的基因，所以交配策略無法保證一定可以產生出更好的子代族群，不過在遺傳演算法中因為有選擇以及複製的機制，較差的染色體會逐漸遭到淘汰，而具有較佳適應函數值的染色體可以繼續存活並執行演化步驟。

交配的流程如圖 3.44 所示，在圖 3.44 所選擇出來的染色體會先隨機產生一個介於 0 到 1 的隨機值，接著將此隨機值與事先定義的交配機率做比較決定是否要進行交配接著選擇合適的交配策略。

在接下來的小節中，本書將依序介紹交配的流程，包括交配中母代染色體的選擇、交配策略以及交配策略的使用時機。

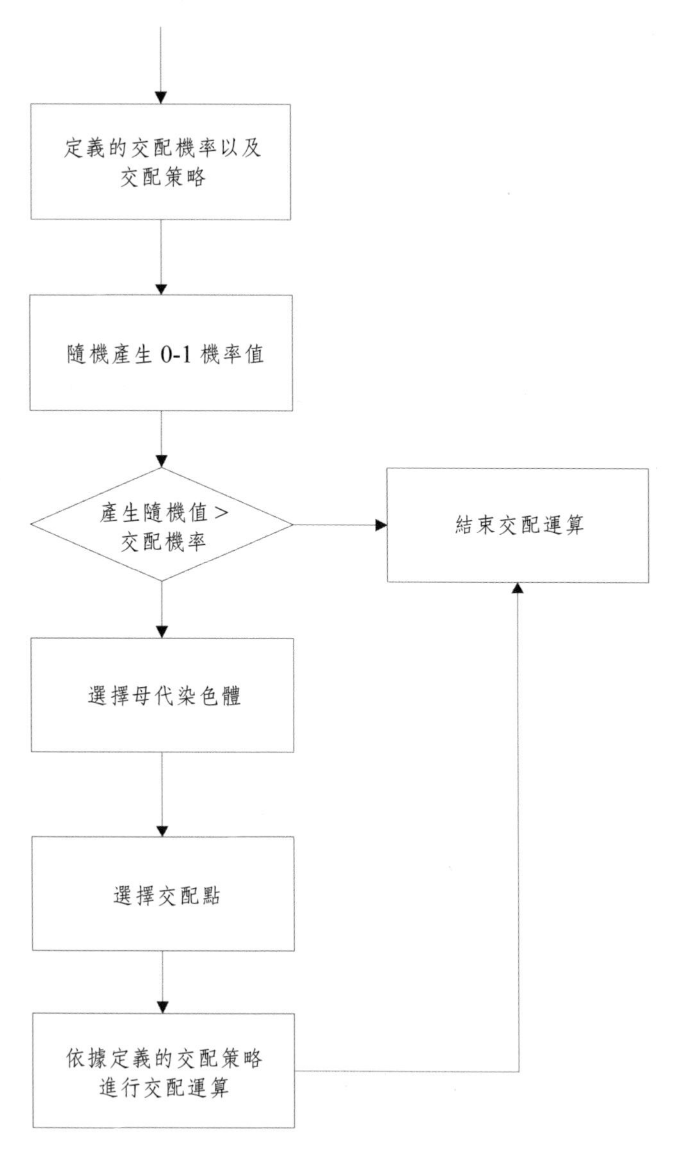

圖 3.44　交配流程圖

3.7.1　選擇交配染色體

染色體的選擇方法其實就是在說明如何從母代族群中選擇出染色體作為交配運算個體的方式，被挑選的個體就是親代，可經由遺傳運算來產生子代。在遺傳演算法中最著名的母代染色體挑選方式為競爭式選擇 [89] 以及輪盤式選擇 [90]，以下本書將詳細說明這兩種作法。

3.7.1.1 競爭式選擇策略

競爭式選擇策略 [89]，與競爭式複製策略一樣是較為簡單的選擇策略，主要是利用隨機的方法將母代中表現較佳的染色體透過比較的步驟選擇出兩條染色體來逕行接下來的交配步驟，競爭式選擇策略的步驟說明如下：

a. 自排序好的母代族群的前半部中隨機選擇 n 條染色體，其中 n 為自行定義的值。

b. 將選擇好的 n 條染色體的適應函數值進行比較，具有最高適應函數值的染色體將被挑選出來當作執行交配的母代。

c. 重複步驟 *a* 的動作，直到兩條要執行交配運算的母代染色體被挑選出來為止。

圖 3.45 是競爭式選擇策略的虛擬碼，其中 P_{size} 代表族群大小，而 n 代表挑選的競爭染色體數量 *fitness*(*i*) 代表母代族群第 i 條染色體的適應值，*SelectChrSite* 代表選取的染色體，*ParentSite*[*i*] 代表所選出的第 i 條母代染色體，在圖 3.45 中的虛擬碼執行流程如下：

1. 隨機產生 n 個族群位置。

2. 找出 n 個族群位置中具有最大適應值者。

3. 將步驟 3 所在的位置即為交配的母代染色體位置。

6. 判斷是否選足夠數量，若是則停止選取流程，若否則繼續步驟 2-4。

在設計競爭式選擇策略時與複製時需要注意的事項一致，就是 n 值的定義，每次競爭式選擇需要針對 n 條染色體的適應函數值進行比較，因此若 n 值越大，則會趨近於將母代前半段中的優良染色體中具有較高適應值的染色體大量選取進行交配，如此會造成族群過早收斂的問題，因此 n 值須訂定合適的值。

```
CompetitionSelection()
{
   int j = 0, k = 0, i = 0;
   int SelectChrSite = 0, RandValue;
   while (i < 2)
   {
         k = 0;
         while(k < n)
         {
              // 隨機產生母體染色體位置
              RandValue = Rand(1, P_size/2);
              // 將產生的隨機母體位置判斷染色體適應函數值決定交配位置
              if(k ==0)
              { SelectChrSite = RandValue;}
              else
              {
                     if(fitness(RandValue) > fitness (SelectChrSite))
                     {SelectChrSite = RandValue;}
              }
              k = k + 1;
         }
         // 依序將交配位置 SelectChrSite 讀入 ParentSite 中
         ParentSite[i] = SelectChrSite;
         i = i+1;
    }
}
```

圖 3.45　競爭式選擇虛擬碼

3.7.1.2　輪盤式選擇策略

輪盤式選擇策略 [90] 是透過適應函數判斷各組染色體的優劣，可決定出該染色體被選擇執行交配的機率大小，若適應函數值較高者，則其被選擇的機率將隨之較大；反之，選擇的機率較低。

當確定所有染色體的優劣之後，便將較好的染色體予以選擇。輪盤式選擇策略的步驟說明如下：

a. 將排序好的母代族群中的染色體依式（3.35）的計算後可以得到族群中各條染色體適應值所佔比重。

$$TotalFitness = \sum_{i=1}^{Psize} Fitness\_Value_i\,,$$
$$FitnessRate_j = \sum_{i=1}^{j} \frac{Fitness\_Value_i}{TotalFitness}, \tag{3.35}$$
$$\text{where } j = 1, 2, ..., P_{size}\ ,$$

其中，$Fitness\_Value_i$ 代表族群中第 i 條染色體的適應函數值；$TotalFitness$ 代表族群中所有染色體適應值的總和；$Fitness\_Value_j$ 代表族群中第 i 條染色體的適應函數值佔總適應函數值的累進比例值；在經過式（3.35）的計算後可以得到族群中各條染色體適應值所佔的比重。

b. 以下式產生一組隨機值

$$RandValue = Rand\,[0, 1] \tag{3.36}$$

式（3.36）表示隨機產生一組介於 0 到 1 的隨機值。

c. 根據式（3.36）所產生的隨機值依據下式判斷應該選擇執行交配運算的母代族群染色體：

$$SelectedPopulation_i = Population\,[k],$$
$$\text{if } fitnessRate_{k-1} < RandValue \le fitnessRate_k \tag{3.37}$$
$$\text{where } i = 1 \text{ and } 2,$$

其中，$SelectedPopulation_i$ 代表選擇執行交配運算的第 i 條染色體；$Population[k]$ 代表母代族群中第 k 條染色體；在式（3.37）中，若由式（3.37）所計算出來的值介於母代族群中某條染色體的適應值，經式（3.35）計算後所得得累進機

```
CompetitionSelection()
{
  // 計算適應函數值比例
  Compute_FitnessRate();
  int j = 0, k = 0, i = 0;
  int SelectChrSite = 0, RandValue;
  while (i < 2)
  {
        //隨機產生 0 到 1 的隨機值
        RandValue = Rand(0, 1);
        k = 1;
        while(k < P_size/2)
        {
            // 將產生的隨機與計算出來適應函數值比例比較決定交配位置
            if(FitnessRate[k-1]<= RandValue < FitnessRate[k])
            {SelectChrSite = k;}
            k = k + 1;
          }
          // 依序將交配位置 SelectChrSite 讀入 ParentSite 中
          ParentSite[i] = SelectChrSite;
          i = i + 1;
      }
}
```

圖 3.46　輪盤式選擇策略虛擬碼

率的情形時，則選擇該母代族群染色體執行交配運算。

d. 重複步驟 b 到 c 的動作，直到兩條要執行交配運算的母代染色體被挑選出來為止。

透過輪盤式複選擇策略的運算後可以發現，染色體具有越高比例的適應函數值的話，在子代的族群中將會有較多的機會被保留下來，而且，相較於競爭式選擇策略而言，輪盤式選擇策略不需要注意 n 值的定義，所以輪盤式選擇策略是目前較多採用的選擇策略。

圖 3.46 是輪盤式選擇策略的虛擬碼，其中 P_{size} 代表族群大小，而 *FitnessRate* 代表計算出來的適應值比例，*ParentSite*[*i*] 代表所選出的第 *i* 條母代染色體，在圖 3.46 中的虛擬碼執行流程如下：

1. 透過式（3.35）計算適應函數值比例。
2. 透過式（3.36）產生 0 到 1 的隨機值。
3. 將產生的隨機透過式（3.37）決定交配的母代染色體位置。
4. 判斷是否選足夠數量，若是則停止選取流程，若否則繼續步驟 2-4。

透過圖 3.46 的說明可以有助於讀者了解輪盤式選擇策略。

3.7.2 交配策略

關於交配的策略，過去研究中提出的交配運算類型有單點交配（single point）[91]-[93]、雙點交配或多點交配（two point or multi-point）[94]-[97]、定點交配（uniform）[98] 與順序交配（order）[99] 等多種交配方法。

其中單點交配，為在染色體中選擇一位置作為交配點，再將第一個染色體交配點左邊（右邊）的基因，與第二個染色體交配點左邊（右邊）的基因互換，以完成交配運算。雙點交配或多點交配，即在染色體中選出兩個或多個交配點後，在透過固定的交配方式對兩父代染色體中的基因進行交配運算。定點交配，則在兩父代染色體中選擇出固定的交配點位置後再進行交配運算。而順序交配法則是除被選擇到的基因位置保留之外，於下的基因則依照順序填入另一父代染色體當中來完成交配運算。以下為各種交配策略的詳細說明：

單點交配（single point）

單點交配 [91]-[93] 為最簡單的交配方式，透過將經過選擇步驟所挑選出來的母代染色體中選擇出交配點，再將母代染色體間的基因根據交配點互換，以完成交配運算，單點交配的步驟如下：

a. 利用下式產生交配點

$$CrossoverSite = \text{rand}[1，C_{Size}] \quad (3.38)$$

其中 *CrossoverSite* 為交配點，$\mathbf{C}_{Size}$ 為染色體長度，式（3.38）說明自母代染色體基因中隨機挑選出任一基因位置作為交配點。

b. 接著將所挑選出來的母代染色體中第一條染色體交配點左邊（或右邊）的基因，與第二條染色體交配點左邊（或右邊）的基因互換。

圖 3.47 是單點交配的虛擬碼，其中 P_{size} 以及 C_{size} 分別代表族群大小以及染色體長度，而 *NewPopulation*[*i*][*j*] 代表子代族群中第 *i* 條染色體的第 *j* 個基因，*CrossoverRate* 代表突變機率，*CrossoverPoint* 代表交配點，*ParentSite*[*i*] 代表第 *i* 個母代色體，圖 3.47 中的虛擬碼執行流程如下：

1. 隨機產生機率值。

2. 將步驟 1 的值與交配機率比較，若小於交配機率值進行步驟 3 否則直接將母代染色體複製到子代跳到步驟 5。

3. 透過式（3.38）產生交配位置。

4. 將母代染色體小於等於步驟 3 交配位置的基因彼此互換。

5. 判斷是否產生足夠子代後半的族群染色體，若是則停止交配運算，若否則繼續步驟 1-4。

為了讓讀者對單點交配更加明瞭本書已接下來的例子說明單點交配的運算：

```
SingalPointCrossover(){
  int j = 0, i = P_size /2;
  int RandValue,CrossoverPoint;
  while (i < P_size){
          // 隨機產生 0 到 1 的隨機值
          RandValue = Rand(0, 1);
          if (RandValue < CrossoverRate){
              // 產生交配位置
              CrossoverPoint = Rand(0, C_size);
              while(j < C_size){
                  // 單點交配 ( 隨機值小於交配機率 )
                  if(j <= CrossoverPoint){
                    NewPopulation[i][ j] = OldPopulation[ParentSite[2]][ j];
                    NewPopulation[i +1][ j]= OldPopulation[ParentSite[1]][ j];
                  }
                  else{
                    NewPopulation[i][ j] = OldPopulation[ParentSite[1]][ j];
                    NewPopulation[i + 1][ j] = OldPopulation[ParentSite[2]][ j];
                  }
                  j = j + 1;
              }
      }
      else{
          // 直接複製 ( 隨機 < 未小於交配機率 )
          while( j < C_size){
                NewPopulation[i][ j] = OldPopulation[ParentSite[1]][ j];
                NewPopulation[i+1][ j]= OldPopulation[ParentSite[2]][ j];
                j = j + 1;
          }
      }
      i = i + 2;
  }
}
```

圖 3.47　單點交配虛擬碼

例 3.18 單點交配

若圖 3.48 所示為具有 2 條選擇自母代的染色體，若所選擇的交配點如圖 3.48 所示為第 6 個基因，透過單點交配將第一條染色體交配點左邊的基因，與第二條染色體交配點左邊的基因互換即完成單點交配的運算。

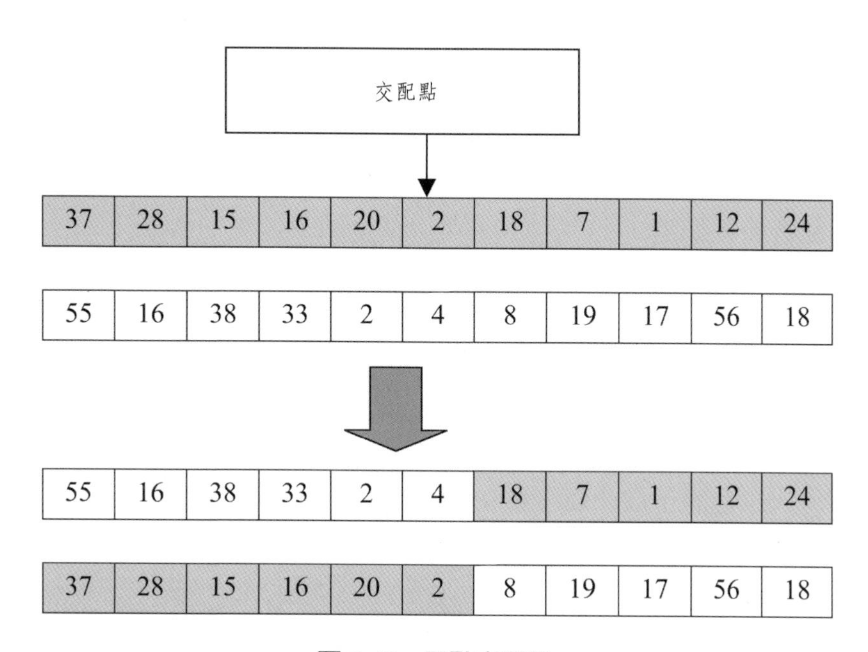

圖 3.48 單點交配圖

雙點交配或多點交配（two point or multi-point）

雙點交配 [94]-[97] 為最常採用的交配方式，透過將經過選擇步驟所挑選出來的母代染色體中選擇出兩交配點，再將母代染色體間的基因根據兩交配點互換，以完成交配運算，雙點交配的步驟如下：

a. 利用下式產生交配點

$$CrossoverSite_i = Rand\,[1, C_{size}] \quad \text{where} = 1 \text{ and } 2, \tag{3.39}$$

其中 $CrossoverSite_i$ 為兩交配點，C_{Size} 為染色體長度式（3.39）說明自母代染色體基因中隨機挑選出兩基因位置作為交配點。

c. 接著將所挑選出來的母代染色體中第一條染色體兩交配點間的基因，與第二條染色體兩交配點間的基因互換。

圖 3.49 是雙點交配的虛擬碼，其中 P_{size} 以及 C_{size} 分別代表族群大小以及染色體長度，而 *NewPopulation*[*i*][*j*] 代表子代族群中第 i 條染色體的第 *j* 個基因，*CrossoverRate* 代表突變機率，*CrossoverPointS* 以及 *CrossoverPointE* 分別代表啟使將被點以及結束交配點，*ParentSite*[*i*] 代表第 *i* 個母代色體，圖 3.49 中的虛擬碼執行流程如下：

6. 隨機產生機率值。

7. 將步驟 1 的值與交配機率比較，若小於交配機率值進行步驟 3 否則直接將母代染色體複製到子代跳到步驟 5。

8. 透過式（3.39）產生交配位置。

9. 將母代染色體位於步驟 3 的交配位置間的基因彼此互換。

10. 判斷是否產生足夠子代後半的族群染色體，若是則停止交配運算，若否則繼續步驟 1-4。

為了讓讀者對單點交配更加明瞭本書已接下來的例子說明單點交配的運算：

```
TwoPointCrossover(){
  int j = 0, i = P_size/2;
  int RandValue, CrossoverPointS, CrossoverPointE;
  while (i < P_size){
        // 隨機產生 0 到 1 的隨機值
        RandValue = Rand(0, 1);
        if (RandValue < CrossoverRate){
            // 產生交配位置
            CrossoverPointS = Rand(0, C_size);
            CrossoverPointE = Rand(0, C_size);
            while(j < C_size){
                // 單點交配（隨機值小於交配機率）
                if(j <= CrossoverPointE && j >= CrossoverPointS){
                NewPopulation[i][ j]= OldPopulation[ParentSite[2]][ j];
                NewPopulation[i + 1][ j]= OldPopulation[ParentSite[1]][ j];
              }
              else{
                NewPopulation[i][ j]= OldPopulation[ParentSite[1]][ j];
                NewPopulation[i+1][ j]= OldPopulation[ParentSite[2]][ j];
              }
              j = j + 1;
          }
        }
        else{
              // 直接複製（隨機值未小於交配機率）
              while(j < C_size){
                  NewPopulation[i][j]= OldPopulation[ParentSite[1]][ j];
                  NewPopulation[i + 1][ j]= OldPopulation[ParentSite[2]][ j];
                  j = j + 1;
              }
        }
        i =i + 2;
    }
}
```

圖 3.49　雙點交配虛擬碼

例 3.19　雙點交配

圖 3.50 解釋如何進行雙點交配；一開始必須決定出兩個交配點；若第一條染色體和的第二條染色體的第 4 個基因和第 7 個基因為交配點。接著將兩個交配點中間所有的基因和對方染色體互換而得到兩條新的子代染色體；即完成交配動作。

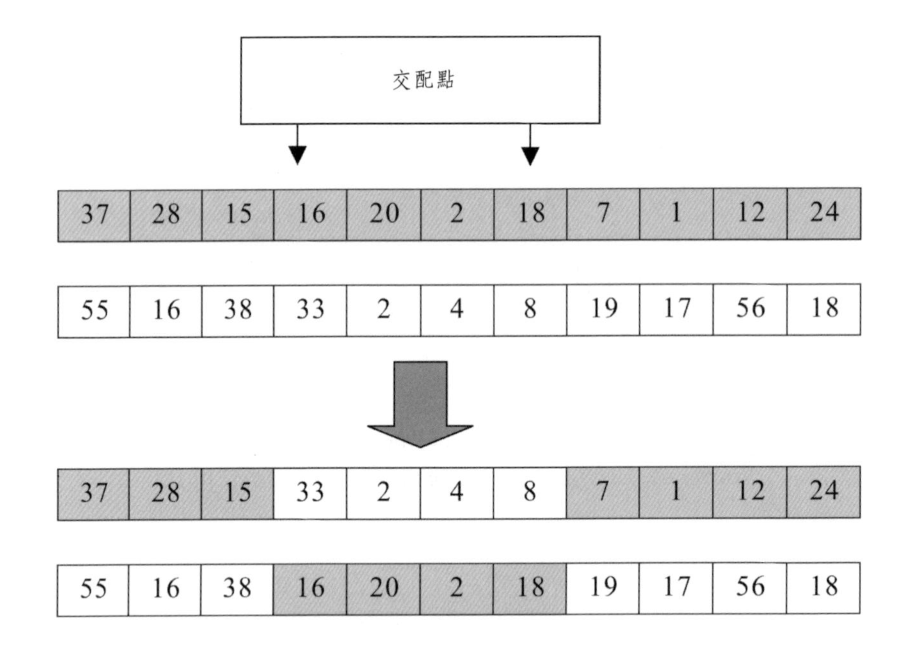

圖 3.50　雙點交配圖

定點交配（uniform）

定點交配 [98] 為在兩母代染色體中選擇出是先定義的交配點位置，然後再將兩條染色體所選擇的交配點進行交配運算，定點交配的步驟如下：

a. 利用下式產生交配點

$$CrossoverSite_i = Rand\,[1, C_{size}]$$
$$\text{where} = 1, 2, \cdots, C_{count} \qquad (3.40)$$

其中 $CrossoverSite_i$ 為產生的交配點，C_{Count} 為所欲選擇交換的交配點總數，式（3.40）說明自母代染色體基因中隨機挑選出 C_{Count} 基因位置作為交配點。

d. 接著將所挑選出來的母代染色體中第一條染色體 C_{count} 個交配點間的基因，與第二條染色體 C_{count} 個交配點間的基因互換。

圖 3.51 是定點交配的虛擬碼，其中 P_{size} 以及 C_{size} 分別代表族群大小以及染色體長度，而 *NewPopulation*[*i*][*j*] 代表子代族群中第 *i* 條染色體的第 *j* 個基因，*CrossoverRate* 代表突變機率，*CrossoverPoint*[*i*] 代表第 *i* 個交配點，C_{count} 為總交配點數，*ParentSite*[*i*] 代表第 *i* 個母代色體，圖 3.51 中的虛擬碼執行流程如下：

11. 隨機產生機率值。

12. 將步驟 1 的值與交配機率比較，若小於交配機率值進行步驟 3 否則直接將母代染色體複製到子代跳到步驟 5。

13. 透過式（3.40）產生交配位置。

14. 將母代染色體依據步驟 3 的交配位置將基因彼此互換。

15. 判斷是否產生足夠子代後半的族群染色體，若是則停止交配運算，若否則繼續步驟 1-4。

為了讓讀者對單點交配更加明瞭本書已接下來的例子說明定點交配的運算：

```
UniformCrossover(){
  int j = 0, k = 0, i = Psize/2;
  int RandValue, CrossoverPoint[Csize];
  while (i < Psize){
        RandValue = Rand(0, 1); // 隨機產生 0 到 1 的隨機值
        if (RandValue < CrossoverRate){
            k = 0;
            While(k < Ccount){ // 產生交配位置集合
                CrossoverPoint[k] = Rand(0, Csize);
                k = k + 1;
            }
            while(j < Csize){ // 定點交配 (隨機值小於交配機率)
                if(j is in CrossoverPoint){ // 判斷 j 是不是在交配位置集合中
                  NewPopulation[i][j]= OldPopulation[ParentSite[2]][j];
                  NewPopulation[i+1][j]= OldPopulation[ParentSite[1]][j];
                }
                else{
                  NewPopulation[i][j]= OldPopulation[ParentSite[1]][j];
                  NewPopulation[i +1][j]= OldPopulation[ParentSite[2]][j];
                }
                j = j + 1;
            }
        }
        else{

            while( j< Csize){ // 直接複製 (隨機值未小於交配機率)
                NewPopulation[i][j]= OldPopulation[ParentSite[1]][j];
                NewPopulation[i +1][j]= OldPopulation[ParentSite[2]][j];
                j = j + 1;
            }
        }
        i = i + 2;
    }
}
```

圖 3.51　定點交配虛擬碼

例 3.20 定點交配

圖 3.52 解釋如何進行定點交配；在此例中 C_{Count} 為 5，一開始必須決定出 5 個交配點；若交配點為第一條染色體以及第二條染色體的第 2 個基因、第 4 個基因、第 6 個基因、第 8 個基因以及第 9 個基因。接著將兩個染色體中 5 個交配點的基因和對方染色體互換而得到兩條新的子代染色體；即完成定點交配動作。

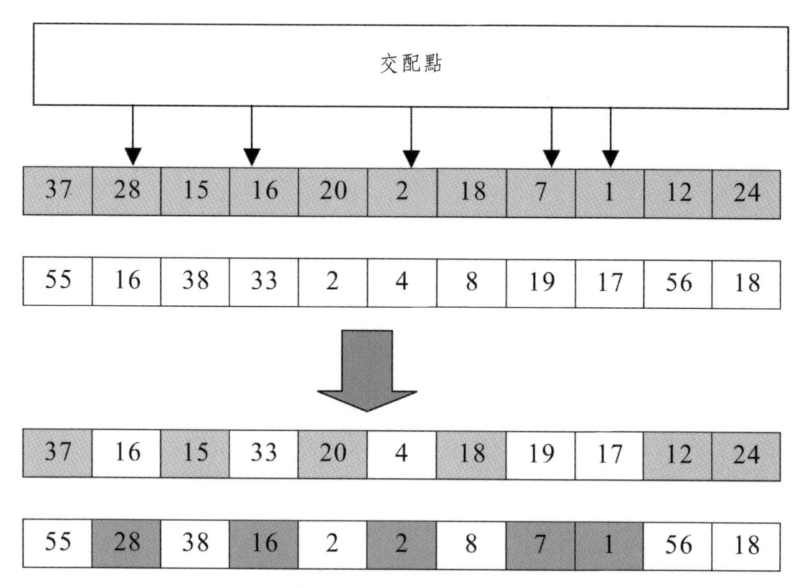

圖 3.52　定點交配圖

順序交配（order）

最後一個要介紹的是順序交配 [99]，順序交配為除了被選擇到的基因位置保留之外，餘下的未被選擇的基因則依照順序填入另一條選擇的母代染色體當中來完成交配運算，順序交配的步驟如下：

利用下式產生交配點

$$CrossoverSite_i = Rand[1, C_{size}],\quad \text{where} = 1, 2, \cdots, C_{count} \tag{3.41}$$

其中 $CrossoverSite_i$ 為產生的交配點，C_{count} 為所欲選擇交換的交配點總數，式（3.41）說明自母代染色體基因中隨機挑選出 C_{count} 基因位置作為交配點。

e. 接著將所挑選出來的母代染色體中第一條染色體 Ccount 個交配點除外的基因，與第二條染色體 C_{count} 個交配點除外的基因互換。

圖 3.53 是順序交配的虛擬碼，其中 P_{size} 以及 C_{size} 分別代表族群大小以及染色體長度，而 *NewPopulation*[*i*][*j*] 代表子代族群中第 *i* 條染色體的第 *j* 個基因，*CrossoverRate* 代表突變機率，*CrossoverPoint*[*i*] 代表第 *i* 個交配點，C_{count} 為總交配點數，*ParentSite*[*i*] 代表第 *i* 個母代色體，圖 3.53 中的虛擬碼執行流程如下：

16. 隨機產生機率值。

17. 將步驟 1 的值與交配機率比較，若小於交配機率值進行步驟 3 否則直接將母代染色體複製到子代跳到步驟 5。

18. 透過式（3.41）產生交配位置。

19. 將母代染色體不在步驟 3 的交配位置中的基因彼此互換。

20. 判斷是否產生足夠子代後半的族群染色體，若是則停止交配運算，若否則繼續步驟 1-4。

為了讓讀者對單點交配更加明瞭本書已接下來的例子說明順序交配的運算：

```
OrderCrossover(){
  int j = 0, k = 0, i = Psize/2;
  int RandValue, CrossoverPoint [Ccount];
  while (i < Psize){
        RandValue = Rand(0, 1); // 隨機產生 0 到 1 的隨機值
        if (RandValue < CrossoverRate){
            k = 0;
            While(k < Ccount){ // 產生交配位置集合
                CrossoverPoint[k] = Rand(0, Csize);
                k = k + 1;
            }
            while(j < Csize){ // 順序交配 ( 隨機值小於交配機率 )
                // 判斷 j 是不是在交配位置集合中
                if( j is in not CrossoverPoint){
                  NewPopulation[i][ j] = OldPopulation[ParentSite[2]][ j];
                  NewPopulation[i + 1][ j] = OldPopulation[ParentSite[1]][ j];
                }
                else{
                  NewPopulation[i][ j] = OldPopulation[ParentSite[1]][ j];
                  NewPopulation[i + 1][ j] = OldPopulation[ParentSite[2]][ j];
                }
                j =j + 1;
            }
        }
        else{

            while(j < Csize){ // 直接複製 ( 隨機值未小於交配機率 )
                NewPopulation[i][ j] = OldPopulation[ParentSite[1]][ j];
                NewPopulation[i + 1][ j]= OldPopulation[ParentSite[2]][ j];
                j = j + 1;
            }
        }
        i = i + 2;
    }
}
```

圖 3.53　順序交配虛擬碼

例 3.21　順序交配

圖 3.54 解釋如何進行順序交配；在此例中 C_{Count} 為 5，一開始必須決定出 5 個交配點；一開始必須決定出 5 個交配點；若交配點為第一條染色體以及第二條染色體的第 2 個基因、第 4 個基因、第 6 個基因、第 8 個基因以及第 9 個基因。接著將兩個染色體中 5 個交配點除外的基因和對方染色體互換而得到兩條新的子代染色體；即完成定點交配動作。

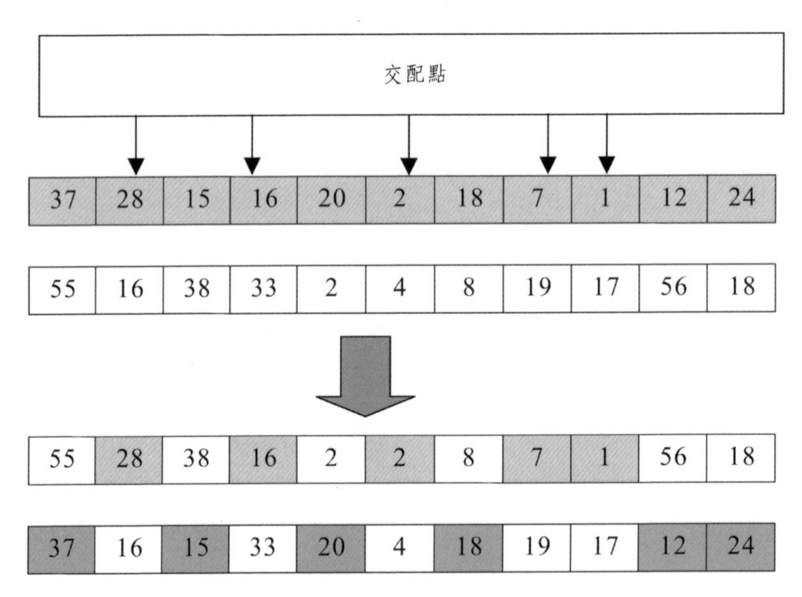

圖 3.54　定點交配圖

3.7.3　適用時機

許多研究顯示（Beasley，Bull，and Martin，1993）兩點交配較優於單點交配，只有當族群中染色體的適應函數值接近收斂狀態時，兩點交配的效能才會較單點交配的結果差 [100]-[101]。而在有的研究結果中則指出順序交配、多點交配以及定點交配有極差的效果，只有在某些特殊的情況下，才能得到較佳的執行效能。

3.8 ｜突變策略

在經過交配運算後子代族群中的染色體可以經過互相交換母代具有較佳效能染色體間的基因。然而，在子代族群中並未有新的基因值加入染色體中（因為所交換的值還是在原有的染色體中），為了讓演化能順利進行必須透過突變運算來將新的基因值加入染色體中。

突變運算元是避免基因演算法在演化的過程中，不會因為複製或交配等過程中而遺失了一些有用的資訊。突變運算元也是用來跳脫區域最佳解的一個重要步驟，使得搜尋的空間範圍更為廣大，以逼近全域最佳解。

交配的流程如圖 3.55 所示，在圖 3.55 所選擇出來的染色體會先隨機產生一個介於 0 到 1 的隨機值，接著將此隨機值與事先定義的突變機率做比較決定是否要進行突變接著選擇合適的突變策略。

雖然突變可以將新的基因值加入染色體中，然而，突變機率一般而言來說都很小，這是因為如果突變機率過大的話，將造成有用的資訊容易因而遺失而且會使的遺傳演算法接近於隨機搜尋，使得演化時間過長。

在過去研究中指出突變運算類型約略可區分為位元突變（bit flip）[102]-[104]、雙點突變 [105]-[107] 以及隨機選取突變（random selection）[108] 等， 以下為各種突變策略的詳細說明。

位元突變（bit flip）

位元突變 [102]-[104] 適用於二進位編碼型的基因演算法，主要的運算為自所選擇的染色體選擇一個突變點（基因位置），將所選擇的突變點進行基因值的改變即完成位元突變運算。位元突變的步驟如下：

a. 利用下式產生突變點

$$MutationSite = Rand\,[1，\; C_{Size}] \tag{3.42}$$

其中 *MutationSite* 為產生的突變點，式（3.42）說明自選擇的染色體基因中隨機挑選出第 MutationSite 基因位置作為突變點。

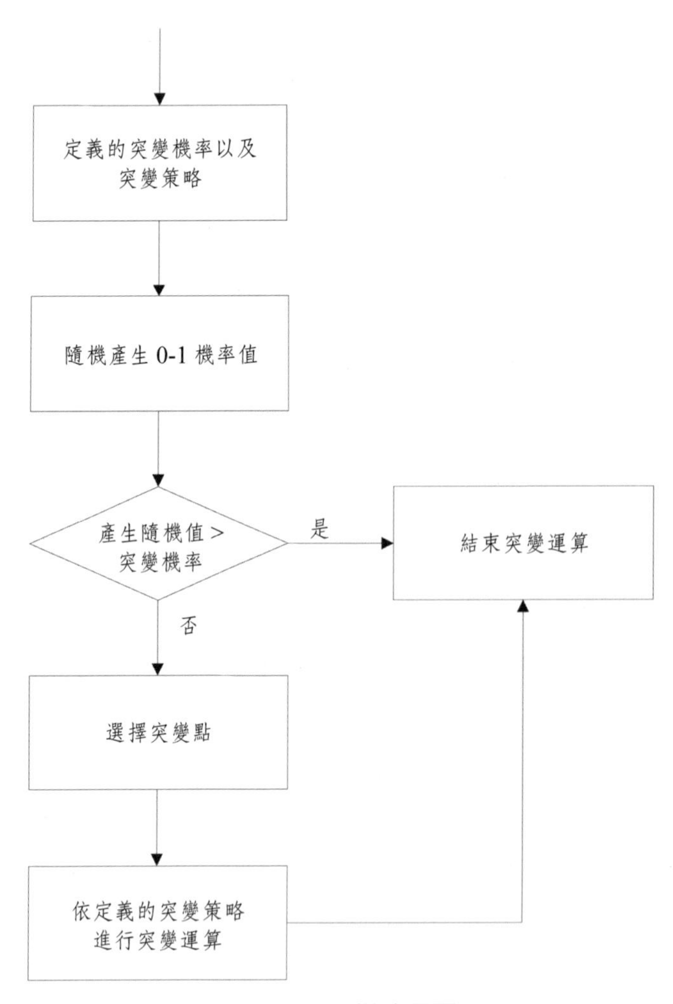

圖 3.55　突變流程圖

b. 接著將所挑選出來的染色體中第 *MutationSite* 基因位置的基因值中將 0 變成 1 或將 1 變成 0，即完成位元突變運算。

圖 3.56 是位元突變運算的虛擬碼，其中 P_{size} 以及 C_{size} 分別代表族群大小以及染色體長度，而 *NewPopulation*[*i*][*j*] 代表子代族群中第 *i* 條染色體的第 *j* 個基因，*MutationRate* 代表突變機率，*MutationPoint* 代表突變點，在圖 3.56 中的虛擬碼執行流程如下：

1. 隨機產生機率值。

2. 將步驟 1 的值與突變機率比較，若小於突變機率值進行步驟 3 否則跳到步驟 5。

3. 透過式（3.42）產生突變位置。

4. 將步驟 3 突變位置的基因由 0 轉 1 或由 1 轉 0。

5. 判斷是否掃瞄過子代中前後半的族群染色體，若是則停止突變運算，若否則繼續步驟 1-4。

為了讓讀者對位元突變運算更加明瞭本書已接下來的例子說明位元突變的運算：

```
BitMutation (){
  int i = P_size/2;
  int RandValue, MutationPoint;
  while (i < P_size){
        //隨機產生 0 到 1 的隨機值
        RandValue = Rand(0, 1);
        if (RandValue < MutationRate){
            //產生突變位置
            MutationPoint = Rand (0, C_size);
            //單點突變(隨機值小於突變機率)
            if(NewPopulation[i][MutationPoint]==0){
                  NewPopulation[i][MutationPoint]=1;
            }
            else{
                  NewPopulation[i][MutationPoint] = 0;
            }
        }
        i = i + 1;
    }
}
```

圖 3.56　位元突變虛擬碼

例 3.22　位元突變

圖 3.57 解釋如何進行位元突變；在此例中突變點為染色體第 5 個基因，在決定好突變點後將原本的基因值 0 轉變為 1 ；即完成定點交配動作。

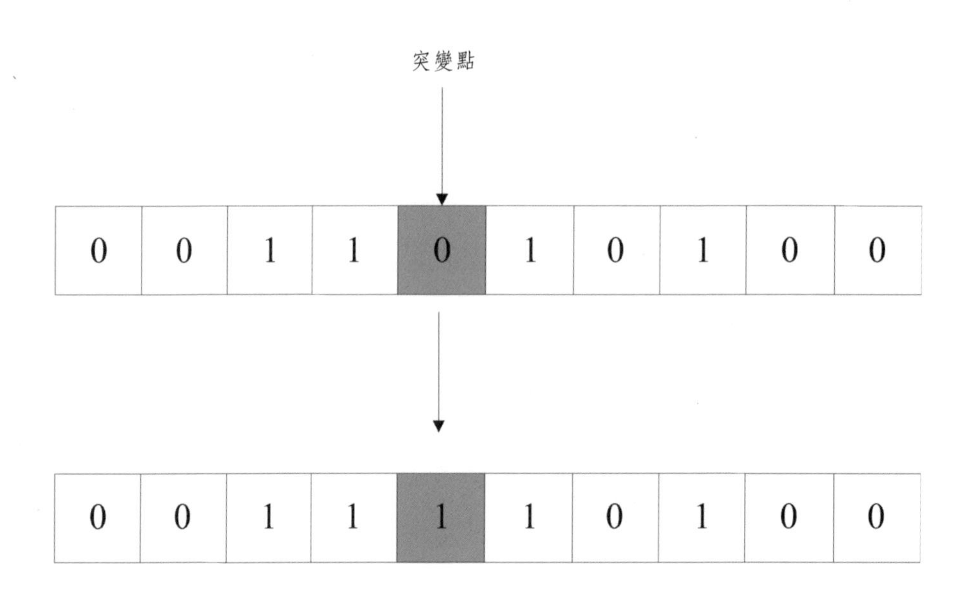

圖 3.57　位元突變示意圖

雙點突變

雙點突變 [105]-[107] 顧名思義是有兩個突變點的突變運算，基本上雙點突變與位元突變類似，適用於二進位編碼型的基因演算法，主要的運算為自所選擇的染色體選擇兩個突變點（基因位置），將所選擇的突變點進行基因值的改變即完成雙點突變運算。雙點突變的步驟如下：

a. 利用下式產生突變點

$$MutationSite_i = Rand\,[1, C_{size}]$$
$$\text{where } i = 1 \text{ and } 2 \qquad (3.43)$$

其中 $MutationSite_i$ 為產生的兩個突變點，式（3.43）說明自選擇的染色體基因中隨機挑選出第 $MutationSite_1$ 以及第 $MutationSite_2$ 基因位置作為突變點。

b. 接著將所挑選出來的染色體中第 $MutationSite_1$ 以及第 $MutationSite_2$ 基因位置的基因值中將 0 變成 1 或將 1 變成 0，即完成雙點突變運算。

圖 3.58 是雙點突變的虛擬碼，其中 P_{size} 以及 C_{size} 分別代表族群大小以及染色體長度，而 $NewPopulation[i][j]$ 代表子代族群中第 i 條染色體的第 j 個基因，$MutationRate$ 代表突變機率，$MutationPoint[i]$ 代表第 i 個突變點，在圖 3.58 中的虛擬碼執行流程如下：

6. 隨機產生機率值。

7. 將步驟 1 的值與突變機率比較，若小於突變機率值進行步驟 3 否則跳到步驟 5。

8. 透過式（3.43）產生突變位置。

9. 將步驟 3 突變位置的基因由 0 轉 1 或由 1 轉 0。

10. 判斷是否掃瞄過子代中前後半的族群染色體，若是則停止突變運算，若否則繼續步驟 1-4。

為了讓讀者對雙點突變更加明瞭本書已接下來的例子說明雙點突變的運算：

```
TwoPointMutation (){
  int k = 0, i = Psize/2;
  int RandValue, MutationPoint[2];
  while (i < Psize){
          //隨機產生 0 到 1 的隨機值
          RandValue = Rand (0, 1);
          if (RandValue < MutationRate){
              //產生突變位置
              k = 0;
              While(k < 2){
                  MutationPoint[k] = Rand(0, Csize);
                  k = k + 1;
              }
              k = 0;
              //雙點突變(隨機  小於突變機率)
              While(k < 2){
                  if(NewPopulation[i][MutationPoint[i]] ==0){
                      NewPopulation[i][MutationPoint[i]]=1;
                }
                else{
                      NewPopulation[i][MutationPoint[i]] = 0;
                  }
              }
        }
        i = i + 1;
    }
}
```

圖 3.58　雙點突變虛擬碼

例 3.23　雙點突變

圖 3.59 解釋如何進行雙點突變；在此例中突變點為染色體第 5 個基因以及第 8 個基因，在決定好突變點後將原本的基因值 0 轉變為 1 ；即完成雙點交

配動作。

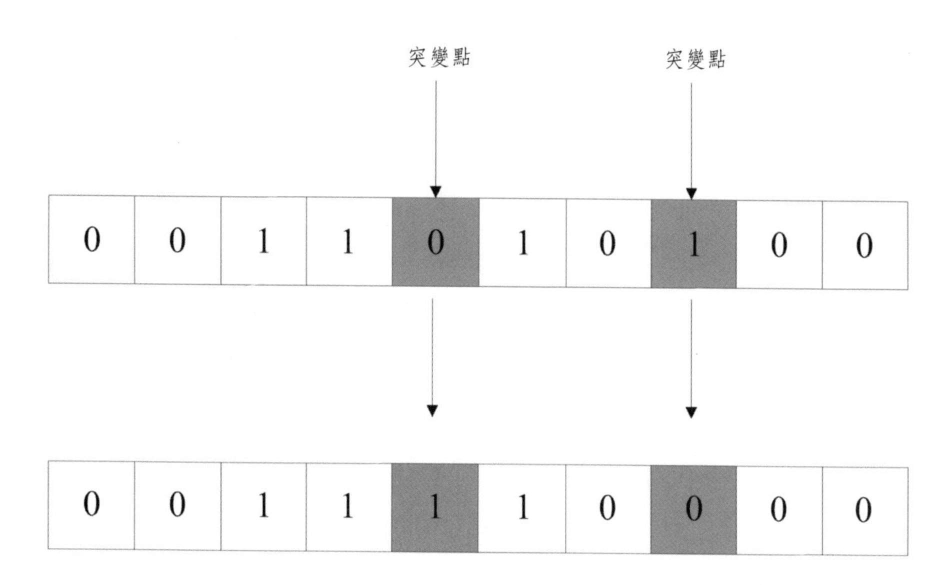

圖 3.59　雙點突變示意圖

隨機選取突變（random solution）

最後一個要介紹的是隨機選取突變 [108]，隨機選取突變適用於實數編碼型的基因演算法，主要的運算為自所選擇的染色體選擇一個突變點（基因位置），將所選擇的突變點進行基因值的改變即完成隨機選取突變運算。隨機選取突變的步驟如下：

a. 利用下式產生突變點

$$MutationSite = \text{rand}\,[1，C_{Size}] \tag{3.44}$$

其中 *MutationSite* 為產生的突變點，式（3.44）說明自選擇的染色體基因中隨機挑選出第 *MutationSite* 基因位置作為突變點。

b. 接著將所挑選出來的染色體中第 *MutationSite* 基因位置的基因值利用下式改變基因值，即完成隨機選取突變運算。

$$Populatrion[i][MutationSite] = \text{Rand}[MinGeneValue, MaxGeneValue] \qquad (3.45)$$

其中 *MutationSite* 為產生的突變點；*MinGeneValue* 以及 *MaxGeneValue* 為實數型基因值的最小以及最大範圍。

圖 3.60 是隨機選取突變的虛擬碼，其中 P_{size} 以及 C_{size} 分別代表族群大小以及染色體長度，而 $NewPopulation[i][j]$ 代表子代族群中第 i 條染色體的第 j 個基因，*MutationRate* 代表突變機率，*MutationPoint* 代表突變點，在圖 3.60 中的虛擬碼執行流程如下：

1. 隨機產生機率值。

2. 將步驟 1 的值與突變機率比較，若小於突變機率值進行步驟 3 否則跳到步驟 5。

3. 透過式（3.44）產生突變位置。

4. 透過式（3.45）產生步驟 3 突變位置的基因突變量。

5. 判斷是否掃瞄過子代中前後半的族群染色體，若是則停止突變運算，若否則繼續步驟 1-4。

為了讓讀者對隨機選取突變更加明瞭本書已接下來的例子說明隨機選取突變的運算：

```
RandomSelectionMutation (){
  int i= P_size/2;
  int RandValue, MutationPoint;
  double MutateValue;
  while (i < P_size){
      // 隨機產生 0 到 1 的隨機值
      RandValue = Rand (0, 1);
      if (RandValue < MutationRate){
          // 產生突變位置
          MutationPoint = Rand (0, C_size);
          // 產生基因突變值
          MutateValue = Rand (MinGeneValue, MaxGeneValue);
          // 隨機突變（隨機值小於突變機率）
          NewPopulation[i][MutationPoint] = MutateValue;
      }
      i = i + 1;
  }
}
```

圖 3.60　隨機選取突變虛擬碼

例 3.24　隨機選取突變

圖 3.61 簡單的解釋隨機選取突變；首先隨機找尋出一個突變點，在這裡假設為第 5 個基因位置，接著進行突變的動作，將此基因位置突變成 26，而其它基因位置並不會改變；如此所得到新的子代；即完成單點突變的動作。

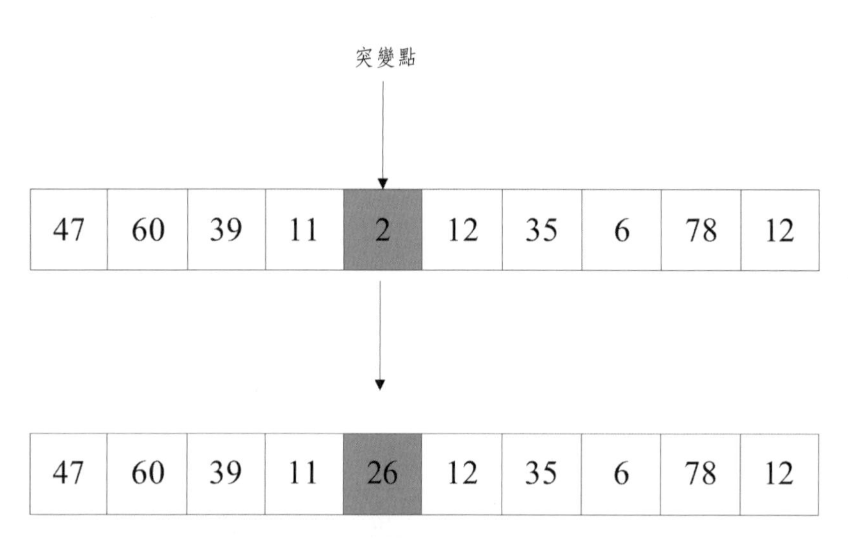

圖 3.61　隨機選取突變示意圖

3.9 ｜基因演算法參數設計

3.9.1　遺傳演算法參數控制

為了要控制遺傳演算法中的運算效能，我們必須對參數做適當的調整，遺傳演算法中需要控制參數一般為族群大小（population size），交配機率（crossover rate）及突變機率（mutation rate）。以下分別說明控制參數的重要性：

a. 族群大小

在遺傳演算法中族群大小都是固定的，族群大小主要是決定每一個演化代數的執行時間，在較大的族群體中每一演化代數所需要的訓練（training）時間較長，但相對而言是較大的族群因為其染色體多所包容的候選最佳值也較多，所以訓練品質會較好；反之，較小的族群每一演化代數所需要的訓練時間較快，但相對而言是較小的族群因為其染色體較少所包容的候選最佳值也較少，所以訓練品質會較差。依解決問題的特性選擇適當的族群大小可以有助於遺傳演算法的效能。

b. 交配機率

交配主要是為了讓族群中的染色體互相交換有用的資訊（基因），使得子代族群得到更好的適應函數值，進而得到更好的效能。但是有時為了讓族群中染色體的優良基因可以直接保留到子代族群中的染色體，所以必須使用交配率，其大小視待解決問題而定，適當的交配率對於訓練品質來說是非常重要的。

c. 突變機率

突變是為了得到更多的資訊，通常來說突變率的值很小，這是因為如果突變機率過大的話，將造成有用的資訊容易因而遺失而且會使得遺傳演算法接近於隨機搜尋，使得演化時間過長。

突變機率可以隨演化世代動態變化，例如當持續一段世代群體的適應函數值都無法有效改善時，便可以放大突變機率，藉以希望族群中的染色體可以有更多變化。

3.9.2 遺傳演算法最佳化參數設計

在本書中所提的遺傳演算法所使用的初始值的設定，一般而言是經過事先定義的，一般事先定義的方法是由參數的實驗所獲得。第一個研究參數探究的是學者 De Jong；在 De Jong 的文獻中 [109] 提到；一個小的母體數在演化初期時會有好的效能；而一個大的母體數則會在演化後段能有好的效能。並且，一個低的突變率會在及時（on line）系統有好的效能，一個高的突變率會在非及時（off line）系統有好的效能。

在文獻 [110] 中提到；作者在他的模擬中發現最佳的母體數和突變率分別為 30 和 0.01。以下說明參數設定如何影響到實際的效能：

a. 母體數影響最後的效能以及基因演算法的效率。

b. 交配率是關於交配程序使用的頻率。

c. 突變率是關於增加母體變化的第二種搜尋程序。

若母體進化傳承的世代數目太少，則可能無法找出最佳解；母體的大小，關係著進化演算法的全域搜尋能力。若族群分布的多樣性不足，會使得適應函數值無法有效的上升，尤其整體的適應函數值更加明顯。族群的大小，確實影響了演算法的搜尋能力。一般而言參數設定的規則 [110] 如下：

a. 族群大小範圍為 50 至 100；測試增加幅度為 5。

b. 交配率範圍為 0.25 至 1；測試增加幅度為 0.05。

c. 突變率範圍為 0 至 0.3；且測試時用指數遞增來增加。

在決定好參數設定的範圍之後，接著是透過實驗來搜尋最佳的參數解，在決定好最佳參數後，即可進行演化。

參考文獻

[1] J. H. Holland, *Adaptation in Natural and Artificial System*, MIT Press, Cambridge, MA, USA, 1992.

[2] J. D. Bagley, "The behavior of adaptive systems which employ genetic and correlation algorithms," *Dissertation Abstracts International*, vol. 28, no. 12, 1967.

[3] J. H. Holland, *Adaptation in Natural and Artificial Systems*, Ann Arbor, MI: The University of Michigan Press, 1975.

[4] D. E. Goldberg, *Genetic Algorithms in Search, Optimization and Machine Learning*, Addison-Wesley Longman Publishing Co., Inc., Boston, MA, USA, 1998.

[5] C. Kane and M. Schoenauer, "Topological optimum design using genetic algorithms," *Control and Cybernetics*, vol. 25, no. 5, pp. 1059-1087, 1996.

[6] S. Y. Woon, O. M. Querin, and G. P. Steven, "Structural application of a shape optimization method based on a genetic algorithm," *Structural and Multidisciplinary Optimization*, vol. 22, pp. 57-64, 2001.

[7] C. Y. Wu and C. H. Shu, "Topological optimization of two-dimensional structure using genetic algorithms and adaptive resonance theory," *TATUNG Journal*. vol. 26, pp. 213-224,

November, 1996.

[8] Y. Liu and C. Wang, "A modified genetic algorithm based optimization of milling parameter," *International Journal Advanced Manufacturing Tech.*, vol. 15, pp. 796-799, 1999.

[9] Y. Nakanishi, "Application of homology theory to topology optimization of three-dimensional structures using genetic algorithm," *Computer Methods in Applied Mechanics and Engineering*, vol. 190, pp. 3849-3863, 2001.

[10] C. D. Chapman, K. Saitou, and M. J. Jakiela, "Genetic algorithms as an approach to configuration and topology design," *ASME Journal of Mechanical Design*, vol. 116, no. 4, pp. 1005-1012, 1994.

[11] P. C. Chang, J. C. Hsieh, and C. H. Hsiao, "Application of genetic algorithm to the unrelated parallel machine problem scheduling," *Journal of the Chinese Institute of Industrial Engineering*, vol. 19, no. 2, pp. 79-95, 2002.

[12] J. B. Jensen and M. Nielsen, "A simple genetic algorithm applied to discontinuous regularization," *Proc. of the IEEE-SP Workshop Neural Networks for Signal Processing*, pp. 69 -78, 1992.

[13] A. K. Nag and A. Mitra, "Forecasting the daily foreign exchange rates using genetically optimized neural networks," *Journal of Forecasting*, vol. 21, pp. 501-511, 2002.

[14] D. F. Cook, D. C. Ragsdale, and R. L. Major, "Combining a neural network with a genetic algorithm for process parameter optimization," *Engineering Applications of Artificial Intelligence*, vol. 13, pp. 391-396, 2000.

[15] G. R. Harik, F. G. Lobo, and D. E. Goldberg, "The compact genetic algorithm," *IEEE Trans. Evolutionary Computation*, vol. 3., no. 4, pp. 287-297, Nov. 1999.

[16] H. Braun, "On solving travelling salesman problems by genetic algorithms," *Lecture Notes in Computer Science*, vol. 496, pp. 129-133, 2006.

[17] D. Whitley and T. Starkweather, *Scheduling problems and traveling salesman: the genetic edge recombination*, Morgan Kaufmann Publishers Inc. San Francisco, CA, USA, 1989.

[18] C. J. Lin and Y. J. Xu, "Efficient reinforcement learning through dynamical symbiotic

evolution for TSK-type Fuzzy Controller Design," *International Journal General Systems*, vol. 34, no.5, pp. 559-578, 2005.

[19] J. Arabas, Z. Michalewicz, and J. Mulawka, "GAVaPS-A genetic algorithm with varying population size," *Proc. IEEE Int. Conf. Evolutionary Computation, Orlando*, pp. 73-78, 1994.

[20] M. Lee and H. Takagi, "Integrating design stages of fuzzy systems using genetic algorithms," *Proc. 2nd IEEE Int. Conf. Fuzzy Systems*, San Francisco, CA, pp. 612-617, 1993.

[21] W. M. Spears, K. A. De Jong, T. Back, D. B. Fogel, and H. deGaris, "An overview of evolutionary computation," *Proc. Conf. Machine Learning*, 1993.

[22] B. Hu and G. R. Raidl, "Solving the railway traveling salesman problem via a transformation into the classical traveling salesman problem," *Proc. IEEE Int. Conf. Hybrid Intelligent Systems*, pp. 73-77, 2008.

[23] J.W. Pepper, B.L. Golden, and E.A. Wasil, "Solving the traveling salesman problem with annealing-based heuristics: a computational study," *IEEE Trans. Syst., Man, Cybern., Part A*, vol. 32, no. 1, pp. 72-77, 2002.

[24] X. H. Wang, J. J. Li, and J. M. Xiao, "Particle swarm optimization algorithm based on same side keeping and elitism," *Proc. IEEE Int. Conf. Control and Decision*, pp. 3078 - 3082, 2008.

[25] D. Kaur and M. M. Murugappan, "Performance enhancement in solving Traveling Salesman Problem using hybrid genetic algorithm," *Proc. IEEE Int. Conf. Fuzzy Information Processing Society*, pp. 1-6, 2008.

[26] W. S. McCulloch and W. Pitts, "A logical calculus of ideas immanent in nervous activity," *Bulletin of Mathematical Biophysics*, vol. 5, pp. 115-133, 1943.

[27] J. J. Hopfield, "Neural networks and physical system with emergent collective computational abilities," *Proc. of the National Academy of Sciences*, vol. 79, pp. 2554-2558, 1982.

[28] J. Chang, G. Han, J. M. Valverde, N. C. Griswold, J. F. Duque-Carrillo, and E. Sanchez-

Sinencio, "Cork quality classification system using a unified image processing and fuzzy-neural network methodology," *IEEE Trans. Neural Networks*, vol. 8, no. 4, July 1997.

[29] J. H. L. Hansen and B. D. Womack, "Feature analysis and neural network-based classification of speech under stress," *IEEE Trans. Speech and Audio Processing*, vol. 4, no. 4, July 1996.

[30] J. Wu and C. Chan, "Isolated word recognition by neural network models with cross-correlation coefficients for speech dynamics," *IEEE Trans. on Pattern Analysis and Machine Intelligence*, vol. 15, no. 11, Nov. 1993.

[31] B. Xiang and T. Berger, "Efficient text-independent speaker verification with structural gaussian mixture models and neural network," *IEEE Trans. on Speech and Audio Processing*, vol. 11, no. 5, Sep. 2003.

[32] R. Lienhart and A. Wernicke, "Localizing and segmenting text in images and videos," *IEEE Trans. on Circuits and Systems for Video Technology*, vol. 12, no. 4, Apr. 2002.

[33] N. Hovakimyan, F. Nardi, Anthony Calise, and N. Kim, "Adaptive output feedback control of uncertain nonlinear systems using single-hidden-layer neural networks," *IEEE Trans. Neural Networks*, vol. 13, no. 6, Nov. 2002.

[34] J. Y. Choi and J. A. Farrell, "Adaptive observer backstepping control using neural networks," *IEEE Trans. Neural Networks*, vol. 12, no. 5, Sep. 2001.

[35] F. Sun, Z. Sun, and P. Y. Woo, "Stable neural-network-based adaptive control for sampled-data nonlinear systems," *IEEE Trans. Neural Networks*, vol. 9, no. 5, Sep. 1998.

[36] J. He, J. Xu and X. Yao, "Solving equations by hybrid evolutionary computation techniques," *IEEE Trans. Evolutionary Computation*, vol. 4, no. 3, pp. 295-304, 2000.

[37] M. A. Abido, "Multiobjective evolutionary algorithms for electric power dispatch problem," *IEEE Trans. Evolutionary Computation*, vol. 10, no. 3, pp. 315-329, 2006.

[38] W. C. Yen, "A simple heuristic algorithm for generating all minimal paths," *IEEE Trans. Reliability*, vol. 56, no. 3, pp. 488 - 494, 2007.

[20] F. Pernkopf and D. Bouchaffra, “Genetic-based EM algorithm for learning Gaussian mixture models,” *IEEE Trans. On Pattern Analysis and Machine Intelligence*, vol. 27, no. 8, pp. 1344 - 1348, 2005.

[40] L. J. Fogel, “Evolutionary programming in perspective: The top-down view,” in *Computational Intelligence: Imitating Life*, J. M. Zurada, R. J. Marks II, and C. Goldberg, Eds. Piscataway, NJ: IEEE Press, 1994.

[41] I. Rechenberg, “Evolution strategy,” in *Computational Intelligence: Imitating Life*, J. M. Zurada, R. J. Marks II, and C. Goldberg, Eds. Piscataway, NJ: IEEE Press, 1994.

[42] J. K. Koza, *Genetic Programming: On the Programming of Computers by Means of Natural Selection*. Cambridge, MA: MIT Press, 1992.

[43] D. E. Goldberg, *Genetic Algorithms in Search Optimization and Machine Learning*. Reading, MA: Addison-Wesley, 1989.

[44] A. Kusiak, “Expert systems and optimization,” *IEEE Trans. On Software Engineering*, vol. 15, no. 8, pp. 1017 - 1020, 1989.

[45] Th. Back, and H. P. Schwefel,, “An overview of evolutionary algorithms for parameter optimization”, *Evolutionary Computation*, vol. 1, no. 1, pp. 1-2, 1993.

[46] C. J. Lin and Y. C. Hsu, “Reinforcement Hybrid Evolutionary Learning for Recurrent Wavelet-Based Neuro-Fuzzy Systems,” *IEEE Trans. On Fuzzy Systems*, vol. 15, no. 4, pp. 729-745, 2007.

[47] C. J. Lin and Y. J. Xu, “Efficient reinforcement learning through dynamical symbiotic evolution for TSK-type fuzzy controller design,” *International Journal General Systems*, vol. 34, no.5, pp. 559-578, 2005.

[48] C. J. Lin and Y. J. Xu, “A novel genetic reinforcement learning for nonlinear fuzzy control problems,” *Neurocomputing*, vol. 69, no. 16-18, pp. 2078-2089, 2006.

[49] C. J. Lin and Y. J. Xu, “The Design of TSK-Type Fuzzy Controllers Using a New Hybrid Learning Approach,” *International Journal of Adaptive Control and Signal Processing*, vol. 20, no. 1, pp. 1-25,2006.

[50] C. J. Lin and Y. J. Xu, "A Self-Adaptive Neural Fuzzy Network with Group-Based Symbiotic Evolution and Its Prediction Applications," *Fuzzy Sets and Systems*, vol. 157, no. 8, pp. 1036-1056, 2006.

[51] C. J. Lin and Y. J. Xu, "A Self-Constructing Neural Fuzzy Network with Dynamic-form Symbiotic Evolution," *AutoSoft Journal- Intelligent Automation and Soft Computing*, vol. 13, no. 2, pp. 123-137, 2007.

[52] D. Y. Wang, H. C. Chuang, Y. J. Xu, and C. J. Lin, "A novel evolution learning for recurrent wavelet-based neuro-fuzzy networks," *Proc. IEEE Int. Conf. Fuzzy Systems*, pp. 1092 - 1097, 2005.

[53] C. J. Lin, C. H. Chen, C. T. Lin, "Efficient self-evolving evolutionary learning for neurofuzzy inference systems," *IEEE Trans. Fuzzy Systems*, vol. 16, no. 6, pp. 1476 - 1490, 2008.

[54] C. T. Lin and C. P. Jou, "GA-based fuzzy reinforcement learning for control of a magnetic bearing system," *IEEE Trans. Syst., Man, Cybern., Part B*, vol. 30, no. 2, pp. 276-289, 2000.

[55] F. J. Gomez, "Robust non-linear control through neuroevolution," Ph. D. Disseration, The University of Texas at Austin, 2003.

[56] Q. C. Meng, T. J. Feng, Z. Chen, C. J. Zhou, and J. H. Bo, "Genetic algorithms encoding study and a sufficient convergence condition of Gas," *Proc. Int. Conf. IEEE Systems, Man, and Cybernetics*, pp. 649-652, 1999.

[57] K. Belarbi and F. Titel, "Genetic algorithm for the design of a class of fuzzy controllers: an alternative approach," *IEEE Trans. Fuzzy Systems*, vol. 8, no. 4, pp. 398-405, 2000.

[58] C. T. Lin and C. P. Jou, "GA-based fuzzy reinforcement learning for control of a magnetic bearing system," *IEEE Trans. Syst., Man, Cybern., Part B*, vol. 30, no. 2, pp. 276-289, Apr. 2000.

[59] B. Carse, T. C. Fogarty, and A. Munro, "Evolving fuzzy rule based controllers using genetic algorithms," *Fuzzy Sets and Systems*, vol. 80, no. 3, pp. 273-293 June 24, 1996.

[60] C. F. Juang, "A hybrid of genetic algorithm and particle swarm optimization for recurrent network design," *IEEE Trans. Syst., Man, and Cyber., Part B*, vol. 34, no. 2, pp. 997-1006, 2004.

[61] C. J. Lin and Y. J. Xu, "A Self-Adaptive Neural Fuzzy Network with Group-Based Symbiotic Evolution and Its Prediction Applications," *Fuzzy Sets and Systems*, vol. 157, no. 8, pp. 1036-1056, 2006.

[62] C. F. Juang, "Combination of online clustering and Q-value based GA for reinforcement fuzzy system design," *IEEE Trans. Fuzzy Systems*, vol. 13, no. 3, pp. 289-302, JUNE 2005.

[63] F. Gomez and J. Schmidhuber, "Co-evolving recurrent neurons learn deep memory POMDPs," *Proc. of Conf. on Genetic and Evolutionary Computation*, pp. 491 - 498, 2005.

[64] T. Nakashima and H. Ishibuchi, "GA-based approaches for finding the minimum reference set for nearest neighbor classification," *Proc. IEEE Int. Conf. Evolutionary Computation*, vol. 2, pp. 709 - 714, 1998.

[65] S. Auwatanamongkol, "Pattern recognition using genetic algorithm," *Proc. IEEE Int. Conf. Evolutionary Computation*, vol. 1, pp. 822 - 828, 2000.

[66] R. J. Allard, D. H. Werner, and P. L. Werner, "Radiation pattern synthesis for arrays of conformal antennas mounted on arbitrarily-shaped three-dimensional platforms using genetic algorithms," *IEEE Trans. Antennas and Propagation*, vol. 51, no. 5, pp. 1054 - 1062, 2003

[67] R. L. Haupt, "An introduction to genetic algorithms for electromagnetics," *IEEE Antennas and Propagation Magazine*, vol. 37, no. 2, pp. 7 - 15, 1995

[68] H. Kubo, M. Matsushita, and I. Awai, "Radiation pattern synthesis of dielectric rod waveguide with many corrugations," *IEEE Trans. Antennas and Propagation*, vol. 51, no. 11, pp. 3055 - 3063, 2003

[69] S. U. Guan, C. Bao, T. N. Neo, "Reduced Pattern Training Based on Task Decomposition Using Pattern Distributor," *IEEE Trans. Neural Networks*, vol. 18, no. 6, pp. 1, 2002.

[70] N. Ansari, M. H. Chen, E. S. H. Hou, "Point pattern matching by a genetic algorithm,"

Proc. IEEE Int. Conf. Industrial Electronics Society, vol. 2, pp. 1233 - 1238, 1990.

[71] C. J. Lin and C. T. Lin, "An ART-based fuzzy adaptive learning control network," *IEEE Trans. Fuzzy systs.*, vol. 5, no. 4, pp. 477-496, 1997.

[72] C. T. Lin and C. S. G. Lee, *Neural Fuzzy Systems: A Neuro-Fuzzy Synergism to Intelligent System*, NJ: Prentice-Hall, 1996.

[73] C. F. Juang and C. T. Lin, "An on-line self-constructing neural fuzzy inference network and its applications," *IEEE Trans. Fuzzy Systs.*, vol. 6, no.1, pp. 12-31, 1998.

[74] J. K. Koza, *Genetic Programming: On the Programming of Computers by Means of Natural Selection. Cambridge*, MA: MIT Press, 1992.

[75] O. Cordon, F. Herrera, F. Hoffmann, and L. Magdalena, *Genetic fuzzy systems evolutionary tuning and learning of fuzzy knowledge bases*. Advances in Fuzzy Systems-Applications and Theory, vol.19, NJ: World Scientific Publishing, 2001.

[76] X. Xu and H. G. He, "Residual-gradient-based neural reinforcement learning for the optimal control of an acrobat," in *Proc. IEEE Int. Conf. Intelligent Control.*, pp. 27-30, 2002.

[77] O. G.rigore, "Reinforcement learning neural network used in control of nonlinear systems," in Proc. *IEEE Int. Conf. Industrial Technology* 1, pp. 19-22, 2000.

[78] A. G. Barto, R. S. Sutton, and C. W. Anderson, "Neuron like adaptive elements that can solve difficult learning control problem," *IEEE Trans. Syst., Man, Cybern.*, vol. 13, no 5, pp. 834-847, 1983.

[79] C. J. Lin, "A GA-based neural network with supervised and reinforcement learning," *Journal of the Chinese Institute of Electrical Engineering*, vol. 9, no. 1, pp. 11-25, 2002.

[80] Y. C. Hsu and S. F. Lin, "Reinforcement Group Cooperation based Symbiotic Evolution for Recurrent Wavelet-Based Neuro-Fuzzy Systems," accepted to appear in *Neurocomputing*, 2009.

[81] Z. Michalewicz, *Genetic algorithms + data structures = evolution programs*, Artificial Intelligence. Berlin: Springer, 1992.

[82] M. Gen and R. Cheng, *Genetic Algorithms & Engineering Design*, New York: John Wiley &

Sons, Inc, 1997.

[83] C. Y. R. Chen, C. Y. Hou, and U. Singh, "Optimal algorithms for bubble sort based non-Manhattan channel routing," *IEEE Trans. Computer-Aided Design of Integrated Circuits and Systems*, vol. 13, no. 5, pp. 603 - 609, 1994.

[84] R. Finkbine, "Pattern recognition of the selection sort algorithm," *Proc. IEEE Int. Conf. Cognitive Informatics*, pp. 313 - 316, 2002.

[85] V. Estivill-Castro and R. Torres-Velazquez, "Classical sorting embedded in genetic algorithms for improved permutation search," *Proc. IEEE Int. Conf. Evolutionary Computation*, vol. 2, pp. 941 - 948, 2001.

[86] D. L. Lee and K. E. Batcher, "A multiway merge sorting network," *IEEE Trans. Parallel and Distributed Systems*, vol. 13, no. 5, pp. 211 - 215, 1995.

[87] Y. Y. Peng, S. C. Li, and M. Li, "Quick Sorting Algorithm of Matrix," *Proc. IEEE Int. Conf. Electronic Measurement and Instruments*, pp. 2-601-2-605, 2007.

[88] N. Chaiyaratana and A. M. S. Zalzala, "Recent developments in evolutionary and genetic algorithms: theory and applications," *Proc. IEEE Int. Conf. Genetic Algorithms in Engineering Systems: Innovations and Applications*, pp. 270-277, 1997.

[89] D. Wicker, M. M. Rizki, and L. A. Tamburino, "The multi-tiered tournament selection for evolutionary neural network synthesis," *Proc. Int. Conf. Combinations of Evolutionary Computation and Neural Networks*, pp. 207-215, 2000.

[90] Z. Yuanping, M. Zhengkun, and X. Minghai, "Dynamic load balancing based on roulette wheel selection," *Proc. Int. Conf. Communications, Circuits and Systems*, vol. 3, pp.1732 - 1734, 2006.

[91] P. M. Godley, D. E. Cairns, J. Cowie, and J. McCall, "Fitness directed intervention crossover approaches applied to bio-scheduling problems," *Proc. IEEE Int. Conf. Computational Intelligence in Bioinformatics and Computational Biology*, pp. 120 - 127, 2008.

[92] S. Su and D. H. Zhan, "New Genetic algorithm for the fixed charge transportation problem," *Proc. IEEE Int. Conf. Intelligent Control and Automation*, vol. 2, pp. 7039 - 7043,

2002.

[93] W. Y. Wang, T. T. Lee, C. C. Hsu, and Y. H. Li, "GA-based learning of BMF fuzzy-neural network," *Proc. IEEE Int. Conf. Fuzzy Systems*, pp. 1234-1239, 2002.

[94] G. Lin and X. Yao, "Analysing crossover operators by search step size," *Proc. IEEE Int. Conf. Evolutionary Computation,* pp. 107-110, 1997.

[95] C. P. Chen, S. P. Koh, I. B. Aris, F. Y. C. Albert, and S. K. Tiong, "Path optimization using genetic algorithm in laser scanning system," *Proc. IEEE Int. Conf. Information Technology*, pp. 1 - 5, 2008.

[96] C. Pitangui and G. Zaverucha, "Improved natural crossover operators in GBIVIL," *Proc. IEEE Int. Conf. Evolutionary Computation*, pp. 2157-2164, 2007.

[97] K. Vijayalakshmi and S. Radhakrishnan, "Dynamic routing from one to group of nodes using elitism based GA - novel multi parameter approach," *Proc. IEEE Int. Conf. INDICON*, pp. 565 - 569, 2005.

[98] X. B. Hun and E. Di Paolo, "An efficient genetic algorithm with uniform crossover for the multi-objective airport gate assignment problem," *Proc. IEEE Int. Conf. Evolutionary Computation*, pp. 55 - 62, 2007.

[99] I. Ono, M. Yamamura, and S. Kobayashi, "A genetic algorithm for job-shop scheduling problems using job-based order crossover," *Proc. IEEE Int. Conf. Evolutionary Computation*, pp. 547 - 552, 1996.

[100] D. Beasley, D. R. Bull, and R. R. Martin, "An overview of genetic algorithms: Part 1, Fundamentals", *University Computing*, vol. 15, no. 2, pp. 58-69, 1993.

[101] W. M. Spears, K. A. De Jong, T. Back, D. B. Fogel, and H. deGaris, "An overview of evolutionary computation," *Proc. Conf. Machine Learning*, 1993.

[102] C. J. Hsu, C. Y. Huang, and T. Y. Chen, "A modified genetic algorithm for parameter estimation of software reliability growth models," *Proc. IEEE Int. Conf. Software Reliability Engineering*, pp. 281 - 282, 2008.

[103] P. Luo, J. F. Teng, J. H. Guo, and Q. Li, "An improved genetic algorithm and its

performance analysis," *Proc. IEEE Int. Conf. Info-tech and Info-net*, vol. 4, pp. 329 - 333, 2001.

[104] G. W. Greenwood, "Adapting mutations in genetic algorithms using gene flow principles," *Proc. IEEE Int. Conf. Evolutionary Computation*, vol. 2, pp.1392 - 1397, 2003.

[105] H. J. Lee, Y. S. Ma, and Y. R. Kwon, "Empirical evaluation of orthogonality of class mutation operators," *Proc. IEEE Int. Conf. Software Engineering*, pp. 512 - 518, 2004.

[106] N. S. Chaudhari, A. Purohit, and A. Tiwari, "A multiclass classifier using Genetic Programming," *Proc. IEEE Int. Conf. Control, Automation, Robotics and Vision*, pp. 1884 - 1887, 2008.

[107] N. Gomez Bias, L. F. Mingo, and J. Castellanos, "Networks of evolutionary processors with a self-organizing learning," *Proc. IEEE Int. Conf. Computer Systems and Applications*, pp. 917-918, 2008.

[108] S. Abedi and R. Tafazolli, "Genetically modified multiuser detection for code division multiple access systems," *IEEE Journal on Selected Areas*, pp. 1884 - 1887, 2008.

[109] K. A. De Jong, "Analysis of the behavior of a class of genetic adaptive systems," Ph. D. Disseration, The University of Michigan, Ann Arbor, MI, 1975.

[110] J. J. Grefenstette, "Optimization of control parameters for genetic algorithms," *IEEE Trans. Syst., Man, Cybern.*, vo1. 6, no. 1, pp. 122-128, 1986.

第四章
遺傳模糊系統簡介

在第三章中介紹遺傳演算法學習的相關理論其中包含了基因演算法的學習程序以及相關運算操作（初始化、適應值計算、排序、複製、交配以及突變……等等），在第三章的結尾也介紹了遺傳演算法中的參數設計的方法以及最佳化的作法。

透過第三章的介紹，相信讀者對於遺傳演算法的相關學習程序以及各程序中的操作也都有所了解，對於初始化、適應值計算、排序、複製、交配以及突變……等遺傳演化的運算在第三章也作了詳細的介紹。在本章，本書將針對遺傳演算法用在模糊理論的架構作說明，透過本章的學習，讀者將可以了解如何將遺傳演算法的學習程序用於模糊理論的相關設計。

近年來，模糊系統非常的風行，主要的原因是因為模糊理論具有其控制對象的受控系統不需要有精確的數學模型，然而透過模糊理論所實作的系統會受限於輸入參數設計、模糊化之設計、歸屬函數設計、知識庫的設計、推論方法的設計以及解模糊化的設計等因素的影響。因此，透過遺傳演算法幫助模糊系統找到相關的參數在近年來有越來越多的學者投入，因此在本書中也將針對遺傳模糊系統做介紹。

在本章中，首先對模糊理論作基本的介紹，內容主要介紹模糊理論的基本架構。接著介紹遺傳演算法與模糊理論的整合，其中包含模糊遺傳演算法的架構以及基本學習流程。在本章中的最後一個章節介紹了遺傳模糊系統，其中包含：遺傳模糊法則的介紹、模糊學習法則以及知識庫的學習。

本章主要針對遺傳演算法用於模糊理論時其學習程序方法如何應對以及參數如何設計，包含模糊理論相關知識以及遺傳演算法學習運算方法的整合，主要是讓讀者了解遺傳演算法整合在模糊理論後的學習機制。

4.1 ｜模糊系統簡介

模糊理論最早是由美國加州大學柏克萊分校的 L. A. Zadeh 教授於 1965 年所發表的 [1]，在 L. A. Zadeh 教授的論文中提出了所謂模糊集合（fuzzy set），所謂的模糊集合，就是將原本在傳統的集合中利用二值邏輯（非真即假）的原則來描述現時生活中各種事物的特質，改用模糊邏輯來表示，也就是說，在模糊集合中不再像傳統集合一樣透過非真即假的觀念來說明，而是透過加入屬於真或假的程度來表示，透過模糊集合我們可以發現在現實生活中，針對事物的描述有時往往比較適合利用模糊集合來描述，以下例來說：

例 4.1　學生學習情況

以班上學習狀況來看，在傳統集合中我們往往將不及格的學生視為學習狀況較差的一群，然而透過模糊集合的解釋，可以將學生的學習狀況透過模糊集合得知某一個學生屬於及格的程度，其屬於及格的程度越大代表學習狀況越好，因此，某位學生若成績為 59 分就可以分辨出較 50 的學習狀況好。

在模糊集合中，主要是利用「歸屬函數」值來描述模糊集合，這有別於在傳統集合中，只取 0 或 1 兩個值來代表屬於或是不屬於該集合。在早期，模糊邏輯理論通常用在結合專家系統上，透過與專家的訪談建立模糊集合的歸屬函數，其所發展出來的控制器稱為模糊邏輯控制器，而在這些控制器上的控制法方多半都是經過訪談專家後將相關演算法制定於控制器上，在目前市面上我們不難看到此一類的商品，例如：模糊洗衣機（判斷衣服量決定洗衣力道），模糊冷氣機（依據使用者對溫度的感知調節冷氣強度）……等等。

在模糊邏輯發展之初，其理論並不被大家所接受，主要的原因是該理論並未應用於任何控制器上，所以無法證明其效用，因此 1965 自 L. A. Zadeh 教授發表之後，便一直沉寂，直到 1974 年時，E. H. Mamdani 教授是第一個將模糊理論用於實際控制器的學者 [2]，E. H. Mamdani 教授將模糊邏輯應用於蒸汽機自動運轉控制系統上，經過 E. H. Mamdani 教授的應用成功驗證了模糊邏輯應用於控制器上的優越效能，因此，自 E. H. Mamdani 教授之後，模糊邏輯的研究就如雨後春筍一般蓬勃發展了 [3]-[15]。目前有關模糊邏輯的應用以然相當廣泛，相關應用領域有：模糊控制器（fuzzy controller）[16]-[25]、模糊決策樹（fuzzy decision tree）[26]-[30]、模糊類神經網路（neural fuzzy networks）[31]-[35]、圖形識別（pattern recognition）[36]-[40]、模糊決策分析（fuzzy decision analysis）

[41]-[45] 等方面上。尤其在模糊控制系統上，研究的成果非常豐富，例如：雙足機器人、機器手臂控制、恆溫控制，以及自動倒車系統……等等 [46]-[55]。

在以傳統的方法設計控制器時，所有的受控端系統或程序都要先經過設計數學模型的步驟 [56]，將每個受控端系統或程序數學化，接著才能根據每個數學化後的結果設計所需的控制器。這樣的設計方式需要設計大量的數學模型，不但所需時間較多而且也較艱難，相較於此，利用模糊理論來設計控制器就顯得較為簡易，在設計模糊理論為基礎的模糊控制器是根據模糊集合理論發展出來的，在目前的控制器研究的領域上模糊控制器可以說是一個主流，模糊控制器的設計方式有別於傳統設計控制器方式需先建立大量的數學模型來描述每個受控端系統或程序的行為，接著才能進行控制。例如：在古典控制理論中，一般透過微分方程（differential equations）或是轉移函數（transfer function）來描述每個受控端系統或程序的行為，而在現代控制理論中，則是以狀態空間（state space）來描述每個受控端系統或程序的行為，接著才能進行控制。

模糊控制器之所以能夠較易於傳統控制器的設計，主要的原因是透過模糊邏輯所設計的控制器，由於有歸屬函數的概念非常接近人類的思維模式，甚至有些歸屬函數是根據專家的經驗所設計的，而模糊邏輯透過歸屬函數來進行控制的依據是透過語意式的變數（linguistic variable）所組成的模糊法則，語意式的變數的模糊法則主要是利用專家對控制系統的經驗所產生，透過將模糊法則進行模糊推論（fuzzy inference）來產生藉以模擬專家在對控制系統下決策或操作時的行為模式，接著將這些行為模式變成控制系統的自動化決策，達到控制目標。

由此可知，對於較複雜的系統、較難透過明確的數學模式描述的系統或是需要用複雜的數學模式描述的系統，以模糊邏輯來設計此類的控制器是較為簡易且直覺的，同時，在效能上的表現也非常的優越。

圖 4.1 為模糊邏輯應用於控制系統的基本架構，在圖 4.1 中系統透過感應器（sensor）把外界的資訊輸入，而輸入的資訊透過模糊化的機制，將原本明確的資訊轉為模糊化的資訊，接著將經過模糊化機制所產生的模糊化資訊透過

模糊推論的機制，並且根據模糊法則庫所訂定的模糊法則，來得到模糊化推論的結果，其中模糊法則庫所訂定一般是根據專家經驗設訂歸屬函數而來的，主要是希望可以透過專家的知識，讓電腦模擬專家思考解決事情的方法來解決問題。由於最後所得到的模糊化推論的結果是屬於模糊化的結果，而在真實世界中，我們需要明確的資訊來制定決策，這時需要將模糊化的結果透過解解模糊化的動作來將模糊推論的結果轉為我們所能用以制定決策的明確資訊。

一般來說模糊邏輯系統主要包含：模糊化（fuzzifierion）輸入、模糊法則庫（fuzzy rule base）、模糊推論（fuzzy inference），以及解模糊化（defuzzifierion）四個步驟。在以下章節中，本書將針對模糊控制的理論和其相關架構加以說明，讀者可以透過以下的章節來了解模糊控制的相關知識。

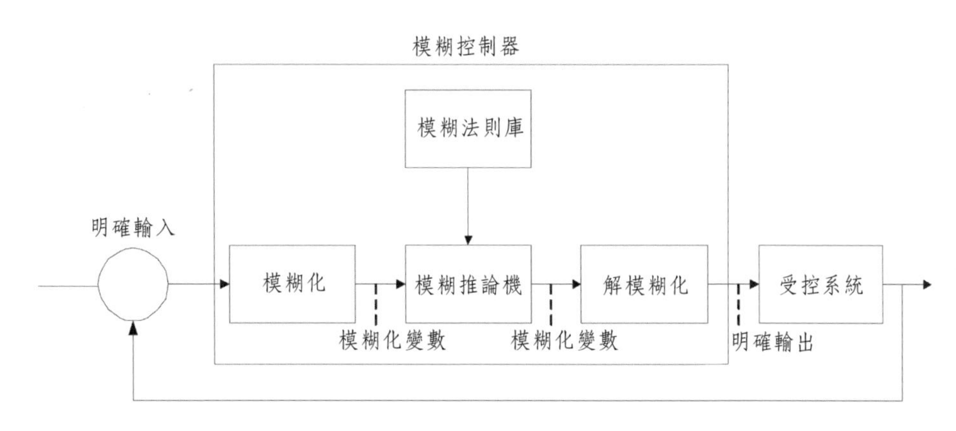

圖 4.1　模糊邏輯控制系統的基本架構

4.1.1　模糊化輸入步驟

在模糊邏輯控制系統，第一個步驟就是針對輸入資料進行模糊化的動作，其中，對於所欲控制的目標而言，由於所欲控制目標一般透過感應器所取得資料都是屬於明確的數值，但是在模糊系統中，我們則希望將資料轉換成模糊的數值進行接下來的步驟，而如何將所取得的測量到的資訊轉換為模糊的數值就是模糊化輸入步驟所要探討的重點。

在模糊邏輯控制器的設計中，主要是透過模糊的輸入透過條件式的法則做為控制的依據。因此，為了可以方便模糊邏輯控制器的設計也為了能讓我們所欲控制的系統可以透過語意式的法則來制定決策，將透過感應器所取得的明確資訊進行模糊化的處理就變得十分重要了，而步驟中也要將明確的資訊變成模糊輸入使得可以進行模糊邏輯控制器的設計。

為了達到模糊化輸入的目的，我們需要了解模糊化輸入的步驟，一般來說模糊化輸入的步驟如圖 4.2 所，模糊化輸入步驟的詳細說明如下：

1. 根據我們所欲控制的系統決定輸入變數的變動範圍，以及決定模糊邏輯中語意式變數的範圍。

2. 接著依據經過訪談後所得到的專家知識以及經驗決定模糊分群（fuzzy partition）的群數數量。

3. 在決定好模糊分群（fuzzy partition）的群數數量後，接著就進行將語意式變數適當地切割成適當個數的模糊集合。

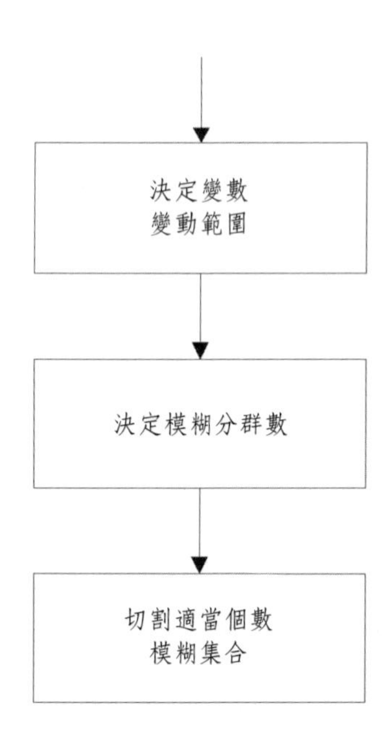

圖 4.2　模糊邏輯控制系統的基本架構

一般來說模糊集合可以採用的歸屬函數有很多的種類[57]-[62]，主要可以分為下列幾種，其論域中模糊集合可定義為：大的負值（Negative Large-NL）、中間的負值（Negative Medium-NM）、小的負值（Negative Small-NS）、0（Zero-O）、小的正值（Positive Small-PS）、中間的正值（Positive Medium-PM）、大的正值（Positive Large-PL）：

1. 三角歸屬函數（triangular membership function），如圖 4.3(a) 所示為三角形所組成的歸屬函數。

2. 高斯歸屬函數（gaussian membership function），如圖 4.3(b) 所示為高斯函數所組成的歸屬函數。

3. 梯形歸屬函數（trapezoidal membership function），如圖 4.3(c) 所示為梯形所組成的歸屬函數。

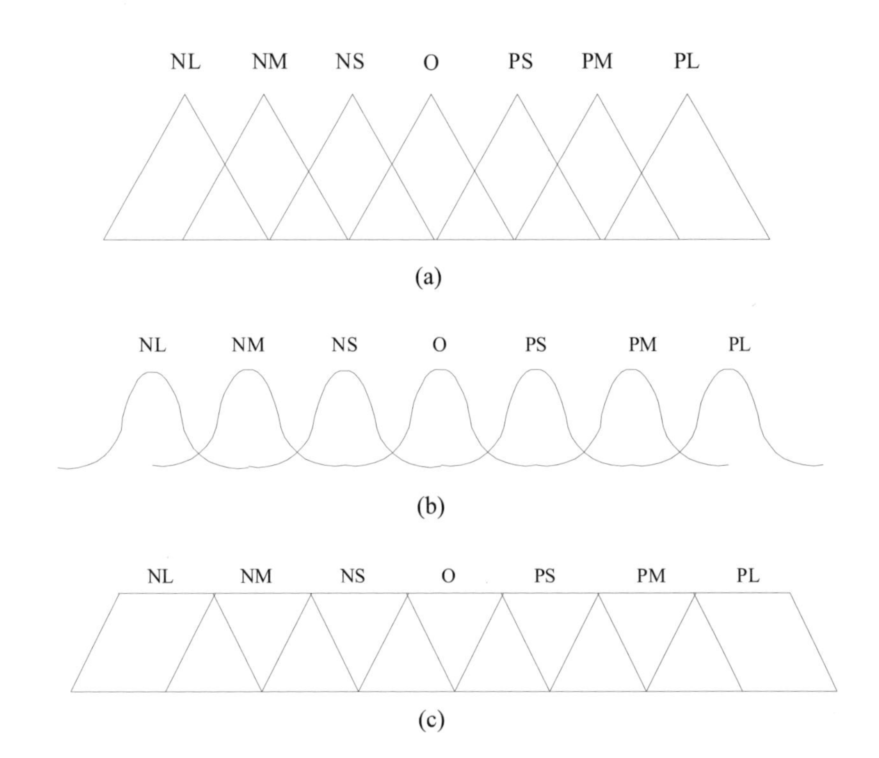

圖 4.3　模糊集合歸屬函數種類：(a) 三角形歸屬函數，(b) 高斯歸屬函數，(c) 梯形歸屬函數

在這三種歸屬函數中因為三角歸屬函數具有較快的計算速度且其模糊化的效果與高斯歸屬函數相當，因此，三角歸屬函數是最常被採用的模糊集合歸屬函數。

在進行語意式變數的歸屬函數設計時，有一些項目必須注意，以下分別就需要注意的事項說明：

a. 設計歸屬函數的重點

不同形狀的歸屬函數主要是根據所欲控制的系統的輸入值的範圍大小來決定的其語意式的輸入變數進而根據語意式變數的範圍來決定歸屬函數的形狀，而不同形狀的歸屬函數，其所產生的控制效果都會有很大的不同。因此，在決定歸屬函數時必須謹慎，除了根據語意式變數的範圍來決定歸屬函數的形狀外，如果所要控制的系統的要求是較嚴謹的也就是我們希望控制系統可以針對較細微的變動有明顯的表現時，我們必須選擇斜率較陡的歸屬函數，這樣，當我們輸入細微的變化輸入時，控制系統就可以有明顯的區別。

b. 歸屬函數間的涵蓋

歸屬函數涵蓋範圍的設計必須小心謹慎，所以當我們在決定歸屬函數的涵蓋程度時需要考慮的因素是讓每個歸屬函數間的覆蓋均勻，也就是每個元素所對應的歸屬函數值不可以太低，這樣我們才可以讓歸屬函數考量到每一個元素。

c. 歸屬函數間的重疊

模糊邏輯控制器最大的優點在於每個歸屬函數之間可以互相重疊，而在設計歸屬函數間的重疊時需注意重疊程度的設計，一般來說重疊的程度越大，此模糊控制器對於控制系統的行為變化會有比較好的適應性，但是過大的重疊程度將會造成無法區分兩歸屬函數或是歸屬函數彼此間過於相像的缺點，因此，歸屬函數的重疊程度需適中，一般來說，歸屬函數彼此間的重疊程度越均勻越好（也就是重疊與非重疊程度均等）。

以下為模糊化輸入函數的例子，希望讀者透過以下例子能夠更了解模糊集合的設計。

例 4.2　分類年紀大以及年輕模糊集合

假設 S={20, 25, 40, 65, 75} 代表年齡的集合，若需要設計一個代表年齡程度的模糊集合，其歸屬函數設計如下：

$$A_{老年}(x)=\begin{cases} 0 & x<60 \\ \left[1+\left(\dfrac{x-70}{5}\right)^2\right]^{-1} & x\geq 60 \end{cases} \quad (4.1)$$

$$A_{年輕}(x)=\begin{cases} 1 & x\leq 30 \\ \left[1+\left(\dfrac{x-30}{5}\right)^2\right]^{-1} & x>30 \end{cases}$$

式（4.1）分別代表老年以及年輕的模糊集合的歸屬函數。

S 中的各年齡以及其年齡程度計算結果如下：

$s_1=20$ 歲，歸屬度 $A_{年輕}(s_1)=0.0476$，

$s_2=25$ 歲，歸屬度 $A_{年輕}(s_2)=0.1667$，

$s_3=40$ 歲，歸屬度 $A_{老年}(s_3)=0.0055$，

$s_4=65$ 歲，歸屬度 $A_{老年}(s_4)=0.1667$，

$s_5=70$ 歲，歸屬度 $A_{老年}(s_5)=1$。

例 4.3　數列模糊集合設計

假設 S ={1, 2, ……, 8, 9} 為一個 1 至 9 的數列集合，若欲設計一個「接近 6」的模糊集合，其模糊集合以三角形的表示式如下：

$$A_6(x)=\begin{cases} \dfrac{6-x}{10} & 3<x<6 \\ 1 & x=6 \\ \dfrac{x-6}{10} & 9>x>6 \end{cases} \quad (4.2)$$

計算結果如下：

$$A=\frac{0}{1}+\frac{0}{2}+\frac{0}{3}+\frac{0.2}{4}+\frac{0.6}{5}+\frac{1}{6}+\frac{0.6}{7}+\frac{0.2}{8}+\frac{0}{9}$$
$$=\frac{0.2}{4}+\frac{0.6}{5}+\frac{1}{6}+\frac{0.6}{7}+\frac{0.2}{8} \quad (4.3)$$

在式（4.3）中，可以發現數字 6 的接進程度為 1，數字 5 以及數字 7 較接近 6 其模糊程度為 0.6，數字 4 以及數字 8 較不接近 6 其模糊程度為 0.2，其餘各數字其模糊程度為 0。

例 4.3　成績表現優異程度的分類

若某班有 10 名學生，若要將他們的成績決定其優秀程度的模糊集合，其模糊集合以梯形的表示式如下：

$$A_{優秀}(x)=\begin{cases}1 & x\geq 80\\ \dfrac{x}{80} & x<80\end{cases} \quad (4.4)$$

各學生的成績以及其優秀程度計算結果如下：

$u_1=100$ 分，歸屬度 $A_{優秀}(u_1)=1$，

$u_2=93$ 分，歸屬度 $A_{優秀}(u_2)=1$，

$u_3=45$ 分，歸屬度 $A_{優秀}(u_3)=0.56$，

$u_4=66$ 分，歸屬度 $A_{優秀}(u_4)=0.83$，

$u_5=74$ 分，歸屬度 $A_{優秀}(u_5)=0.93$，

$u_6=78$ 分，歸屬度 $A_{優秀}(u_6)=0.98$，

$u_7=95$ 分，歸屬度 $A_{優秀}(u_7)=1$，

$u_8=88$ 分，歸屬度 $A_{優秀}(u_8)=1$，

$u_9=98$ 分，歸屬度 $A_{優秀}(u_9)=1$，

$u_{10}=52$ 分，歸屬度 $A_{優秀}(u_{10})=0.65$。

4.1.2 模糊規則庫（Fuzzy Rule Base）

在將輸入進行模糊化後，基本上我們已經將原本明確的輸入透過歸屬函數轉成模糊輸入了，接著要進行的步驟就是將模糊化的輸入進行模糊推論，在進行模糊推論時，需要透過模糊法則庫來建立控制系統的思考法則，模糊法則庫所代表的意義是透過結合專家的經驗以及知識把所有可能的控制狀態表現出來，而所表現出來的形式是以模糊法則的方式列出，所謂的模糊法則是由許多If-Then條件式所組成的形式，表示結合專家的經驗以及知識所呈現的形式，由於其包含了所有可能的控制狀態所以很類似人類用來判斷決策的控制演算法則，模糊法則庫主要是用來決策控制的狀態，並且用以推論模糊邏輯的結果，所以模糊法則庫的設計攸關整個控制系統的好壞，並且足以影響到整個控制系統的效果。在模糊法則庫中的每個模糊法則都是由前建部（Antecedent）以及後建部（Consequent）所組成，每個模糊法則的形式如下式：

$$R^j : \text{If } x \text{ is } A_i^j \text{ then } y \text{ is } B^j$$

其中

$$\begin{aligned} R^j &：\text{第 } j \text{ 條模糊規則，} \\ A_i^j &：\text{第 } j \text{ 條模糊規則前建部，} \\ B^j &：\text{第 } j \text{ 條模糊規則後建部，} \\ x &：\text{模糊邏輯控制器的輸入，} \\ y &：\text{模糊邏輯控制器的輸出。} \end{aligned} \tag{4.5}$$

如何取得模糊規則庫，一般來說，模糊規則庫裡主要存放著推理的法則，也就是透過一條條所謂語意式（linguistic）的規則，來描述模糊推論的結果，如式（4.5）就是以簡單的條件式「若……則……」來說明的，而所謂的模糊法則主要是針對日常生活中的一些模糊現象或是知識所建立的，像是專家系統一般，模糊法則建立的的依據目前來說主要還是依據專家的經驗和知識來設定，但建立的規則並無一定的分析方式，而建立的方式也與所欲控制的目標有關。

由於模糊法則庫的設計好壞影響到模糊控制系統的效能，所以必須小心設計，一般來說，模糊法則庫設計的方式可以分為下列幾種 [63]-[69]：

a. 直接式專家知識轉換

所謂的直接式專家知識轉換就是直接將領域專家的相關知識、經驗轉變為模糊邏輯控制器的語意式模糊法則。

b. 直接式操作員動作模式轉換

直接式操作員動作模式轉換，與直接式專家知識轉換類似，主要是將相關控制系統時的操作員其操作動作模式化，通常需要蒐集操作員對控制系統相關的操作動作，例如：操作的輸出入資訊以及控制條件……等等來建立模糊規則庫。

c. 歸納式轉換

歸納式轉換模糊法則，主要是透過錯誤嘗試法則根據所欲控制的系統對各項控制輸入與相對應該輸入所反映的輸出來歸納出相關行為，進而設計出模糊控制法則。

d. 學習式轉換

最後一個方式為學習式轉換模糊法則，主要是透過學習演算法（如：類神經網路、模糊類神經網路以及基因演算法……等等）對控制系統進行學習並修正相關的模糊控制規則。

在這四種方法中，以第四種方法學習式轉換最為彈性，且是目前設計模糊控制器的主流，以本書為例，主要是以學習式轉換的設計為主，透過學習式轉換模糊法則可以讓模糊控制器更適應於各種狀況，以及更具彈性的將模糊控制應用於實際控制系統上，詳細的方式，本書將於後續的小節以及第五章為讀者說明。

一般來說，整個設定模糊規則庫的流程如圖 4.4 所示，流程詳細說明如下：

1. 根據所欲控制的目標系統，決定設計模糊規則庫的轉換方式（直接式、歸納式、學習式轉換）。

2. 在決定好模糊規則庫轉換方式後，根據相對應的方式建立規則庫，各個模糊規則庫轉換方式（直接式、歸納式、學習式轉換）都有其不同的轉換建立方式。

3. 驗證模糊規則庫的效能。

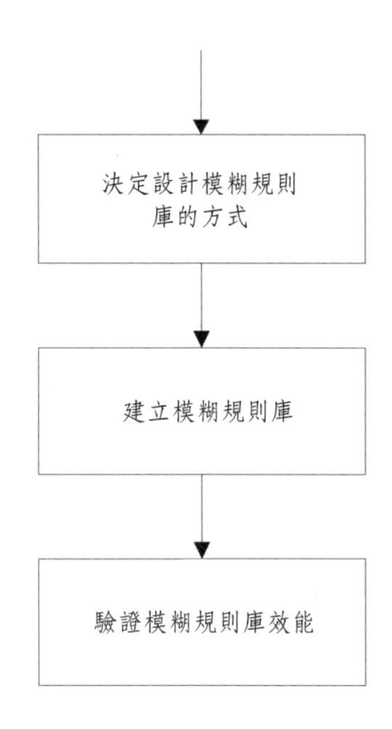

圖 4.4　建立模糊規則庫基本流程

4.1.3　模糊推論步驟（Fuzzy Inference Step）

在將明確的輸入轉換為具有歸屬程度的模糊輸入以及將模糊規則庫建立完成之後，接下來就是要進行模糊化推論的步驟，在這個步驟中，主要是將所得到的模糊輸入透過模糊規則庫所建立的法則進行推論。

模糊推論主要就是將模糊法則庫中每個式（4.5）所示的 IF THEN 法則中 THEN 部分（後建部）所採取結論的動作，由於在每個法則的前建部中定義了各種行為的有效程度，而在此每個經過歸屬函數所計算的模糊化輸入都會有個歸屬程度值，這個歸屬程度值就是每個輸入所對應的有效程度，根據將每個輸入的有效程度歸類到相對應的模糊法則再將所有相對應的模糊法則後建部的集合進行合成就是推論所要做的事。

模糊法則推論的機制主要是利用模糊邏輯的運算來模擬專家或實際操作員的知識、經驗以及思考判斷的方式，透過模糊化輸入所計算出來的歸屬函數值選擇模糊規則庫中合適的相對應的模糊控制法則，接著根據模糊控制法則對輸入的模糊化變數作運算，求得模糊化的輸出。一般來說，有幾種常見的模糊推論機制，分別說明如下：

a. 乘積推論機制（Product Inference）

乘積推論機制模糊化輸出 $B'(y)$ 計算如下式：

$$B'(y) = \max\left[A_1^j(X_1) \times \underset{j=1_2}{\overset{m_j}{A}}(X_2) \times B^j(y)\right] \tag{4.6}$$

其中，$B'(y)$ 為模糊化輸出，X_i 為輸入參數。

b. 最小推論機制（Minimum Inference）

最小推論機制模糊化輸出 $B'(y)$ 計算如下式：

$$B'(y) = \max_{j=1}^{m}\left[A_1^j(X_1) \cap A_2^j(X_2) \cap B^j(y)\right] \tag{4.7}$$

c. 查德推論機制（Zadeh Inference Mechanism）

查德推論機制模糊化輸出 $B'(y)$ 計算如下式：

$$B'(y) = \min_{j=1}^{m}\left\{\max\left[A_1^j(X_1) \cap A_2^j(X_2) \cap B^j(y),\ 1 - (A_1^j(X_1) \cap A_2^j(X_2))\right]\right\} \tag{4.8}$$

d. 路卡推論機制（Lukasiewicz Inference Mechanism）：

路卡推論機制模糊化輸出 B'(y) 計算如下式：

$$B'(y)=\max_{j=1}^{m}\left\{1\cap\left[1-(A_1^j(X_1)\cap A_2^j(X_2))+B^j(y)\right]\right\} \quad (4.9)$$

一般來說，整個推論機制的流程如圖 4.5 所示，推論機制完整流程的詳細說明如下：

1. 將所求得的模糊輸入的歸屬函數透過模糊規則庫找到相對應的模糊控制法則。

2. 根據公式（4.6）至（4.9）所示的模糊推論機制，選擇合適的模糊推論機制，其中模糊推論機制的選擇與控制目標有關。

3. 根據步驟 2 的結果，計算出相對應的模糊推論結果。

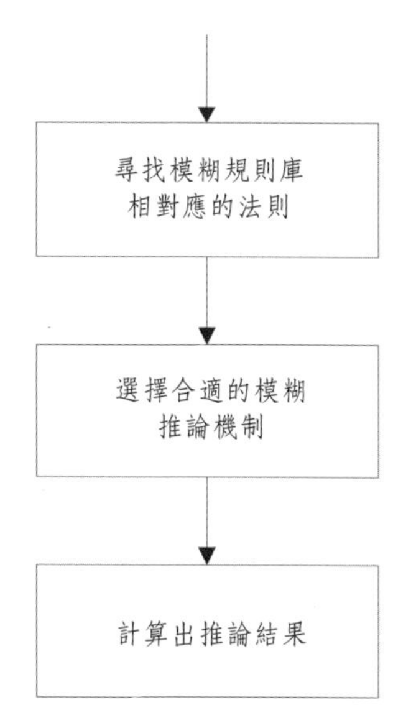

圖 4.5　模糊邏輯推論基本流程

4.1.4　解模糊化（Defuzzifierion）

在經過模糊化輸入步驟、訂定模糊規則庫、模糊化推論等三個步驟後，接下來就是模糊邏輯控制器的最後一個步驟－解模糊化，解模糊化的步驟主要是希望將模糊化推論所得倒的模糊化輸出轉換成明確的輸出，這是因為雖然我們可以透過模糊化法則做出推論的結果，但是在控制的決策系統中，我們希望決策是明確的，所以必須透過解模糊化的轉換方法，將推論所得的模糊結果轉成明確的輸出供控制系統做決策。

經由模糊推論的步驟後所得到的結果為一個模糊輸出量，而在現實中，我們需要明確的值做為控制器的訊號；解模糊化步驟的目的，就是希望將模糊推論所得的模糊結果，經由相對應的解模糊化運算式，將原本推論所得的模糊集合轉換為明確值得輸出訊號，以供其做為控制器的訊號，一般來說，有兩種常見的解模糊化運算式 [70]-[76]，分別說明如下：

a. 重心法解模糊化（Center of Gravity Defuzzification）：

重心法解模糊化運算式如下：

$$y = \frac{\int_y yB(y)dy}{\int_y B(y)dy} \tag{4.10}$$

其中 y 是明確輸出。

b. 中心法解模糊化（Center of Sum Deffuzzification）：

中心法解模糊化運算式如下：

$$y = \frac{\sum_{j=1}^{m} \int_y yB^j(y)dy}{\sum_{j=1}^{M} \int_y B^j(y)dy} \tag{4.11}$$

一般來說，整個解模糊化步驟的流程如圖 4.6 所示，解模糊化完整流程的詳細說明如下：

1. 根據公式（4.10）至（4.11）所示的解模糊化運算式，選擇合適的解模糊化運算式。

2. 將經過模糊推論所得的模糊化結果根據步驟 1 所決定的解模糊化運算式計算出相對應的明確輸出訊號。

3. 將步驟 2 所得到的明確輸出訊號，用於控制器的輸入訊號，並驗證控制效能。

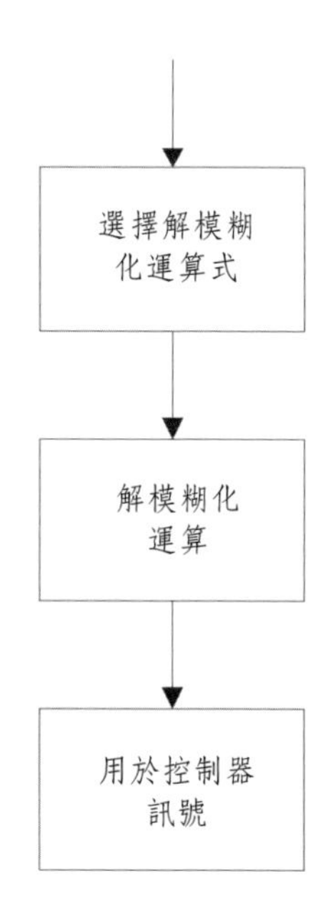

圖 4.6　解模糊化基本流程

在本節的最後，本書以下面的例子做為模糊化控制系統的說明，希望讀者透過以下例題能夠更了解模糊化控制系統的設計：

例 4.5　模糊控制範例

設模糊規則庫中有以下 2 個模糊規則：

$$R^1\text{: If } x \text{ is } A_1 \text{ and } y \text{ is } B_1 \text{ then } z \text{ is } C_1$$
$$R^2\text{: If } x \text{ is } A_2 \text{ and } y \text{ is } B_2 \text{ then } z \text{ is } C_2 \qquad (4.12)$$

令 x_0 與 y_0 為輸入，模糊集合 A_1、A_2、B_1、B_2、C_1、以及 C_2 的歸屬函數設計如下：

$$\mu_{A_1}(x)=\begin{cases}\dfrac{x-3}{3} & 3\leq x\leq 6，\\ \dfrac{9-x}{3} & 6<x\leq 9，\end{cases} \tag{4.13}$$

$$\mu_{A_2}(x)=\begin{cases}\dfrac{x-4}{3} & 4\leq y\leq 7，\\ \dfrac{10-x}{3} & 7<y\leq 10，\end{cases} \tag{4.14}$$

$$\mu_{B_1}(y)=\begin{cases}\dfrac{y-6}{3} & 6\leq y\leq 9，\\ \dfrac{12-y}{3} & 9<y\leq 12，\end{cases} \tag{4.15}$$

$$\mu_{B_2}(y)=\begin{cases}\dfrac{y-5}{3} & 5\leq y\leq 8，\\ \dfrac{11-y}{3} & 8<y\leq 11，\end{cases} \tag{4.16}$$

$$\mu_{C_1}(z)=\begin{cases}\dfrac{z-2}{3} & 2\leq z\leq 5，\\ \dfrac{8-z}{3} & 5<z\leq 8，\end{cases} \tag{4.17}$$

$$\mu_{C_2}(z)=\begin{cases}\dfrac{z-4}{3} & 4\leq z\leq 7，\\ \dfrac{10-z}{3} & 7<z\leq 10，\end{cases} \tag{4.18}$$

令 x_0 與 y_0 為 5 以及 9，則前建部歸屬函數計算如下〔依據式(4.13)至(4.18)

計算〕：

$$\mu_{A_1}(x_0=5)=\frac{5-3}{3}=\frac{2}{3}\text{，} \quad (4.19)$$

$$\mu_{B_1}(y_0=9)=\frac{9-6}{3}=1\text{，} \quad (4.20)$$

$$\mu_{A_2}(x_0=5)=\frac{5-4}{3}=\frac{1}{3}\text{，} \quad (4.21)$$

$$\mu_{B_2}(y_0=9)=\frac{11-9}{3}=\frac{2}{3}\text{，} \quad (4.22)$$

若採用的推論機制為最小推論機制，所求得後建部區域如下：

$$\beta_1=\min(\mu_{A_1}(x_0),\mu_{B_1}(y_0))=\min\left(\frac{2}{3},1\right)=\frac{2}{3}\text{，} \quad (4.23)$$

$$\beta_2=\min(\mu_{A_2}(x_0),\mu_{B_2}(y_0))=\min\left(\frac{1}{3},\frac{2}{3}\right)=\frac{1}{3}\text{。} \quad (4.24)$$

式（4.23）的結果 β_1 為第一條模糊法則的後建部，可得到圖 4.7 中的梯形區域；式（4.24）的結果 β_2 為第二條模糊法則的後建部，可得到如圖 4.7 中的黑色梯形區域；將此兩個梯形區域取最大值，可得最後的歸屬函數。解模糊化步驟為：

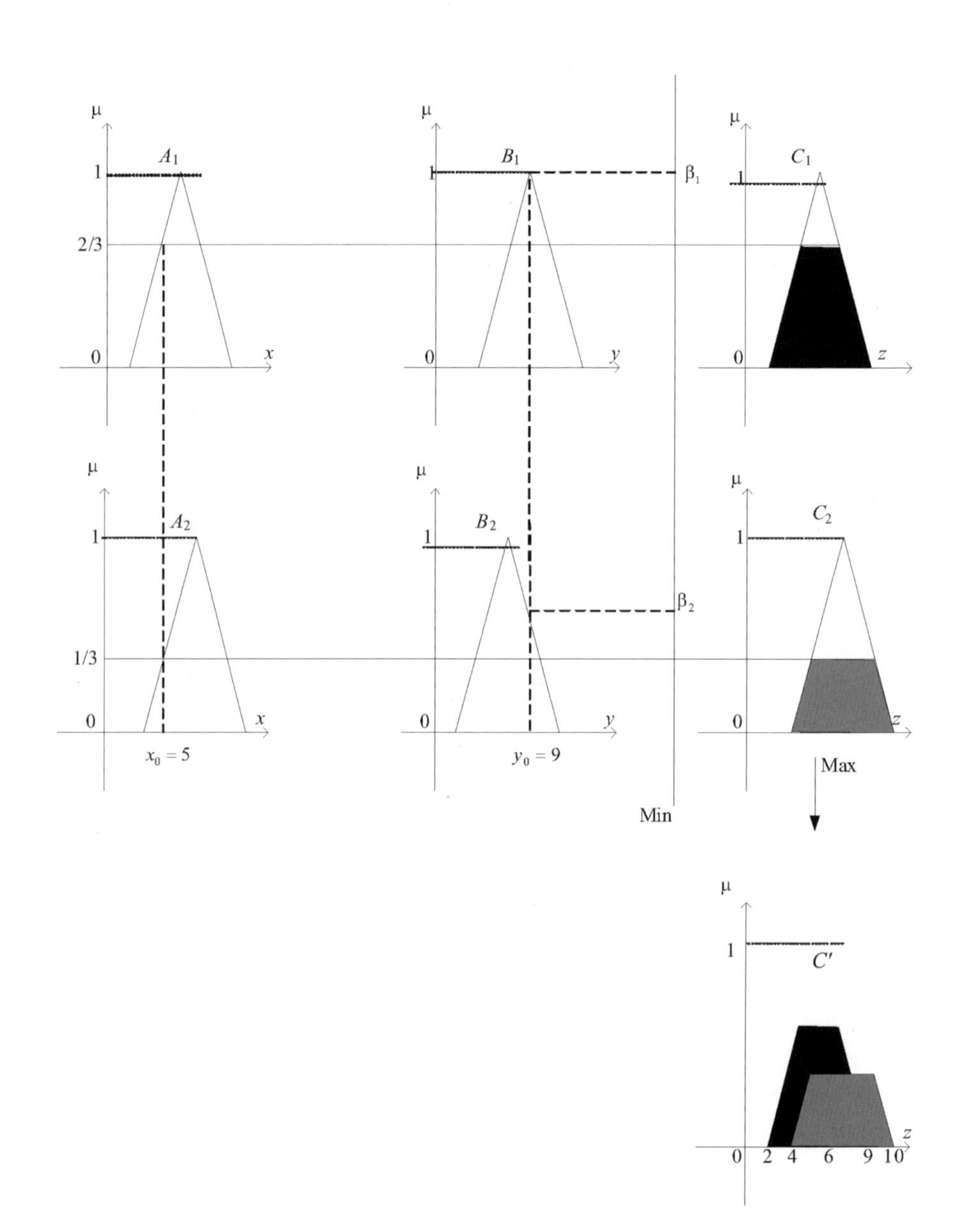

圖 4.7　模糊推論結果

a. 以連續型重心法作為解模糊化機構

若最後的歸屬函數 C' 的為：

$$c'(z)\begin{cases}\dfrac{z-2}{3} & 2\le z<4\\ \dfrac{2}{3} & 4\le z<6\\ \dfrac{8-z}{3} & 6\le z\le 7\\ \dfrac{1}{3} & 7\le z\le 9\\ \dfrac{10-z}{3} & 9\le z<1\end{cases} \tag{4.25}$$

則解模糊化輸出計算為：

$$z'=\frac{\int_2^4\frac{z-2}{3}zdz+\int_4^6\frac{2}{3}zdz+\int_6^7\frac{8-z}{3}zdz+\int_7^9\frac{1}{3}zdz+\int_9^{10}\frac{10-z}{3}zdz}{\int_2^4\frac{z-2}{3}dz+\int_4^6\frac{2}{3}dz+\int_6^7\frac{8-z}{3}dz+\int_7^9\frac{1}{3}dz+\int_9^{10}\frac{10-z}{3}dz} \tag{4.26}$$
$$=5.71$$

b. 離散型重心法解模糊化

將輸出量化成 2 至 10 共 9 個離散輸出，可得解模糊化輸出計算為：

$$z'=\frac{2(0)+3\left(\frac{1}{3}\right)+4\left(\frac{2}{3}\right)+5\left(\frac{2}{3}\right)+6\left(\frac{2}{3}\right)+7\left(\frac{1}{3}\right)+8\left(\frac{1}{3}\right)+9\left(\frac{1}{3}\right)+10(0)}{\frac{1}{3}+\frac{2}{3}+\frac{2}{3}+\frac{2}{3}+\frac{1}{3}+\frac{1}{3}+\frac{1}{3}} \tag{4.27}$$
$$=\frac{\frac{57}{3}}{\frac{10}{3}}=\frac{19}{3.33}=5.71$$

c. 中心平均法作解模糊化

$$z'=\frac{5\times\left(\frac{2}{3}\right)+7\times\left(\frac{1}{3}\right)}{\frac{2}{3}+\frac{1}{3}}=\frac{\frac{17}{3}}{1}=\frac{17}{3}=5.67 \tag{4.28}$$

4.2 | 遺傳演算法與模糊系統整合

在上一章節中，我們介紹了模糊系統的基礎，相信經過上一章的介紹，讀者對於模糊系統應該有了初步的認識，在接下來的小節中，我們將介紹遺傳演算法於模糊系統的結合，由於模糊系統具備有其控制對象的受控系統不需要有精確的數學模型的優點，然而透過模糊理論所實作的系統會受限於輸入參數設計、模糊化之設計、歸屬函數設計、知識庫的設計、推論方法的設計以及解模糊化的設計等因素的影響，因此為了搜尋最佳的參數設計、模糊化之設計、歸屬函數設計、知識庫的設計、推論方法的設計也就有學者想到了利用遺傳演算法的理論來實作，在近年來，這方面論文非常的多，而使用遺傳演算法整合模糊系統可以有助於找到最佳的參數設計、模糊化之設計、歸屬函數設計、知識庫的設計、推論方法的設計，以下我們將介紹遺傳演算法整合模糊系統的理論。

4.2.1 模糊遺傳演算法

如前章所述，在模糊邏輯控制系統中，將感測器所接收到的輸入轉變為模糊輸入，以及設定模糊規則庫的步驟，可以說是決定模糊邏輯控制系統效能好壞的重點。一般來說，模糊規則庫中模糊法則的建立屬於日常生活中應用的系統（如：冷氣機、洗衣機……等）則是較主觀且直覺的，但是有些較複雜統就比較透過客觀的方式建立。

如前章所述，一般來說，建立模糊規則庫的方法有四種方式：直接式專家知識轉換、直接式操作員動作模式轉換、歸納式轉換以及學習式轉換方式，雖然各種轉換方式都可以建立模糊規則庫，然而卻有相對應的缺點，各轉換方式缺點說明如下：

a. 直接式專家知識轉換

直接式專家知識轉換是最簡單且常用的方式，透過收集專家的知識經驗來建立模糊規則庫，然而卻有如下的缺點：

1. 並不是所有的專家都可以將其知識或經驗完整的表達出來，也不一定可以將其知識轉化成模糊規則庫中的模糊法則。

2. 模糊規則庫中的模糊法則轉換的完整性，就如同在專家系統中，常見的知識擷取問題，也就是說在收集專家經驗或知識對於所擷取知識或經驗完整性是否足夠，若擷取不足很可能會造成模糊規則庫中的模糊法則的不完整。

b. 直接式操作員動作模式轉換

直接式操作員動作模式轉換雖然可以將實際操作員的操作模式化，提高系統的準確性，然而卻有如下的缺點：

1. 相關控制系統的操作員操作資料取得不易。

2. 在取得操作員操作資料後要進行的模式化建模過程極為複雜，有時甚至無法建立有效的模糊規則庫中的模糊法則。

c. 歸納式轉換

歸納式轉換雖然可以依據控制系統對各項控制輸入與相對應該輸入所反映的輸出來歸納出相關行為，然而卻有如下的缺點：

1. 由於歸納式轉換需對受控系統進行錯誤嘗試，由於各受控系統本身的控制輸入與相對應該輸入所反映的輸出都是相當複雜的，所以非常的不容易。

2. 由於受控系統本身非常複雜，所以很難根據受控系統所觀測出來的控制輸入與相對應該輸入所反映的輸出形式來設計模糊規則庫。

藉由以上的說明，我們可以發現，雖然各種建立模糊規則庫的方式都可以用來產生模糊規則庫，但是卻都有其缺點，其缺點不外乎是觀察困難或是無法建立有效的模糊規則庫，針對這樣的問題，建立模糊規則庫的最後一個方式－學習式轉換，就是一個很好的解決方案，在學習式轉換中，模糊規則庫的建立主要是透過系統自我組織、調整以及學習的方式，學習式轉換的方法主要是透過一個用來指出受控系統效能好壞的指標，配合相對應的學習方法來自動化調整模糊規則庫中的模糊法則，使模糊法則可以適應於系統，以達到自我組織以及自我適應的目的。此外，學習式轉換的方法也可以藉由自動化建立模糊規則庫中的模糊法則以及自動調整模糊歸屬函數的功能，避免掉原本需要人工依據專家知識或經驗進行調整模糊法則的步驟，以達到真正的全自動化系統的設計，以此在本書隨後的章節也將著重於學習式轉換的方法。

在最近這幾年來，有越來越多的學者透過學習式轉換的方式來設計模糊控制器 [77]-[88]，藉以達到自我組織以及自我適應模糊控制器的目標，使得控制器具備自動化調整模糊規則庫中的模糊法則以及自動調整模糊歸屬函數的功能，這方面的研究有：倒傳遞類神經模糊網路（neural fuzzy network）控制器的設計 [77]-[80]、遺傳演算法設計類神經模糊網路控制器，以及遺傳演算法設計模糊控制器……等等 [81]-[88]。其中利用遺傳演算法來調整模糊規則庫中的模糊法則以及自動調整模糊歸屬函數的方法最為常見。例如：1991 年 Karr 這位學者就將遺傳演算法用做來調整調整模糊規則庫中的模糊法則以及自動調整模糊歸屬函數 [81]，而且得到不錯的效能，Karr 是第一位將遺傳演算法用在模糊邏輯控制器的設計上，在 Karr 之後遺傳演算法用在模糊邏輯控制器的研究就如雨後春筍般陸續成長 [82]-[88]。

一般來說利用遺傳演算法來設計模糊邏輯控制器的方式大致上可以分為遺傳模糊法則的學習以及遺傳模糊規則庫的設計，在遺傳模糊法則的學習中主要是將遺傳演算法用來做為歸屬函數的學習，也就是利用遺傳演算法建立以往需要手設計的歸屬函數，在這個步驟中主要是希望可以過自動化的方式建立並調整歸屬函數，使系統可以適應任何狀況；在遺傳模糊規則庫的設計中，主要是利用遺傳演算法來建立模糊規則庫中的模糊法則，藉以用作鑑別模糊系統好壞的依據，其功能類似於遺傳演算法中適應函數的設計。

在以下的章節中，本書將針對遺傳模糊法則的學習以及遺傳模糊規則庫的設計說明，而在第五章中將針對遺傳模糊系統中各學習步驟的運算做詳細的說明。

4.2.1.1　遺傳模糊法則學習

遺傳模糊法則的學習主要是透過遺傳演算法來建立歸屬函數，而歸屬函數的型式由上述可知主要可以分為：三角形、梯形以及高斯歸屬函數，各歸屬函數的設計可以參照 4.1 節，一般來說，遺傳演算法的目的在於搜尋適當的歸屬函數，也就是個歸屬函數的參數設計，透過搜尋合適的歸屬函數，輸入值可以得到最佳的歸屬函數覆蓋，使得每個輸入值都可以被所屬的歸屬函數覆蓋，另一方面，各歸屬函數間的重疊也是調整歸屬函述的重點，因此在利用遺傳演算法來建立歸屬函數時，主要的目的是希望可以得到適當的覆蓋以及彼此間適當重疊的歸屬函數，遺傳模糊法則學習的流程如圖 4.8 所示，遺傳模糊法則學習流程詳細說明如下：

1. 決定遺傳演算法相關參數，相關參數有：族群大小、染色體大小、交配機率以及突變機率。

2. 選擇適當的染色體編碼方式，如前章所述，一般染色體的編碼方式有：二進位、編碼型以及實數型編碼方式。

3. 在決定好遺傳演算法相關參數以及編碼方式後要決定每個基因值的最大與最小範圍，也就是每個歸屬函數的範圍，習慣上會將感測器輸入設定為介於 0-1 之間，這樣歸屬函數的範圍也就可以設定為 0-1 之間。

4. 設定好染色體中每個基因值的最大與最小範圍，接著是產生初始族群，初始族群的產生方式可以參照第三章所述。

5. 產生完初始族群後，就可以進行遺傳演算法的演化步驟了，在遺傳模糊控制系統中的演化規則主要是透過模糊規則庫的設計，這一個步驟將在下一個單元做說明。

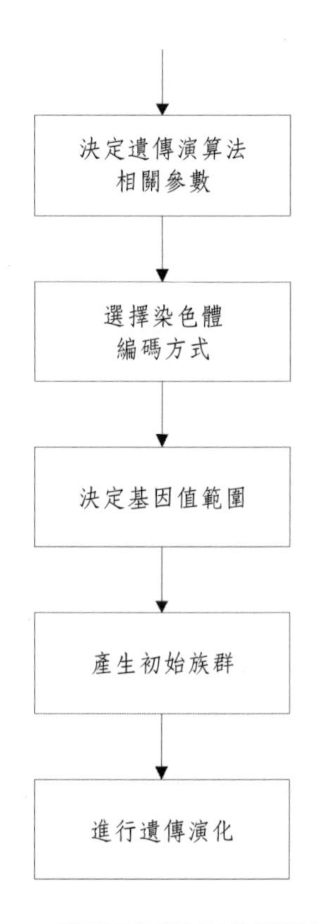

圖 4.8　遺傳模糊法則的學習流程

4.2.1.2　遺傳模糊規則庫學習

遺傳模糊規則庫的學習主要是透過遺傳演算法來建立模糊規則庫，由前章所述，模糊規則庫一般是透過專家的知識，操作員的操作模式化以及歸納的方式所產生，透過遺傳演算法來產生希望避免掉觀察困難或是無法建立有效的模糊規則庫，一般來說，遺傳模糊規則庫的學習主要是過染色體的編碼來取代模糊規則庫的建立，也就是說在染色體編碼中已經包含模糊規則的後建部部分，因此，在遺傳模糊規則庫的學習主要是訂定一個指標用來決定模糊控制系統的好壞，這個指標同時也是指出染色體好外的依據，也就是說，在這個步驟中其實主要就是定義適應函數的設計，並且接著完成遺傳演算法的演化步驟。

在遺傳模糊規則庫學習，由於適應函數的設計往往與控制系統有關，所以適應函數的計算往往需要明確的輸入，因此在進行計算適應值時，每條染色體需先經過推論以及解模糊化的動作，而推論以及解模糊化的動作在模糊遺傳系統中與一般的模糊系統一樣，讀者可以參考 4.2 節中所介紹的推論以及解模糊化的動作，透過解模糊化後的結果在經過適應函數的計算即可取得系統好壞的指標。

遺傳模糊規則庫學習的流程如圖 4.9 所示，遺傳模糊規則庫學習流程詳細說明如下：

1. 將後建部的編碼加入 4.2.1.1 節中所產生的染色體中。

2. 決定每個後建部的基因值的最大與最小範圍，也就是每個建部的的範圍。

3. 設定好染色體中建部的基因值的最大與最小範圍，接著是產生後建部的初始值。

4. 根據控制系統設定適當的適應函數，在此適應函數相當於決定控制系統好壞的指標，也可以說是模糊規則庫中的法則。

5. 在設定完模糊規則庫中的法則後，接著將族群中的染色體依據推論模糊法則的步驟將各歸屬函數值搭配感測器輸入，進行推論模糊法則的步驟。

6. 將推論的結果，依據解模糊化的步驟，將模糊輸入轉變為明確輸入。

7. 根據適應函數計算族群中的各染色體的適應函數值。

8. 將步驟 2 計算出適應函數值的族群中的染色體依據其適應函數值進行排序，而各種排序的方法，在第三章中都有詳細的說明，讀者可參考第三章的排序步驟。

6. 將排序好的染色體進行複製的動作，而各種複製的方法，在第三章中都有詳細的說明，讀者可參考第三章的複製步驟。

7. 將複製好的染色體進行交配的動作，而各種交配的方法，在第三章中都有詳細的說明，讀者可參考第三章的交配步驟。

8. 將染色體進行突變的動作，而各種突變的方法，在第三章中都有詳細的說明，讀者可參考第三章的突變步驟。

9. 重複演化動作直到演化完成為止。

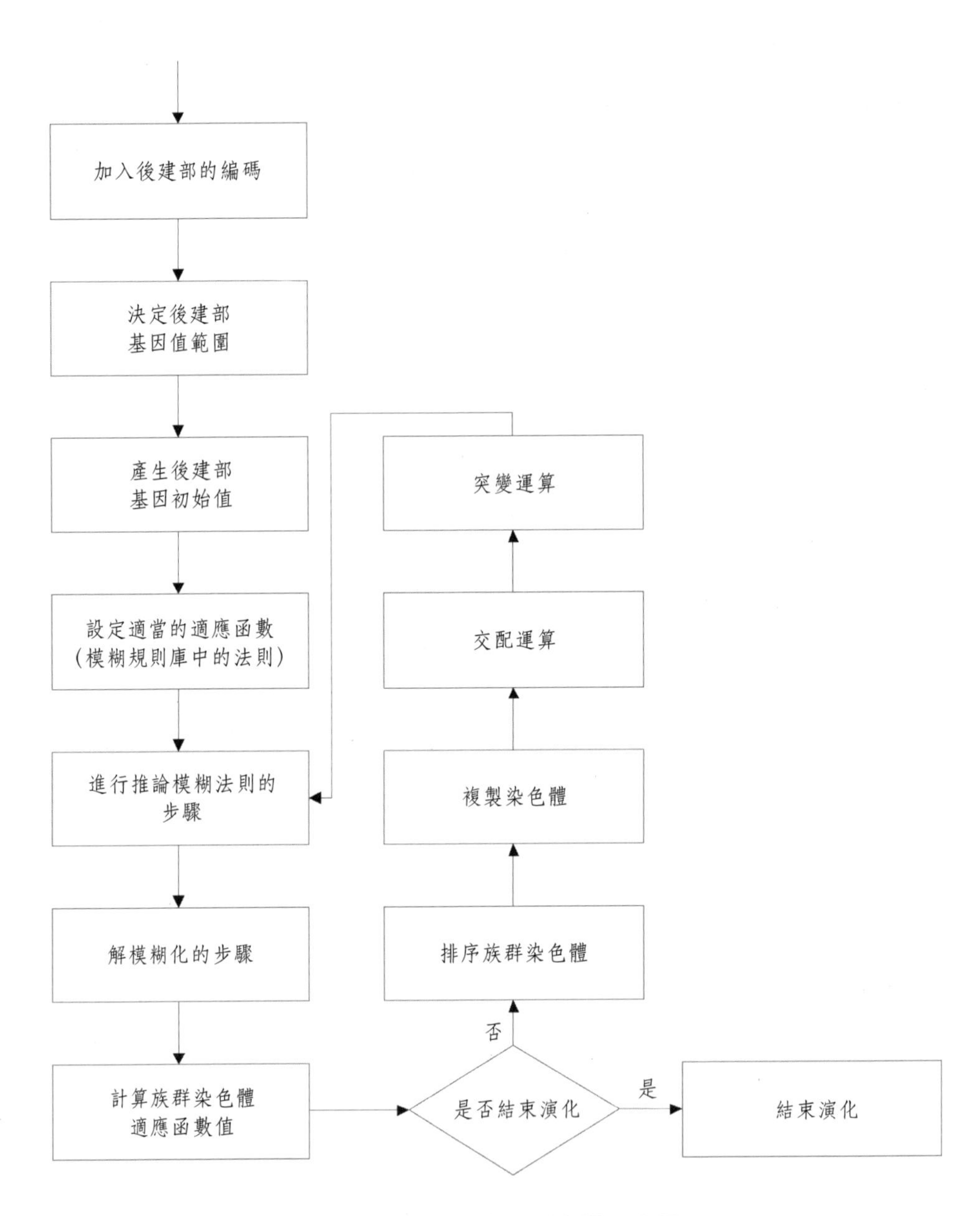

圖 4.9　遺傳模糊規則庫學習流程

參考文獻

[1] R. R. Yager, "On the retranslation process in Zadeh's paradigm of computing with words," *IEEE Trans. Syst., Man, Cybern., Part* B, vol. 34, no. 22, pp. 1184-1195, 2004.

[2] P. Liu, "Mamdani fuzzy system: universal approximator to a class of random processes," *IEEE Trans. Fuzzy Systs*., vol. 10, no. 6, pp. 756-766, 2002.

[3] C. T. Lin and C. S. G. Lee, *Neural Fuzzy Systems: A Neuro-Fuzzy Synergism to Intelligent System*, NJ:Prentice-Hall, 1996.

[4] G. G. Towell and J. W. Shavlik, "Extracting refined rules from knowledge-based neural networks," *Machine Learning*, vol. 13, pp. 71-101, 1993.

[5] C. J. Lin and C. T. Lin, "An ART-based fuzzy adaptive learning control network," *IEEE Trans. Fuzzy systs*., vol. 5, no. 4, pp. 477-496, 1997.

[6] L. X. Wang and J. M. Mendel, "Generating fuzzy rules by learning from examples," *IEEE Trans. Syst., Man, Cybern*., vol. 22, no. 6, pp. 1414-1427, 1992.

[7] T. Takagi and M. Sugeno, "Fuzzy identification of systems and its applications to modeling and control," *IEEE Trans. Syst., Man, Cybern*., vol. 15, pp. 116-132, 1985.

[8] C. F. Juang and C. T. Lin, "An on-line self-constructing neural fuzzy inference network and its applications," *IEEE Trans. Fuzzy Systs*., vol. 6, no.1, pp. 12-31, 1998.

[9] J. S. R. Jang, "ANFIS: Adaptive-network-based fuzzy inference system," *IEEE Trans. Syst., Man, and Cybern*., vol. 23, no. 3, pp. 665-685, 1993.

[10] F. J. Lin, C. H. Lin, and P. H. Shen, "Self-constructing fuzzy neural network speed controller for permanent-magnet synchronous motor drive," *IEEE Trans. Fuzzy Systs*., vol. 9, no. 5, pp. 751-759, 2001.

[11] H. Takagi, N. Suzuki, T. Koda, and Y. Kojima, "Neural networks designed on approximate reasoning architecture and their application," *IEEE Trans. Neural Networks*, vol. 3, no. 5, pp. 752-759, 1992.

[12] E. Mizutani and J. S. R. Jang, "Coactive neural fuzzy modeling," *Proc. Int. Conf. Neural*

Networks, pp. 760-765, 1995.

[13] H. Hu and Z. Shi, "Understanding the dynamical characteristics of neural networks by universal fuzzy logical framework," *Proc. IEEE Int. Conf. Neural Networks and Brain* (ICNN&B '05), vol. 2, pp. 1123-1128, 2005.

[14] H. Hu, "The Neural Circuits Designing and Analysis by the Universal Fuzzy Logical Framework," *Proc. Int. Conf. Fuzzy Systems and Knowledge Discovery*, vol. 4, pp. 524-529, 2007.

[15] D. Z. Liao and L. F. Yeung, "Design method and application for fuzzy logical controller based on L ∞ Lyapunov functions," *Proc. IEE Control Theory and Applications*, vol. 146, no. 1, pp. 17-24,1999.

[16] S. Galichet and L. Foulloy, "Fuzzy controllers: synthesis and equivalences," *IEEE Trans. Fuzzy Systs.*, vol. 3, no. 2, pp. 140-148, 1995.

[17] C. W. Tao and J. S. Taur, "Flexible complexity reduced PID-like fuzzy controllers," *IEEE Trans. Syst., Man, Cybern. Part B*, vol. 30, no. 4, pp. 510-516, 2000.

[18] Y. Hao, "Conditions for general Mamdani fuzzy controllers to be nonlinear," *Proc. Fuzzy Information*, pp. 201-203, 2002.

[19] L. X. Wang, "Stable adaptive fuzzy controllers with application to inverted pendulum tracking," *IEEE Trans. Syst., Man, Cybern. Part B*, vol. 26, no. 5, pp. 677-691, 1996.

[20] J. S. Taur and C. W. Tao, "Design and analysis of region-wise linear fuzzy controllers," *IEEE Trans. Syst., Man, Cybern. Part B*, vol. 27, no. 3, pp. 526-532, 1997.

[21] C. W. Tao and J. S. Taur, "Robust fuzzy control for a plant with fuzzy linear model," *IEEE Trans. Fuzzy Systs.*, vol. 13, no. 1, pp. 30-41, 2005.

[22] X. Yang, J. Yuan, and F. Yu, "Backing Up a Truck and Trailer Using Variable Universe Based Fuzzy Controller," *Proc. IEEE Int. Conf. Mechatronics and Automation*, pp. 734-739, 2006.

[23] H. Ly, P. Duan, and J. Lei, "One novel fuzzy controller design for HVAC systems," *Proc. IEEE Int. Conf. Control and Decision Conference*, pp. 2071-2076, 2008.

[24] Z. Xiu and W. Wang, "A Novel Nonlinear PID Controller Designed By Takagi-Sugeno Fuzzy Model," *IEEE World Congress Intelligent Control and Automation*, pp. 3724-3728, 2006.

[25] W. Zhu, J. Chen, and B. Zhu, "Optimal design of Fuzzy controller based on Ant colony algorithms," *Proc. IEEE Int. Conf. Mechatronics and Automation*, pp. 1603-1607, 2006.

[26] M. J. Er and S. H. Chin, "Hybrid adaptive fuzzy controllers of robot manipulators with bounds estimation," *IEEE Trans. Industrial Electronics*, vol. 47, no. 5, pp. 1151-1160, 2000.

[27] F. C. Li, J. Su, and X. Z. Wang, "Analysis on the fuzzy filter in fuzzy decision trees" *Proc. IEEE Int. Conf. Machine Learning and Cybernetics*, vol. 3, pp. 1462-1607, 2003.

[28] J. Sun and X. Z. Wang, "An initial comparison on noise resisting between crisp and fuzzy decision trees," *Proc. IEEE Int. Conf. Mechatronics and Automation*, vol. 4, pp. 2545-2550, 2005.

[29] Z. Y. You and H. Y. Ji, "An experimental study on relationship between pruning algorithms and selection of parameters in fuzzy decision tree generation," *Proc. IEEE Int. Conf. Mechatronics and Automation*, vol. 4, pp. 2090-2092, 2004.

[30] K. M. Lee, K. M. Lee, J. H. Lee, and L. K. Hyung, "A fuzzy decision tree induction method for fuzzy data," *Proc. IEEE Int. Conf. Fuzzy Systems*, vol. 11, pp. 16-21, 1999.

[31] C. Qi, "A New Partition Criterion for Fuzzy Decision Tree Algorithm," *Workshop on Intelligent Information Technology Application*, pp. 43-46, 2007.

[32] N. Yao and K. E. Barner, "The fuzzy transformation and its applications in image processing," *IEEE Trans. Image Processing*, vol. 15, no. 4, pp. 910-927, 2006.

[33] C. F. Juang and K. C. Ku, "A recurrent fuzzy network for fuzzy temporal sequence processing and gesture recognition," *IEEE Trans. Syst., Man, Cybern. Part B*, vol. 35, no. 4, pp. 646-658, 2005.

[34] M. E. Ulug, "Combining fuzzy pattern recognition and fuzzy control in an AI driven neural network," *Proc. IEEE Int. Conf. Fuzzy Systems*, vol. 3, pp. 2071-2077, 1996.

[35] B. A. Bushong, "Fuzzy Clustering of Baseball Statistics," *Proc. North American Fuzzy*

Information, pp. 66-68, 2007.

[36] D. H. Kraft, J. Chen, and A. Mikulcic, "Combining fuzzy clustering and fuzzy inferencing in information retrieval," *Proc. IEEE Int. Conf. Fuzzy Systems,* vol. 1, pp. 375-380, 2000.

[37] A. N. S. Freeling, "Fuzzy Sets and Decision Analysis," *IEEE Trans. Syst., Man, Cybern.*, vol. 10, no. 7, pp. 341-354, 1980.

[38] J. W. Huang and R. J. Roy, "Multiple-drug hemodynamic control using fuzzy decision theory," *IEEE Trans. Biomedical Engineering*, vol. 45, no. 2, pp. 213-228, 1998.

[39] J. W. Huang, C. M. Held, and R. J. Roy, "Drug infusion for control of blood pressure during anesthesia," *Proc. Conf. American Control*, vol. 5, pp. 3488-3492, 2000.

[40] M. J. Bender, S. Swanson, and R. Robinson, "On the role of fuzzy decision support for risk communication among stakeholders," *Proc. IEEE Int. Conf. Systems, Man, and Cybernetics*, vol. 1, pp. 317-322, 1997.

[41] H. J. Zimmermann, "Fuzzy logic on the frontiers of decision analysis and expert systems," *Proc. IEEE Int. Conf. Fuzzy Information Processing Society*, pp. 65-69, 1996.

[42] L. Guo, J. Y. Hung, and R. M. Nelms, "Digital implementation of sliding mode fuzzy controllers for boost converters," *Proc. IEEE Int. Conf. Applied Power Electronics Conference and Exposition*, pp. 6, 2006.

[43] H. Ly, P. Duan, W. Cai, and J. Lei, "Direct conversion of PID controller to fuzzy controller method for robustness," *Proc. IEEE Int. Conf. Industrial Electronics and Applications*, pp. 790-794, 2008.

[44] S. Khanmohammadi, G. Alizadeh, and M. Poormahmood, "Design of a Fuzzy Controller for Underwater Vehicles to Avoid Moving Obstacles," *Proc. IEEE Int. Conf. Fuzzy Systems*, pp. 1-6, 2007.

[45] Z. Xiu and G. Ren, "Optimization design of TS-PID fuzzy controllers based on genetic algorithms," *Proc. IEEE Int. Conf. Intelligent Control and Automation*, vol. 3, pp. 2476-2480, 2004.

[46] M. A. El-Geliel and M. A. El-Khazendar, "Supervisory fuzzy logic controller used for process loop control in DCS system," *Proc. IEEE Int. Conf. Control Applications*, vol. 1, pp. 263-268, 2003.

[47] C. Y. Liu and X. L. Song, "The design and analysis on a new type of fuzzy controller," *Proc. IEEE Int. Conf. Machine Learning and Cybernetics*, vol. 4, pp. 2165-2170, 2002.

[48] J. Haggege, M. Benrejeb, and P. Borne, "A new approach for on-line optimisation of a fuzzy controller," *Proc. IEEE Int. Conf. Electronics, Circuits and Systems*, vol. 2, pp. 971-975, 2001.

[49] C. H. Chou, "On the development of an optimal parametric fuzzy controller by genetic algorithms," *IFSA World Congress*, pp. 2813-2818, 2001.

[50] S. H. Chin and M. J. Er, "Hybrid adaptive fuzzy controllers of robot manipulators," *Proc. IEEE Int. Conf. Intelligent Robots and Systems*, vol. 2, pp. 1132-1137, 1998.

[51] F. Barrero, A. Torralba, E. Galvan, and L. G. Franquelo, "A switching fuzzy controller for induction motor with self-tuning capability," *Proc. IEEE Int. Conf. Industrial Electronics, Control, and Instrumentation*, vol. 2, pp. 1474-1477, 1995.

[52] C. W. Tao and J. Taur, "Design of fuzzy controllers with adaptive rule insertion," *IEEE Trans. Syst., Man, Cybern., Part B*, vol. 29, no. 3, pp. 389-397, 1999.

[53] C. F. Juang, J. Y. Lin, and C. T. Lin, "Genetic reinforcement learning through symbiotic evolution for fuzzy controller design," *IEEE Trans. Syst., Man, Cybern., Part B*, vol. 30, no. 2, pp. 290-302, 2000.

[54] A. Rubaai, D. Ricketts, and M. D. Kankam, "Experimental verification of a hybrid fuzzy control strategy for a high-performance brushless DC drive system," *IEEE Trans. Industry Applications* vol. 37, no. 2, pp. 503-512, 2001.

[55] Z. Xiu, Y. Wang, and Z. Cheng, "Stability analysis and design of type-II fuzzy controllers," *Proc. IEEE Int. Conf. Control and Decision Conference*, pp. 2054-2059, 2008.

[56] R. Ganesan, T. K. Das, and K. M. Ramachandran, "A Multiresolution Analysis-Assisted Reinforcement Learning Approach to Run-by-Run Control," *IEEE Trans. Automation*

Science and Engineering, vol. 4, no. 2, pp. 182-193, 2007.

[57] G. J. Klir, "Some issues of linguistic approximation," *Proc. IEEE Int. Conf. Intelligent Systems*, vol. 1, pp. 5, 2004.

[58] B. Sun and Z. Gong, "Rough Fuzzy Sets in Generalized Approximation Space," *Proc. IEEE Int. Conf. Fuzzy Systems and Knowledge Discovery*, vol. 1, pp. 416-420, 2008.

[59] R. I. John, "Embedded interval valued type-2 fuzzy sets," *Proc. IEEE Int. Conf. Fuzzy Systems*, vol. 2, pp. 1316-1320, 2002.

[60] T. Y. Lin, "Measure theory on granular fuzzy sets," *Int. Conf. Fuzzy Information Processing Society*, pp. 809-813, 1999.

[61] W. J. Wang and C. H. Chin, "Some properties of the entropy and information energy for fuzzy sets," *Proc. IEEE Int. Conf. Intelligent Processing Systems*, vol. 1, pp. 300-304, 1997.

[62] Y. Hao, "Deriving Analytical Input–Output Relationship for Fuzzy Controllers Using Arbitrary Input Fuzzy Sets and Zadeh Fuzzy AND Operator," *IEEE Trans. Fuzzy Syst.*, vol. 14, no. 5, pp. 654-662, 2006.

[63] P. A. D. Castro and H. A. Camargo, "Learning and optimization of fuzzy rule base by means of self-adaptive genetic algorithm," *Proc. IEEE Int. Conf. Fuzzy Systems*, vol. 2, pp. 1037-1042, 2004.

[64] Y. L. Sun and M. J. Er, "Design of a recursive fuzzy controller with nonlinear fuzzy rule base," *Proc. IEEE Int. Conf. Control, Automation, Robotics and Vision*, vol. 3, pp. 1574-1578, 2002.

[65] S. J. Kang, C. H. Woo, H. S. Hwang, and K. B. Woo, "Evolutionary design of fuzzy rule base for nonlinear system modeling and control," *IEEE Trans. Fuzzy Syst.*, vol. 8, no. 1, pp. 37- 45, 2000.

[66] Y. Yam, P. Baranyi, and C. T. Yang "Reduction of fuzzy rule base via singular value decomposition," *IEEE Trans. Fuzzy Syst.*, vol. 7, no. 2, pp. 120-132, 1999.

[67] P. A. D. Castro, D. M. Santoro, H. A. Camargo, and M. C. Nicoletti, "Improving a Pittsburgh learnt fuzzy rule base using feature subset selection," *Fourth International*

Conference on Hybrid Intelligent Systems, pp. 180-185, 2004.

[68] D. Spiegel and T. Sudkamp, "Employing locality in the evolutionary generation of fuzzy rule bases," *IEEE Trans. Syst., Man, Cybern., Part B*, vol. 32, no. 3, pp. 296-305, 2002.

[69] H. S. Hwang, "Automatic design of fuzzy rule base for modelling and control using evolutionary programming," *Proc. IEE Control Theory and Applications*, vol. 146, no. 1, pp. 9-16, 1999.

[70] B. Mendil and K. Benmahammed, "Generalized adaptive defuzzifier," *Proc. IEEE Int. Conf. Fuzzy Systems*, vol. 2, pp. 1680-1683,1998.

[71] A. Khoei, K. Hadidi, and H. Peyravi, "Analog realization of fuzzifier and defuzzifier interfaces for fuzzy chips," *Proc. Conf. Fuzzy Information Processing Society-NAFIPS*, pp. 72-76, 1998.

[72] M. A. Melgarejo, "Modified center average defuzzifier for improving the inverted pendulum dynamics," *Proc. IEEE Int. Conf. Fuzzy Systems*, vol. 1, pp. 460-463, 2002.

[73] X. J. Zheng and M. G. Singh, "Approximation accuracy analysis of fuzzy systems with the center-average defuzzifier," *Proc. IEEE Int. Conf. Fuzzy Systems*, vol. 1, pp. 109-116, 1995.

[74] X. J. Zeng and M. G. Singh, "Approximation accuracy analysis of fuzzy systems as function approximators," *IEEE Trans. Fuzzy Syst*., vol. 4, no. 1, pp. 44-63, 1996.

[75] D. Kim, "An accurate COG defuzzifier design by the co-adaptation of learning and evolution," *Proc. IEEE Int. Conf. Fuzzy Systems*, vol. 2, pp. 741-747, 2000.

[76] D. Kim and I. H. Cho, "An accurate and cost-effective fuzzy logic controller with a fast searching of moment equilibrium point," *IEEE Trans. Industrial Electronics*, vol. 46, no. 2, pp. 452-465, 1999.

[77] K. S. Tang, "Genetic algorithms in modeling and optimization," Ph.D. dissertation, Dep. Electron. Eng., City Univ. Hong Kong, Hong Kong, 1996.

[78] C. F. Juang, "Combination of online clustering and Q-value based GA for reinforcement fuzzy system design," *IEEE Trans. Fuzzy Systs.*, vol. 13, no. 3, pp. 289-302, 2005.

[79] T. Takagi and M. Sugeno, "Fuzzy identification of systems and its applications to modeling and control," *IEEE Trans. Syst., Man,* Cybern., vol. 15, pp. 116-132, 1998.

[80] O. Cordon, F. Herrera, F. Hoffmann, and L. Magdalena, *Genetic fuzzy systems evolutionary tuning and learning of fuzzy knowledge bases*. Advances in Fuzzy Systems-Applications and Theory, vol.19, NJ: World Scientific Publishing, 2001.

[81] C. L. Karr, "Design of an adaptive fuzzy logic controller using a genetic algorithm," *Proc. The Fourth Int. Conf. Genetic Algorithms*, pp. 450-457, 1991.

[82] C. T. Lin and C. P. Jou, "GA-based fuzzy reinforcement learning for control of a magnetic bearing system," *IEEE Trans. Syst., Man, Cybern., Part B*, vol. 30, no. 2, pp. 276-289, 2000.

[83] C. F. Juang, J. Y. Lin, and C. T. Lin, "Genetic reinforcement learning through symbiotic evolution for fuzzy controller design," *IEEE Trans. Syst., Man, Cybern., Part B*, vol. 30, no. 2, pp. 290-302, 2000.

[84] S. Bandyopadhyay, C. A. Murthy, and S. K. Pal, "VGA-classifier: design and applications," *IEEE Trans. Syst., Man, and Cybern., Part B*, vol. 30, no. 6, pp. 890-895, 2000.

[85] B. Carse, T. C. Fogarty, and A. Munro, "Evolving fuzzy rule based controllers using genetic algorithms," *Fuzzy Sets and Systems*, vol. 80, no. 3, pp. 273-293 June 24, 1996.

[86] K. S. Tang, "Genetic algorithms in modeling and optimization," Ph.D. dissertation, Dep. Electron. Eng., City Univ. Hong Kong, Hong Kong, 1996.

[87] C. F. Juang, "Combination of online clustering and Q-value based GA for reinforcement fuzzy system design," *IEEE Trans. Fuzzy Systs*., vol. 13, no. 3, pp. 289-302, 2005.

[88] C. T. Lin and C. P. Jou, "GA-based fuzy reinforcement learning for control of a magnetic bearing system," *IEEE Trans. Syst., Man, Cybern., Part B*, vol. 30, no. 2, pp. 276-289, 2000.

第五章

遺傳模糊系統之學習程序

第四章針對遺傳模糊系統做了初步的介紹，其中，首先介紹了模糊理論的基本架構，內容主要介紹模糊邏輯控制器的主要步驟，包含：模糊化輸入、建立模糊規則庫、模糊推論步驟以及解模糊化的步驟。透過模糊邏輯控制器的介紹讀者可以了解到歸屬函數的設計、模糊規則庫的設計技巧以及推論和解模糊化的方法。除了模糊理論的基本架構之外，第四章也介紹了遺傳演算法與模糊理論的整合，其中包含模糊遺傳演算法的架構以及基本學習流程，在本章的最後一個章節裡介紹遺傳模糊系統，在該章節中將針對遺傳模糊系統做詳細的介紹，其中包含：模糊學習法則以及模糊規則庫的學習，主要針對遺傳演算法用於模糊理論時其學習程序方法如何應對，以及參數如何設計，也包含模糊理論相關知識以及遺傳演算法學習運算方法的整合，透過第四章的學習，讀者應該可以對遺傳演算法整合在模糊理論後的學習機制有了初步的認識。

在本章中，我們將介紹遺傳模糊系統的學習程序，主要針對第四章所介紹的遺傳模糊系統中的學習流程做詳細的說明。其中，利用遺傳演算法調整模糊法則系統的介紹主要是說明遺傳演算法用於模糊系統中調整模糊法則的流程，包含模糊遺傳演算法的介紹，而利用染色體基因調整曼特寧模糊法則系統的歸屬函數的介紹則是將遺傳演算法調整模糊法則系統應用於調整曼特寧模糊法則，包含歸屬函數型態的介紹、基因調整歸屬函數的方法以及基因調整曼特寧模糊法則的介紹。最後，在利用染色體基因調整 TSK 模糊法則系統的歸屬函數的介紹中，主要是將遺傳演算法調整模糊法則系統應用於調整 TSK 模糊法則，主要包含 TSK 模糊法則的介紹以及基因調整 TSK 模糊法則的介紹。

本章主要針對遺傳演算法應用於調整曼特寧模糊法則以及 TSK 模糊法則時的學習流程如何設計做詳細說明，包含曼特寧模糊法則以及 TSK 模糊法則相關知識，以及遺傳演算法的學習流程如何的整合，透過本章的學習，讀者可以更了解遺傳演算法如何整合在模糊理論中。

5.1 | 調整模糊法則系統

在這個章節中，本書將介紹遺傳演算法用於模糊邏輯控制系統的學習程序，在本章中，將介紹如何透過遺傳演算法調整模糊法則系統，透過第四章的說明，我們可以了解，為了解決在建立模糊規則庫步驟中實際專家經驗或操作人員觀察困難或是無法建立有效模糊規則庫的問題，學習式轉換是一個很好的解決方案，透過學習式轉換，模糊規則庫可以自我組織、調整以及學習，學習式轉換的方法，如第四章所說是透過一個用來指出效能好壞的指標，配合相對應的學習方法來自動化調整以及學習模糊規則庫中的模糊法則，使模糊法則可以適應於系統，以達到自我組織以及自我適應的目的。

在學習式轉換的方法中主要可以分成自動化建立模糊規則庫中的模糊法則以及自動調整模糊歸屬函數功能的步驟，透過這兩個步驟可以解決實際專家經驗或操作人員觀察困難或是無法建立有效模糊規則庫的問題，達到真正的全自動化系統的設計。

在學習式轉換的方法中，有很多的學者提出不同的方法來設計模糊控制器，例如：倒傳遞類神經模糊網路（neural fuzzy network）控制器的設計 [1]-[10]、遺傳演算法設計類神經模糊網路控制器 [11]-[20] 以及遺傳演算法設計模糊控制器 [21]-[35]……等等。其中利用遺傳演算法來做學習式轉換可以說是最常見的 [21]-[35]，這個情況從 Karr 之後更為顯著 [25]。

一般來說利用遺傳演算法來設計模糊邏輯控制器的方式可以分為遺傳模糊法則的學習 [21]-[30] 以及遺傳模糊規則庫 [31]-[35] 的兩個步驟，在遺傳模糊法則的學習中主要是將遺傳演算法用來調整歸屬函數，也就是利用遺傳演算法替代以往需要人工設計的歸屬函數，在這個步驟中主要是希望可以過自動化的方式建立並調整歸屬函數，使系統可以適應任何狀況；在遺傳模糊規則庫的設計中，主要是利用遺傳演算法來建立模糊規則庫中的模糊法則，藉以用來鑑別模糊系統好壞的依據，其功能就像是遺傳演算法中適應函數的設計。

在以下的章節中，本書將針對遺傳演算法應用於模糊邏輯控制系統的學習程序做詳細的說明。

5.1.1 模糊遺傳演算法

在這個章節中，我們將介紹遺傳演算法用於模糊邏輯控制系統的學習程序，如前章所述，用遺傳演算法來設計模糊邏輯控制器的方式可以分為遺傳模糊法則的學習以及遺傳模糊規則庫的兩個步驟，主要是希望透過遺傳演算法來達到模糊邏輯控制系統的自我調整歸屬函數和模糊法則。在此，我們將介紹整個遺傳演算法用於模糊邏輯控制系統的主要學習程序，而相關的歸屬函數的調整方式以及模糊法則的學習，因為涉及到各個歸屬函數的型態以及模糊法則的類型，本書將留待接下來的章節做說明。

整個遺傳演算法用於模糊邏輯控制系統的學習程序如圖 5.1 所示，圖 5.1 的學習程序中我們可以發現主要的流程有：基因編碼的設計、染色體的組成、染色體的初始化、模糊化輸入的步驟、模糊推論的步驟、解模糊化的步驟、適應函數求值的步驟、排序的運算、複製的運算、交配的運算、突變的運算以及演化結束條件判斷，以下將針對這些運算做詳細的說明。

a. 基因編碼的設計

基因編碼的設計，主要是決定基因的型式 [36]-[44]，基因的型式，依本書所介紹的有：二進位型、實數型、編碼型，選擇的依據主要是跟所欲處理的問題有關，在此由於基因的組成與模糊歸屬函數有關，所以須取決於模糊歸屬函數的類型，一般來說以二進位型以及實數型基因編碼形式最為常見，而二進位型以及實數型基因編碼型式的採取依據，一般來說可以用下列的方法來決定：

1. 採取二進位型基因編碼形式

採取二進位型基因編碼型式的主要原因是所需要搜尋的範圍較固定，方便以二進位方式編碼的問題，二進位型基因編碼型式的優缺點可以參考本書第三章的內容。

2. 採取實數型基因編碼形式

採取實數型基因編碼形式的主要原因是所需搜尋的空間範圍較大，以及較

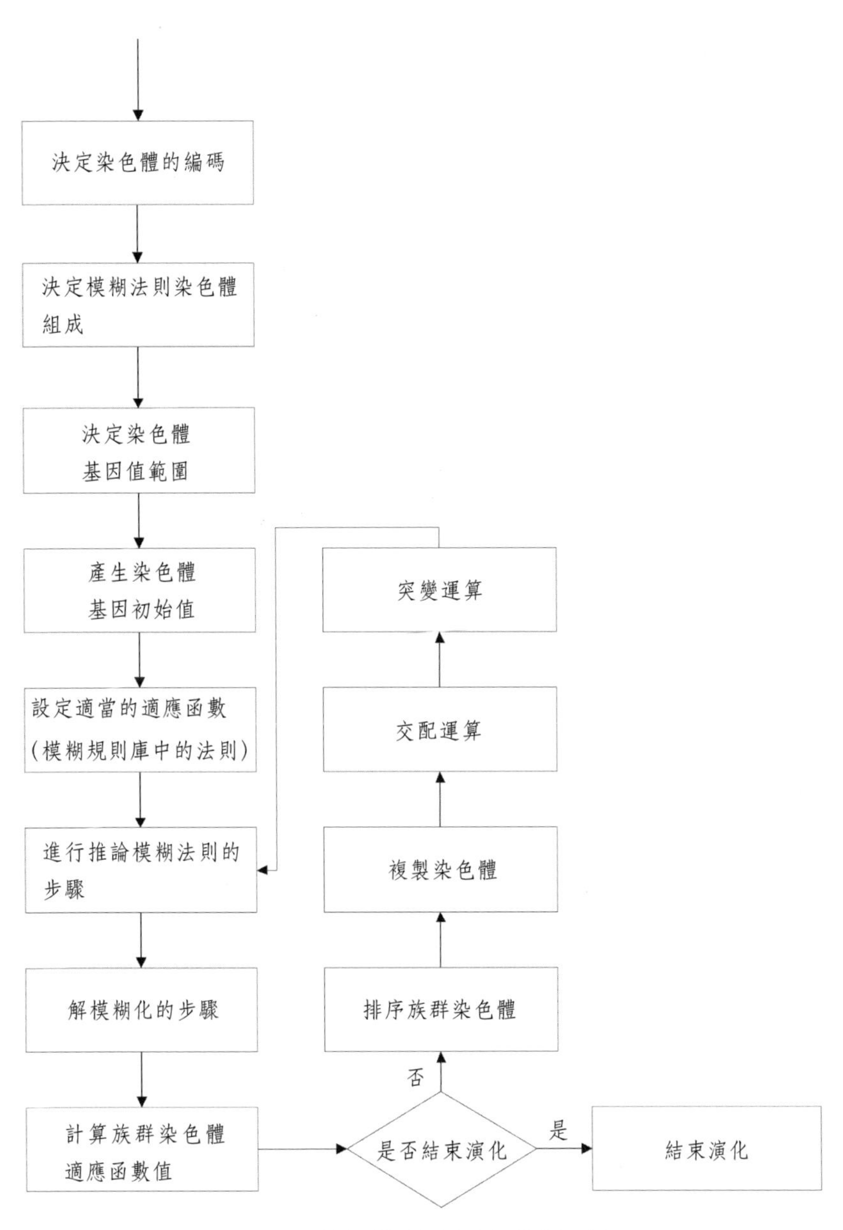

圖 5.1　遺傳模糊演算法學習流程

不易用二進位方式編碼基因的問題，實數型基因編碼型式的優缺點可以參考本書第三章的內容。

b. 染色體的組成

在介紹完基因編碼的設計之後，接下來便是染色體的設計，染色體是由一群基因所組成的，在遺傳演算法中，基因是一條染色體的一項特徵，而一條染色體代表的是所欲處理問題的一組解，因此，在這個步驟中，主要是決定一條染色體所代表的解為何，在模糊邏輯系統中所定義的解為一組代表模糊法則中前建部以及後建部的相關參數的集合，因此在設計模糊邏輯控制系統中染色體所代表的解就是模糊法則中前建部以及後建部的相關參數的集合，一般來說染色體的設計流程如圖 5.2 所示，圖 5.2 的設計流程詳細說明如下：

1. 首先先決定染色體中的基因型式，基因型式的決定在步驟 a 中有詳細的介紹。

2. 在決定好染色體中的基因型式後，接著是決定歸屬函數的形式 [45]-[50]，歸屬函數一般分為三角形、高斯以及梯形歸屬函數。

3. 在決定了基因的編碼以及歸屬函數的形式，接下來就染色體的形式以及長度，染色體的形式以及長度和基因的編碼以及歸屬函數的形式有關，也和該模糊邏輯控制系統需要的輸出入有關。

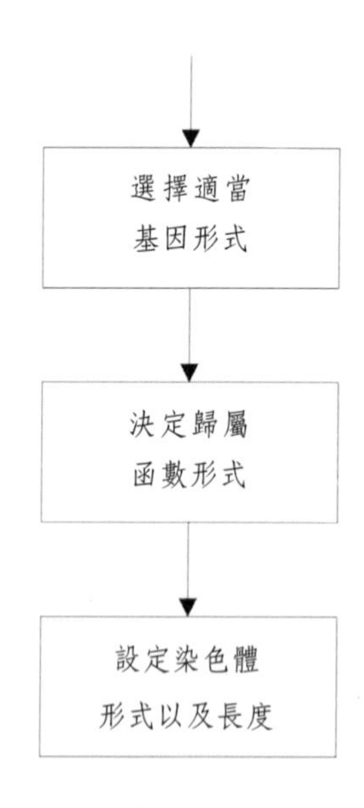

圖 5.2　決定染色體組成流程

在決定好基因以及染色體的形式之後，整個遺傳模糊系統的前置工作就算告一個段落了，接下來是遺傳模糊系統的設計重點，也是遺傳演算法演化的開始。

c. 染色體的初始化

在這個步驟中，主要是進行染色體初始化的動作。在決定完染色體形式以及基因的編碼後，接下來就是進行染色體初始化的動作，在這個步驟中，所有遺傳演算法中的參數將會被設定，因此，族群的大小也會被決定，有了族群大小就能依據不同的方法產生染色體初始族群，產生染色體初始族群的方法，如第三章所述可以分為隨機產生初始族群以及啟發式產生初始族群，這兩種方法可以參考第三章所述，決定相關的產生方法後，就可以依據該方法產生初始族群，一般來說產生初始族群染色體的流程如圖 5.3 所示，圖 5.3 的流程詳細說明如下：

1. 首先設定遺傳演算法的相關參數，所謂的相關參數有：族群大小、染色體長度、交配機率、突變機率、複製個數……等等。

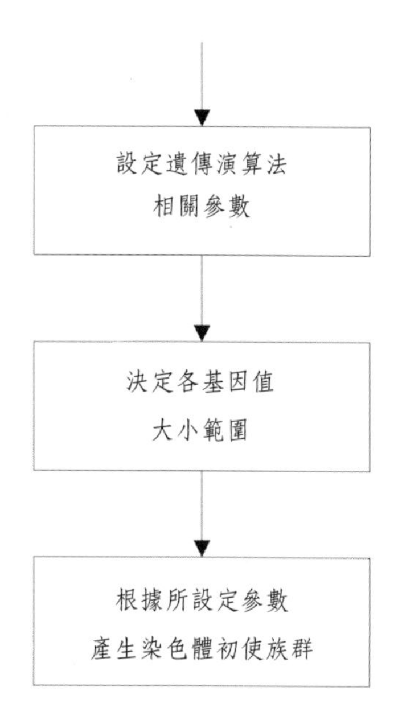

圖 5.3　染色體的初始化流程

2. 在設定好遺傳演算法的相關參數後，接著是決定染色體中各個基因值的大小範圍，各基因值大小範圍的決定主要依據歸屬函數的性質決定，例如歸屬函數的種類、涵蓋程度以及重疊程度……等等。

3. 最後依個步驟是根據步驟 1 以及步驟 2 設定值，產生族群中的染色體，產生染色體的方式如上所述可以分為隨機產生初始族群以及啟發式產生初始族群，在決定好產生方式後即依照該產生方式產生族群中的染色體。

d. 模糊化輸入的步驟

初始化染色體族群後，在以往的遺傳演算法中主要應該執行的步驟為計算適應函數值，但是在遺傳模糊系統中，因為受控系統的效能好壞往往需要得到控制訊號後才能衡量，而受控系統的控制訊號是一個明確的輸入值，在遺傳模糊系統中染色體的基因值代表著模糊參數，所以必須先將感測器所讀取到的遺傳模糊系統的輸入值經過模糊化的動作計算出模糊系統推論的輸出結果，在經過解模糊化的動作將模糊化輸出轉變成明確輸出值，再將此明確輸出直當作受控系統的輸入訊號，接著才衡量受控系統的效能當作適應函數。

一般來說產生初始族群染色體的流程如圖 5.4 所示，圖 5.4 的流程詳細說明如下：

1. 首先自感應器（sensor）將輸入訊號讀入，此時的輸入訊號為明確的輸入值。

2. 在明確的輸入訊號值讀入後，選取族群所欲衡量效能的染色體。

3. 選取完染色體後，根據染色體中的基因值計算模糊化的輸入值，在染色體的基因中，主要根據前建部的基因來做運算，也就是將步驟 1 中所取得的輸入根據對應染色體所定義基因值位置所代表的歸屬函數計算出相對應的歸屬程度值。

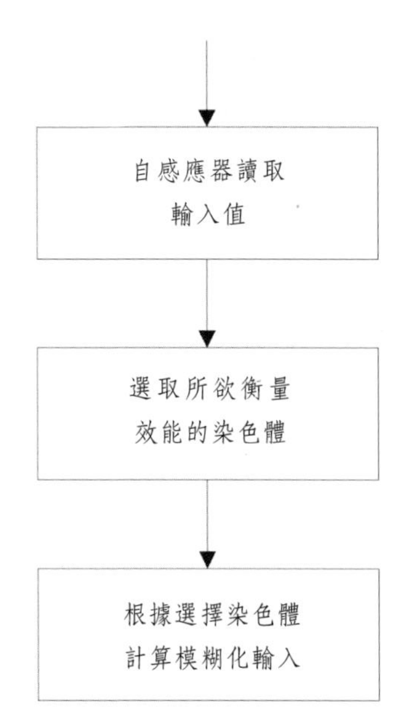

圖 5.4. 模糊化輸入流程

e. 模糊推論的步驟

在將明確的輸入透過染色體的基因轉換為具有歸屬程度的模糊輸入之後，接下來就是要進行模糊化推論的步驟，這個步驟主要是將前一個步驟所產生的模糊輸入進行推論。

模糊推論主要就是將模糊法則中後建部所採取推論的動作，模糊法則推論的機制主要是利用模糊邏輯的運算來模擬受控系統的控制方式。一般來說，有幾種常見的模糊推論機制 [51]-[57]，分別說明如下：乘積推論機制（product inference）、最小推論機制（minimum inference）、查德推論機制（Zadeh inference mechanism）以及路卡推論機制（Lukasiewicz inference mechanism），有興趣的讀者可以參考第四章的詳細說明。

一般來說，整個推論機制的流程如圖 5.5 所示，推論機制完整流程的詳細說明如下：

1. 將前一個步驟中所求得的模糊輸入相對應的歸屬函數代入。

2. 將同一條染色體中後建部的基因代入後建部的參數中，後建部的參數主要根據模糊法則型式的不同而不同，本書將在後面章節做詳細的敘述。

3. 根據步驟 1 以及步驟 2 的結果並選擇合適的模糊推論機制，其中模糊推論機制的選擇與控制目標有關。

4. 根據步驟 3 的結果，計算出相對應的模糊推論結果。

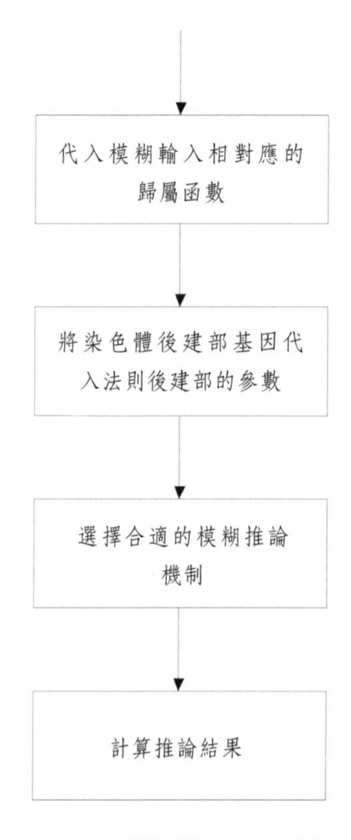

圖 5.5　模糊推論步驟流程

f. 解模糊化的步驟

在經過模糊化輸入步驟、訂定模糊規則庫、模糊化推論等模糊邏輯的運算後，所得到的結果為一個模糊化的輸出，但是在現實中，控制器所需要的是明確的訊號；為了達到這個目的就需要將模糊化的輸出訊號轉為明確的控制器輸入訊號，這也就是解模糊化運算的目的。

解模糊化運算主要是希望將模糊推論所得的模糊結果，經由相對應得的解模糊化運算式，將原本推論所得的模糊集合轉換為明確值得輸出訊號，以供其做為控制器的訊號，依第四章中所述，有幾種常見的解模糊化運算式 [58]-[68]，包括：重心法解模糊化（center of gravity defuzzification）以及中心法解模糊化（center of sum deffuzzification），有興趣的讀者可以參考第四章的詳細說明。

一般來說，整個解模糊化步驟的流程如圖 5.6 所示，解模糊化完整流程的詳細說明如下：

1. 先將推論結果的模糊化輸入代入。

2. 選擇合適的解模糊化運算。

3. 將步驟 1 的模糊化輸入根據步驟 2 所決定的解模糊化運算式計算出相對應的明確輸出訊號。

4. 將步驟 2 的所得到的明確輸出訊號，用於控制器的輸入訊號，並驗證控制效能。

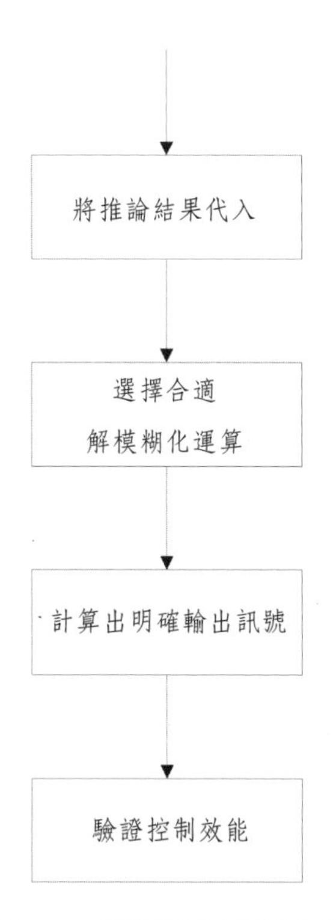

圖 5.6　解模糊化運算流程

g. 適應函數求值的步驟

在遺傳演算法中，適應函數的設計主要是用作搜尋最佳解的依據。適應度函數決定了每一個族群中染色體適應環境的能力，是遺傳演算法中用以判斷一條染色體生存與否的依據，合適的適應函數往往可以將染色體的優劣比較出來。

在前述的步驟中，我們已經將模糊化的輸出轉變為明確的輸入了，接下來是驗證該輸出對控制系統的效能，也就是適應函數的設計，在整個模糊遺傳系統中，適應函數代表著系統效能的指標，在適應函數的設計中，雖然適應函數值可以用來代表每一個染色體對最佳解的適應程度，但針對每一個控制系統來說，所需要適應函數都不盡相同，依第三章所述，適應函數的設計可以分為監督式以及增強式適應函數設計兩種，有興趣的讀者可以參考第三章的詳細說明。

一般來說，整個適應函數求值步驟的流程如圖 5.7 所示，適應函數求值步驟完整流程的詳細說明如下：

1. 先自感測器取得明確輸入資料。

2. 進行模糊化輸入步驟，將步驟 1 的明確輸入訊號轉變成模糊化輸入。

3. 將步驟 2 的結果，進行模糊推論步驟，得到模糊輸出訊號。

4. 將步驟 3 所取得的模糊輸出訊號，進行解模糊化步驟，得到明確輸出訊號。

5. 進行適應函數值的計算，適應函數的設計主要根據不同的控制系統有不同的設計，讀者可以參考第三章的詳細說明。

6. 判斷是否終止，也就是輸入器是否有輸入資料，若是有則進行步驟 1，否則結束適應值計算流程。

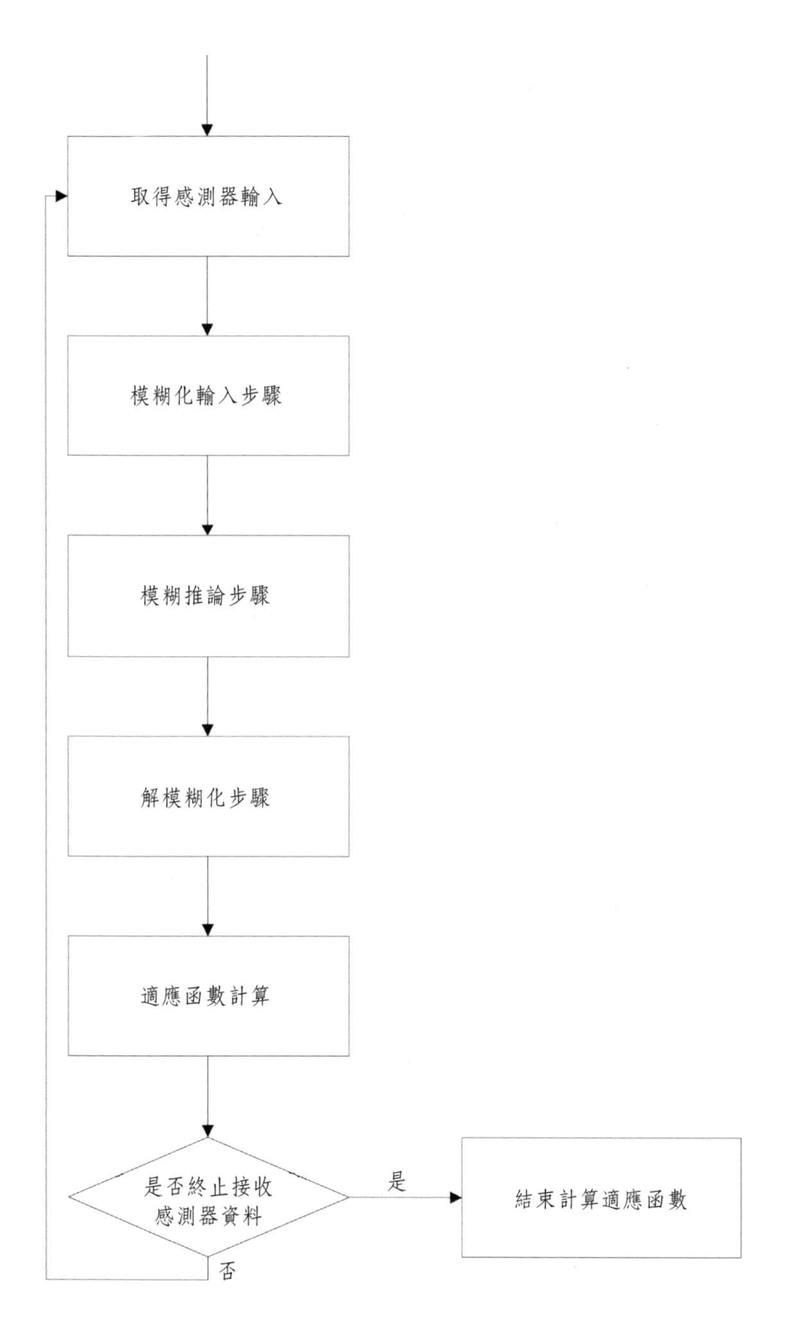

圖 5.7　適應函數求值步驟流程

h. 排序的運算

經過上述的步驟，族群中所有的染色體的適應函數值已經被計算出來，接下來要進行排序族群染色體的運算，排序的運算主要是將經過計算而得到適應值的染色體進行排序，以方便進行接下來的演化步驟，透過排序可以知道目前染色體接近最佳解的程度，而排序的方法[69]-[80]，與資料結構所提及的排序演算法一樣。

一般來說，排序運算的流程如圖 5.8 所示，排序運算完整的流程詳細說明如下：

1. 首先將族群中所有的染色體，依據上述步驟分別計算每條染色體的適應函數值。

2. 選擇合適的排序演算法，依第三章所述，排序演算法可以分為：選擇、氣泡、快速、堆積、二元排序法，有興趣的讀者可以參考第三章的詳細說明。

3. 將步驟 1 所產生族群中每條染色體的適應函數值，依據步驟 2 所選擇的排序方法進行族群染色體的排序。

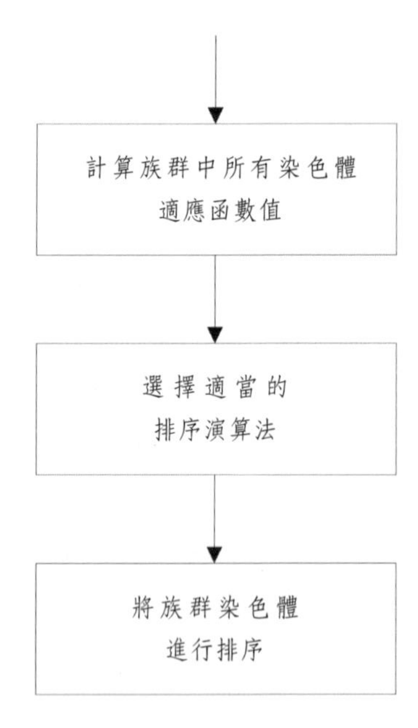

圖 5.8　排序流程圖

i. 複製的運算

排序好族群中的染色體後，接下來就是針對族群中的染色體進行複製的步驟，複製的步驟主要是希望族群中表現較佳的染色體可以被複製較多的數量，透過複製步驟，新的子代族群可以保留母代中表現較好的染色體，藉以加速族群收斂的速度。複製的流程如圖 5.9 所示，複製運算完整流程的詳細說明如下：

1. 首先設定欲複製到新族群的染色體總數量，一般是複製三分之二到二分之一。

2. 選擇合適的複製策略進行複製[81]-[85]，母代染色體到新的子代染色體中。

3. 根據步驟 1 中所設定欲複製到新族群的染色體總數量，判斷是否已將足夠數量的染色體複製到新族群的染色體，若是已將足夠數量的染色體複製到新的子代族群中，則結束複製步驟，否則進行接下來的步驟 4。

4. 根據步驟 2 中所選擇的複製策略運算的結果，將染色體複製到子代族群中。

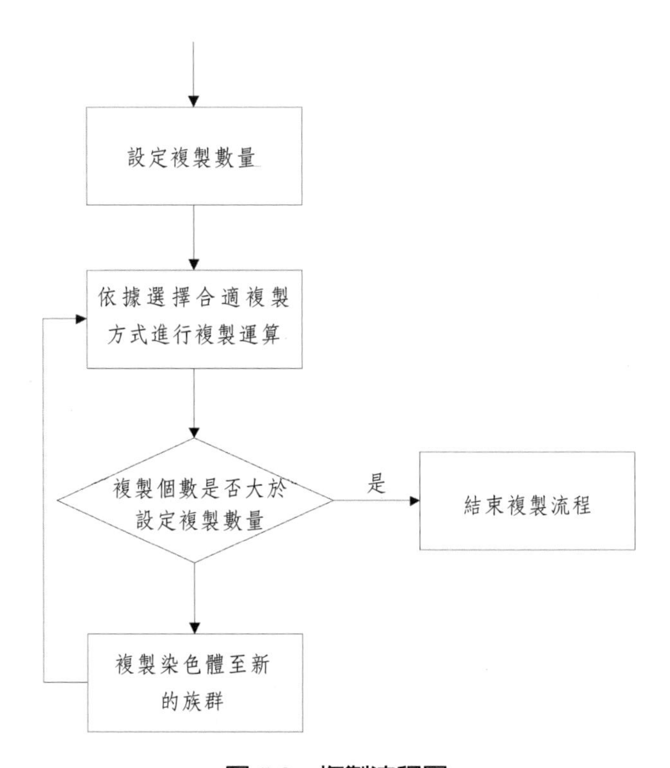

圖 5.9 複製流程圖

在複製中新子代的族群中前半部是透過母代複製而後半部子代的族群則是根據前半部母代進行交配以及突變而來的，新子代的族群中前半部染色體數量大小的決定一般是複製三分之二到二分之一的母代優良染色體到新子代中。

由於複製可以加速族群的收斂，所以複製的策略需要慎加的選擇，若複製過多的母代族群中表現較佳的染色體，可能會造成染色體族群過早收斂，而複製太少的母代染色體可能會造成母代優良基因過少而收斂過慢，在本書中所介紹的複製方式有完全複製、選擇複製（菁英政策），以及輪盤複製等方法，有興趣的讀者可以參考第三章的詳細說明。

j. 交配的運算

在經過複製運算後新產生的染色體可以保留原先具有較佳效能的染色體，然而，在子代族群中並未有新的基因值組加入染色體中，為了讓演化能順利進行必須透過交配運算來組合不同染色體的基因產生新的染色體。

交配運算 [86]-[89] 可以說是遺傳演化中最主要的遺傳運算子，因為交配運算可以將染色體變動來搜尋最佳解，透過將族群中兩兩染色體經過合併的運算來產生新的子代族群的染色體，讓子代各含有優良母代的部分特性。交配的目的是希望子代能夠藉由交配來組合出具有更高適應函數值的染色體，但是也有可能子代在交配過程中只交換了母代染色體較差的基因，所以交配策略無法保證一定可以產生出更好的子代族群，不過在遺傳演算法中因為有選擇以及複製的機制，較差的染色體會逐漸遭到淘汰，而具有較佳適應函數值的染色體可以繼續存活並執行演化步驟。

一般來說，交配運算的流程如圖 5.10 所示，交配運算完整的流程詳細說明如下：

1. 首先產生一個隨機的機率值，機率值的範圍為介於 0-1 之間，精確度則依據所產生的交配機率而定。

2. 將步驟 1 所產生的機率值與所定義的交配機率做比對，若步驟 1 所產生的機率值大於所定義的交配機率，則結束交配運算，否則進行接下來的步驟。

3. 在所選擇的交配的母代染色體中，依據所選擇合適的交配策略，選擇適當的交配點。

4. 在選擇的交配點中，依據所選擇合適的交配策略，對該染色體進行交配運算。

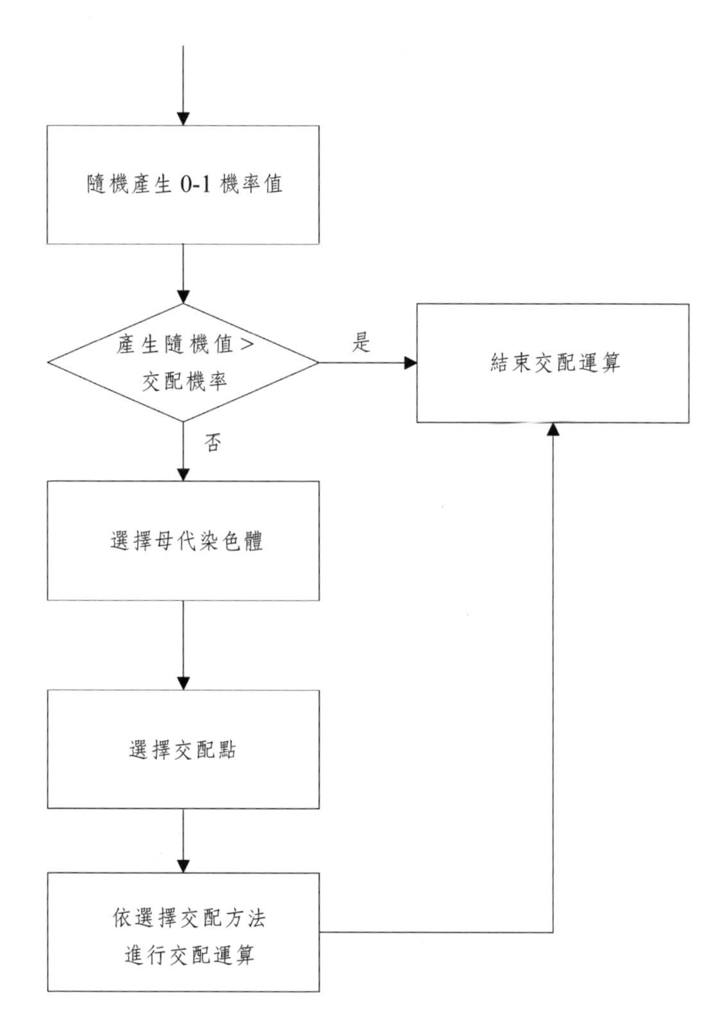

圖 5.10　交配運算流程圖

關於交配的策略，在本書中提出的交配運算類型有單點交配（single point）、雙點交配或多點交配（two point or multi-point）、定點交配（uniform）與順序交配（order）等多種交配方法，有興趣的讀者可以參考第三章的詳細說明。

k. 突變的運算

在經過交配運算[90]-[95]後新的族群中的染色體經過互相交換母代後彼此可以擁有較佳效能染色體的基因，然而，在新的族群中並未有新的基因值加入族群染色體中，為了讓演化能加入新的基因值進行更廣域的探索，必須透過突變運算來加入新的基因值。

突變運算元主要是希望遺傳演化不會因為複製或交配等過程中而遺失了有用資訊。突變運算元有時也具有跳脫區域最佳解、廣大搜尋空間範圍以及逼近全域最佳解的特質。

一般來說，突變運算的流程如圖 5.11 所示，突變運算完整的流程詳細說明如下：

1. 首先產生一個隨機的機率值，機率值的範圍為介於 0-1 之間，精確度則依據所產生的突變機率而定。

2. 將步驟 1 所產生的機率值與所定義的突變機率做比對，若步驟 1 所產生的機率值大於所定義的突變機率，則結束突變運算，否則進行接下來的步驟。

3. 在所選擇的突變的染色體中，隨機選擇適當的突變點。

4. 在選擇的突變點中，依據所選擇合適的突變策略，對該染色體進行突變運算。

一般來說在設計突變運算時，突變機率都會設定得比較小，這是因為如果突變機率過大的話，將造成有用的資訊容易因而遺失而且會使得遺傳演算法接近於隨機搜尋，造成演化時間過長。

突變運算類型依本書中的介紹可區分為位元突變（bit flip）、雙點突變以及隨機選取突變（random solution）等，有興趣的讀者可以參考第三章的詳細說明。

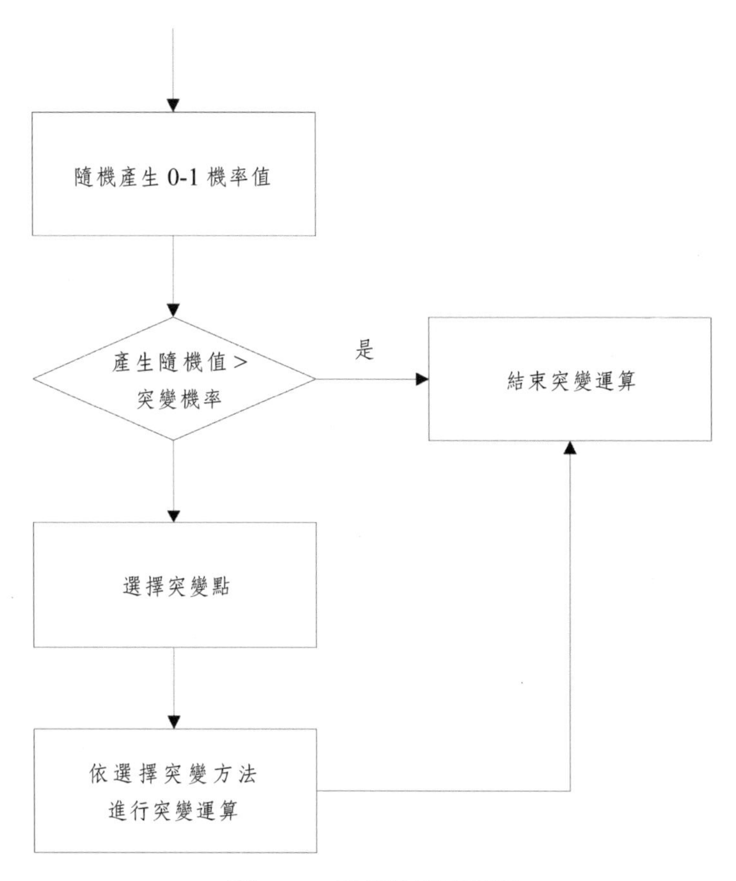

圖 5.11　突變運算流程圖

1. 演化結束條件判斷

結束演化的條件一般來說就是遺傳模糊系統的終止條件，達成終止條件的系統也就是學習完成的系統。因此，設定終止條件的好壞影響著訓練完成的遺傳模糊系統效能的好壞，終止條件若設得過於寬鬆，則學習完成的系統參數可能無法完成受控系統的需求，終止條件若設的過於嚴謹，則可能無法達成終止條件導致演化無窮盡的進行，一般來說，設計演化終止的條件主要是根據所欲處理問題的種類來決定，通常可分為固定演化代數以及達成特定目標兩種不同的終止條件，分別說明如下：

1. 定義固定演化代數的終止條件

這個方法主要是定義固定演化代數，透過固定演化代數來執行演化，在達到定義的演化代數則跳出演化程序並將族群中染色體適應值最高的作為控制受控系統的遺傳模糊系統參數。

此類的方法最常應用的方面是監督式學習 [1] 的例子，在監督式學習架構中由於目標值是明確可衡量的，所以一般的做法是定義一個特定的演化代數讓族群中的染色體經過這個特定的演化代數的演化來搜尋最佳解。

2. 達成特定目標的終止條件

這個方法的終止條件主要是定義遺傳演算法是否達成受控系統的特定目標，在達到特定目標時則跳出演化程序並將族群中染色體適應值最高的作為控制受控系統的遺傳模糊系統參數。

此類的方法最常應用的方面是監督式學習 [1] 以及增強式學習 [11] 的例子，在監督式學習架構中目標值明確，所以可以透過一個理想目標值加減標準差為特定目標值來作為演化終止條件讓族群中的染色體透過這個特定目標值作為目標來搜尋最佳解。而在增強式學習方面由於目標值較不明確，所以一般的做法是定義一個描述演算法成功或失敗的訊號（一般稱為增強式訊號）來作為終止條件，讓族群中的染色體依據這個增強式訊號作為目標搜尋最佳解。

5.2 ｜基因調整曼特寧模糊法則系統的歸屬函數

在前一章中，本書介紹了有關遺傳模糊系統的學習流程，透過上一章的學習，讀者能理解遺傳演算法用於模糊系統的方法。在這個章節中，本書將介紹關於遺傳模糊系統的歸屬函數的類型、推論法則類型以及相關的基因運算流程，透過本章的介紹，讀者可以更了解遺傳演模糊演算法的實際運算。

在本章中，首先針對歸屬函數的形態做介紹接著以所介紹的歸屬函數說明各自基因編碼的方法，在介紹完歸屬函數的形態以及各自基因編碼的方法後，最後介紹遺傳模糊系統中常見的模糊推論法則－曼特寧模糊法則（Mamdani type fuzzy rule）以及相對應的基因調整的方法。

5.2.1 歸屬函數型態

在這一個章節中，本書將介紹模糊歸屬函數的形態 [45]-[50]，以及其設計方式，在模糊系統中，歸屬函數主要是扮演著模糊化輸入的角色，透過歸屬函數的設計，我們可以將自感應器所取的明確輸入經過相對應的歸屬函數轉換成模糊的輸入，進而進行接下來的模糊運算，一般來說，歸屬函數的設計都是透過人工設計的，也就是說，歸屬函數的設計是參考該領域專家或操作員的訪談，將專家知識或操作員經驗轉換為模糊集合，進而設計出相關參數。

一般來說，基本模糊歸屬函數的類型可以分為：三角形、梯形以及高斯模糊歸屬函數，其中各個模糊歸屬函數的詳細說明如下：

1. 三角形模糊歸屬函數

三角形模糊歸屬函數是最為常見且設計較為簡易的模糊歸屬函數，三角形模糊歸屬函數的設計如下：

$$A_{LV}(x)=\begin{cases}\dfrac{x}{R_{Left}} & B_{Left}\le x<Target\\ 1 & x=Target\\ \dfrac{R_{Right}-(x-Target)}{R_{Right}} & B_{Right}\,x>Target\end{cases} \quad (5.1)$$

其中，$A_{LV}(x)$ 代表模糊歸屬函數；x 代表輸入訊號；LV 代表語意式的參數（例如：中年、老年程度……等等）；$Target$ 代表歸屬函數目標值；R_{Left} 以及 R_{Right} 代表 $Target$ 兩端模糊歸屬函數的範圍 B_{Left} 以及 B_{Right} 分別代表左邊界與右邊界值。式（5.1）中我們可以發現，當輸入值等於 $Target$ 時歸屬函數值最大為 1，也就是歸屬程度最高時，而當輸入值小於 $Target$ 時會根據輸入訊號 x 呈現正比關係，此時 R_{Left} 代表模糊歸屬函數左邊的範圍，反之當輸入值大於 $Target$，會根據輸入訊號 x 呈現反比關係，此時 R_{Right} 代表模糊歸屬函數右邊的範圍。

圖 5.12 為一個三角形歸屬函數的形狀，由圖 5.12 我們可以發現，*Target* 為三角形歸屬函數的中點，B_{Left} 以及 B_{Right} 分別代表三角形歸屬函數左邊以及右邊的邊界。

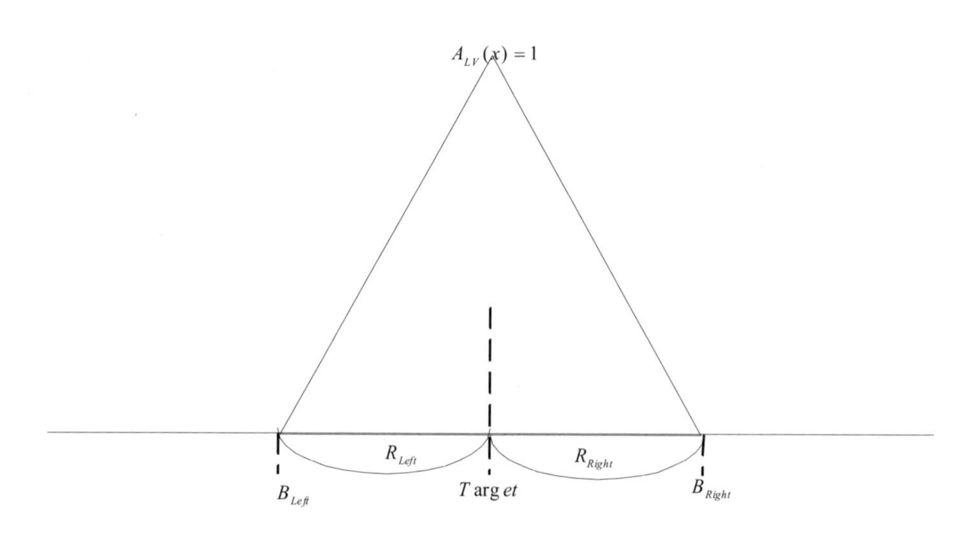

圖 5.12　三角形歸屬函數的形狀

例 5.1 為三角形歸屬函數設計的實際應用，透過例 5.1 的說明，相信讀者可以對三角形歸屬函數的設計有更深入的了解。

例 5.1　中年模糊集合

假設要將年齡 1-60 歲的集合設計成一個年紀為中年的模糊集合，其中 30 歲稱為中年人，則三角形模糊集合設計如下：

$$A_{中年}(x)=\begin{cases}\dfrac{x}{(30)} & 0<x<30 \\ 1 & x=30 \\ \dfrac{(60-30)-(x-30)}{(60-30)} & 60\geq x>30\end{cases} \tag{5.2}$$

在式（5.2）中，模糊集合 $A_{中年}(x)$ 所代表的是當年紀為 30 歲時，則其中年程度為 1，也可以說是最接近中年的年齡，而年紀為 10 歲的則其中年程度為 10/30 = 0.33，也可以說是不接近中年的年齡，年紀為 50 歲的則其中年程度為 10/30 = 0.33，也可以說是不接近中年的年齡，圖 5.13 為模糊集合 $A_{中年}(x)$ 的函數圖形。

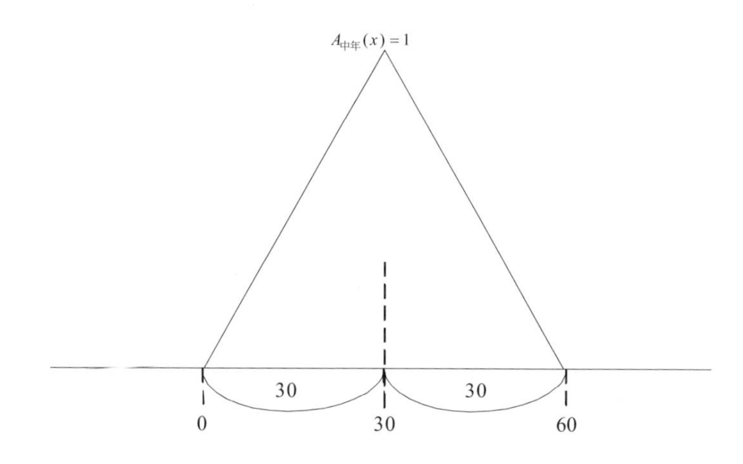

圖 5.13　模糊集合 $A_{中年}(x)$ 函數圖形

2. 梯形模糊歸屬函數

梯形模糊歸屬函數主要是針對目標值為一個區間時，也就是在某一個區間內歸屬程度為 1 的設計，梯形模糊歸屬函數的設計如下：

$$A_{LV}(x)=\begin{cases}\dfrac{x}{R_{Left}} & B_{Left}<x<T_{Left}\\ 1 & T_{Left}\le x\le T_{Right}\\ \dfrac{R_{Right}-(x-T_{Right})}{R_{Right}} & B_{Right}>x>T_{Right}\end{cases}\tag{5.3}$$

LV 代表語意式的參數（例如：中年、老年程度……等等）；T_{Left} 以及 T_{Right} 代表歸屬函數左目標值以及右目標值；R_{Left} 以及 R_{Right} 代表左目標值以及右目標值兩端模糊歸屬函數的範圍；B_{Left} 以 B_{Right} 及分別代表左邊界與右邊界值。式（5.3）

中我們可以發現，當輸入值介於 T_{Left} 以及 T_{Right} 時歸屬函數值最大為 1，也就是歸屬程度最高時，而當輸入值小於 T_{Left} 時會根據輸入訊號 x 呈現正比關係，此時 R_{Left} 代表模糊歸屬函數左邊的範圍，反之當輸入值大於 T_{Right}，會根據輸入訊號 x 呈現反比關係，此時 R_{Right} 代表模糊歸屬函數右邊的範圍。

圖 5.14 為一個梯形歸屬函數的形狀，由圖 5.14 我們可以發現，T_{Left} 以及 T_{Right} 為梯形歸屬函數的上底，B_{Left} 以及 B_{Right} 分別代表梯形歸屬函數左邊以及右邊的邊界。

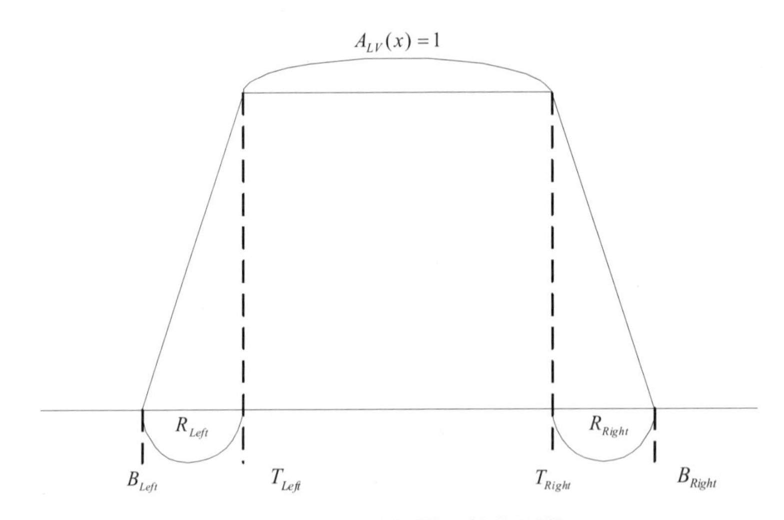

圖 5.14　梯形歸屬函數的形狀

例 5.2 為梯形歸屬函數設計的實際應用，透過例 5.2 的說明，相信讀者可以對梯形歸屬函數的設計有更深入的了解。

例 5.2　成績表現優異程度的模糊集合設計

假設要將成績 1-100 分的集合設計成一個成績為中等的模糊集合，其中 60-80 分稱為成績為中等，則梯形模糊集合設計如下：

$$A_{\text{中年}}(x) = \begin{cases} \dfrac{x}{(60)} & 0 \le x < 60 \\ 1 & 60 \le x \le 80 \\ \dfrac{(100-80)-(x-80)}{(100-80)} & 100 \ge x > 80 \end{cases} \tag{5.4}$$

在式（5.4）中，模糊集合 $A_{\text{中等}}(x)$ 所代表的是當成績為 60 到 80 分時，則其中等程度為 1，也可以說是最接近中等的成績，而成績為 30 歲的則其中等程度為 30/60 = 0.5，也可以說是不接近中等程度的成績，成績為 90 歲的則其中等程度為 10/20 = 0.5，也可以說是不接近中等程度的成績，圖 5.15 為模糊集合 $A_{\text{中等}}(x)$ 的函數圖形。

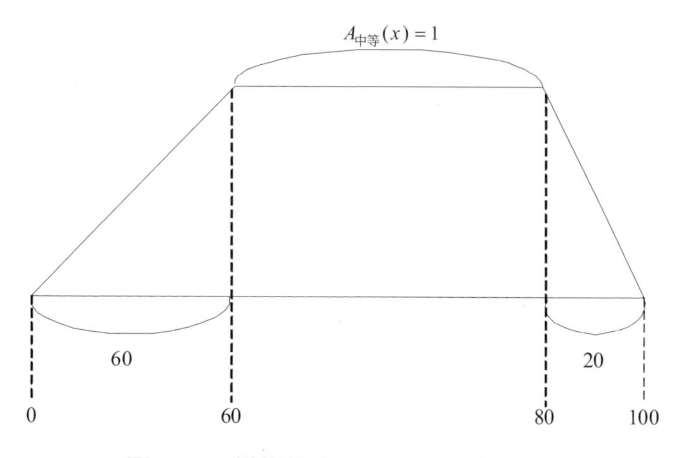

圖 5.15　模糊集合 $A_{\text{中等}}(x)$ 函數圖形

3. 高斯模糊歸屬函數

　　高斯模糊歸屬函數主要用於讓歸屬函數有較平滑的歸屬程度計算，透過高斯函數的中心點以及標準差的計算，我們只需要較少的資料即可控制歸屬函數的型態，在模糊類神經網路的應用中，高斯模糊歸屬函數可以說是最常見的，高斯模糊歸屬函數的設計如下：

$$A_{LV}=\exp\left(\frac{[x-m]^2}{\sigma^2}\right) \tag{5.5}$$

其中，$A_{LV}(x)$ 代表模高斯糊歸屬函數；x 代表輸入訊號；m 以及 σ 代表高斯函數的中心點以及標準差。式（5.5）中我們可以發現，當輸入值等於高斯函數的中心點時歸屬函數值最大為 1，也就是歸屬程度最高時，而當輸入值小於 m 時會根據輸入訊號 x 呈現正比關係而 σ 代表高斯模糊歸屬函數左邊的範圍，反之當輸入值大於 m，會根據輸入訊號 x 呈現反比關係，此時 σ 代表模糊歸屬函數右邊的範圍。

圖 5.16 為一個高斯歸屬函數的形狀，由圖 5.16 我們可以發現，m 為三角形歸屬函數的中點，σ 代表高斯歸屬函數左邊以及右邊的參數，用來決定高斯歸屬函數的左邊以及右邊範圍。

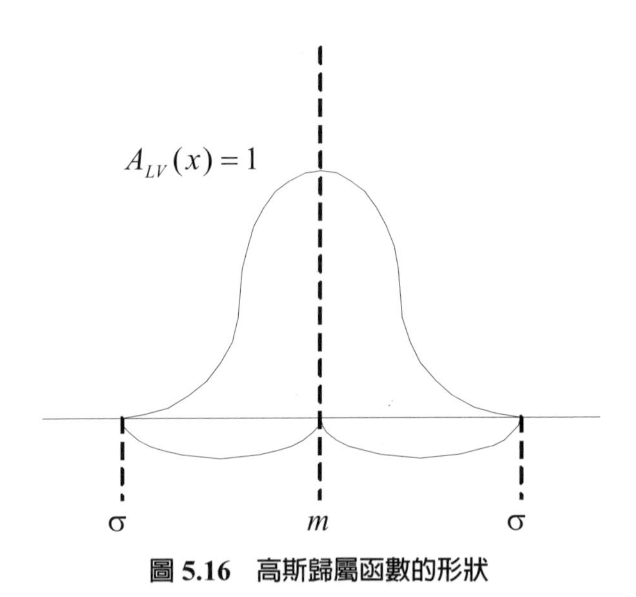

圖 5.16　高斯歸屬函數的形狀

例 5.3 為高斯歸屬函數設計的實際應用，透過例 5.3 的說明，相信讀者可以對高斯歸屬函數的設計有更深入的了解。

例 5.3　中年模糊集合

假設要將年齡 1-60 歲的集合設計成一個年紀為中年的模糊集合，其中 30 歲稱為中年人，則高斯模糊集合設計如下：

$$A_{LV}=\exp\left(\frac{[x-30]^2}{30^2}\right) \tag{5.6}$$

在式（5.6）中，模糊集合 $A_{中年}(x)$ 所代表的是當年紀為 30 歲時，則其中年程度為 1，也可以說是最接近中年的年齡，而年紀為 10 歲的則其中年程度為 0.64，也可以說是不接近中年的年齡，年紀為 50 歲的則其中年程度為 0.64，也可以說是不接近中年的年齡，圖 5.17 為模糊集合 $A_{中年}(x)$ 的函數圖形。

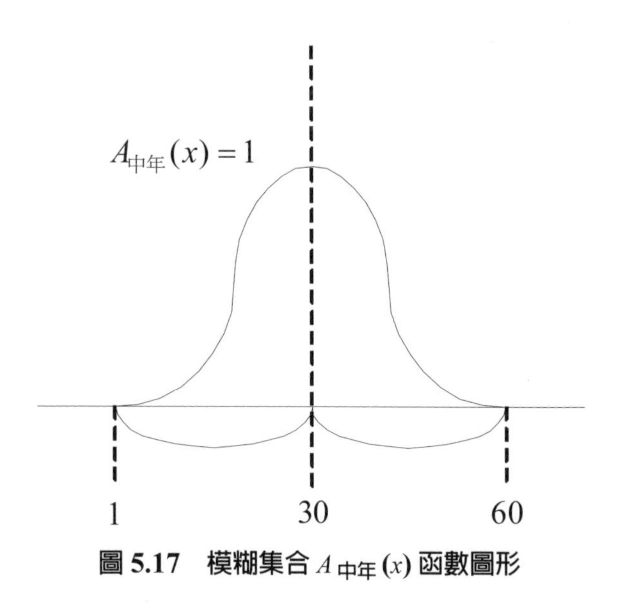

圖 5.17　模糊集合 $A_{中年}(x)$ 函數圖形

5.2.2　基因調整歸屬函數

在介紹完歸屬函數的類型之後，接下來在本章中將介紹遺傳演算法用於調整歸屬函數法，在本章中主要針對各歸屬函數的類型進行染色體基因的編碼，透過基因編碼的說明，可以讓讀者更了解遺傳模糊系統中染色體的形式，在本章中，我們將以實數型基因編碼為主，主要是這種基因編碼較為直覺也較為有效率，讀者入對其他編碼有興趣可以參閱第三章的說明，以下本章接針對三角形、梯形以及高斯歸屬函數的基因編碼說明。

1. 三角形歸屬函數基因編碼

三角形歸屬函數如圖 5.12 所示，在圖 5.12 中我們可以發現控制三角形歸屬函數的參數有三個分別是：*Target* 為三角形歸屬函數的中點、B_{Left} 以及 B_{Right} 分別代表三角形歸屬函數左邊以及右邊的邊界。

在了解了三角形歸屬函數的主要參數後，接著就可以開始進行染色體基因的編碼了，一個具有三角形歸屬函數的染色體基因如圖 5.18 所示，在圖 5.18，T_i 代表 *Target* 為第 i 個三角形歸屬函數的中點、B_{Left} 以及 B_{Right} 分別代表 B_{Left} 以及 B_{Right} 為第 i 個三角形歸屬函數左邊以及右邊的邊界。

基因值							
T_1	$B_{1, Left}$	$B_{1, Left}$	…	T_i	$B_{i, Left}$	$B_{i, Left}$	…

圖 5.18　染色體族群

在進行編碼的歸屬函數時，有一些項目必須注意，以下分別就需要注意的事項說明：

a. 歸屬函數間的涵蓋

歸屬函數函蓋範圍的設計必須小心謹慎，也就是每個元素所對應的歸屬函數值　可以太低，這樣我們才可以讓歸屬函數考量到每一個元素。

b. 歸屬函數間的重疊

模糊邏輯控制器最大的優點在於每個歸屬函數之間可以互相重疊，而在設計歸屬函數間的重疊時需注意重疊程度的設計，一般來說重疊的程度越大，此模糊控制器對於控制系統的行為變化會有比較好的適應性，但是過大的重疊程度將會造成無法區分了個歸屬函數或是歸屬函數過於相像的缺點，因此，歸屬函數的重疊程度需適中，也就是說再產生基因值時需注意每個基因值的產生範圍。

例 5.4 為三角形歸屬函數基因編碼的實際應用，透過例 5.4 的說明，相信讀者可以對三角形歸屬函數的設計有更深入的了解。

例 5.4　青年、壯年以及中年模糊集合

假設要將年齡 1-80 歲的集合設計成一個年紀為青年、壯年以及中年的模糊集合，則三角形模糊集合的基因編碼設計如下圖。

基因值		
$A_{青年}(x)$	$A_{壯年}(x)$	$A_{中年}(x)$

圖 5.19　青年、壯年、中年模糊集合基因編碼

圖 5.19. 中 $A_{青年}(x)$、$A_{壯年}(x)$、$A_{中年}(x)$ 分別代表年紀為青年、壯年以及中年的模糊集合，每個集合的基因值如圖 5.20。圖 5.20 中說明了模糊集合 $A_{青年}(x)$ 基因編碼，其中 $T_{青年}$代表 *Target* 為模糊集合 $A_{青年}(x)$ 三角形歸屬函數的中點、$B_{青年,Left}$ 以及 $B_{青年,Right}$ 分別代表 B_{Left} 以及 B_{Right} 為模糊集合 $A_{青年}(x)$ 三角形歸屬函數左邊以及右邊的邊界。若基因值如圖 5.21 所示，則其相對的歸屬函式圖形如圖 5.22 所示。

基因值		
$T_{青年}$	$B_{青年,Left}$	$B_{青年,Ritght}$

圖 5.20　模糊集合 $A_{青年}$基因編碼

基因值								
20	0	40	40	20	60	60	40	80

圖 5.21　例 5.4 染色體實例

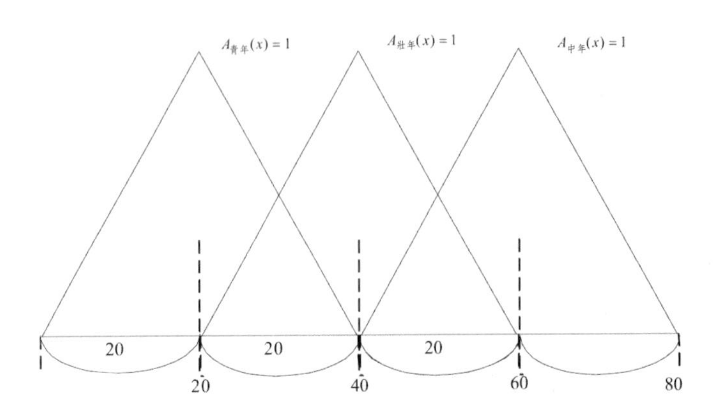

圖 5.22　圖 5.21 歸屬函數圖形

2. 梯形歸屬函數基因編碼

梯形歸屬函數如圖 5.14 所示，在圖 5.14 中我們可以發現控制梯形歸屬函數的參數有四個分別是：T_{Left} 以及 T_{Right} 為梯形歸屬函數的上底，B_{Left} 以及 B_{Right} 分別代表梯形歸屬函數左邊以及右邊的邊界。

在了解了梯形歸屬函數的主要參數後，接著就可以開始進行染色體基因的編碼了，一個具有梯形歸屬函數的染色體基因如圖 5.23 所示，在圖 5.23，$T_{i, Left}$ 以及 $T_{i, Right}$ 代表 $T_{i, Left}$ 以及 $T_{i, Right}$ 為第 i 個梯形歸屬函數的上底、$B_{i, Left}$ 以及 $B_{i, Right}$ 分別代表 $B_{i, Left}$ 以及 $B_{i, Right}$ 為第 i 個梯形歸屬函數左邊以及右邊的邊界。

基因值									
$T_{1, Left}$	$T_{1, Right}$	$B_{1, Left}$	$B_{i, Right}$	…	$T_{i, Left}$	$T_{i, Right}$	$B_{i, Left}$	$B_{i, Right}$	…

圖 5.23　梯形歸屬函數染色體基因

例 5.5 為梯形歸屬函數基因編碼的實際應用，透過例 5.5 的說明，相信讀者可以對梯形歸屬函數的設計有更深入的了解。

例 5.5

假設要將年齡 1-100 歲的集合設計成一個年紀為青年、中年以及老年的模糊集合，則梯形模糊集合的基因編碼設計如下圖。

基因值		
$A_{青年}(x)$	$A_{中年}(x)$	$A_{壯年}(x)$

圖 5.24　三角形模糊集合的基因編碼

圖 5.24. 中 $A_{青年}(x)$、$A_{中年}(x)$、$A_{壯年}(x)$ 分別代表年紀為青年、中年以及老年的模糊集合，每個集合的基因值如圖 5.25。圖 5.25 中說明了模糊集合 $A_{青年}(x)$ 基因編碼，其中 $T_{青年,Left}$ 以及 $T_{青年,Right}$ 代表 $T_{青年,Left}$ 以及 $T_{青年,Right}$ 為為模糊集合 $A_{青年}(x)$ 梯形歸屬函數的上底、$B_{青年,Left}$ 以及 $B1_{青年,Right}$ 分別代表 $B_{青年,Left}$ 以及 $B_{青年,Right}$ 為模糊集合 $A_{青年}(x)$ 三角形歸屬函數左邊以及右邊的邊界。若基因值如圖 5.26 所示，則其相對的歸屬函式圖形如圖 5.27 所示。

基因值			
$T_{青年,Left}$	$T_{青年,Right}$	$B_{青年,Left}$	$B_{青年,Right}$

圖 5.25　模糊集合 $A_{青年}(x)$ 基因編碼

基因值											
$A_{青年}(x)$				$A_{中年}(x)$				$A_{壯年}(x)$			
15	35	1	50	40	60	25	75	65	80	50	100

圖 5.26　例 5.5 染色體實例

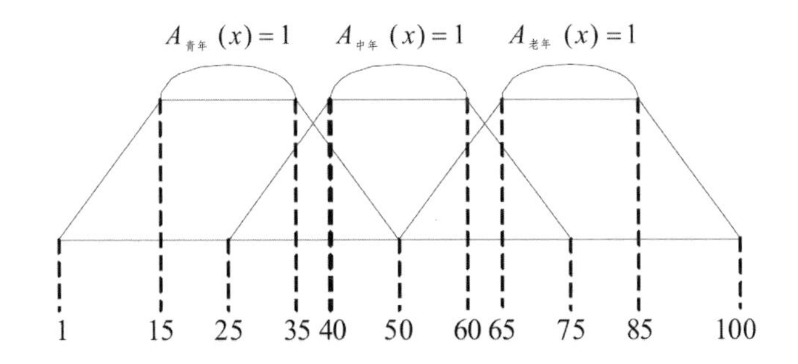

圖 5.27　例 5.5 染色體實例

3. 高斯歸屬函數基因編碼

高斯歸屬函數如圖 5.16 所示，在圖 5.16 中我們可以發現控制高斯歸屬函數的參數有兩個分別是：m 為高斯歸屬函數的中點，σ 代表高斯歸屬函數左邊以及右邊的參數，用來決定高斯歸屬函數的左邊以及右邊範圍。

在了解了高斯歸屬函數的主要參數後，接著就可以開始進行染色體基因的編碼了，一個具有高斯歸屬函數的染色體基因如圖 5.28 所示，在圖 5.28，m_i 代表第 i 個高斯歸屬函數的中點、σ_i 代表第 i 個高斯歸屬函數左邊以及右邊的參數，用來決定高斯歸屬函數的左邊以及右邊範圍。

基因值					
m_1	σ_1	…	m_i	σ_i	…

圖 5.28　高斯歸屬函數染色體基因編碼

例 5.6 為高斯歸屬函數基因編碼的實際應用，透過例 5.6 的說明，相信讀者可以對高斯歸屬函數的設計有更深入的了解。

例 5.6　青年、壯年以及中年模糊集合

假設要將年齡 1-80 歲的集合設計成一個年紀為青年、中年以及老年的模糊集合，則高斯模糊集合的基因編碼設計如下。

圖 5.29. 中 $A_{青年}(x)$、$A_{中年}(x)$、$A_{壯年}(x)$ 分別代表年紀為青年、中年以及老年的模糊集合，每個集合的基因值如圖 5.30。圖 5.30 中說明了模糊集合 $A_{青年}(x)$ 基因編碼，其中 $m_{青年}$代表 *Target* 為模糊集合 $A_{青年}(x)$ 三角形歸屬函數的中點、$\sigma_{青年}$代表模糊集合 $A_{青年}(x)$ 高斯歸屬函數左邊以及右邊的邊界。若染色體基因值如圖 5.31 所示，則其相對的歸屬函數圖形如圖 5.32 所示。

基因值		
$A_{青年}(x)$	$A_{中年}(x)$	$A_{壯年}(x)$

圖 5.29　高斯模糊集合的基因編碼

基因值	
$m_{青年}$	$\sigma_{青年}$

圖 5.30　模糊集合 $A_{青年}(x)$ 基因編碼

基因值					
20	20	40	20	60	20

圖 5.31　例 5.6 染色體實例

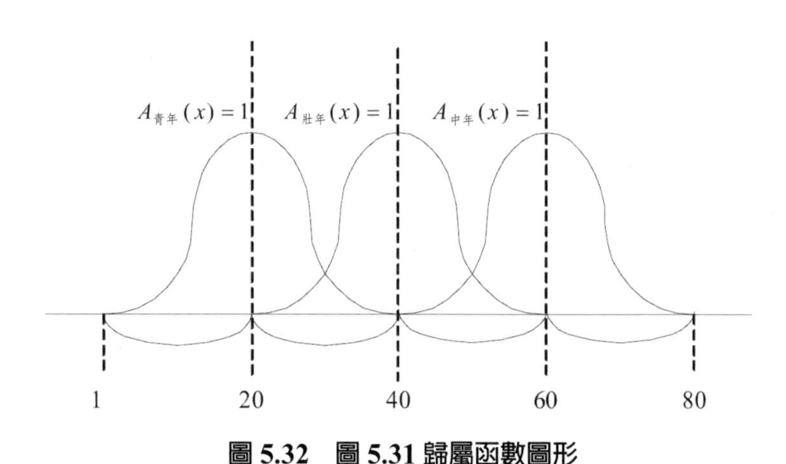

圖 5.32　圖 5.31 歸屬函數圖形

5.2.3　基因調整曼特寧模糊法則

模糊規則庫是由一組 If-Then 的模糊規則所組成，這組模糊規則是用來描述系統的輸出與輸入之間的關係。其中 Mamdani 即為模糊規則模糊規則庫的一種類型，Mamdani 模糊規則 [96]-[100] 又稱為語意式模糊規則，Mamdani 模糊規則表示如下：

$$R^{(j)}\text{: If } x_1 \text{ is } A_1^j \text{ and} \cdots \text{and } x_n \text{ is } A_n^j \text{ Then } y \text{ is } B_j \tag{5.7}$$

其中 A_i^j 是第 j 個法則對應第 i 個輸入的歸屬函數而 B_j 是第 j 個法則語意式

模糊變數，$x = (x_1, x_2, \cdots\cdots, x_n)^T \in U \subset \mathscr{R}^n$ 為輸入訊號，$y \in V \subset \mathscr{R}$ 分別是以歸屬函數 A_i^j 與 B_j 來定義。

A_i^j 與 B_j 歸屬函數設計方法與前節所述一般，分為三角形，梯形以及高斯歸屬函數設計，其中 A_i^j 為將明確輸入訊號當作歸屬函數的輸入，而 B_j 則是將 A_i^j 的結果當作歸屬函數的輸入。

在遺傳模糊系統中，也可以透過 Mamdani 模糊規則來進行設計，在第四章中，我們曾對遺傳模糊統統中針對模糊規則庫的學習做過介紹，其中，模糊規則庫的學習主要是適應函數的設計以及後建部的建立，在本章中，我們將深入的對 Mamdani 模糊規則的遺傳模糊系統做說明。

整個 Mamdani 模糊規則的遺傳模糊系統的學習程序如圖 5.33 所示，圖 5.33 的學習程序中我們可以發現主要的流程有：Mamdani 模糊規則基因編碼以及染色體的組成、染色體的初始化、模糊化輸入的步驟、模糊推論的步驟、解模糊化的步驟、適應函數求值的步驟、排序的運算、複製的運算、交配的運算、突變的運算以及演化結束條件判斷，以下將針對這些運算做詳細的說明。

1.Mamdani 遺傳模糊演算法相關參數定義

在第一個步驟中，主要是決定遺傳模糊演算法中相關參數的定義，相關參數有：

a. 染色體族群大小。

b.Mamdani 模糊法則數也可說是染色體的長度。

c.Mamdani 模糊法則前建部歸屬函數定義。

d.Mamdani 模糊法則後建部歸屬函數定義。

e. 模糊推論機制定義。

f. 解模糊化機制定義。

g. 適應函數設計。

h. 演化終止條件定義。

i. 排序演算法的定義。

j. 複製策略定義。

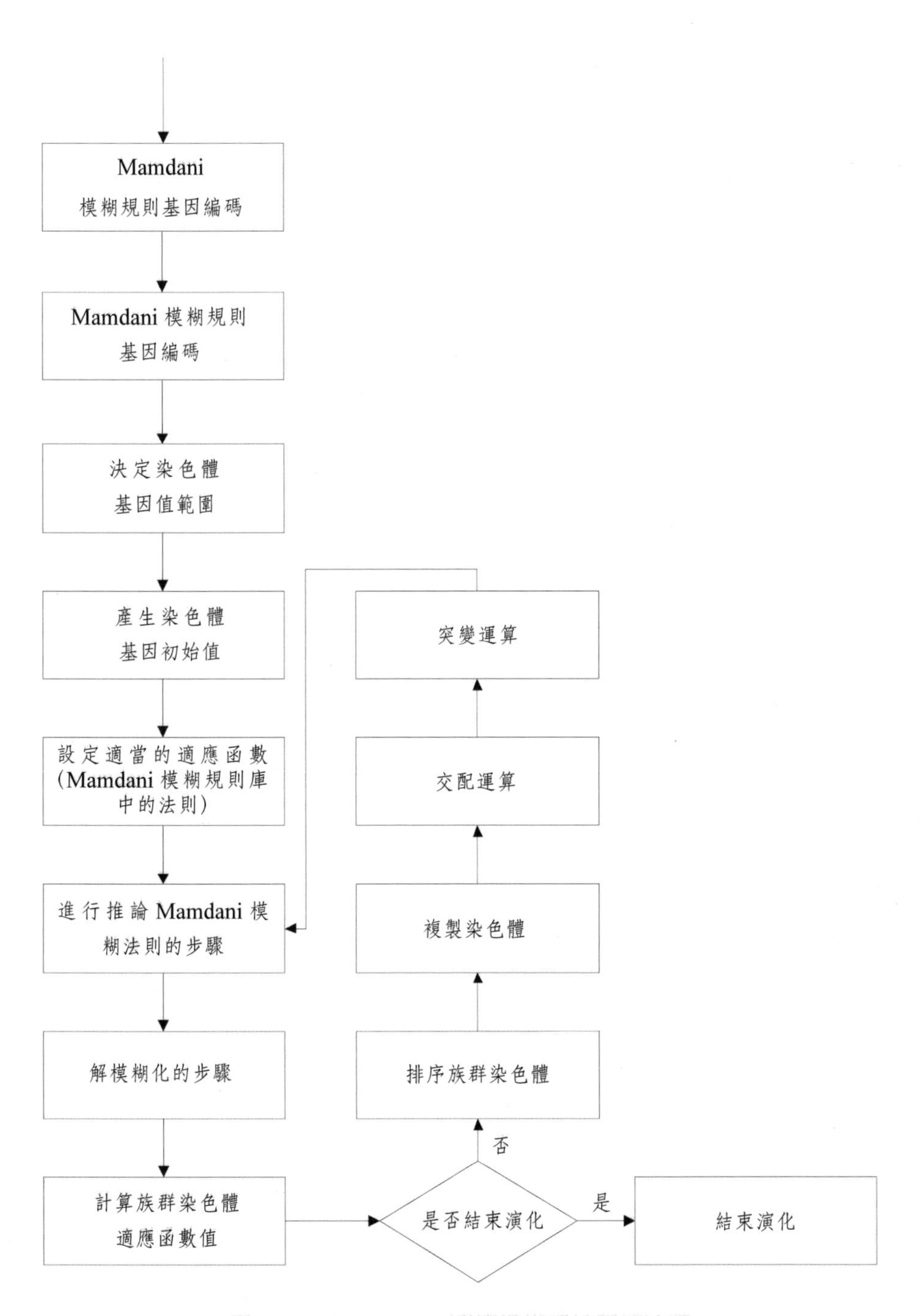

圖 5.33　Mamdani 遺傳模糊系統學習流程

k. 突變機率定義。

l. 交配機率定義。

2.Mamdani 模糊規則基因編碼以及染色體的組成

在定義完遺傳模糊演算法的相關參數後，接著要進行基因編碼以及染色體組成的設計，基因編碼主要是決定基因的形式 [36]-[44]，基因的形在本書中介紹的有：二進位形、實數形、編碼型，選擇的依據主要是跟所欲處理的問題有關，在此由於基因的組成與模糊歸屬函數有關，所以須取決於模糊歸屬函數的類型，一般來說以二進位形以及實數形基因編碼形式最為常見。在本章節中，將以實數型基因編碼為主，主要是這種基因編碼較為直覺也較為有效率，讀者入對其他編碼有興趣可以參閱第三章的說明。在介紹決定基因編碼的方式後，接下來便是染色體的設計，在模糊邏輯系統中所定義的解為一組代表模糊法則中前建部以及後建部的相關參數的集合，因此在設計模糊邏輯控制系統中染色體所代表的解就是模糊法則中前建部以及後建部的相關參數的集合，由於在本章中所採用的是 Mamdani 模糊規則，一般來說染色體的組成如圖 5.34 所示，在圖 5.34 中，A_i^j 代表第 j 個 Mamdani 模糊法則對應到第 i 個輸入的前建部歸屬函數以及 B_j 代表第 j 個模糊法則的後建部歸屬函數，而前建部以及後建部的參數設計主要跟歸屬函數的形式有關，如本章所說，歸屬函數有三角形、梯形以及高斯歸屬函數的類型，例 5.7 說明高斯形態的歸屬函數的染色體基因設計。

基因值					
A_1^1	B_1	$\cdots$	A_i^j	B_j	$\cdots$

圖 5.34　Mamdani 遺傳模糊系統染色體基因編碼

例 5.7　高斯形態的歸屬函數的染色體基因設計

假設要編碼的染色體有一個模糊法則，其中有三個輸入一個輸出，每個輸入接對應一個歸屬函數，若前後建部皆以高斯設計，則染色體的架構如圖 5.35，在圖 5.35 中 $A_{m_i}^j$ 代表模糊集合 $A_i^j(x)$ 高斯歸屬函數的中心、$A_{\sigma_i}^j$ 代表模糊

集合 $A_i^j(x)$ 高斯歸屬函數左邊以及右邊的邊界。

基因值							
A_1^1		A_2^1		A_3^1		B_1	
A_{m1}^l	$\sigma_{\sigma 1}^1$	$A_{m_2}^1$	$\sigma_{\sigma_2}^1$	$A_{m_3}^1$	$\sigma_{\sigma_3}^1$	B_{m_1}	B_{σ_1}

圖 5.35　遺傳模糊系統染色體基因編碼

在決定好基因以及染色體的形式之後，整個 Mamdani 遺傳模糊系統的前置工作就算告一個段落了，接下來是遺傳模糊系統的設計重點，也是 Mamdani 遺傳演算法演化的開始。

3. 染色體的初始化

在這個步驟中，主要是進行染色體初始化的動作。在決定完染色體形式以及基因的編碼後，接下來就是進行染色體初始化的動作，產生染色體初始族群的方法，如第三章所述可以分為隨機產生初始族群以及啟發式產生初始族群，這兩種方法可以參考第三章所述，決定相關的產生方法後，就可以依據該方法產生初始族群，產生出來的族群中每條染色體都是一組模糊系統的解，一般來說產生初始族群染色體的流程如圖 5.36 所示，圖 5.36 的流程詳細說明如下：

1. 首先是決定染色體中各個基因值的大小範圍，各基因值大小範圍的決定主要依據歸屬函數的性質決定，例如前後建部歸屬函數的種類、涵蓋程度以及重疊程度……等等，例如在例 5.7 中基因值的範圍就可以設為 0-40, 20-60, 40-80 以及 0-1。

2. 接著依據步驟 2 設定值，產生族群中的染色體，產生染色體的方式如上所述可以分為隨機產生初始族群以及啟發式產生初始族群，在決定好產生方式後即依照該產生方式產生族群中的染色體。

3. 判斷是否產生足夠的染色體，若不足族群大小，則返回步驟 2 否則結束初始化步驟。

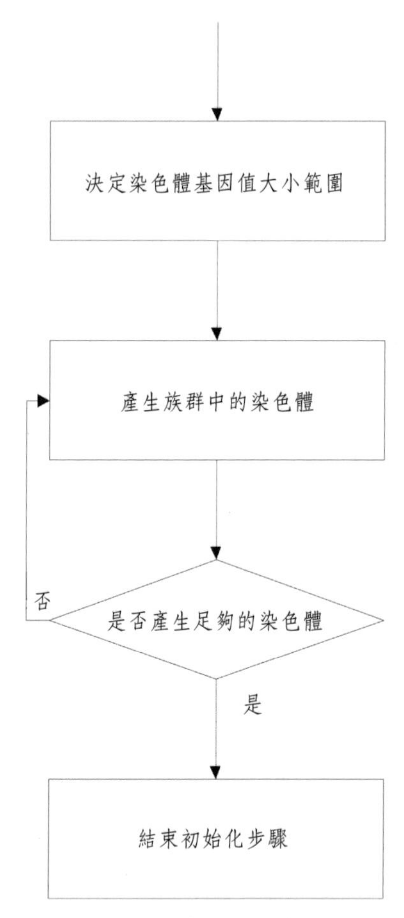

圖 5.36　染色體的初始化流程

例 5.8 說明透過例 5.7 高斯形態的歸屬函數的染色體隨機產生初始化染色體的族群。

例 5.8　高斯形態的歸屬函數的染色體初始化染色體族群

若基因值的範圍設為 A_1^1 中心值參數介於 0-40，A_2^1 中心值參數介於 20-60，A_3^1 中心值參數介於 40-80，A_1^1、A_2^1 以及 A_3^1 寬度值參數介於 0-20 以及 B_1 中心值以及寬度值參數介於 0-1，族群大小為 5，則例 5.7 隨機產生初始化染色體的族群如圖 5.37 所示。

基因值							
A_1^1		A_2^1		A_3^1		B_1	
23	10	45	10	45	6	0.8	0.4
14	20	23	12	53	8	0.2	0.5
8	15	33	21	63	10	0.9	0.2
29	10	42	11	42	3	0.3	0.1
34	8	31	3	71	14	0.5	0.6

圖 5.37 遺傳模糊系統染色體基因編碼

4. 模糊化輸入的步驟

初始化染色體族群後，在 Mamdani 遺傳模糊演算法中主要應該執行的步驟為模糊化輸入步驟，由於受控系統的控制訊號是一個明確的輸入值，在 Mamdani 遺傳模糊系統中染色體的基因值代表著曼特寧（Mamdani）模糊法則前後建部的模糊參數，所以必須先將感測器所讀取到的遺傳模糊系統的輸入值經過染色體中代表曼特寧模糊法則前建部的基因值進行模糊化的動作接著再將模糊輸出經過代表曼特寧模糊法則後建部基因值的計算得出 Mamdani 模糊系統推論的輸出結果，在經過解模糊化的動作將模糊化輸出轉變成明確輸出值，在將此明確輸出直當作受控系統的輸入訊號，接著才衡量受控系統的效能當作適應函數。

一般來說產生曼特寧模糊法則模糊輸入的流程如圖 5.38 所示，圖 5.38 的流程詳細說明如下：

1. 首先自感應器（sensor）將輸入訊號讀入，此時的輸入訊號為明確的輸入值。

2. 在明確的輸入訊號值讀入後，選取族群所欲衡量效能的染色體。

3. 選取完染色體後，根據染色體中的基因值計算模糊化的輸入值，在染色體的基因中，主要根據曼特寧模糊法則前建部的基因來運算，也就是將步驟 1 中所取得的輸入根據對應染色體所定義基因值位置所代表的歸屬函數計算出相對應的歸屬程度值。

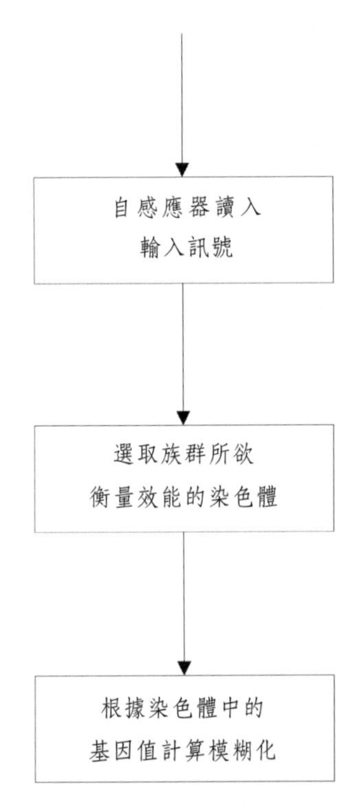

圖 5.38　曼特寧模糊法則模糊輸入流程

例 5.9 說明輸入訊號透過例 5.8 染色體的族群中染色體計算出來的模糊化輸入。

例 5.9　模糊化輸入

若輸入參數為 15, 50, 67，若染色體圖 5.37 中的第一條染色體，帶入式（5.5），模糊輸入計算如下：

$$A_1^1(15) = \exp\left(-\frac{(15-23)^2}{10^2}\right) = 0.53 \quad (5.8)$$

$$A_2^1(50) = \exp\left(-\frac{(50-45)^2}{10^2}\right) = 0.78 \quad (5.9)$$

$$A_3^1(67)=\exp\left(-\frac{(67-65)^2}{12^2}\right)=0.97 \quad (5.10)$$

5. 模糊推論的步驟

在將明確的輸入透過染色體的基因轉換為具有歸屬程度的模糊輸入之後，接下來就是要進行模糊化推論的步驟，這個步驟主要是將前一個步驟所產生的模糊輸入進行推論。

模糊推論主要就是將曼特寧模糊法則中後建部進行結論的動作，曼特寧模糊法則推論的機制 [51]-[57] 主要是利用模糊邏輯的運算來模擬受控系統的控制方式。對模糊推論機制有興趣的讀者可以參考第四章的詳細說明。

一般來說，曼特寧模糊法則推論機制流程如圖 5.39 所示，圖 5.39 的流程詳細說明如下：

1. 將前一個步驟中所求得的歸屬程度代入。

2. 將同一條染色體中後建部的基因帶入曼特寧模糊法則的後建部參數中。

3. 根據步驟 1 以及步驟 2 的結果並遺傳模糊演算法相關參數定義中所定義的模糊推論機制，計算出相對應的曼特寧模糊法則模糊推論結果。

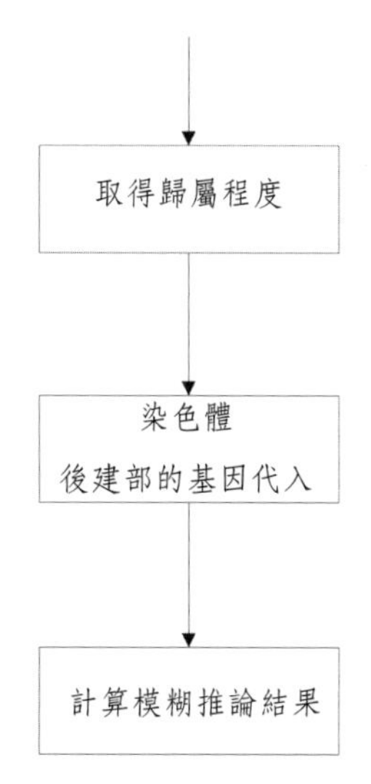

圖 5.39 曼特寧模糊法則模糊推論流程

例 5.10 說明輸入訊號透過例 5.9 計算出來的模糊化輸入計算推論結果。

例 5.10　模糊推論

若採取的推論方式為乘積推論機制運算，跟據例 5.9 的結果，

模糊推論計算如下：

$$x = A_1^1(15)\times A_2^1(50)\times A_3^1(67) = 0.53\times 0.78\times 0.97 = 0.4 \tag{5.11}$$

$$B_j(y) = \exp\left(-\frac{(y-0.8)^2}{0.4^2}\right) = 0.4 \tag{5.12}$$

$\Rightarrow$ y = 0.42 或 1.18

6. 解模糊化的步驟

解模糊化運算主要是希望將曼特寧模糊法則推論所得的模糊結果，經由相對應的解模糊化運算式，將原本推論所得的模糊集合轉換為明確值得輸出訊號，以供作控制器的訊號，解模糊化的方法 [58]-[68] 有重心法解模糊化（center of gravity defuzzification）以及中心法解模糊化（center of sum deffuzzification），有興趣的讀者可以參考第四章的詳細說明。

一般來說，曼特寧模糊法則解模糊化流程如圖 5.40 所示，圖 5.40 的流程詳細說明如下：

1. 先將推論結果的曼特寧模糊法則模糊化輸入帶入。

2. 根據 Mamdani 遺傳模糊演算法相關參數定義中所定義的解模糊化運算，將步驟 1 的曼特寧模糊法則模糊化輸入根據步驟 2 所決定的解模糊化運算式計算出相對應的明確輸出訊號。

3. 將步驟 3 的所得到的明確輸出訊號，用於控制器的輸入訊號，並驗證控制效能。

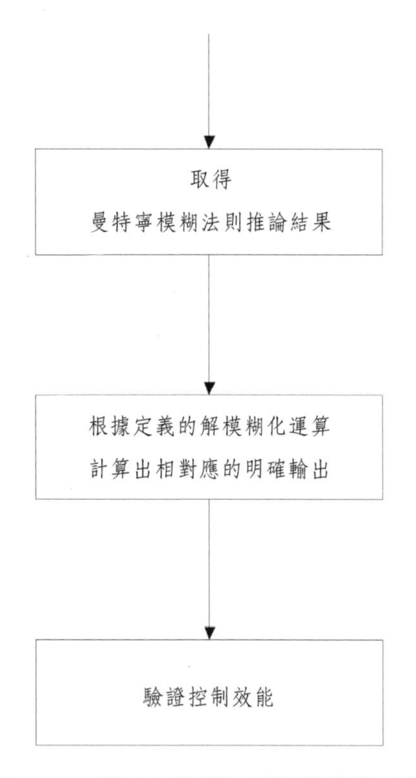

圖 5.40　曼特寧模糊法則解模糊化流程

例 5.11 說明例 5.10 計算出來的模糊化推論經過解模糊化計算結果。

例 5.11　解模糊化輸出

若採取的解模糊化方式為中心平均法，解模糊化計算如下：

$$y=\frac{(0.4)\times(1.18-0.42)}{0.4}=0.76 \tag{5.13}$$

7. 適應函數求值的步驟

在適應函數的設計中，雖然適應函數值可以用來代表每一個染色體對最佳解的適應程度，但針對每一個控制系統來說，所需要適應函數都不盡相同，適應函數的設計可以分為監督式 [1] 以及增強式 [11] 適應函數設計兩種，有興趣的讀者可以參考第三章的詳細說明。

一般來說，整個適應函數求值步驟的流程如圖 5.7 所示，適應函數求值步驟完整流程的詳細說明如下：

1. 先自感測器取得明確輸入資料。

2. 進行模糊化輸入步驟，將步驟 1 的明確輸入訊號轉變成模糊化輸入。

3. 將步驟 2 的結果，進行曼特寧模糊法則模糊推論步驟，得到曼特寧模糊法則模糊輸出訊號。

4. 將步驟 3 所取得的曼特寧模糊法則模糊輸出訊號，進行曼特寧模糊法則解模糊化步驟，得到明確輸出訊號。

5. 進行適應函數值的計算，適應函數的設計主要根據不同的控制系統有不同的設計，讀者可以參考第三章的詳細說明。

6. 判斷是否終止，也就是輸入器是否有輸入資料，若是有則進行步驟 1，否則結束是應值計算流程。

例 5.12 說明透過解模糊化計算明確輸出計算目標輸出之間的適應函數。

例 5.12　適應函數計算

若經過解模糊化後所得到的輸出分別為 0.3、3.5，以及 5.6，若目標輸出為 2.3、5.1，以及 6，則若採取式（3.13）的最小均方差為適應函數則適應函數值計算如下：

$$
\begin{aligned}
fitness\_Value &= \frac{\sqrt{\sum_{i=1}^{n}(x_i^d - x_i')^2}}{n} \\
&= \frac{\sqrt{(0.3-2.3)^2+(5.1-3.5)^2+(5.6-6)^2}}{3} \\
&= \frac{\sqrt{2^2+1.6^2+0.4^2}}{3} = 2.59
\end{aligned}
\qquad (5.14)
$$

8. 排序的運算

曼特寧遺傳模糊系統的適應值計算完後，接下來就是遺傳演化的步驟了，首先將染色體進行排序，排序運算流程如圖 5.41 所示，圖 5.41 的流程詳細說明如下：

1. 首先將族群中所有的染色體，依據上述步驟分別計算每條染色體的曼特寧遺傳模糊系統的適應值。

2. 根據曼特寧遺傳模糊演算法相關參數定義中所定義的排序演算法[69]-[80]，將步驟 1 所產生族群中每條染色體的曼特寧遺傳模糊系統的適應值，依據步驟 2 所選擇的排序方法進行族群染色體的排序。

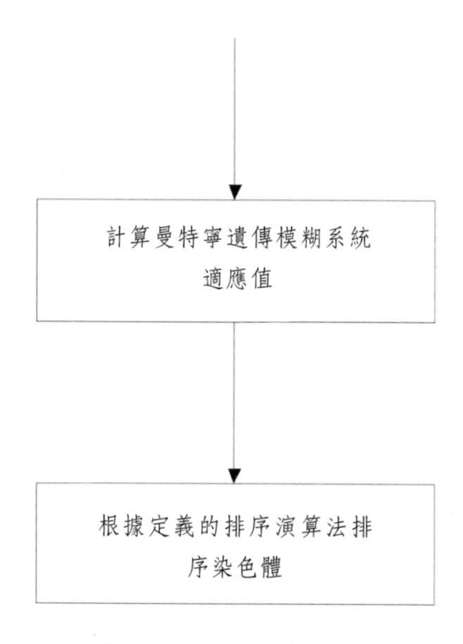

圖 5.41　排序運算流程

例 5.13 說明透過解模糊化計算明確輸出計算目標輸出之間的適應函數。

例 5.13　排序族群染色體

若圖 5.42 為經過適應函數計算後得到個染色體適應函數值結果如圖 5.43 所示，若採取氣泡式排序法，則排序流程如下，其中斜體的數值為進行交換比對的適應值：

染色體	
索引	適應值
1	10
2	25
3	18
4	30
5	28

圖 5.42　族群適應函數值

適應函數值：（10，25，18，30，28）

第一次掃描：（10，25，18，30，28）

（***25***，***10***，18，30，28）

（25，***18***，***10***，30，28）

（25，18，***30***，***10***，28）

（25，18，30，***28***，***10***）

第二次掃描：（25，18，30，28，10）

（***25***，***18***，30，28，10）

（25，***30***，***18***，28，10）

（25，30，***28***，***18***，10）

第三次掃描：（25，30，28，18，10）

（***30***，***25***，28，18，10）

（30，***28***，***25***，18，10）

第四次掃描：（30，28，25，18，10）

（***30***，***28***，25，18，10）

排序後的族群染色體結果如圖 5.43 所示。

染色體	
索引	適應值
4	30
5	28
2	25
3	18
1	10

圖 5.43　排序後染色體族群

8. 複製的運算

在排序好族群中染色體後，接下來就是針對族群中的染色體進行複製的步驟，複製的步驟 [81]-[85] 主要是希望族群中表現較佳的染色體可以被複製較多的數量，透過複製步驟，新的子代族群可以保留母代中表現較好的染色體，藉以加速族群收斂的速度。

一般來說，複製運算的流程如圖 5.44 所示，複製運算完整流程的詳細說明如下：

1. 首先根據曼特寧遺傳模糊演算法相關參數定義中所定義的欲複製到新族群的染色體總數量以及根據遺傳模糊演算法相關參數定義中所定義的複製策略進行複製母代染色體到新的子代染色體中。

2. 根據步驟 1 中所設定欲複製到新族群的染色體總數量，判斷是否已將足夠數量的染色體複製到新族群的染色體，若是已將足夠數量的染色體複製到新的子代族群中，則結束複製步驟，否則進行接下來的步驟 4。

3. 根據步驟 2 中所選擇的複製策略運算的結果，將染色體複製到子代族群中。

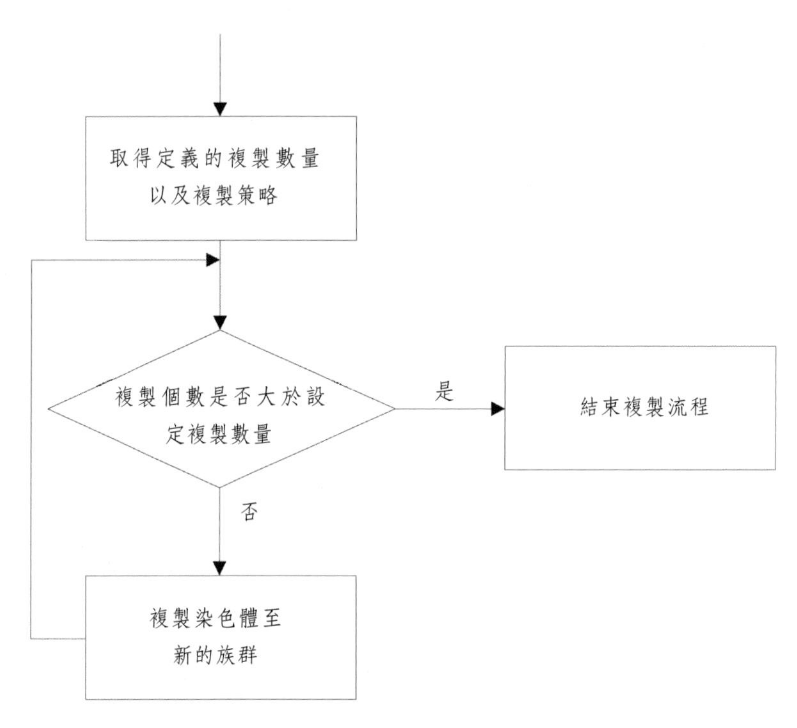

圖 5.44　複製運算流程

例 5.14 說明透過例 5.13 排序後染色體族群，經過複製後得到的結果。

例 5.14　複製運算

參考排序結果圖 5.43，假設在輪盤式選取中我們希望在子代中前 3 條的染色體是透過母代複製的來則選取染色體的計算如下：

參考式（3.15）計算總適應函數值如下：

$$TotalFitness = \sum_{i=1}^{3} Fitness\_Value_i = 30 + 28 + 25 = 78 \tag{5.15}$$

參考式（3.16）計算各染色體的保留比例如下：

第一條染色體的保留比例

$$FitnessRate_1 = \frac{Fitness\_Value_1}{TotalFitness} = \frac{30}{78} = 0.38 \tag{5.16}$$

第二條染色體的保留比例

$$FitnessRate_2 = \sum_{i=1}^{2} \frac{Fitness\_Value_i}{TotalFitness} = 0.38 + \frac{28}{78} = 0.73 \tag{5.17}$$

第三條染色體的保留比例

$$FitnessRate_3 = \sum_{i=1}^{3} \frac{Fitness\_Value_i}{TotalFitness} = 0.73 + \frac{25}{78} = 1 \tag{5.18}$$

參考式（3.17）隨機產生值產生如下：

$$\begin{aligned} &Fitness\_Value_1 = 0.35, \\ &Fitness\_Value_2 = 0.71, \\ &Fitness\_Value_3 = 0.92, \end{aligned} \tag{5.19}$$

所保留下來的染色體如圖 5.45 所示。

基因值							
A_1^1		A_2^1		A_3^1		B_1	
29	10	42	11	42	3	0.3	0.1
34	8	31	3	71	14	0.5	0.6
14	20	23	12	53	8	0.2	0.5
8	15	33	21	63	10	0.9	0.2
23	10	45	10	45	6	0.8	0.4

圖 5.45　複製後族群

9. 交配的運算

交配運算 [86]-[89] 可以將染色體變動搜尋最佳解，透過將族群中兩兩染色體經過合併的運算來產生新的子代族群的染色體，讓子代各含有優良母代的部分特性。

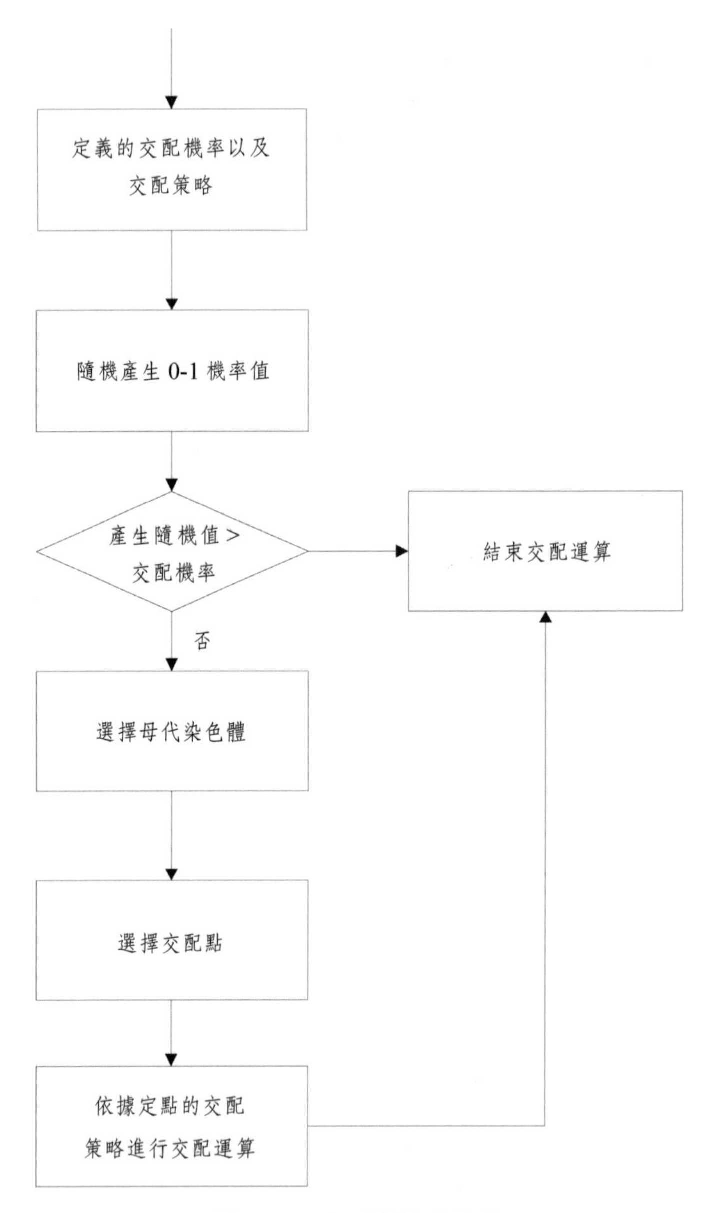

圖 5.46　交配運算流程圖

一般來說，交配運算的流程如圖 5.46 所示，交配運算完整流程的詳細說明如下：

1. 取得曼特寧遺傳模糊演算法相關參數定義中所定義的交配機率以及交配

策略。

2. 產生一個隨機的機率值，機率值的範圍為介於 0-1 之間，精確度則依據遺傳模糊演算法相關參數定義中所定義的交配機率而定。

3. 將步驟 1 所產生的機率值與所定義的交配機率做比對，若步驟 1 所產生的機率值大於所定義的交配機率，則結束交配運算，否則進行接下來的步驟。

4. 在所選擇的交配的母代染色體中，依據曼特寧遺傳模糊演算法相關參數定義中所定義的交配策略，選擇適當的交配點。

5. 在選擇的交配點中，依據曼特寧遺傳模糊演算法相關參數定義中所定義的交配策略，對該染色體進行交配運算。

例 5.15 說明例 5.14 的交配運算。

例 5.15　交配運算

若交配機率為 0.3，而所產生的隨機值為 0.2 小於交配機率，則進行交配運算，參考圖 5.45，若挑選出來的母代染色體為第二條以及第三條，則若採取兩點式交配，假設挑選交配點為第 2 個以及第 5 個基因位置，則交配結果如圖 5.47 所示。

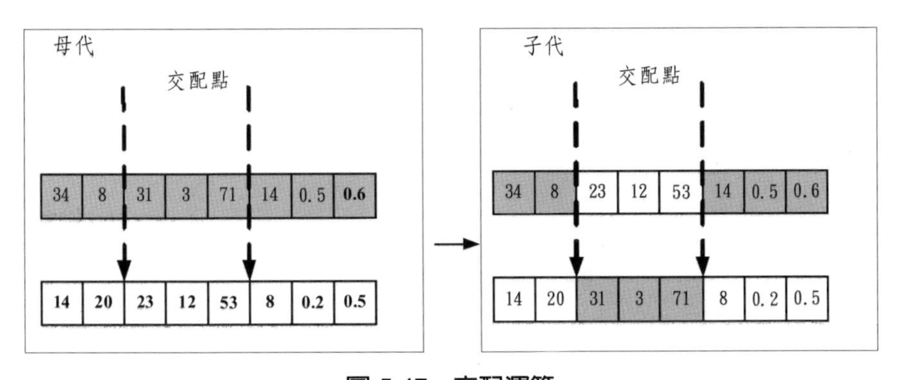

圖 5.47　交配運算

10. 突變的運算

突變運算 [90]-[95] 主要是希望遺傳演化不會因為複製或交配等過程中而遺失了有用資訊。突變運算元有時也具有跳脫區域最佳解、廣大搜尋空間範圍以及逼近全域最佳解的特性。

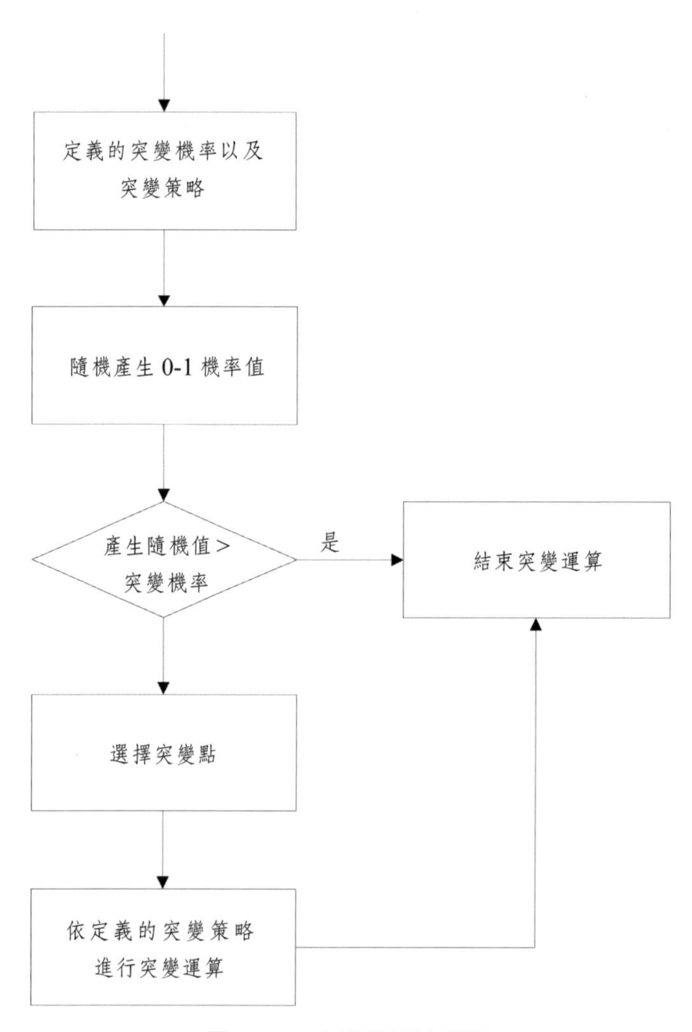

圖 5.48　突變運算流程圖

一般來說，突變運算的流程如圖 5.48 所示，突變運算完整流程的詳細說明如下：

1. 取得曼特寧遺傳模糊演算法相關參數定義中所定義的突變機率以及突變策略。

2. 首先產生一個隨機的機率值，機率值的範圍為介於 0-1 之間，精確度則依據所曼特寧遺傳模糊演算法相關參數定義中所定義的突變機率而定。

3. 將步驟 1 所產生的機率值與所定義的突變機率做比對，若步驟 1 所產生的機率值大於曼特寧遺傳模糊演算法相關參數定義中所定義的突變機率，則結束突變運算，否則進行接下來的步驟。

4. 在所選擇的突變的染色體中，依據突變策略選擇適當的突變點。

5. 在選擇的突變點中，依據曼特寧遺傳模糊演算法相關參數定義中所定義的突變策略，對該染色體進行突變運算。

例 5.16 說明例 5.14 的突變運算。

例 5.16　突變運算

若突變機率為 0.3，而所產生的隨機值為 0.2 小於突變機率，則進行突變運算，參考圖 5.45，若挑選出來的母代染色體為第一條，則若採取隨機選取突變，假設挑選突變點為第 4 個基因位置，則突變結果如圖 5.49 所式。

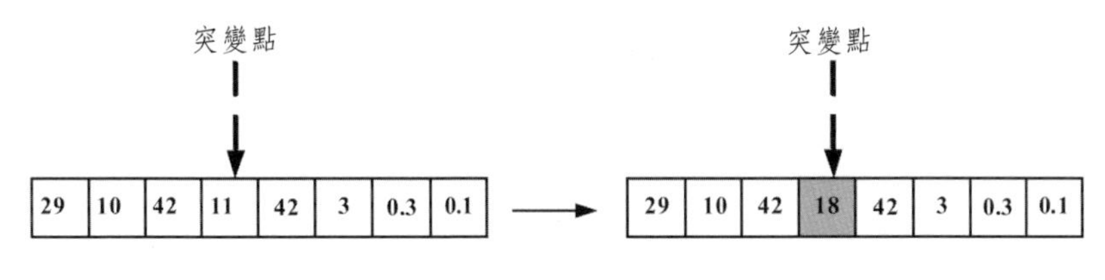

圖 5.49　突變運算

11. 演化結束條件判斷

結束演化的條件是曼特寧遺傳模糊系統的終止條件，達成終止條件的系統也就是學習完成的曼特寧遺傳模糊系統，因此，設定終止條件的好壞影響著訓練完成的曼特寧遺傳模糊系統效能的好壞，終止條件若設的過於寬鬆，則學習完成的系統參數可能無法完成受控系統的需求，終止條件若設的過於嚴謹，則可能無法達成終止條件導致演化無窮盡的進行，一般來說，設計演化終止的條件通常可分為固定演化代數以及達成特定目標兩種不同的終止條件，詳細的說明可參考前章所述。

5.3 ｜基因調整 TSK 模糊法則系統的歸屬函數

在前一章中，本書介紹了有關曼特寧模糊法則的遺傳模糊系統相關的學習流程，透過上一章的學習，讀者能理解透過語意式曼特寧模糊法則來設計模糊系統，並且理解如何透過遺傳演算法來學習曼特寧模糊法則的遺傳模糊系統。在這個章節中，本書將介紹關於遺傳模糊系統中不同模糊規則庫的設計－ TSK 模糊法則遺傳模糊系統，透過介紹 TSK 模糊法則的介紹，以及 TSK 模糊法則遺傳模糊系統 [101]-[107] 的基因運算流程，希望讀者可以更了解不同模糊規則庫在遺傳演模糊演算法的實際設計流程。

5.3.1 TSK 模糊法則簡介

如 5.2 節所述，模糊規則庫是由一組 If-Then 的模糊規則所組成，這組模糊規則是用來描述系統的輸出與輸入之間的關係。而除了 Mamdani 模糊規則庫類型之外，TSK 模糊規則也是模糊系統中另一個模糊規則庫類型，TSK 模糊規則又稱為函數式模糊規則，TSK 模糊規則表示如下：

$$R^{(j)}\text{: If } x_1 \text{ is } A_1^j \text{ and } \cdots \text{and} \cdots x_n \text{ is } A_n^j$$
$$\text{Then } y^j \text{ is } c_0^j + c_1^j x_1 + \cdots + c_n^j x_n \tag{5.20}$$

其中 A_i^j 是第 j 個法則對應第 i 個輸入的歸屬函數，$C^j = (c_0^j, c_1^j, \cdots, c_n^j)^T \in \mathrm{U} \subset \mathscr{R}^n$ 為線性方程式的係數，$x = (x_1, x_2, \cdots, x_n)^T \in \mathrm{U} \subset \mathscr{R}^n$ 為輸入訊號，$y \in V \subset \mathscr{R}$ 分別是以歸屬函數 A_i^j，線性方程式的係數 $C^j = (c_0^j, c_1^j, \cdots, c_n^j) \in \mathrm{U} \subset \mathscr{R}^n$ 以及 $x = (x_1, x_2, \cdots, x_n)^T \in \mathrm{U} \subset \mathscr{R}^n$ 輸入訊號來定義。

A_i^j 歸屬函數設計方法與前節所述一般，主要分為三角形，梯形以及高斯歸屬函數設計，其中 A_i^j 為將明確輸入訊號當作歸屬函數的輸入，而 $C^j = (c_0^j, c_1^j, \cdots, c_n^j)^T \in \mathrm{U} \subset \mathscr{R}^n$ 則是將 $x = (x_1, x_2, \cdots, x_n)^T \in \mathrm{U} \subset \mathscr{R}^n$ 的輸入訊號當作線性方程式的輸入。

5.3.2 基因調整 TSK 模糊法則

在遺傳模糊系統中，除了可以透過 Mamdani 模糊規則進行設計之外也可以透過 TSK 模糊規則來進行設計，在本章中，我們將深入的 TSK 模糊規則的遺傳模糊系統做說明。

TSK 模糊規則的遺傳模糊系統的學習程序如圖 5.50 所示，圖 5.50 的學習

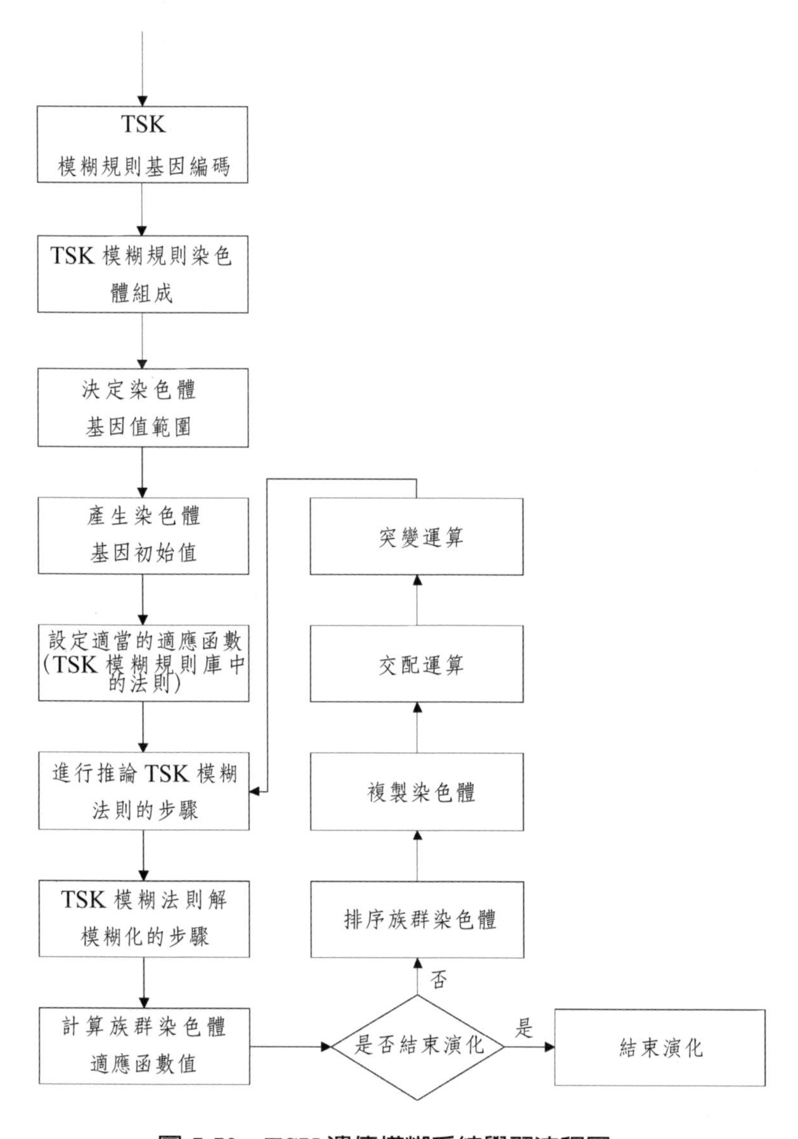

圖 5.50　TSK 遺傳模糊系統學習流程圖

程序中我們可以發現主要的流程有：TSK 模糊規則遺傳模糊演算法相關參數定義、TSK 模糊規則基因編碼的設計、TSK 模糊規則染色體的組成、TSK 模糊規則染色體的初始化、TSK 模糊規則模糊化輸入的步驟、TSK 模糊規則模糊推論的步驟、TSK 模糊規則解模糊化的步驟、適應函數求值的步驟、排序的運算、複製的運算、交配的運算、突變的運算以及演化結束條件判斷，以下將針對這些運算做詳細的說明。

1.TSK 模糊規則遺傳模糊演算法相關參數定義

在第一個步驟中，主要是決定遺傳模糊演算法中相關參數的定義，相關參數有：

a. 染色體族群大小。

b.TSK 模糊法則數也可說是染色體的長度。

c.TSK 模糊法則前建部規屬函數定義。

d.TSK 模糊法則後建部規屬函數定義。

e.TSK 模糊法則模糊推論機制定義。

f.TSK 模糊法則解模糊化機制定義。

g. 適應函數設計。

h. 演化終止條件定義。

i. 排序演算法的定義。

j. 複製策略定義。

k. 突變策略、突變機率定義。

l. 交配策略、交配機率定義。

2.TSK 模糊規則基因編碼以及染色體的組成

在定義完 TSK 遺傳模糊演算法的相關參數後，接著進行基因編碼以及染色體組成的設計，基因編碼 [36]-[44] 主要是決定基因的形式，基因的形在本書中介紹的有：二進位型、實數型、編碼型，選擇的依據主要是跟欲處理的問題有關，與曼特寧模糊規則遺傳模糊演算法一樣，在本章節中，將以實數型基因編碼為主，主要是這種基因編碼較為直覺也較為有效率，讀者入對其他編碼有興趣可以參閱第三章的說明。

在決定基因編碼的方式後，接下來便是染色體的設計，在 TSK 模糊邏輯系統中所定義的解為一組代表 TSK 模糊法則前建部以及後建部相關參數的集合，由於在本章中所採用的是 TSK 模糊規則，染色體的組成如圖 5.51 所示，在圖 5.51 中，以及分別代表第 j 個 TSK 模糊法則對應到第 i 個輸入的前建部以及後建部，前建部的參數設計主要跟歸屬函數的形式有關，而後建部的參數設計主要線性方程式的參數解，例 5.17 說明高斯形態的歸屬函數的 TSK 模糊法則遺傳模糊系統染染色體基因設計。

基因值					
A_1^1	C_1	⋯	A_i^j	C^j	⋯

圖 5.51 TSK 模糊法則遺傳模糊系統染色體基因編碼

例 5.17 高斯形態的歸屬函數的 TSK 模糊法則遺傳模糊系統染色體基因設計。

假設要編碼的染色體中有一個 TSK 模糊法則，其中有三個輸入一個輸出，每個輸入接對應一個歸屬函數，若前建部高斯設計，則染色體的架構如圖 5.52，在圖 5.52 中其中 m_i^j 代表模糊集合 $A_i^j(x)$ 高斯歸屬函數的中點、σ_i^j 代表模糊集合 $A_i^j(x)$ 高斯歸屬函數左邊以及右邊的邊界。

在後建部設計中，主要是根據輸入訊號的個數來決定後建部的參數量，以此例來說，因為有三個輸入訊號，所以後建部的參數量為四（輸入訊號的個數 +1）。

基因值									
A_1^1		A_2^1		A_3^1		C_1			
m_1^1	σ_1^1	m_2^1	σ_2^1	m_3^1	σ_3^1	c_0^1	c_1^1	c_2^1	c_3^1

圖 5.52 TSK 模糊法則遺傳模糊系統染色體基因編碼

在決定好基因以及染色體的形式之後，就完成了 TSK 模糊法則遺傳模糊系統的前置工作，接下來是遺傳模糊系統設計的開始。

3. 染色體的初始化

在決定完染色體形式以及基因的編碼後，主要進行染色體初始化的動作。產生染色體初始族群的方法，如本書所述可以分為隨機產生初始族群以及啟發式產生初始族群，而產生出來的族群中每條染色體都是一組模糊系統的解，一般來說 TSK 模糊法則遺傳模糊系統產生初始族群染色體的流程如圖 5.53 所示，圖 5.53 的流程詳細說明如下：

a. 首先決定染色體中各個基因值的大小範圍，各基因值大小範圍的決定主要依據歸屬函數的性質決定。

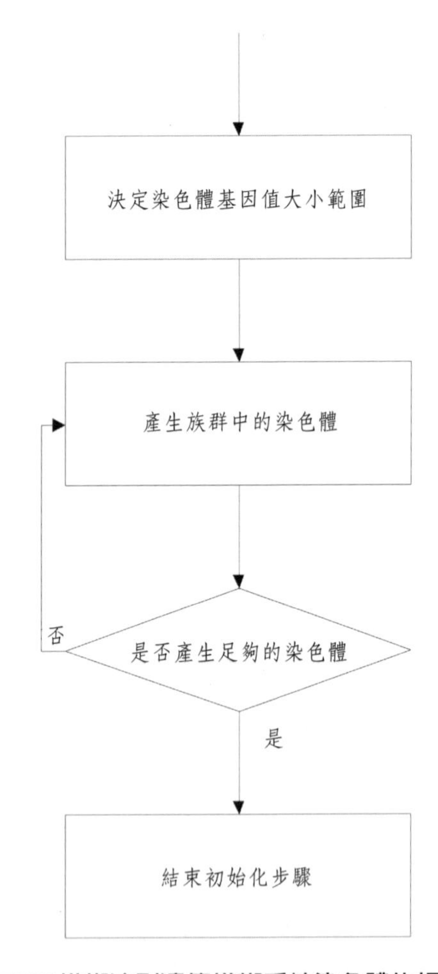

圖 5.53　TSK 模糊法則遺傳模糊系統染色體的初始化流程

b. 接著依據步驟 2 設定值，產生族群中的染色體，產生染色體的方式如上所述可以分為隨機產生初始族群以及啟發式產生初始族群，在決定好產生方式後即依照該產生方式產生族群中的染色體。

c. 判斷是否產生足夠的染色體，若不足族群大小，則返回步驟 2 否則結束初始化步驟。

4. 模糊化輸入的步驟

初始化染色體族群後，在 TSK 遺傳模糊演算法中主要應該執行的步驟為模糊化輸入步驟，由於受控系統的控制訊號是一個明確的輸入值，在遺傳模糊系統中染色體的基因值代表著 TSK 模糊法則前建部的模糊參數，所以必須先將感測器所讀取到的遺傳模糊系統的輸入值經過染色體中代表 TSK 模糊法則前建部的基因值進行模糊化的動作接著再將模糊輸出經過 TSK 模糊法則後建部線性方程式參數的基因值的計算，得出 TSK 模糊法則模糊系統推論的輸出結果，在經過解模糊化的動作將模糊化輸出轉變成明確輸出值，在將此明確輸出直當作受控系統的輸入訊號，接著才衡量受控系統的效能當作適應函數。

產生 TSK 模糊法則的模糊輸入的流程如圖 5.54 所示，圖 5.54 的流程詳細說明如下：

a. 首先自感應器（sensor）將輸入訊號讀入，此時的輸入訊號為明確的輸入值。

b. 在明確的輸入訊號值讀入後，選取族群所欲衡量效能的染色體。

c. 選取完染色體後，根據染色體中的基因值計算模糊化的輸入值，在染色體的基因中，主要根據 TSK 模糊法則前建部的基因來做運算，也就是將步驟 1 中所取得的輸入根據對應染色體所定義基因值位置所代表的歸屬函數計算出相對應的歸屬程度值。

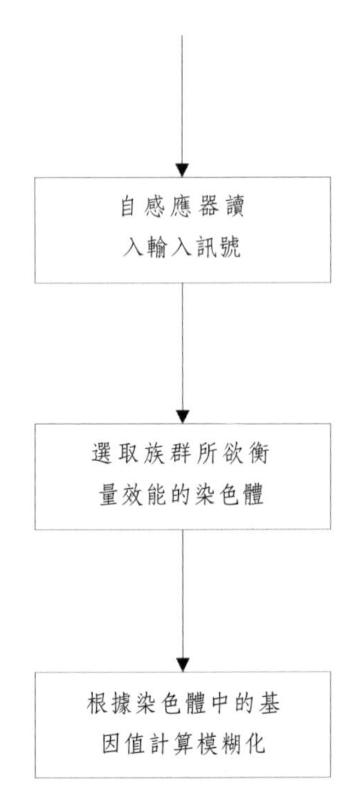

圖 5.54　TSK 模糊法則遺傳模糊系統模糊輸入流程

5. 模糊推論的步驟

將明確的輸入透過染色體基因轉換為具有歸屬程度的模糊輸入後，接下來就是將前一個步驟所產生的模糊輸入進行推論。

模糊推論主要就是將 TSK 模糊法則的後建部所採取線性方程式的方式進行結論的動作，TSK 模糊法則推論的機制主要是利用模糊邏輯的運算來模擬授控系統的控制方式。

TSK 模糊法則推論機制流程如圖 5.55 所示，圖 5.55 的流程詳細說明如下：

a. 將前一個步驟中所求得的歸屬程度代入。

b. 將同一條染色體中後建部的基因帶入 TSK 模糊法則的後建部參數中。

c. 根據步驟 1 以及步驟 2 的結果並遺傳模糊演算法相關參數定義中所定義的模糊推論機制 [51]-[57]，計算出相對應的 TSK 模糊法則模糊推論結果。

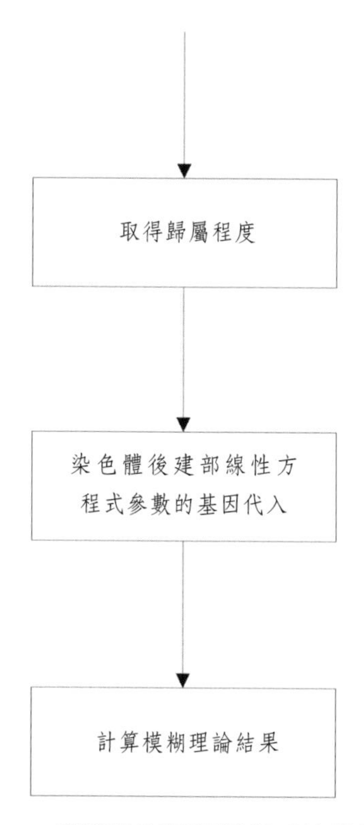

圖 5.55　TSK 模糊法則遺傳模糊系統模糊推論流程

6. 解模糊化的步驟

解模糊化運算主要是希望將 TSK 模糊法則推論所得的模糊結果，經由相對應得的解模糊化運算式，將原本推論的模糊集合轉換為明確值輸出訊號，作為控制器的訊號，解模糊化的方法在本書中可以分為重心法解模糊化（center of gravity defuzzification）以及中心法解模糊化（center of sum deffuzzification）。

TSK 模糊法則解模糊化流程如圖 5.56 所示，圖 5.56 的流程詳細說明如下：

a. 先將推論結果的 TSK 模糊法則模糊化輸入帶入。

b. 根據 TSK 模糊法則遺傳模糊演算法相關參數定義中所定義的解模糊化運算 [58]-[68]，將步驟 1 的 TSK 模糊法則模糊化輸入根據步驟 2 所決定的解模糊化運算式計算出相對應的明確輸出訊號。

c. 將步驟 3 的所得到的明確輸出訊號，用於控制器的輸入訊號，並驗證控制效能。

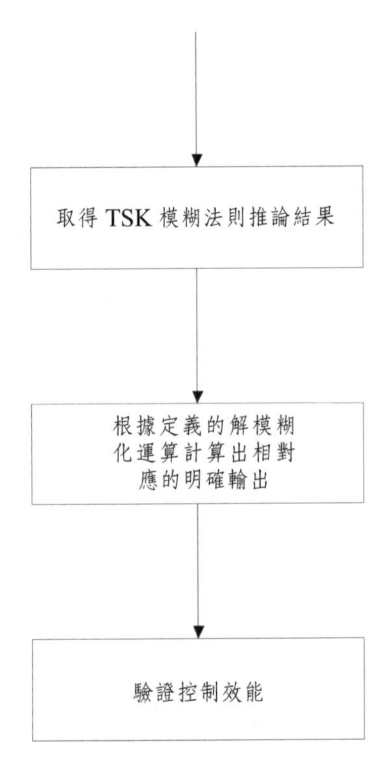

圖 5.56　TSK 模糊法則遺傳模糊系統解模糊化流程

例 5.18 為 TSK 模糊法則遺傳模糊系統解模糊化實例，在例 5.18 終的染色體實例如圖 5.57 所示。

基因值									
A_1^1		A_2^1		A_3^1		C^1			
10	15	35	10	68	20	0.2	0.7	0.3	0.2

圖 5.57　TSK 模糊法則遺傳模糊系統染色體

例 5.18　TSK 模糊法則遺傳模糊系統解模糊化運算

參考圖 5.57，歸屬函數為高斯型態，若輸入參數為 18, 48, 77，代入式（5.5），模糊輸入計算如下：

$$A_1^1(18) = \exp\left(-\frac{[18-20]^2}{15^2}\right) = 0.98 \tag{5.21}$$

$$A_2^1(48) = \exp\left(-\frac{[48-35]^2}{10^2}\right) = 0.18 \tag{5.22}$$

$$A_3^1(77) = \exp\left(-\frac{[77-68]^2}{20^2}\right) = 0.82 \tag{5.23}$$

若採取的推論方式為乘積推論機制運算，模糊推論計算如下：

$$x = A_1^1(18) \times A_2^1(48) \times A_3^1(77) = 0.98 \times 0.18 \times 0.82 = 0.14 \tag{5.24}$$

$$y^1 = 0.2 + 0.7 \times 18 + 0.3 \times 48 + 0.2 \times 77 = 42.6 \tag{5.25}$$

根據式（5.21）-（5.25）的結果，若採取的解模糊化方式為離散重心法運算，解模糊化計算如下：

$$y' = \frac{0.14 \times 42.6}{0.14} = 14.9 \tag{5.26}$$

7. 適應函數求值的步驟

TSK 模糊法則遺傳模糊系統的適應函數求值步驟的流程如圖 5.7 所示，適應函數求值步驟完整流程的詳細說明如下：

a. 先自感測器取得明確輸入資料。

b. 進行模糊化輸入步驟，將步驟 1 的明確輸入訊號轉變成模糊化輸入。

c. 將步驟 2 的結果，進行 TSK 模糊法則模糊推論步驟，得到 TSK 模糊法則模糊輸出訊號。

d. 將步驟 3 所取得的 TSK 模糊法則模糊輸出訊號，進行 TSK 模糊法則解模糊化步驟，得到明確輸出訊號。

e. 進行適應函數值的計算，適應函數的設計主要根據不同的控制系統有不同的設計，讀者可以參考第三章的詳細說明。

f. 判斷是否終止，也就是輸入器是否有輸入資料，若是有則進行步驟 1，否則結束是應值計算流程。

8. 排序的運算

TSK 模糊法則遺傳模糊系統的適應值計算完後，接下來將染色體進行排序，TSK 模糊法則遺傳模糊系統排序運算流程如圖 5.58 所示，圖 5.58 的流程詳細說明如下：

a. 首先將族群中所有的染色體，依據上述步驟分別計算每條染色體的 TSK 模糊法則傳模糊系統的適應值。

b. 根據 TSK 模糊法則遺傳模糊演算法相關參數定義中所定義的排序演算法 [69]-[80]，將步驟 1 所產生族群中每條染色體的 TSK 模糊法則遺傳模糊系統的適應值，依據步驟 2 所選擇的排序方法進行族群染色體的排序。

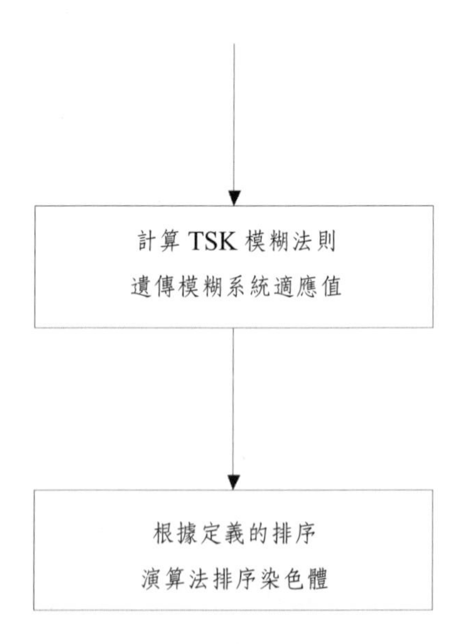

圖 5.58　TSK 模糊法則遺傳模糊系統排序運算流程

9. 複製的運算

TSK 模糊法則遺傳模糊系統的複製運算的流程如圖 5.59 所示，複製運算完整流程的詳細說明如下：

a. 首先根據 TSK 模糊法則遺傳模糊演算法相關參數定義中所定義的欲複製到新族群的染色體總數量，以及根據 TSK 模糊法則遺傳模糊演算法相關參數定義中所定義的複製策略 [81]-[85] 進行複製母代染色體到新的子代染色體中。

b. 根據步驟 1 中所設定欲複製到新族群的染色體總數量，判斷是否已將足夠數量的染色體複製到新族群的染色體，若是已將足夠數量的染色體複製到新的子代族群中，則結束複製步驟，否則進行接下來的步驟 4。

c. 根據步驟 2 中所選擇的複製策略運算的結果，將染色體複製到子代族群中。

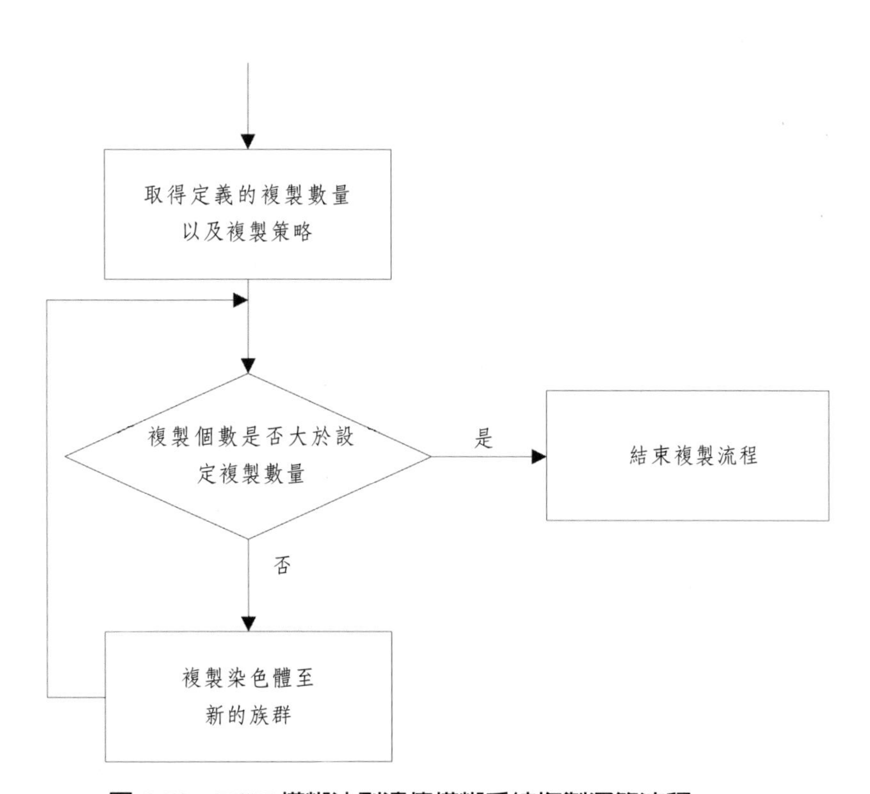

圖 5.59　TSK 模糊法則遺傳模糊系統複製運算流程

10. 交配的運算

TSK 模糊法則遺傳模糊系統的交配運算的流程如圖 5.60 所示，交配運算完整流程的詳細說明如下：

a. 取得 TSK 模糊法則遺傳模糊演算法相關參數定義中所定義的交配機率以及交配策略。

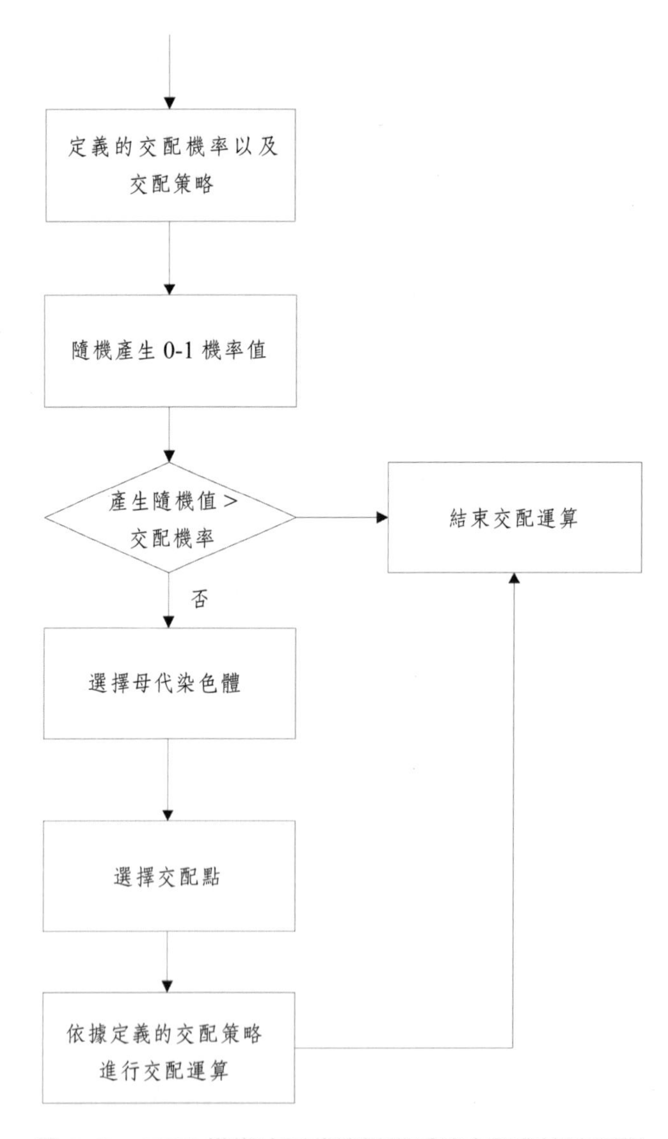

圖 5.60　TSK 模糊法則遺傳模糊系統交配運算流程圖

b. 產生一個隨機的機率值，機率值的範圍為介於 0-1 之間，精確度則依據 TSK 模糊法則遺傳模糊演算法相關參數定義中所定義的交配機率而定。

c. 將步驟 1 所產生的機率值與所定義的交配機率做比對，若步驟 1 所產生的機率值大於所定義的交配機率，則結束交配運算，否則進行接下來的步驟。

d. 在所選擇的交配的母代染色體中，依據 TSK 模糊法則遺傳模糊演算法相關參數定義中所定義的交配策略，選擇適當的交配點。

e. 在選擇的交配點中，依據 TSK 模糊法則遺傳模糊演算法相關參數定義中所定義的交配策略 [86]-[89]，對該染色體進行交配運算。

11. 突變的運算

TSK 模糊法則遺傳模糊系統的突變運算的流程如圖 5.61 所示，突變運算完整流程的詳細說明如下：

a. 取得 TSK 模糊法則遺傳模糊演算法相關參數定義中所定義的突變機率以及突變策略。

b. 首先產生一個隨機的機率值，機率值的範圍為介於 0-1 之間，精確度則依據 TSK 模糊法則遺傳模糊演算法相關參數定義中所定義的突變機率而定。

c. 將步驟 1 所產生的機率值與所定義的突變機率做比對，若步驟 1 所產生的機率值大於所 TSK 模糊法則遺傳模糊演算法相關參數定義中所定義的突變機率，則結束突變運算，否則進行接下來的步驟。

d. 在所選擇的突變的染色體中，依據突變策略 [90]-[95] 選擇適當的突變點。

e. 在選擇的突變點中，依據 TSK 模糊法則遺傳模糊演算法相關參數定義中所定義的突變策略，對該染色體進行突變運算。

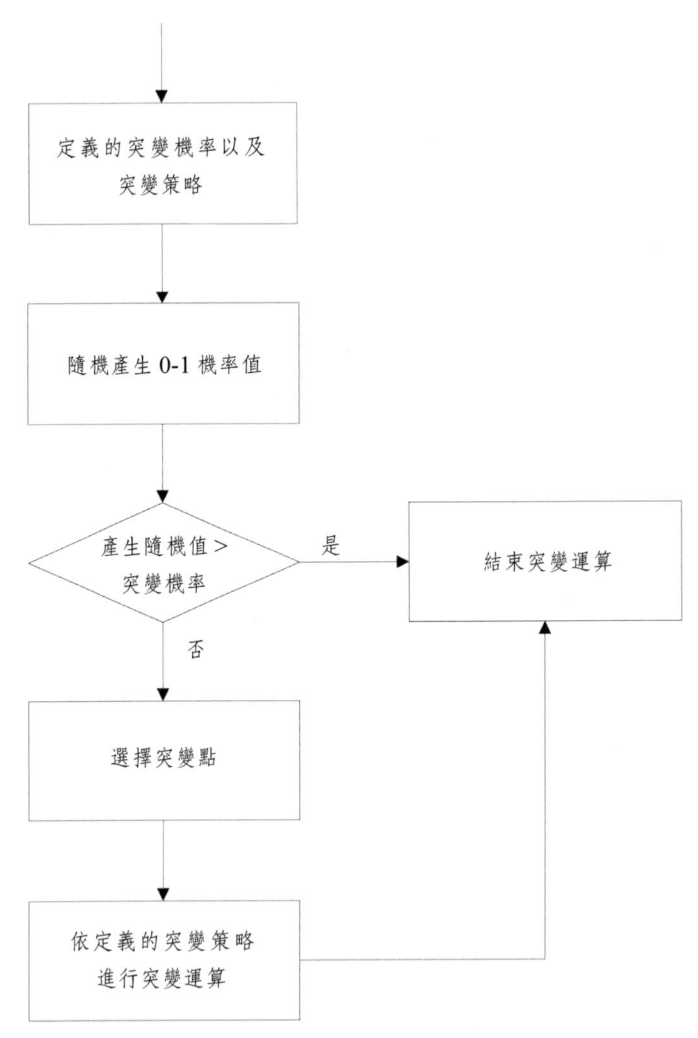

圖 5.61　TSK 模糊法則遺傳模糊系統突變運算流程圖

12. 演化結束條件判斷

結束演化的條件是 TSK 遺傳模糊系統的終止條件，達成終止條件的系統也就是學習完成的 TSK 遺傳模糊系統。因此，設定終止條件的好壞影響著訓練完成的 TSK 遺模糊法則傳模糊系統效能的好壞，與曼特寧模糊法則遺傳模糊系統的結束演化的條件設計一樣，設計演化終止的條件可分為固定演化代數以及達成特定目標兩種不同的終止條件，詳細的說明可參考前章所述。

參考文獻

[1] W. L. Tung and C. Quek, "GenSoFNN: a generic self-organizing fuzzy neural network," *IEEE Trans. Neural Networks*, vol. 13, no. 5, pp. 1075-1086, 2002.

[2] C. Y. Lee and C. J. Lin, "A wavelet-based neuro-fuzzy system and its applications," *AutoSoft Journal- Intelligent Automation and Soft Computing*, vol. 13, no. 4, pp. 385-403, 2007.

[3] C. Y. Lee and C. J. Lin, "Multiple compensatory neural fuzzy networks fusion using fuzzy integral," *Journal of Information Science and Engineering*, vol. 23, no. 3, pp. 837-851, 2007.

[4] W. L. Tung and C. Quek, "Falcon: neural fuzzy control and decision systems using FKP and PFKP clustering algorithms," *IEEE Trans. Syst., Man, Cybern. Part B*, vol. 34, no. 1, pp. 686-695, 2004.

[5] C. L. Chen and F. Y. Chang, "Design and analysis of neural/fuzzy variable structural PID control systems," *Proc. IEEE Int. Conf. Control Theory and Applications*, vol. 143, pp. 200-208, 1996.

[6] C. F. Juang and C. T. Lin, "A recurrent self-organizing neural fuzzy inference network," *IEEE Trans. Neural Networks*, vol. 10, no. 4, pp. 828-845, 1999.

[7] F. B. Duh, C. F. Juang, and C. T. Lin, "A neural fuzzy network approach to Radar pulse compression," *IEEE Geoscience and Remote Sensing Letters*, vol. 1, no. 1, pp. 15-20, 2004.

[8] H. M. Kim and B. Kosko, "Neural fuzzy motion estimation and compensation," *IEEE Trans. Signal Processing*, vol. 45, no. 10, pp. 2515-2532, 1997.

[9] C. S. Shieh and C. T. Lin, "Direction of arrival estimation based on phase differences using neural fuzzy network," *IEEE Trans. Antennas and Propagation*, vol. 48, no. 7, pp. 1115-1124, 2000.

[10] C. J. Lin, C. H. Chen, and C. Y. Lee, "Classification and Medical Diagnosis Using Wavelet-Based Fuzzy Neural Networks," *International Journal of Innovative Computing, Information and Control*, vol. 4, no. 3, pp. 733-746, 2008.

[11] C. J. Lin, Y. C. Hsu, and C. Y. Lee, "Supervised and Reinforcement Evolution Learning

for Wavelet-Based Neuro-Fuzzy Networks," *Journal of Intelligent and Robotic Systems*, vol. 52, pp. 285-312, 2008.

[12] C. J. Lin and Y. C. Hsu, " Reinforcement Hybrid Evolutionary Learning for Recurrent Wavelet-Based Neuro-Fuzzy Systems," *IEEE Trans. Fuzzy Systs.*, vol. 15, no. 4, pp. 729-745, 2007.

[13] Y. C. Hsu and S. F. Lin, "Reinforcement Group Cooperation based Symbiotic Evolution for Recurrent Wavelet-Based Neuro-Fuzzy Systems," accepted to appear in *Neurocomputing*, 2009.

[14] Y. C. Hsu and S. F. Lin, "Self-Organization Hybrid Evolution Learning Algorithm for Recurrent Wavelet-based Neuro-Fuzzy Identifier Design," accepted to appear in *Journal of Intelligent and Fuzzy Systems*, 2009.

[15] C. J. Lin and Y. J. Xu, "Efficient Reinforcement Learning Through Dynamical Symbiotic Evolution for TSK-Type Fuzzy Controller Design," *International Journal General Systems*, vol. 34, no.5, pp. 559-578, 2005.

[16] C. J. Lin and Y. J. Xu, " A Novel Evolution Learning for Recurrent Wavelet-Based Neuro-Fuzzy Networks," *Soft Computing Journal,* vol. 10, no. 3, pp. 193-205, 2006.

[17] Y. Lee and S. H. Zak, "Designing a genetic neural fuzzy antilock-brake-system controller," *IEEE Trans. Evolutionary Computation*, vol. 6, no. 2, pp. 198-211, 2002.

[18] Y. Lee and S. H. Zak, "Genetic neural fuzzy control of anti-lock brake systems," *Proc. IEEE Conf. American Control*, vol. 2, pp. 671-676, 2001.

[19] H. Ghezelayagh and K. Y. Lee, "Training neuro-fuzzy boiler identifier with genetic algorithm and error back-propagation," P*roc. IEEE Conf. Power Engineering Society Summer Meeting*, vol. 2, pp. 18-22, 1999.

[20] S. Mitra and Y. Hayashi, "Neuro-fuzzy rule generation: survey in soft computing framework," *IEEE Trans. Neural Networks*, vol. 11, no. 3, pp. 748-768, 2000.

[21] K. S. Tang, "Genetic algorithms in modeling and optimization," Ph.D. dissertation, Dep. Electron. Eng., City Univ. Hong Kong, Hong Kong, 1996.

[22] C. F. Juang, "Combination of online clustering and Q-value based GA for reinforcement fuzzy system design," *IEEE Trans. Fuzzy Systs*., vol. 13, no. 3, pp. 289-302, 2005.

[23] T. Takagi and M. Sugeno, "Fuzzy identification of systems and its applications to modeling and control," *IEEE Trans. Syst., Man, Cybern*., vol. 15, pp. 116-132, 1998.

[24] O. Cordon, F. Herrera, F. Hoffmann, and L. Magdalena, *Genetic fuzzy systems evolutionary tuning and learning of fuzzy knowledge bases*. Advances in Fuzzy Systems-Applications and Theory, vol.19, NJ: World Scientific Publishing, 2001.

[25] C. L. Karr, "Design of an adaptive fuzzy logic controller using a genetic algorithm," *Proc. The Fourth Int. Conf. Genetic Algorithms*, pp. 450-457, 1991.

[26] C. T. Lin and C. P. Jou, "GA-based fuzzy reinforcement learning for control of a magnetic bearing system," *IEEE Trans. Syst., Man, Cybern., Part B*, vol. 30, no. 2, pp. 276-289, 2000.

[27] C. F. Juang, J. Y. Lin, and C. T. Lin, "Genetic reinforcement learning through symbiotic evolution for fuzzy controller design," *IEEE Trans. Syst., Man, Cybern., Part B*, vol. 30, no. 2, pp. 290-302, 2000.

[28] S. Bandyopadhyay, C. A. Murthy, and S. K. Pal, "VGA-classifier: design and applications," *IEEE Trans. Syst., Man, and Cybern., Part B*, vol. 30, no. 6, pp. 890-895, 2000.

[29] B. Carse, T. C. Fogarty, and A. Munro, "Evolving fuzzy rule based controllers using genetic algorithms," *Fuzzy Sets and Systems*, vol. 80, no. 3, pp. 273-293 June 24, 1996.

[30] K. S. Tang, "Genetic algorithms in modeling and optimization," Ph.D. dissertation, Dep. Electron. Eng., City Univ. Hong Kong, Hong Kong, 1996.

[31] C. T. Lin and C. P. Jou, "GA-based fuzzy reinforcement learning for control of a magnetic bearing system," *IEEE Trans. Syst., Man, Cybern., Part B*, vol. 30, no. 2, pp. 276-289, 2000.

[32] L. Sanchez and I. Couso, "Advocating the use of imprecisely observed data in genetic fuzzy systems," *IEEE Trans. Fuzzy Systs*., vol. 15, no. 4, pp. 551-562, 2007.

[33] G. N. Man, "Design of a genetic fuzzy controller for the nuclear steam generator water

level control," *IEEE Trans. Nuclear Science*, vol. 45, no. 4, pp. 2261-2271, 1998.

[34] L. Cai, A. B. Rad, and W. L. Chan, "A genetic fuzzy controller for vehicle automatic steering control," *IEEE Trans. Vehicular Technology*, vol. 56, no. 2, pp. 529-543, 2007.

[35] D. Kim and C. Kim, "Forecasting time series with genetic fuzzy predictor ensemble," *IEEE Trans. Fuzzy Systs.*, vol. 5, no. 4, pp. 523-535, 1997.

[36] J. B. Jensen and M. Nielsen, "A simple genetic algorithm applied to discontinuous regularization," *Proc. of the IEEE-SP Workshop Neural Networks for Signal Processing*, pp. 69 -78, 1992.

[37] A. K. Nag and A. Mitra, "Forecasting the daily foreign exchange rates using genetically optimized neural networks," *Journal of Forecasting*, vol. 21, pp. 501-511, 2002.

[38] D. F. Cook, D. C. Ragsdale, and R. L. Major, "Combining a neural network with a genetic algorithm for process parameter optimization," Engineering *Applications of Artificial Intelligence*, vol. 13, pp. 391-396, 2000.

[39] G. R. Harik, F. G. Lobo and D. E. Goldberg, "The compact genetic algorithm," *IEEE Trans. Evolutionary Computation*, vol. 3, no. 4, pp. 287-297, Nov. 1999.

[40] H. Braun, "On solving travelling salesman problems by genetic algorithms," *Lecture Notes in Computer Science*, vol. 496, pp. 129-133, 2006.

[41] D. Whitley and T. Starkweather, *Scheduling problems and traveling salesman: the genetic edge recombination*, Morgan Kaufmann Publishers Inc. San Francisco, CA, USA, 1989.

[42] C. J. Lin and Y. J. Xu, "Efficient reinforcement learning through dynamical symbiotic evolution for TSK-type fuzzy controller design," *International Journal General Systems*, vol. 34, no.5, pp. 559-578, 2005.

[43] J. Arabas, Z. Michalewicz, and J. Mulawka, "GAVaPS-A genetic algorithm with varying population size," *Proc. IEEE Int. Conf. Evolutionary Computation, Orlando*, pp. 73-78, 1994.

[44] M. Lee and H. Takagi, "Integrating design stages of fuzzy systems using genetic algorithms," *Proc. 2nd IEEE Int. Conf. Fuzzy Systems, San Francisco*, CA, pp. 612-617, 1993.

[45] G. J. Klir, “Some issues of linguistic approximation,” *Proc. IEEE Int. Conf. Intelligent Systems*, vol. 1, pp. 5, 2004.

[46] B. Sun and Z. Gong, “Rough fuzzy sets in generalized approximation space,” Proc. IEEE Int. Conf. Fuzzy Systems and Knowledge Discovery, vol. 1, pp. 416-420, 2008.

[47] R. I. John, “Embedded interval valued type-2 fuzzy sets,” *Proc. IEEE Int. Conf. Fuzzy Systems*, vol. 2, pp. 1316-1320, 2002.

[48] T. Y. Lin, “Measure theory on granular fuzzy sets,” *Int. Conf. Fuzzy Information Processing Society*, pp. 809-813, 1999.

[49] W. J. Wang and C. H. Chin, “Some properties of the entropy and information energy for fuzzy sets,” *Proc. IEEE Int. Conf. Intelligent Processing Systems*, vol. 1, pp. 300-304, 1997.

[50] Y. Hao, “Deriving analytical input & output relationship for fuzzy controllers using arbitrary input fuzzy sets and Zadeh fuzzy AND operator,” *IEEE Trans. Fuzzy Syst*., vol. 14, no. 5, pp. 654-662, 2006.

[51] Y. C. Lynn and K. K. Hon, “Fuzzy classifications using fuzzy inference networks,” *IEEE Trans. Syst., Man, Cybern. Part B,* vol. 28, no. 3, pp. 334-347, 1998.

[52] K. Uehara and M. Fujise, “Multistage fuzzy inference formulated as linguistic-truth-value propagation and its learning algorithm based on back-propagating error information,” *IEEE Trans. Fuzzy Syst.*, vol. 1, no. 3, pp. 205-221, 1993.

[53] K. Uehara and M. Fujise, “Fuzzy inference based on families of α-level sets,” *IEEE Trans. Fuzzy Syst*., vol. 1, no. 2, pp. 111-124, 1993.

[54] J. Mao, J. Zhang, Y. Yue, and H. Ding, “Adaptive-tree-structure-based fuzzy inference system,” *IEEE Trans. Fuzzy Syst.*, vol. 13, no. 1, pp. 1-12, 2005.

[55] K. Uehara and M. Fujise, “Multistage fuzzy inference formulated as linguistic-truth-value propagation and its learning algorithm based on back-propagating error information,” *IEEE Trans. Fuzzy Syst.*, vol. 1, no. 3, pp. 205- 221, 1993.

[56] M. G. Na, “DNB limit estimation using an adaptive fuzzy inference system,” I*EEE Trans. Nuclear Science*, vol. 47, no. 6, pp. 1948-1953, 2000.

[57] T. Arnould, S. Tano, T. Miyoshi, Y. Kato, T. Oyama, A. Bastian, and M. Umano, "Algorithms for fuzzy inference and tuning in the fuzzy inference software FINEST," *Proc. IEEE Int. Conf. Fuzzy Systems*, vol. 2, pp. 1057-1062, 1995.

[58] B. Mendil and K. Benmahammed, "Generalized adaptive defuzzifier," *Proc. IEEE Int. Conf. Fuzzy Systems*, vol. 2, pp. 1680-1683,1998.

[59] A. Khoei, K. Hadidi, and H. Peyravi, "Analog realization of fuzzifier and defuzzifier interfaces for fuzzy chips," *Proc. Conf. Fuzzy Information Processing Society-NAFIPS*, pp. 72-76, 1998.

[60] M. A. Melgarejo, "Modified center average defuzzifier for improving the inverted pendulum dynamics," *Proc. IEEE Int. Conf. Fuzzy Systems*, vol. 1, pp. 460-463, 2002.

[61] X. J. Zheng and M. G. Singh, "Approximation accuracy analysis of fuzzy systems with the center-average defuzzifier," *Proc. IEEE Int. Conf. Fuzzy Systems*, vol. 1, pp. 109-116, 1995.

[62] X. J. Zeng and M.G. Singh, "Approximation accuracy analysis of fuzzy systems as function approximators," *IEEE Trans. Fuzzy Syst.*, vol. 4, no. 1, pp. 44-63, 1996.

[63] D. Kim, "An accurate COG defuzzifier design by the co-adaptation of learning and evolution," *Proc. IEEE Int. Conf. Fuzzy Systems,* vol. 2, pp. 741-747, 2000.

[64] D. Kim and I. H. Cho, "An accurate and cost-effective fuzzy logic controller with a fast searching of moment equilibrium point," *IEEE Trans. Industrial Electronics*, vol. 46, no. 2, pp. 452-465, 1999.

[65] T. Jiang and Y. Li, "Generalized defuzzification strategies and their parameter learning procedures," *IEEE Trans. Fuzzy Systs.*, vol. 4, no. 1, pp. 64-71, 1996.

[66] S. K. Halgamuge, "A trainable transparent universal approximator for defuzzification in Mamdani-type neuro-fuzzy controllers," *IEEE Trans. Fuzzy Systs.*, vol. 6, no. 2, pp. 304-314, 1998.

[67] J. Tao and Y. Li, "Multimode-oriented polynomial transformation-based defuzzification strategy and parameter learning procedure," *IEEE Trans. Syst., Man, Cybern. Part B*, vol.

27, no. 5, pp. 877-883, 1997.

[68] T. A. Runkler, "Selection of appropriate defuzzification methods using application specific properties," *IEEE Trans. Fuzzy Systs*., vol. 5, no. 1, pp. 72-79, 1997.

[69] D. Taniar and J. W. Rahayu, "Sorting in parallel database systems," *Proc. IEEE Int. Conf. High Performance Computing in the Asia-Pacific Region*, vol. 2, pp. 830-835, 2000.

[70] M. V. Chien and A. Y. Oruc, "Adaptive binary sorting schemes and associated interconnection networks," *IEEE Trans. Parallel and Distributed Systems*, vol. 5, no. 6, pp. 561-572, 1994.

[71] J. D. Fix and R. E. Ladner, "Sorting by parallel insertion on a one-dimensional subbus array," *IEEE Trans. Computers*, vol. 47, no. 11, pp. 1267-1281, 1998.

[72] A. A. Colavita, A. Cicuttin, F. Fratnik, and G. Capello, "SORTCHIP: a VLSI implementation of a hardware algorithm for continuous data sorting," *IEEE Journal of Solid-State Circuits*, vol. 38, no. 6, pp. 1076-1079, 2003.

[73] B. M. McMillinand and L. M. Ni, "Reliable distributed sorting through the application-oriented fault tolerance paradigm," *IEEE Trans. Parallel and Distributed Systems*, vol. 3, no. 4, pp. 411-420, 1992.

[74] S. Y. Kuo and S. C. Liang, "Design and analysis of defect tolerant hierarchical sorting networks," *IEEE Trans. Very Large Scale Integration (VLSI) Systems*, vol. 1, no. 2, pp. 219-223, 1993.

[75] Y. Chen, K. W. Hipel, and D. M. Kilgour, "Multiple-criteria sorting using case-based distance models with an application in water resources management," I*EEE Trans. Syst., Man, Cybern. Part A*, vol. 37, no. 5, pp. 680-691, 2007.

[76] C. Y. R. Chen, C. Y. Hou, and U. Singh, "Optimal algorithms for bubble sort based non-Manhattan channel routing, " I*EEE Trans. Computer-Aided Design of Integrated Circuits and Systems*, vol. 13, no. 5, pp. 603-609, MAY 1994.

[77] R. Finkbine, "Pattern recognition of the selection sort algorithm," *Proc. Int. Conf. IEEE Cognitive Informatics*, pp. 313-316, 2002.

[78] S. Wei and Z. Xing "Synthetic evaluation for operating economy of thermal power plant based on SVM and quick sort algorithm," *Proc. Int. Conf. Natural Computation*, vol.1, pp. 670-673, 2007.

[79] J. Harkins, T. El-Ghazawi, E. El-Araby, and M. Huang, "Performance of sorting algorithms on the SRC 6 reconfigurable computer," *Proc. Int. Conf. Field-Programmable Technology*, pp. 295- 296, 2005.

[80] L. De-Lei and K. E. Batcher, "A multiway merge sorting network," *IEEE Trans. Parallel and Distributed Systems*, vol. 6, no. 2, pp. 211-215, FEB. 1994.

[81] D. Wicker, M. M. Rizki, L. A. Tamburino, "The multi-tiered tournament selection for evolutionary neural network synthesis," *Proc. Int. Conf. Combinations of Evolutionary Computation and Neural Networks*, pp. 207-215, 2000.

[82] Z. Yuanping, M. Zhengkun, X. Minghai, "Dynamic load balancing based on roulette wheel selection," *Proc. Int. Conf. Communications, Circuits and Systems*, vol. 3, pp.1732-1734, 2006.

[83] N. Chaiyaratana and A. M. S. Zalzala, "Recent developments in evolutionary and genetic algorithms: theory and applications," *Proc. IEEE Int. Conf. Genetic Algorithms in Engineering Systems: Innovations and Applications*, pp. 270-277, 1997.

[84] F. Herrera and M. Lozano, "Gradual distributed real-coded genetic algorithms," *IEEE Trans. Evolutionary Computation*, vol. 4, no. 1, pp. 43-63, 2000.

[85] A. H. Mantawy, Y. L. Abdel-Magid, and S. Z. Selim, "Integrating genetic algorithms, tabu search, and simulated annealing for the unit commitment problem," *IEEE Trans. Power Systems*, vol. 14, no. 3, pp. 829-836, 1999.

[86] K. Y. Lee and P. S. Mohamed, "A real-coded genetic algorithm involving a hybrid crossover method for power plant control system design," *Proc. Int. Conf. Evolutionary Computation*, pp. 1069-1074, 2002.

[87] D. Beasley, D. R. Bull, and R. R. Martin, "An overview of genetic algorithms: Part 1, Fundamentals", *University Computing*, vol. 15, no. 2, pp. 58-69, 1993.

[88] W. M. Spears, K. A. De Jong, T. Back, D. B. Fogel, and H. deGaris, "An overview of evolutionary computation," *Proc. Conf. Machine Learning*, 1993.

[89] G. Syswerda, "Uniform crossover in genetic algorithms," *Proc. Int. Conf. Genetic Algorithms and Their Applications, San Mateo*, CA: Morgan Kaufmann, pp. 2-9, 1989.

[90] R. Kowalczyk, "Constrained genetic operators preserving feasibility of solutions in genetic algorithms," *Proc. Int. Conf. Genetic Algorithms in Engineering Systems: Innovations and Applications*, pp. 191-196, 1997.

[91] S. Lee, X. Bai, and Y. Chen, "Automatic mutation testing and simulation on OWL-S specified web services," *Proc. IEEE Int. Conf. Simulation Symposium,* pp. 149-156, 2008.

[92] A. J. Offutt and S. D. Lee, "An empirical evaluation of weak mutation," *IEEE Trans. Software Engineering*, vol. 20, no. 5, pp. 337-344, 1994.

[93] M. E. Delamaro, J. C. Maidonado, and A. P. Mathur, "Interface Mutation: an approach for integration testing," *IEEE Trans. Software Engineering*, vol. 27, no. 3, pp. 228-247, 2001.

[94] G. R. Raidl, G. Koller, and B. A. Julstrom, "Biased mutation operators for subgraph-selection problems," *IEEE Trans. Evolutionary Computation*, vol. 10, no. 2, pp. 145-156, 2006.

[95] R. Tinos and S. Yang, "Evolutionary programming with q-Gaussian mutation for dynamic optimization problems," *Proc. IEEE Int. Conf. Evolutionary Computation*, pp. 1823-1830, 2008.

[96] J. M. Mendel, "Modulated reasoning for Mamdani fuzzy systems: singleton fuzzification," *Proc. IEEE Int. Conf. Fuzzy Systems*, vol. 1, pp. 590-595, 2003.

[97] N. K. Kasabov and D. S. Dimitrov, "A method for modelling genetic regulatory networks by using evolving connectionist systems and microarray gene expression data," *Proc. IEEE Int. Conf. Neural Information Processing*, vol. 2, pp. 596-601, 2002.

[98] S. Mohagheghi, G. K. Venayagamoorthy, and R. G. Harley, "Optimal neuro-fuzzy external controller for a STATCOM in the 12-bus benchmark power system," *IEEE*

Trans. Power Delivery, vol. 22, no. 4, pp. 2548-2558, 2007.

[99] P. Liu, "Mamdani fuzzy system: universal approximator to a class of random processes," *IEEE Trans. Fuzzy Syst.*, vol. 10, no. 6, pp. 756-766, 2002.

[100] H. Ying, Y. Ding, S. Li, and S. Shao, "Comparison of necessary conditions for typical Takagi-Sugeno and Mamdani fuzzy systems as universal approximators," *IEEE Trans. Syst., Man, Cybern. Part A*, vol. 29, no. 5, pp. 508-514, 1999.

[101] M. Tayel and M. G. A. Abd-Elmonem, "NSNFRM: construction of neuro TSK new fuzzy reasoning model using hybrid genetic-least squares algorithm," *Proc. IEEE Int. Conf. Radio Science*, vol. 2, pp. C8-1-8, 2004.

[102] O. Cordon and F. Herrera, "A two-stage evolutionary process for designing TSK fuzzy rule-based systems," *IEEE Trans. Syst., Man, Cybern. Part B*, vol. 29, no. 6, pp. 703-715, 1999.

[103] V. Galdi, A. Piccolo, and P. Siano, "Designing an adaptive fuzzy controller for maximum wind energy extraction," *IEEE Trans. Energy Conversion*, vol. 23, no. 2, pp. 559-569, 2008.

[104] F. H. F. Leung, H. K. Lam, S. H. Ling, and P. K. S. Tam, "Optimal and stable fuzzy controllers for nonlinear systems based on an improved genetic algorithm," *IEEE Trans. Industrial Electronics,* vol. 51, no. 1, pp. 172-182, 2004.

[105] E. Cavallaro, S. Micera, P. Dario, W. Jensen, and T. Sinkjaer, "On the intersubject generalization ability in extracting kinematic information from afferent nervous signals," *IEEE Trans. Biomedical Engineering*, vol. 50, no. 9, pp. 1063-1073, 2003.

[106] M. Mahfouf, M. F. Abbod, and D. A. Linkens, "Online elicitation of Mamdani-type fuzzy rules via TSK-based generalized predictive control," *IEEE Trans. Syst., Man, Cybern. Part B*, vol. 33, no. 3, pp. 465-475, 2003.

[107] T. Hatanaka, Y. Kawaguchi, and K. Uosaki, "Nonlinear system identification based on evolutionary fuzzy modeling," *Proc. IEEE Int. Conf. Evolutionary Computation*, vol. 1, pp. 646-651, 2004.

第六章
遺傳類神經系統

在第五章中，本書介紹了遺傳模糊系統的學習程序。其中，利用遺傳演算法調整模糊法則系統的介紹說明了在模糊系統中利用遺傳演算法調整模糊法則的相關流程，而利用染色體調整曼特寧模糊法則歸屬函數的介紹則是將遺傳模糊系統用於調整曼特寧模糊法則系統中。

在透過介紹曼特寧模糊法則遺傳模糊系統中，讀者可以了解到包含歸屬函數型態、基因調整歸屬函數的方法，以及基因調整曼特寧模糊法則的方法。在第五章的最後，介紹了另一種常見遺傳模糊系統－ TSK 模糊法則系統模糊法則遺傳模糊系統，透過 TSK 模糊法則系統模糊法則遺傳模糊系統的介紹，讀者可以了解如何將遺傳演算法調整模糊法則系統應用於調整 TSK 模糊法則。

透過第五章的介紹，相信讀者對於模糊遺傳系統應該有了相當的認識。在本章中，本書將針對遺傳演算法用於類神經網路系統的詳加說明，內容主要包含遺傳類神經網路系統，以及遺傳模糊類神經網路系統兩個方面來介紹，首先在遺傳類神經網路系統中主要是說明類神經網路與遺傳演算法的整合，以及相關的遺傳演化流程，而在遺傳模糊類神經網路系統中只要是說明模糊類神經網路系統與遺傳演算法的整合，與第五章一樣，本書主要介紹模糊類神經網路系統中的曼特寧以及 TSK 模糊類神經網路系統兩個類型，除了模糊類神經網路系統與遺傳演算法的整合，本章也介紹了遺傳模糊類神經網路系統相關的遺傳演化流程。

透過本章的介紹，讀者可以對遺傳類神經網路系統有初步的認識，也可明白如何將遺傳演算法應用於類神經網路系統中，而透過類神經網路系統相關的遺傳演化流程，以及模糊類神經網路系統相關的遺傳演化流程的介紹，可以讓讀者了解遺傳類神經網路系統的設計方式，有助於讀者了解如何設計出遺傳類神經網路系統的方法。

6.1 ｜遺傳類神經網路系統

在科技日新月異的時代，雖然科學家努力於對腦部的研究發展，但是，卻無法完全探究。人類貴為萬物之靈，主要的原因是人類具有思考以及學習能力，而且對於視覺、聽覺……等訊息，相較於其他物種也有較強大的感知能力，為了要創造出具有與人類相仿的智慧型學習能力，許多學者、科學家試圖藉由分析人類的腦部構造以及功能來找到方法，類神經網路（artificial neural networks）就是在這樣的研究下，所延伸出來的一門學問。

關於類神經網路的發展，就跟許許多多的學問一樣，是由各個學者的研究成果所凝聚而成的。在 1943 年時，由 McCulloch 和 Pitts [1] 提出第一個神經元的運算模型（M-P neuron）以來，類神經網路研究的大門便從此敞開。但是，當時的神經元模型，並沒有學習的能力。直到 1949 年的時候，加拿大的心理學家 Hebb [2] 出版了一本書－ *The Organization of Behavior*，他在書中提到了一種學習方法，稱為 Hebbian 學習法則，他利用這個學習法則來解釋某些心理學上的實驗結果，而這個學習法則到今天仍為許多類神經所採用。類神經第一次被成功地應用在實務上，是在 1957 年到 1958 年之間，由 Rosenblatt [3] 利用感知器（perceptron）的觀念來模擬大腦感知和學習兩大能力，（感知器就是具有活化轉移函數的神經元組成的層狀網路），應用於從事文字辨識的工作。之後，在 1960 年時，美國 Standford 大學的 Widrow 教授和他的學生 Hoff [4]，共同提出了適應線性元件（adaptive linear element），爾後，這個類神經就被廣泛的應用在適應訊號處理上。然而，在 1969 年時，Minsky 和 Papert [5] 出版了 *Perceptrons* 一書中，從數學上證明，感知器無法解決互斥或（exclusive-OR）的邏輯函數問題，之後類神經就陷入無法進展的低潮期。但在這一段低潮期中，依然有許多學者不斷進行類神經的研究，例如，在 1975 年時，Albus [6] 所提出的小腦模型連接控制器（cerebellar model articulation controller，簡稱 CMAC），在 1976 年時，Grossberg [7] 所提出的適應性共振理論（adaptive resonance theory，簡稱 ART），在 1982 年時，分別由，Hopfield [8] 提出了 Hopfield 網路及 Kohonen [9] 所提出的自我組織特徵映射網路（self-organizing feature mapping，簡稱 SOM）。直到 1986 年的時候，Rumelhart 和 PDP [10] 研究群提出了倒傳遞類神經（backpropagation neural network，簡稱 BPNN），解決了 Minsky 和 Papert 所提出來的互斥或問題，此後類神經網路更加地蓬勃發展。

就類神經網路架構而言，它是由許多簡單而且相互連結的處理元件（processing elements）所組成，就功能而言，它是一種由生物模型所啟發而產生出來的新型態資訊處理與計算方式，就特性而言，包含了平行處理、錯誤容忍度、聯想記憶、解決最佳化問題及超大型積體電路的實現等優點。

在最近幾年中，類神經網路之所以受到各方的矚目，除了在理論上有所突破之外，許多先進的國家，如美國、日本等政府與民間研究機構的積極參與，也是促使類神經網路能夠快速發展的原因。而目前類神經網路已經被廣泛應用到各個領域之中，其中包含了影像處理 [11],[12]、語音辨識 [13],[14]、文字辨識 [15],[16]、控制器 [17]-[20] 等方面的問題，而硬體架構的實現和學習法則的改進，也是許多學者努力研究的目標。

在學習方法上，倒傳遞學習（back propagation, BP）是非常常見的學習方法，在倒傳遞學習中透過最陡坡降法來針對誤差作學習，使得類神經網路可以調整權重值讓網路輸出達到目標值。透過這樣的作法，雖然可以根據誤差調整權重，但是卻有可能落入局部最佳解而造成類神經網路無法得到最佳解的問題。

由於進化理論具有最佳化問題的能力，也可以避免落入局部最佳解的特性所以有將進化理論用於類神經模糊系統的研究越來越熱門。近年來，進化理論被相繼應用在很多的領域，例如：最佳化類神經網路和模糊系統以及最佳化問題求解……等等。有許多的進化理論，例如：基因程式（genetic programming）[21]-[25]、基因演算法（genetic algorithm）[26]-[30]、進化程式（evolutionary programming）[31]-[35]、進化策略（evolution strategies）[36]-[40]。這些理論都具有最佳化問題的能力，也可以避免落入局部最佳解的問題。

在本章中我們將介紹如何使用遺傳演算法來設計類神經網路，也就是將以往使用倒傳遞演算法的學習流程利用遺傳演算法來代替，在介紹遺傳演算法學習類神經網路權重之前，本書將先針對類神經網路的架構說明之。

神經網路有大量相互連結的處理單元（processing elements），通常是以平行的方式操作且置放於整個網路結構之中，而整個類神經網路的聚集形式就如同人類大腦一般，可透過樣本或資料的訓練來展現出學習（learn）、回想（recall）、歸納推理（generalize）的特性。

圖 6.1 為一個人工神經元的模型，表現類神經網路的基本設計概念，該圖顯示一個人工神經元的輸入向量（X）、權值組（W）、活化函數（f(g)）與輸出值（Y）的基本架構。

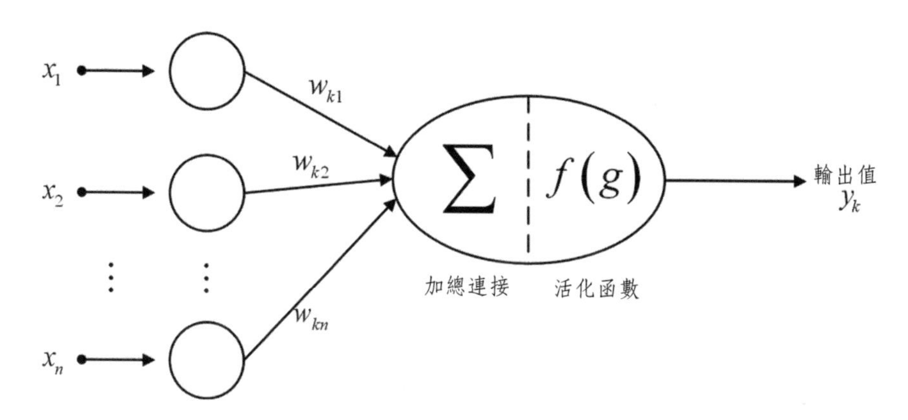

圖 6.1　人工神經元模型

1. 權值（weight）

權值（w_{in}）主要是模擬不同生物神經元間的連結強弱。權值呈現正值且愈大時，表示其連結性愈強；反之，其連結性愈弱。

2. 累加器（accumulator）

主要為模仿生物神經元受周遭刺激時膜電位的總變化量，則在類神經元中表示成各輸入訊號經由各不同之權值加權後，依序在累加器中作線性的累加，亦即

$$net_k = \sum_{j=1}^{n} w_{kj} x_j + b_k \qquad (6.1)$$

其中 w_{kj} 為權重值，x_j 為輸入，b_k 為一個純量偏權值。

3. 活化函數（transfer function）

描述網路性能的一種函數，對於一給定之網路，假設輸入端與輸出端分別為兩不同端對時，則輸出端的回應函數與輸入端的激勵函數之間的比值，則稱之為轉移函數。轉移函數在類神經元中是用來轉化輸入訊號累加後的輸出範圍，一般而言需經過正規化（normalized）處理，其輸出值界於 [0, 1] 或 [−1, 1] 之間。常用的轉移函數如圖 6.2 所示，其中為步階函數（step function）[41]、硬限制函數（hard-limit function）[42]、斜坡函數（ramp function）[43]、單極雙彎曲函數（unipolar sigmoid function）[44] 與雙極雙彎曲函數（bipolar sigmoid function）[45]。

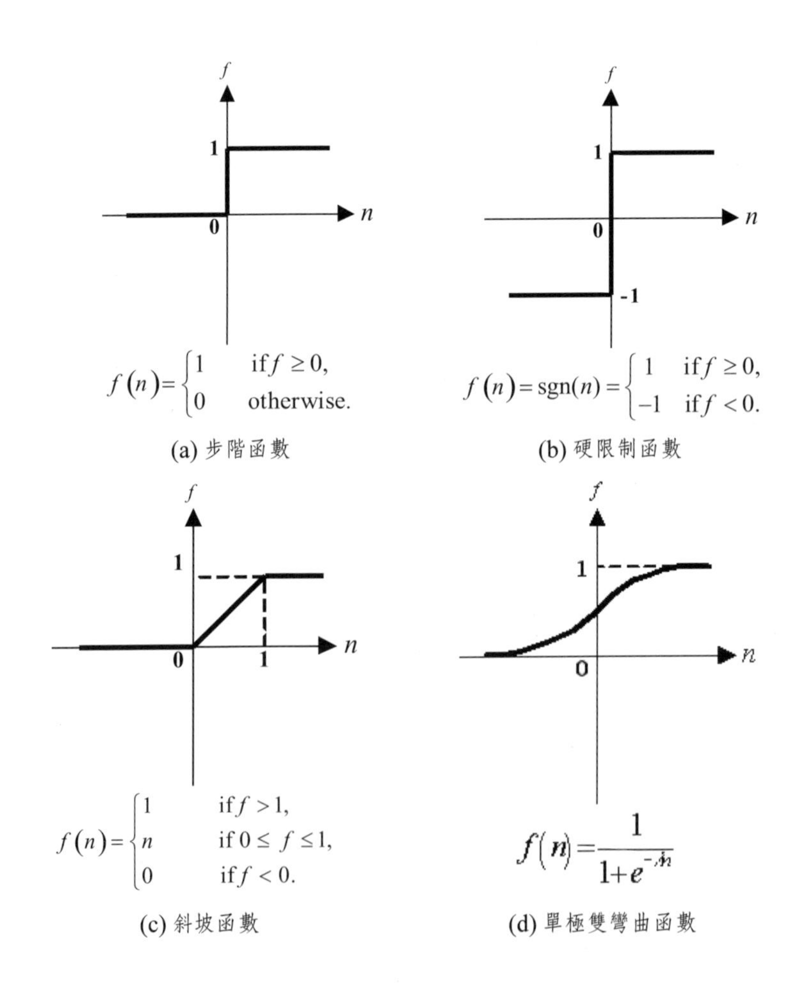

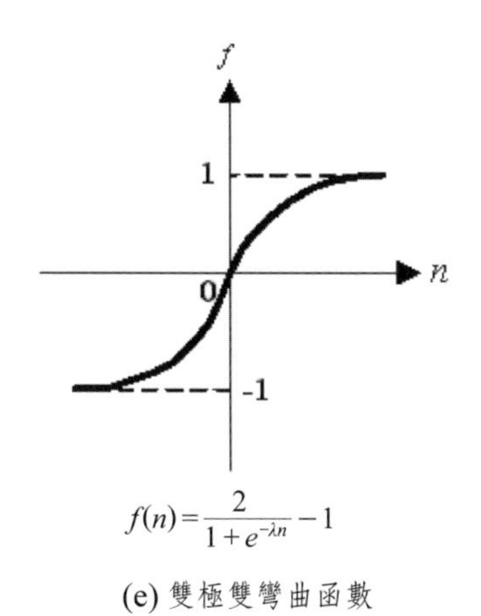

$$f(n)=\frac{2}{1+e^{-\lambda n}}-1$$

(e) 雙極雙彎曲函數

圖 6.2 常見之活化函數。(a) 步階函數 (b) 硬限制函數 (c) 斜坡函數 (d) 單極雙彎曲函數 (e) 雙極雙彎曲函數

不同的觀點而言，類神經網路有許多分類的方式，但較常用之兩種分類方式為以網路的連結架構與其學習演算法來區分。首先以網路的連結架構，可分為下述：

1. 前饋式（feedforward）類神經網路 [46]-[50]

前饋式類神經網路可分為單層前饋式類神經網路（single-layer feedforward neural network）與多層前饋式類神經網路（multilayer feedforward neural network）兩種子類別，其架構連接方式為單一方向的向前傳遞連結，且網路的所有神經元皆無後向或是側向的傳遞連結，亦即前饋式網路中的神經元都只僅與下一層的神經元作相互連結，同一層中的神經元並不互相連結。

2. 回饋式（feedback）類神經網路 [51]-[55]

回饋式神經網路與前饋式類神經網路之最大不同，主要在於回饋式神經網路至少會含有一回饋迴圈。一個回饋式神經網路可能僅包含一層神經元，而在此層的神經元會將各自輸出之訊號回傳給同一層中的其它神經元或前一層的神經元，以作為輸入資料。

類神經網路是以模擬大腦的功能為主要目的，由於從經驗中學習是大腦主要特性之一，故此在類神經網路中便利用各種不同的學習演算法來模擬此一特性。換言之，學習演算法就是藉著訓練過程來調整類神經網路中各神經元間的連結強弱，亦即模擬各層神經元將所要隱含的知識（knowledge or intelligence）放入神經元間的連結權值。

在本書中，我們將針對較常見的多層感知機類神經網路做介紹，並明如何使用遺傳演算法來調整多層感知機類神經網路的權重值。

遺傳多層感知機網路的設計流程如圖 6.3 所示，在圖 6.3 中我們可以發現遺傳多層感知機網路主要分為設計相關初始化參數、多層感知機網路的設計，以及遺傳演算法學習流程的設計，以下將針對這三個主題做說明。

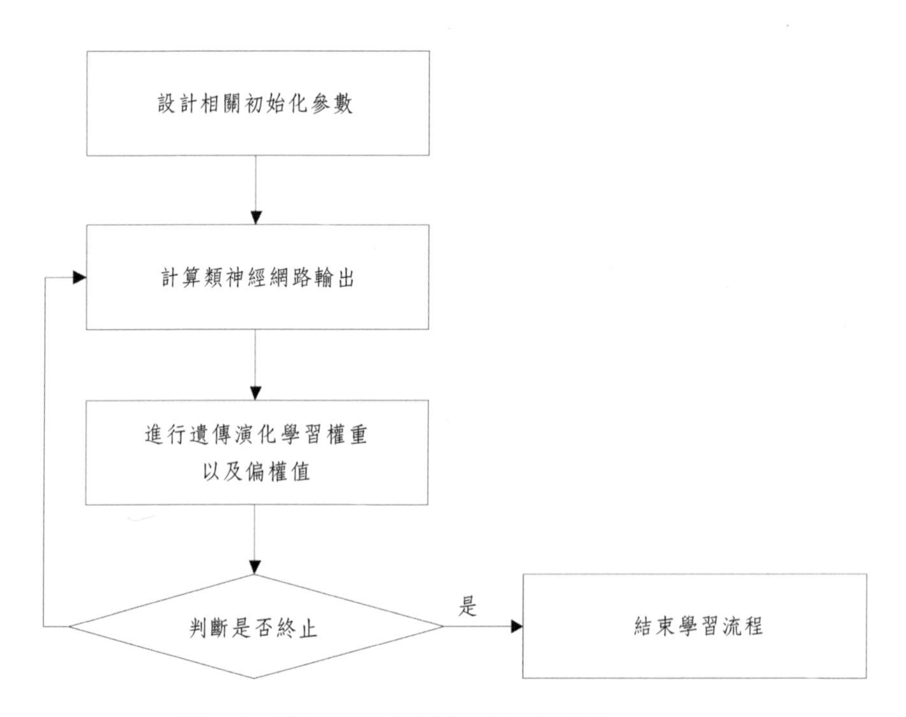

圖 6.3　遺傳多層感知機網路設計流程

1. 設計相關初始化參數

在這個步驟中主要分為多層感知機網路參數，以及遺傳演算法學習參數分別說明如下：

a. 多層感知機網路參數

- 感知機網路階層數。
- 神經元個數。
- 神經元運算型態。
- 輸出入個數。

b. 傳演算法學習參數

- 染色體族群大小。
- 適應函數設計。
- 演化終止條件定義。
- 排序演算法的定義。
- 複製策略定義。
- 交配機率以及交配策略定義。
- 突變機率以及突變策略定義。

2. 多層感知機網路的設計

類神經網路的設計流程如圖 6.4 所示，如圖 6.4 所示，設計流程主要包含架構神經網路、輸入資料的讀取，以及計算神經網路的輸出，在計算完神經網路的輸出後判斷是否還有輸入資料有資料則繼續計算若無則進行權重調整，其中類神經網路的架構在本書中是以多層感知機網路為主 [56]-[60]，多層感知機網路架構圖如圖 6.5 所示，在圖 6.5 中主要是一個 3 層式多層感知機網路，各層的運算分別說明如下：

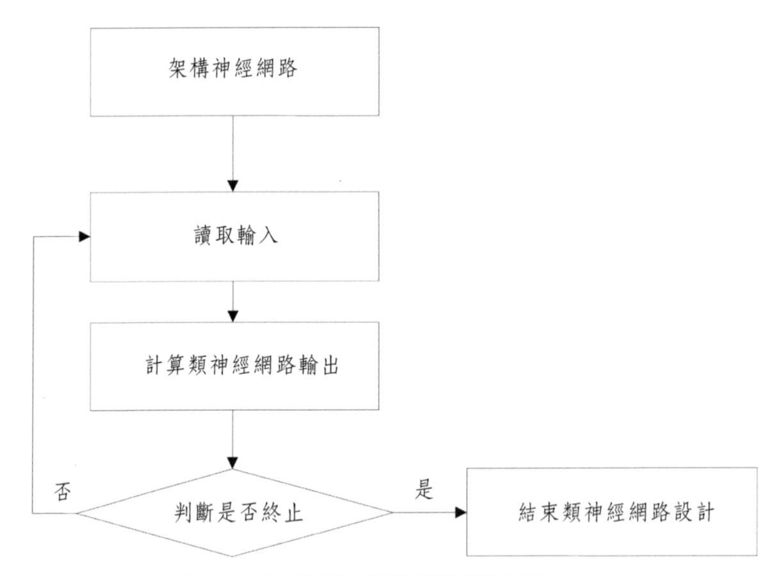

圖 6.4　多層感知機網路設計流程

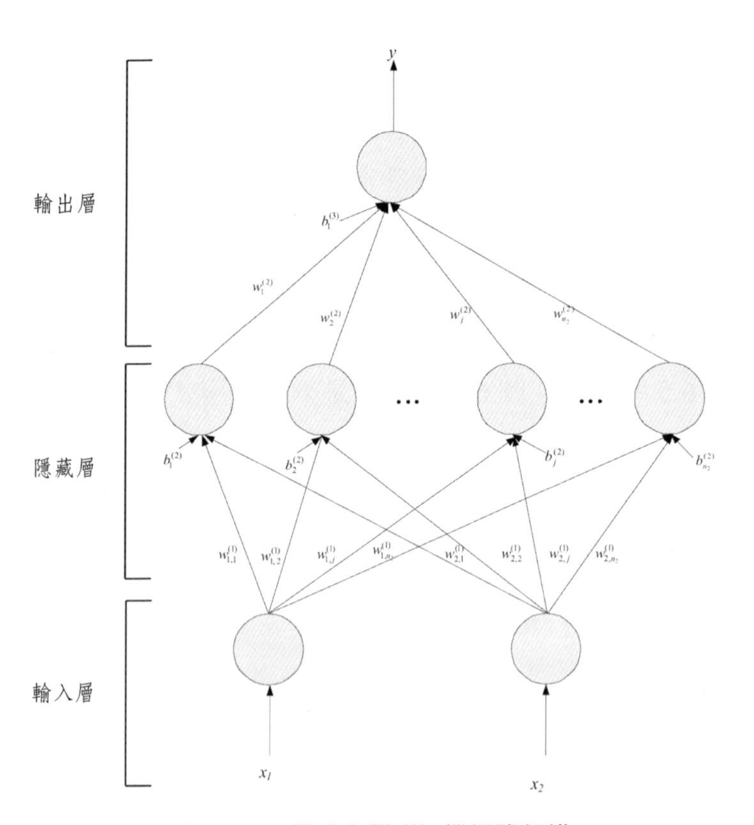

圖 6.5　3 層式多層感知機網路架構

a. 輸入層

第一層的類神經元並不作任何的運算，只是直接將輸入信號傳送至下一層。連接輸入信號與類神經元的權值在運算中也不會被調整，將一直保持為 1；其計算公式如下：

$$u_i^{(1)} = x_i \text{，} \qquad (6.2)$$

其中 $u_i^{(1)}$ 表示第一層第 i 個輸出信號，x_i 代表第 i 個輸入訊號。

b. 隱藏層

在這一層中主要是計算轉移函數，例如若是在此層採取斜坡函數（參考圖 6.2），則隱藏層網路輸出如下：

$$u_j^{(2)} = \frac{1}{1 + e^{(-1 \times \sum_{i=1}^{n_1} w_{i,j}^{(1)} \times u_i^{(1)} + b_j^{(2)})}} \qquad (6.3)$$

其中 $u_j^{(2)}$ 表示表示第二層第 j 個輸出信號、$u_i^{(1)}$ 表示第一層第 i 個輸出信號、而 $b_j^{(2)}$ 為第 j 個神經元的偏權值，$w_{i,j}^{(1)}$ 是隱藏層與輸入層間連結第 i 個輸入和第 j 個神經元的權重，n_1 為第一層神經元數量。

c. 輸出層：

在這一層中主要是計算網路輸出值，例如若是在此層採取斜坡函數（參考圖 6.2），則輸出層網路輸出如下：

$$u_j^{(3)} = \frac{1}{1 + e^{(-1 \times \sum_{i=1}^{n_2} w_{i,j}^{(2)} \times u_i^{(2)} + b_j^{(3)})}} \qquad (6.4)$$

其中 $u_j^{(3)}$ 表示輸出層第 j 個輸出信號、$u_i^{(2)}$ 表示第二層第 i 個輸出信號、而 $b_j^{(3)}$ 為第 j 個神經元的偏權值，$w_{i,j}^{(2)}$ 是輸出層與隱藏層間連結第 i 個輸入和第 j 個神經元的權重，n_2 為第二層神經元數量。

例 6.1 說明多層感知機網路輸出的計算，透過例 6.1 的說明，讀者可以更加了解多層感知機網路的相關運算。

例 6.1　多層感知機網路

假設有一個 2 個輸入 1 個輸出的 3 層的感知機網路其中隱藏層的神經元數量為 3，相關權重值如圖 6.5 所示，若輸入為 0.4 以及 0.5，則網路輸出計算如下：

輸入層：

$$u_1^{(1)} = 0.4 \tag{6.5}$$

$$u_0^{(1)} = 0.5 \tag{6.6}$$

隱藏層

$$u_1^{(2)} = \frac{1}{1+e^{(-1\times\sum_{i=1}^{n_1} w_{i,1}^{(1)} \times u_i^{(1)} + b_1^{(2)})}} = \frac{1}{1+e^{-2.9}} = 0.9478 \tag{6.7}$$

$$u_2^{(2)} = \frac{1}{1+e^{(-1\times\sum_{i=1}^{n_1} w_{i,2}^{(1)} \times u_i^{(1)} + b_2^{(2)})}} = \frac{1}{1+e^{-1.59}} = 0.8306 \tag{6.8}$$

$$u_3^{(2)} = \frac{1}{1+e^{(-1\times\sum_{i=1}^{n_1} w_{i,3}^{(1)} \times u_i^{(1)} + b_3^{(2)})}} = \frac{1}{1+e^{-5.88}} = 0.9972 \tag{6.9}$$

輸出層

$$y = \frac{1}{1+e^{(-1\times\sum_{i=1}^{n_1} w_{i,1}^{(2)} \times u_i^{(2)} + b_1^{3)})}} = \frac{1}{1+e^{-11.1779}} = 1 \tag{6.10}$$

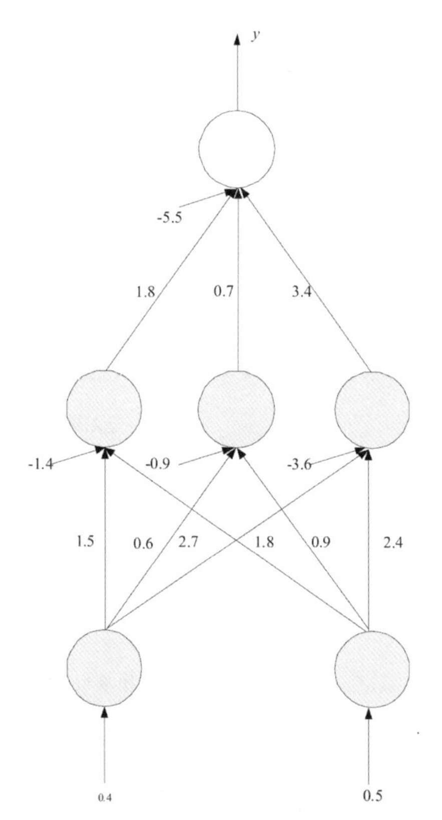

圖 6.6　3 層式感知機網路實例

3. 遺傳演算法學習設計流程

在介紹完多層感知機網路架構以及其相關運算後，接著本書將介紹應用於多層感知機網路的遺傳演算法學習設計流程，多層感知機網路的遺傳演算法學習設計流程如圖 6.7 所示，在圖 6.7 中我們可以發現主要的流程有：多層感知機網路基因編碼以及染色體的組成、染色體的初始化、適應函數求值的步驟、排序的運算、複製的運算、交配的運算、突變的運算，以及演化結束條件判斷，以下將針對這些運算做詳細的說明。

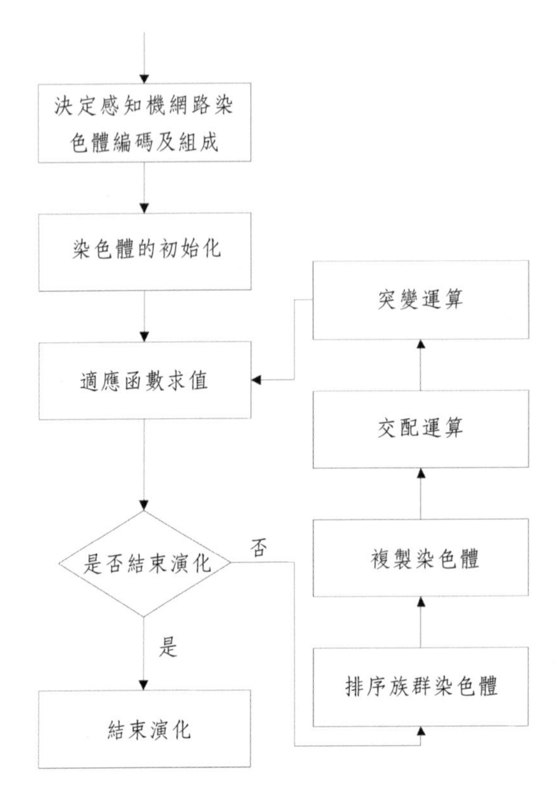

圖 6.7　多層感知機網路遺傳演算法學習設計流程

1. 多層感知機網路基因編碼以及染色體的組成

首先進行基因編碼以及染色體組成的設計，基因編碼主要是決定基因的形式，基因的形在本書中介紹的有：二進位型、實數型、編碼型 [61]-[65]，選擇的依據主要是跟欲處理的問題相關，在此由於基因的組成與多層感知機網路的神經元有關，所以須取決於多層感知機網路的神經元的類型，一般來說以二進位型以及實數型基因編碼形式最為常見，在本章節中，將以實數型基因編碼為主，主要是這種基因編碼較為直覺也較為有效率。

在介紹決定基因編碼的方式後，接下來便是染色體的設計，在多層感知機網路中所定義的解為一組代表多層感知機網路的相關權重以及偏權值的集合，一般來說染色體的組成如圖 6.8 所示，在圖 6.8 中，W_j^k 代表連結到第 k 層第 j 個神經元的權重，B_j^k 代表第 k 層第 j 個神經元的偏權權值，n_3 為輸出層數量。

例 6.1 說明 3 層感知機網路染色體基因設計的實例

基因值												
W_1^2	W_1^2	…	W_j^2	B_j^2	…	$W_{n_2}^2$	$B_{n_2}^2$	W_1^3	B_1^3	…	$W_{n_3}^3$	$B_{n_3}^3$

圖 6.8　遺傳模糊系統染色體基因編碼

例 6.2　3 層感知機網路染色體基因設計

若有一個多層感知機網路為三層式架構，2 個輸入以及 1 個輸出，假設隱藏層的神經元個數為 3，則網路架構圖如圖 6.6 所示，而其所對應的染色體基因設計如圖 6.9 所示。

基因值												
W_1^2		B_1^2	W_2^2		B_2^2	W_3^2		B_3^2	W_1^3			B_1^3
1.5	2.7	1.4	0.6	0.9	0.9	1.8	2.4	3.6	1.8	0.7	3.4	5.5

圖 6.9　3 層感知機網路染色體基因編碼

在決定好基因以及染色體的形式之後，整個多層感知機網路的前置工作就算告一個段落了，接下來是遺傳多層感知機網路系統的設計重點－演化流程的開始。

3. 染色體的初始化

在這個步驟中，主要是進行染色體初始化的動作。在決定完染色體形式以及基因的編碼後，接下來就是進行染色體初始化的動作，產生染色體初始族群的方法，主要可以分為隨機產生初始族群以及啟發式產生初始族群兩種方法 [66]-[70]，在決定相關的產生方法後，就可以依據該方法產生初始族群，產生出來的族群中每條染色體都是一組多層感知機網路的解，一般來說產生初始族群染色體的流程如圖 6.10 所示，圖 6.10 的流程詳細說明如下：

a. 首先是決定染色體中各個基因值的大小範圍，各基因值大小範圍的主要是多層感知機網路權重值的範圍，一般來說多層感知機網路權重值的範圍較難固定，一般多是以錯誤嘗試法則來尋找。

b. 接著依據步驟 2 設定值，產生族群中的染色體，產生染色體的方式如上所述可以分為隨機產生初始族群以及啟發式產生初始族群，在決定好產生方式後即依照該產生方式產生族群中的染色體。

c. 判斷是否產生足夠的染色體，若不足族群大小，則返回步驟 2 否則結束初始化步驟。

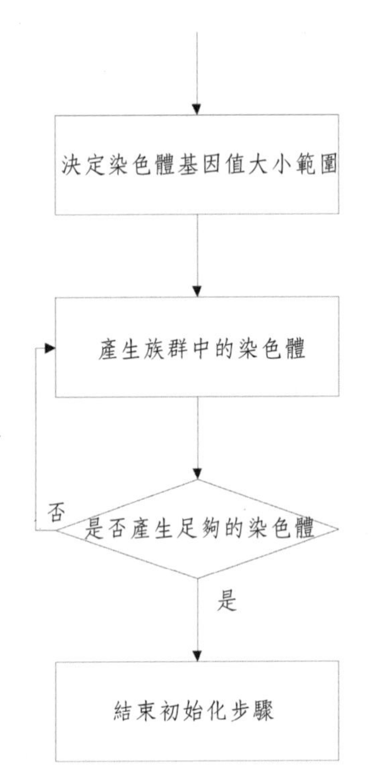

圖 6.10　染色體的初始化流程

例 6.3 說明透過例 6.3 隨機產生初始化染色體的族群。

例 6.3　初始化染色體族群

若基因值的範圍設為 W_j^k 權重參數介於 0-5 以及 B_j^k 偏權值參數介於 0-1，族群大小為 5，則例 6.2 隨機產生初始化染色體的族群如圖 6.11 所示。

基因值												
W_1^2		B_1^2	W_2^2		B_2^2	W_3^2		B_3^2	W_1^3			B_1^3
1.5	2.7	0.4	1.6	3.2	0.7	3.8	1.4	0.9	1.1	4.7	4.2	0.6
2.4	4.7	0.8	0.1	0.4	0.3	1.2	1.3	0.7	2.7	0.2	0.3	0.7
4.5	4.3	0.9	3.2	2.6	0.1	0.8	4.5	0.2	3.2	0.4	3.5	0.5
2,3	3.2	0.1	0.4	4.7	0.3	3.4	0.8	0.9	0.8	1.6	3.6	0.8
1.4	1.7	0.3	4.3	1.9	0.5	4.5	1.0	0.8	0.4	3.8	1.6	0.4

圖 6.11　染色體初始族群

4. 適應函數求值的步驟

在遺傳演算法中，適應函數的設計主要是用作搜尋最佳解的依據。適應函數決定了每一個族群中染色體適應環境的能力，是遺傳演算法中用以判斷一條染色體生存與否的依據，合適的適應函數往往可以將染色體的優劣比較出來。

在前述的步驟中，我們已經將染色體初始化完成，每條染色體代表著多層感知機網路的權重組，但是目前我們無法了解每條染色體代表著多層感知機網路的權重組的效能如何，為了計算效能，就必須進行適應函數的設計。

適應函數代表著染色體代表著多層感知機網路的權重組的效能指標，在適應函數的設計中，雖然適應函數值可以用來代表每一個染色體對最佳解的適應程度，但針對每一個控制系統來說，所需要適應函數都不盡相同，一般來說，適應函數的設計可以分為監督式以及增強式適應函數設計兩種。

一般來說，針對整個染色體族群適應函數求值步驟的流程如圖 6.12 所示，適應函數求值步驟完整流程的詳細說明如下：

a. 讀取族群中染色體。

b. 根據步驟 1 選擇的染色體架構多層感知機網路。

c. 取得明確輸入資料。

d. 代入步驟 2 所架構的多層感知機網路取得網路輸出。

e. 進行適應函數值的計算，適應函數的設計主要根據不同的控制系統有不同的設計，讀者可以參考第三章的詳細說明。

f. 判斷適應函數計算是否終止，也就是輸入器是否有輸入資料，若是有則進行步驟 3，否則將適應函數值設定給步驟 1 選擇的染色體繼續步驟 6。

g. 判斷整個染色體族群的染色體是否都被選取，若無則進行步驟 1，否則結束整個染色體族群適應函數求值步驟。

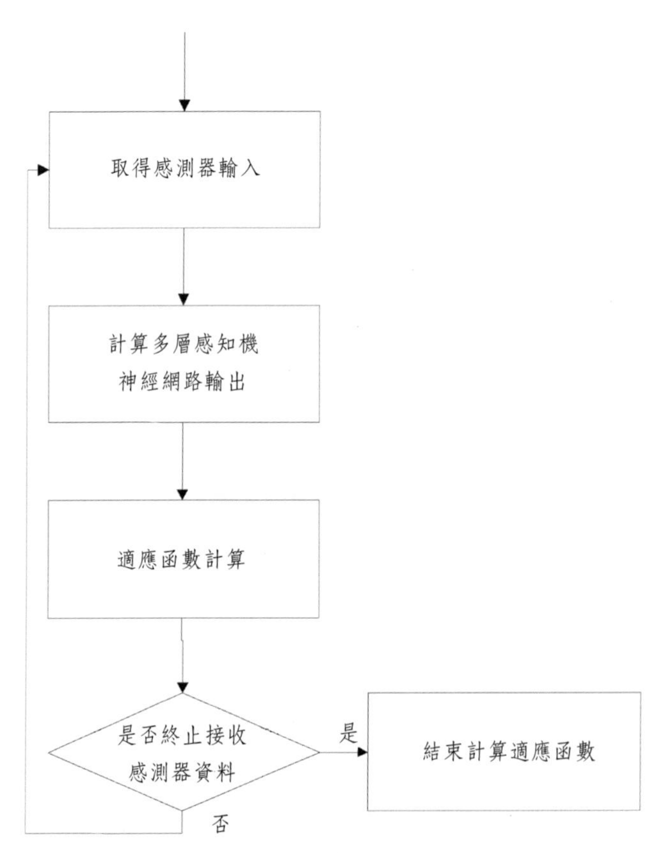

圖 6.12　適應函數求值步驟流程

例 6.4 說明透過適應函數求值步驟計算明確輸出計算目標輸出之間的適應函數。

例 6.4　適應函數計算

若神經網路的輸出分別為 0.2、0.5，以及 0.6，若目標輸出為 0.3、0.1，以及 0.7，則若採取式(3.13)的最小均方差為適應函數則適應函數值計算如下：

$$
\begin{aligned}
fitness\_Value &= \frac{\sqrt{\sum_{i=1}^{n}(x_i^d - x_i')^2}}{n} \\
&= \frac{\sqrt{(0.3-0.2)^2+(0.1-0.5)^2+(0.7-0.6)^2}}{3} \\
&= \frac{\sqrt{0.1^2+-0.6^2+0.1^2}}{3} = 0.245
\end{aligned} \qquad (6.11)
$$

5. 排序的運算

經過上述的步驟，族群中所有的染色體的適應函數值以經被計算出來，接下來要進行排序族群染色體的運算，排序的運算主要是將經過計算而得到適應值的染色體進行排序 [71]-[75]，以方便進行接下來的演化步驟，透過排序可以知道目前染色體的效能狀況，而排序的方法，與資料結構所提及的排序演算法一樣。

一般來說，排序運算的流程如圖 6.13 所示，排序運算完整流程的詳細說明如下：

a. 首先將族群中所有的染色體，依據上述步驟分別計算每條染色體的適應函數值。

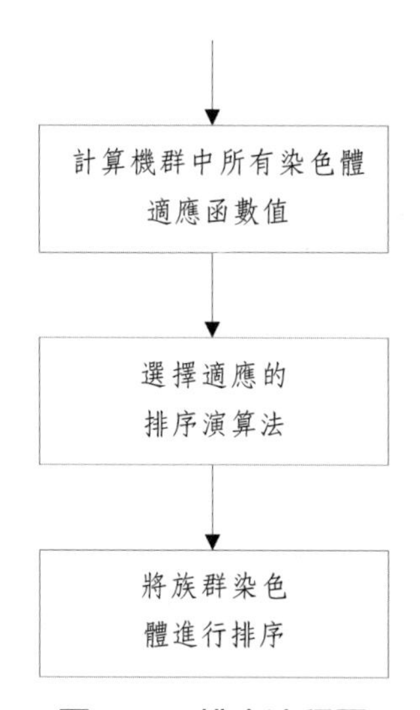

圖 6.13　排序流程圖

b. 將步驟 1 所產生族群中每條染色體的適應函數值，依據設計相關初始化參數步驟中所選擇的排序方法進行族群染色體的排序。

在經過排序之後整個族群中的染色體將依據適應值大小排序好，一般來說適應函數的設計是適應函數值越大代表該染色體適應程度越好，所以，排序的原則應該是適應函數值由大到小排序，染色體族群排序實例如例 6.5。

例 6.5　染色體族群排序

若圖 6.11 經過適應函數計算後得到個染色體適應函數值結果如圖 6.14 所示，若採取氣泡式排序法，則排序流程如下，其中斜體數值代表每次掃描進行交換的適應值：

染色體	
索引	適應值
1	11
2	23
3	38
4	20
5	24

圖 6.14　族群適應函數值

適應函數值：（11，23，38，20，24）

第一次掃描：（11，23，38，20，24）

（***23***，***11***，38，20，24）

（23，***38***，***11***，20，24）

（23，38，***20***，***11***，24）

（23，38，20，***24***，***11***）

第二次掃描：（23，38，20，24，11）

（***38***，***23***，20，24，11）

（38，***23***，***20***，24，11）

（38，23，***24***，***20***，11）

第三次掃描：（38，23，24，20，11）

（***38***，***23***，24，20，11）

（38，***24***，***23***，20，11）

第四次掃描：（38，24，23，20，11）

（***38***，***24***，23，20，11）

排序後的族群染色體結果如圖 6.15 所示。

染色體	
索引	適應值
3	38
5	24
2	23
4	20
1	11

圖 6.15　排序後染色體族群

6. 複製的運算

在排序好族群中染色體後，接下來就是針對族群中的染色體進行複製的步驟，複製的步驟主要是希望染色體族群中表現較佳的染色體可以被較大量的保留 [76]-[77]，透過複製步驟，新的子代族群染色體可以保留母代族群中表現較好的染色體，藉以加速族群染色體收斂的速度。複製的流程如圖 6.16 所示，複製運算完整流程的詳細說明如下：

a. 首先依據設計相關初始化參數步驟中設定欲複製到新族群的染色體總數量，一般是複製三分之二到二分之一。

b. 依據設計相關初始化參數步驟中所選擇合適的複製策略進行複製母代染色體到新的子代染色體中。

c. 根據步驟 1 中的複製到新族群的染色體總數量，判斷是否已將足夠數量的染色體複製到新族群的染色體，若是已將足夠數量的染色體複製到新的子代族群中，則結束複製步驟，否則進行接下來的步驟 4。

d. 根據步驟 2 中的複製策略運算的結果，將染色體複製到子代族群中。

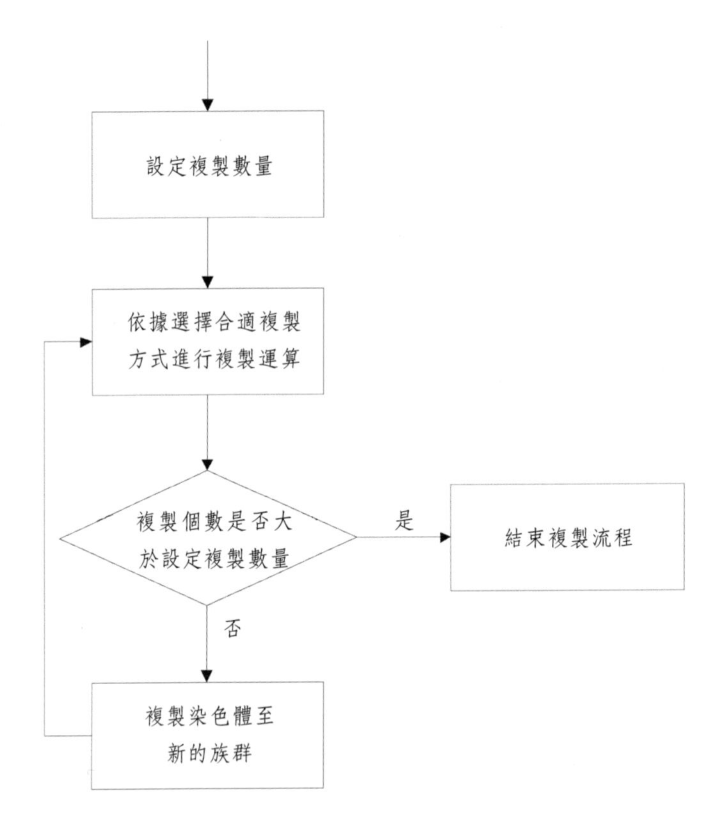

圖 6.16　複製流程圖

複製之後的子代染色體族群中，將有部分是自母代中所繼承而來的優良染色體，在接下來的交配和突變運算中，這些自母代中所繼承的優良染色體將會互相交換以及變更基因值，透過這樣的運算，希望可以在優良染色體中找到表現優越的染色體。複製流程的實例如下：

例 6.6　複製流程實例

參考排序結果圖 6.15，假設在輪盤式選取中我們希望在子代中前 3 條的染色體是透過母代複製的來則選取染色體的計算如下：

參考式（3.15）計算總適應函數值如下：

$$TotalFitness = \sum_{i=1}^{3} = Fitness\_Value_i = 38 + 24 + 23 = 85 \quad (6.12)$$

參考式（3.16）計算各染色體的保留比例如下：

第一條染色體的保留比例

$$FitnessRate_1 = \frac{Fitness\_Value_1}{TotalFitness} = \frac{38}{85} = 0.45 \quad (6.13)$$

第二條染色體的保留比例

$$FitnessRate_2 = \sum_{i=1}^{2} \frac{Fitness\_Value_i}{TotalFitness} = 0.45 + \frac{24}{85} = 0.73 \quad (6.12)$$

第三條染色體的保留比例

$$FitnessRate_3 = \sum_{i=1}^{3} \frac{Fitness\_Value_i}{TotalFitness} = 0.73 + \frac{23}{85} = 1 \quad (6.15)$$

參考式（3.17）隨機產生值產生如下：

$$\begin{aligned} &Fitness\_Value_1 = 0.81， \\ &Fitness\_Value_2 = 0.63， \\ &Fitness\_Value_3 = 0.72， \end{aligned} \quad (6.16)$$

所保留下來的染色體如圖 6.17 所示。

基因值												
W_1^2		B_1^2	W_2^2		B_2^2	W_3^2		B_3^2	W_1^3			B_1^3
2.4	4.7	0.8	0.1	0.4	0.3	1.2	1.3	0.7	2.7	0.2	0.3	0.7
1.4	1.7	0.3	4.3	1.9	0.5	4.5	1.0	0.8	0.4	3.8	1.6	0.4
1.4	1.7	0.3	4.3	1.9	0.5	4.5	1.0	0.8	0.4	3.8	1.6	0.4

由交配及突變產生

圖 6.17　複製後族群

在例 6.6 中，我們發現，雖然複製可以將母代族群中表現較好的染色體保留下來，但是，針對表現最好的染色體，卻不一定能保證一定被保留在子代，主要的原因是因為每次挑選保留機率時是以隨機產生，這樣的結果會造成學習曲線上下震盪，造成收斂的困難，所以針對這樣的問題，有學者提出精英策略[78]-[80]來解決這個問題，在精英策略中主要的邏輯是，在複製時一定要將母代族群中表現最好的染色體直接複製到子代中，如此就可以避免學習曲線上下震盪，收斂的困難的問題，圖 6.18 為圖 6.17 透過精英策略後的複製結果。

基因值												
W_1^2		B_1^2	W_2^2		B_2^2	W_3^2		B_3^2	W_1^3			B_1^3
4.5	4.3	0.9	3.2	2.6	0.1	0.8	4.5	0.2	3.2	0.4	3.5	0.5
2.4	4.7	0.8	0.1	0.4	0.3	1.2	1.3	0.7	2.7	0.2	0.3	0.7
1.4	1.7	0.3	4.3	1.9	0.5	4.5	1.0	0.8	0.4	3.8	1.6	0.4

由交配及突變產生

圖 6.18　精英策略後的複製結果

7. 交配的運算

在經過複製運算後新產生的子代族群染色體可以保留原先母代中具有較佳效能的染色體，然而，在子代族群中並未有新的基因值組加入染色體中，為了讓演化能順利進行必須透過交配運算，以及透過組合不同染色體的基因產生新的染色體。

交配的目的是希望子代能夠藉由交配來組合子代族群染色體使其產出具有更高適應函數值的染色體 [81]-[85]，但是也有可能子代在將配過程中只交換了母代染色體較差的基因，所以交配策略無法保證一定可以產生出更好的子代族群，不過在遺傳演算法中因為有選擇以及複製的機制，較差的染色體會逐漸遭到淘汰，而具有較佳適應函數值的染色體可以繼續存活並執行演化步驟。

一般來說，交配運算的流程如圖 6.19 所示，交配運算完整流程的詳細說明如下：

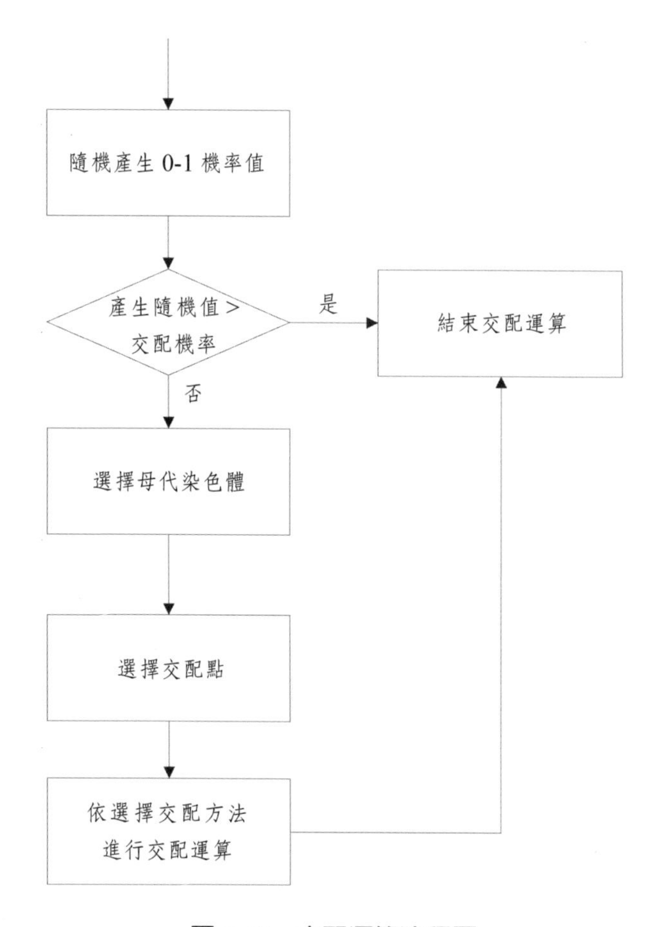

圖 6.19　交配運算流程圖

a. 首先產生一個隨機的機率值，機率值的範圍為介於 0-1 之間，精確度則依據所產生的交配機率而定。

b. 將步驟 1 所產生的機率值與設計相關初始化參數步驟中所定義的交配機率做比對，若步驟 1 所產生的機率值大於交配機率，則結束交配運算，否則進行接下來的步驟。

c. 選擇所需交配的母代染色體，並依據設計相關初始化參數步驟中所選擇合適的交配策略，選擇適當的交配點。

d. 在選擇的交配點中，依據設計相關初始化參數步驟中所選擇合適的交配策略，對該染色體進行交配運算。

e. 判斷是否產生足夠的子代染色體，若足夠則結束程式若不足則繼續步驟 3。

透過交配運算，子代染色體族群將注入新的候選解，透過交換染色體的基因值搜尋目前值組空間中是否存在最佳解，交配的實例如下：

例 6.7　交配運算

若交配機率為 0.4，而所產生的隨機值為 0.3 小於交配機率，則進行交配運算，參考圖 6.18，若挑選出來的母代染色體為第一條以及第三條，則若採取兩點式交配，假設挑選交配點為第 3 個以及第 6 個基因位置，則交配結果如圖 6.20 所式。

基因值												
W_1^2		B_1^2	W_2^2		B_2^2	W_3^2		B_3^2	W_1^3			B_1^3
		交配點										
4.5	4.3	0.3	4.3	1.9	0.5	0.8	4.5	0.2	3.2	0.4	3.5	0.5
1.4	1.7	0.9	3.2	2.6	0.1	4.5	1.0	0.8	0.4	3.8	1.6	0.4

圖 6.20　交配運算

8. 突變的運算

在經過交配運算後新的族群中的染色體經過互相交換母代後彼此可以擁有

較佳效能染色體的基因，然而，在新的族群中並未有新的基因值加入族群染色體中，為了讓演化能加入新的基因值進行更廣域的探索，必須透過突變運算來加入新的基因值。

突變運算元主要是希望遺傳演化不會因為複製或交配等過程中而遺失了有用資訊 [86]-[90]。突變運算元有時也具有跳脫區域最佳解、廣大搜尋空間範圍以及逼近全域最佳解。

一般來說，突變運算的流程如圖 6.21 所示，突變運算完整流程的詳細說明如下：

a. 首先產生一個隨機的機率值，機率值的範圍為介於 0-1 之間，精確度則依據所產生的突變機率而定。

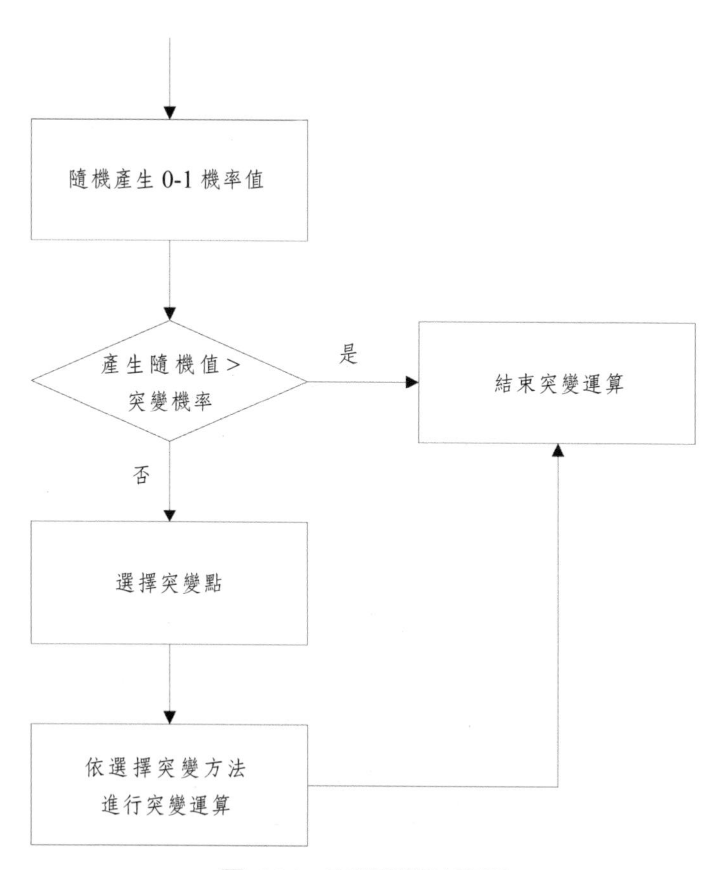

圖 6.21　突變運算流程圖

b. 將步驟 1 所產生的機率值與設計相關初始化參數步驟中所定義的突變機率做比對，若步驟 1 所產生的機率值大於突變機率，則結束突變運算，否則進行接下來的步驟。

c. 選擇要突變的染色體，隨機選擇適當的突變點。

d. 在選擇的突變點中，依據設計相關初始化參數步驟中所選擇合適的突變策略，對該染色體進行突變運算。

5. 判斷是否產生足夠的子代染色體，若足夠則結束程式若不足則繼續步驟 3。

透過突變運算，子代染色體族群將注入新的基因值來幫助原來染色體跳脫區域最佳解、廣大搜尋空間範圍以及逼近全域最佳解，突變的實例如下：

例 6.8　突變運算

若突變機率為 0.2，而所產生的隨機值為 0.1 小於突變機率，則進行突變運算，參考圖 6.18，若挑選出來的母代染色體為第二條，則若採取隨機選取突變，假設挑選突變點為第 3 個基因位置，則突變結果如圖 6.22 所示。

基因值												
W_1^2		B_1^2 突變點	W_2^2		B_2^2	W_3^2		B_3^2	W_1^3			B_1^3
2.4	4.7	0.6	0.1	0.4	0.3	1.2	1.3	0.7	2.7	0.2	0.3	0.7

圖 6.22　突變運算

9. 演化結束條件判斷

結束演化的條件是多層感知機網路的終止條件，達成終止條件的網路也就是學習完成的多層感知機網路，因此，設定終止條件的好壞影響著訓練完成的多層感知機網路效能的好壞，終止條件若設的過於寬鬆，則學習完成的網路參數可能無法完成我們的需求，終止條件若設的過於嚴謹，則可能無法達成終止條件導致演化無窮盡的進行，一般來說，設計演化終止的條件主要是根據所欲處理問題的種類來決定，通常可分為固定演化代數，以及達成特定目標兩種不同的終止條件 [91]-[92]，分別說明如下：

a. 定義固定演化代數的終止條件

主要是定義固定演化代數，透過固定演化代數來執行演化，在達到定義的演化代數則跳出演化程序並將族群中染色體適應值最高的作為多層感知機網路的權重參數。此類的方法最常應用的方面是監督式學習 [91] 的例子，在監督式學習架構中由於目標值是明確可衡量的，所以一般的做法是定義一個特定的演化代數讓族群中的染色體經過這個特定的演化代數的演化來搜尋最佳解。

b. 達成特定目標的終止條件

這個方法的終止條件主要是定義遺傳演算法是否達成某特定目標，在達到特定目標時則跳出演化程序並將族群中染色體適應值最高的作為多層感知機網路的權重參數。此類的方法最常應用的方面是監督式學習（[91] 以及 [93]），以及增強式學習（[92] 以及 [94]）的例子，在監督式學習架構中目標值明確，所以可以透過一個理想目標值加減標準差為特定目標值來作為演化終止條件讓族群中的染色體透過這個特定目標值作為目標搜尋最佳解。而在增強式學習方面由於目標值較不明確，所以一般的做法是定義一個描述演算法成功或失敗的訊號（一般稱為增強式訊號）來作為終止條件，讓族群中的染色體依據這個增強式訊號作為目標搜尋最佳解。

6.2 | 遺傳模糊類神經系統

在介紹完多層感知機網路以及遺傳演算法的應用後，讀者對於多層感知機網路應用遺傳演算法來學習應該有了初步的了解，透過遺傳演算法的學習，多層感知機網路可以避免局部最佳解的問題，進而搜尋全域最佳解。

由於前饋式類神經網路（feedforward neural networks，簡稱 FFNNs）同時擁有函數近似和歸納的能力，所以此演算法常常被使用來訓練分類器的樣本。這函數近似的能力能夠辨別任意非線性的表面（surfaces），而歸納的能力能夠讓沒有訓練到的資料作出正確的回應。其實前饋式類神經網路有一個很大的缺點，就是它在特徵空間（feature space）裡無法辨別出不同類別的重疊樣本。這主要的原因是前饋式類神經網路對於分割特徵空間採用的是鋒利的決定性邊界（sharp decision boundary）。因此，不能把前饋式類神經網路的輸出當作是正確的分類歸屬值。這因而產生將類神經網路與模糊理論相結合，成為類神經模糊系統 [95] 的動機。

類神經模糊系統對於訊息的陳述方法依照模糊規則的不同概略可以分為兩種的類型；第一類模型是由學者 Mamdani[96] 所發展出來，一般稱之為 linguistic 模型，其模糊規則是屬於語意式的模糊規則（linguistic fuzzy rule），第二類模型是由學者 Takagi 以及 Sugeno 所提出 [97]，一般稱之為 TSK 模型。它可以描述一般動或靜態的非線性系統，利用模糊化分割（fuzzy partition）將輸入空間視為線性分割的拓展。此種模型可處理非線性系統，其做法是將整個輸入空間切割為數個可用線性系統描述的模糊空間，而輸出空間再以一個線性方程式表示。

在本節中，本書將介紹類神經模糊系統以及遺傳演算法的應用，其中包含遺傳演算法調整曼特寧模糊類神經系統學習以及遺傳演算法調整 TSK 模糊類神經系統學習，透過本節的學習，讀者對遺傳演算法調整模糊類神經系統學習將有初步的了解。

6.2.1 遺傳演算法調整曼特寧模糊類神經系統學習

模糊系統目前已經廣泛的應用在自動控制系統，以及信號處理等方面 [98]-[102]，尤其近年來對於控制器的設計有著十分重要的貢獻，模糊系統已經慢慢有成為設計控制器的理想工具的趨勢。由於模糊系統可應用的範圍非常的廣泛，因此有時亦稱之為模糊專家系統（fuzzy expert system）。其模仿人類對於事物描述方式具有模糊性的觀念，因此模糊系統的優點即是不需要完整精確的數學模型。

另一方面其結合人類的知識於系統的設計上。而模糊化的好處是可以提供較好的推廣性、錯誤容忍度，以及更適合應用於真實世界中各種非線性系統。本節中，我們將討論曼特寧模糊類神經系統以及遺傳演算法的應用，曼特寧模糊類神經系統主要是模糊規則所採用的是由學者 Mamdani[96] 所發展出來，一般稱之為語意式模型，其模糊規則是屬於語意式的模糊規則（linguistic fuzzy rule），其數學模型可以表示為：

$$R^{(j)} \text{ If } x_1 \text{ is } A_1^j \text{ and} \cdots \text{and } x_n \text{ is } A_n^j$$
$$\text{Then } y \text{ is } B_j \qquad (6.17)$$

其中 A_i^j 是第 j 個法則對應第 i 個輸入的歸屬函數而 B_j 是第 $_j$ 個法則語意式模糊變數，$x=(x_1, x_2, \cdots, x_n)^T \in U \subset \mathscr{R}^n$ 為輸入訊號，$y \in V \subset \mathscr{R}$ 分別是以歸屬函數 A_i^j 與 B_j 來定義。A_i^j 以及 B_j 歸屬函數設計方法與第五章所述一般，分為三角形，梯形以及高斯歸屬函數設計，其中 A_i^j 為將明確輸入訊號當作歸屬函數的輸入，而 B_j 則是將 A_i^j 的結果當作歸屬函數的輸入。

語意式模型有利的地方是，其輸出可以用語意來表達，使得此種模型較容易以直覺明瞭，也因此語意式模型容易作應用，在本節中，我們將會使用語意式模型來做類神經網路 [103]-[105]。遺傳曼特寧模糊類神經系統的設計流程如圖 6.23 所示，在圖 6.23 中我們可以發現遺傳曼特寧模糊類神經系統主要分為設計相關初始化參數、曼特寧模糊類神經系統的設計，以及遺傳演算法學習流程的設計，以下將針對這三個主題做說明。

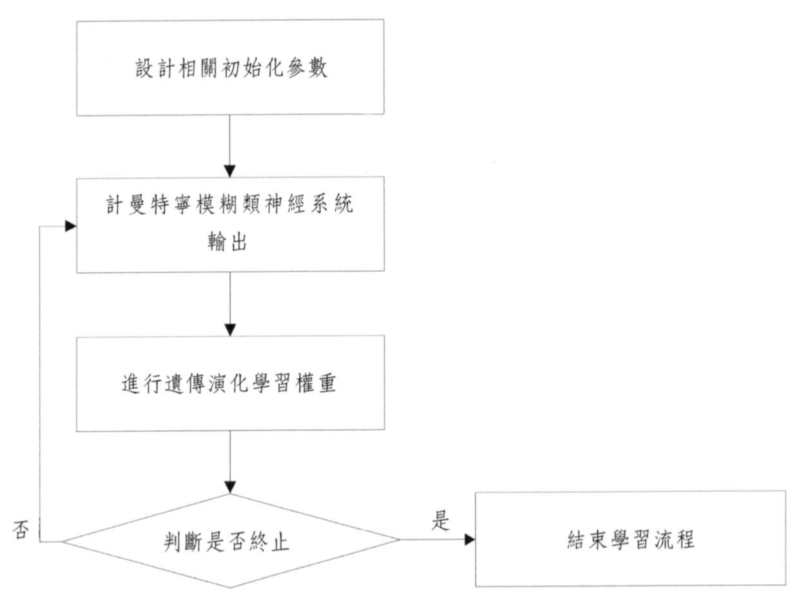

圖 6.23　遺傳曼特寧模糊類神經系統設計流程

1. 設計相關初始化參數

在這個步驟中主要分為曼特寧模糊類神經系統參數以及遺傳演算法學習參數分說明如下：

a. 曼特寧模糊類神經系統參數

- 曼特寧模糊類神經系統階層數。
- 模糊法則數。
- 各神經元運算類型。

b. 傳演算法學習參數

- 染色體族群大小。
- 適應函數設計。
- 演化終止條件定義。
- 排序演算法的定義。
- 複製策略定義。
- 交配機率以及交配策略定義。

・突變機率以及突變策略定義。

2. 曼特寧模糊類神經系統的設計

圖 6.24 簡單的描述了一個以多層的模糊化類神經網路來建構模糊化類神經模型 [106]-[110]，此模型有 n 個輸入、一個輸出，並擁有四層的架構，每一層的模糊化類神經元都做相同的運算。第一層為輸入層，直接將輸入的信號傳送至下一層，這一層中每一個相連接的權值皆為一，並且不會被調整。第四層為輸出層。網路第三層稱之為規則層（rule layer），其為 n 個輸入值，構成模糊規則的基底。整個模型中每一層的運算元的功能及詳細運算我們將會說明於下。

a. 第一層（輸入層）

第一層的類神經元並不作任何的運算，只是直接將輸入信號傳送至下一層。連接輸入信號與類神經元的權值在運算中也不會被調整，將一直保持為 1；其計算公式如下：

$$u_i^{(1)} = x_i, \tag{6.18}$$

b. 第二層（歸屬函數層）

第二層的類神經元，執行輸入值與模型的相關模糊集合的相容程度運算，其計算如下：

$$u_{ij}^{(2)} = s_i^j(\mathrm{u}_i^{(1)}), \text{ where} = 1, 2, \cdots, n;\ j = 1, 2, \cdots, R \tag{6.19}$$

其中 R 代表規則層神經元個數，也就是模糊法則數，$u_i^{(1)}$ 表示第 i 個輸入信號、$u_{ij}^{(2)}$ 表示第 i 個輸入信號在模糊規則為 j 時類神經元的輸出信號、而 $s_i^j(u_i^{(1)})$ 表示模糊化機構，它的功能是將明確的資料模糊化成為模糊的資訊，我們可將它視為一種映射關係。

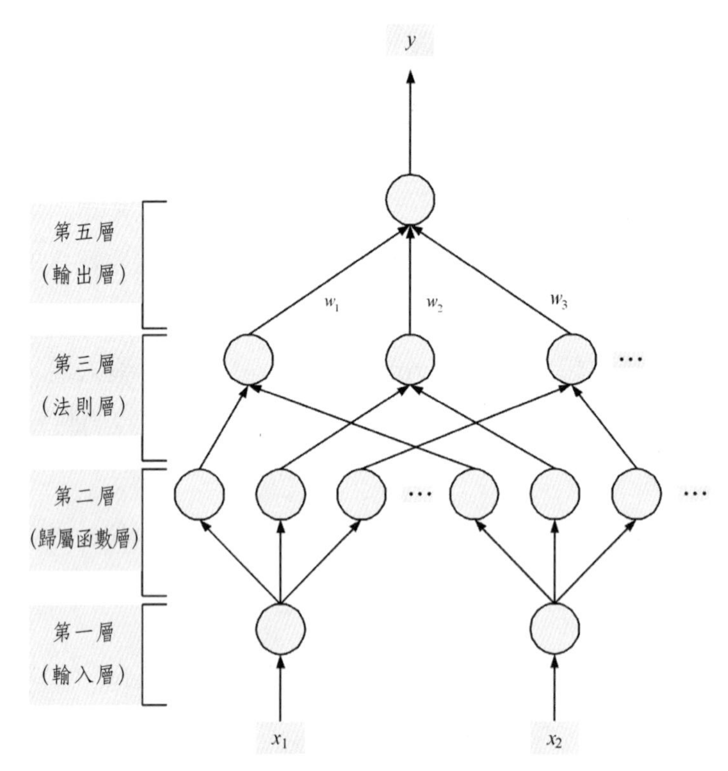

圖 6.24　模糊化類神經網路架構

由明確的輸入空間映射至模糊集合空間。模糊化機構會視各種不同的應用而使用不同的歸屬函數表示式，例如若我們選擇以高斯式歸屬函數作為模糊化機構，其數學式如下：

$$s_i^j(u_i^{(1)}) = \exp\left(-\frac{[u_i^{(1)} - m_{ij}]^2}{\sigma_{ij}^2}\right) \tag{6.20}$$

其中 m 表示高斯函數的中心點（mean）、σ 為寬度（deviation）並以 σ 控制歸屬函數遞減的速率。這種模糊化方式較其他方法（三角形函數、梯形函數）複雜，所需的計算量也比較大，但是此種模糊化方式的優點是，當輸入資料易被雜訊干擾時，還能有效的消除由雜訊引起的錯誤，即有比較好的容錯能力。

c. 第三層（法則層）

第三層的類神經元執行模糊規則啟動強度（firing strength）的運算，每一個類神經元有 n 個由第二層輸出而來的輸入值，其運算數學式如下表示：

$$u_j^{(3)} = \prod_{i=1}^{n} u_{ij}^{(2)}, \text{ where } j = 1, 2, \cdots, R, \tag{6.21}$$

這邊第三層類神經元的運算就相當於模糊理論中所提到的模糊交集運算（fuzzy AND operation）

d. 第四層（解模糊化層）

第四層只有一個類神經元，常見是利用中心平均法來執行去模糊（defuzzifier）的工作，其數學運算式如下：

$$u^{(4)} = \frac{\sum_{j=1}^{R} u_j^{(3)} w_j}{\sum_{j=1}^{R} u_j^{(3)}}, \tag{6.22}$$

其中 w_j 為連接第三層輸出與第四層輸入的權值，也就是第 j 條模糊規則的輸出變數。

例 6.9 說明曼特寧模糊類神經網路輸出的計算，透過例 6.9 的說明，讀者可以更加了解曼特寧模糊類神經網路的相關運算。

例 6.9　曼特寧模糊類神經網路

假設有一個 2 個輸入 1 個輸出的曼特寧模糊類神經網路其中法則層的神經元數量為 3，相關權重值如圖 6.25 所示，若輸入為 0.3 以及 0.6，則網路輸出計算如下：

輸入層：

$$u_1^{(1)} = 0.3 \tag{6.23}$$

$$u_2^{(1)} = 0.6 \tag{6.24}$$

歸屬函數層

$$\begin{aligned}
s_1^1(u_1^{(1)}) &= \exp\left(-\frac{[u_1^{(1)} - m_{11}]^2}{\sigma_{11}^2}\right) = 0.6412 \\
s_1^2(u_1^{(1)}) &= \exp\left(-\frac{[u_1^{(1)} - m_{12}]^2}{\sigma_{12}^2}\right) = 0.3679 \\
s_1^3(u_1^{(1)}) &= \exp\left(-\frac{[u_1^{(1)} - m_{13}]^2}{\sigma_{13}^2}\right) = 0.9608 \\
s_2^1(u_2^{(1)}) &= \exp\left(-\frac{[u_2^{(1)} - m_{21}]^2}{\sigma_{21}^2}\right) = 0.00012341 \\
s_2^2(u_2^{(1)}) &= \exp\left(-\frac{[u_2^{(1)} - m_{22}]^2}{\sigma_{12}^2}\right) = 0.3679 \\
s_3^1(u_2^{(1)}) &= \exp\left(-\frac{[u_2^{(1)} - m_{23}]^2}{\sigma_{23}^2}\right) = 0.5273
\end{aligned} \tag{6.25}$$

推論層

$$\begin{aligned}
u_1^{(3)} &= \prod_{i=1}^{n} u_{i1}^{(2)} = 0.6412 \times 0.00012341 = 0.00007913 \\
u_2^{(3)} &= \prod_{i=1}^{2} u_{i2}^{(2)} = 0.36779 \times 0.3679 = 0.1354 \\
u_3^{(3)} &= \prod_{i=1}^{2} u_{i3}^{(2)} = 0.9608 \times 0.5273 = 0.5066
\end{aligned} \tag{6.26}$$

解模糊化層

$$u^{(4)} = \frac{\sum_{j=1}^{R} u_j^{(3)} w_j}{\sum_{j=1}^{R} u_j^{(3)}}$$

$$
\begin{aligned}
&= \frac{(0.00007913 \times 0.2) + (0.1354 \times 0.3) + (0.5066 \times 0.8)}{0.6421} \qquad (6.27) \\
&= \frac{0.4459}{0.6421} = 0.6944
\end{aligned}
$$

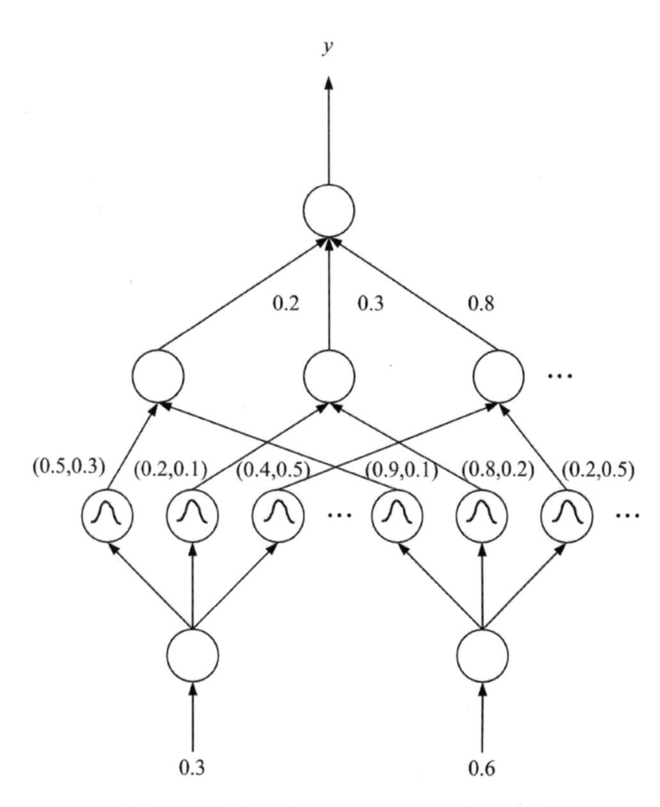

圖 6.25　曼特寧模糊類神經網路實例

3. 遺傳演算法學習設計流程

在介紹完曼特寧模糊類神經系統架構以及其相關運算後，接著本書將介紹應用於曼特寧模糊類神經系統的遺傳演算法學習設計流程，曼特寧模糊類神經系統的遺傳演算法學習設計流程如圖 6.26 所示，在圖 6.26 中我們可以發現主要的流程有：曼特寧模糊類神經系統基因編碼以及染色體的組成、染色體的初始化、適應函數求值的步驟、排序的運算、複製的運算、交配的運算、突變的運算，以及演化結束條件判斷，以下將針對這些運算做詳細的說明。

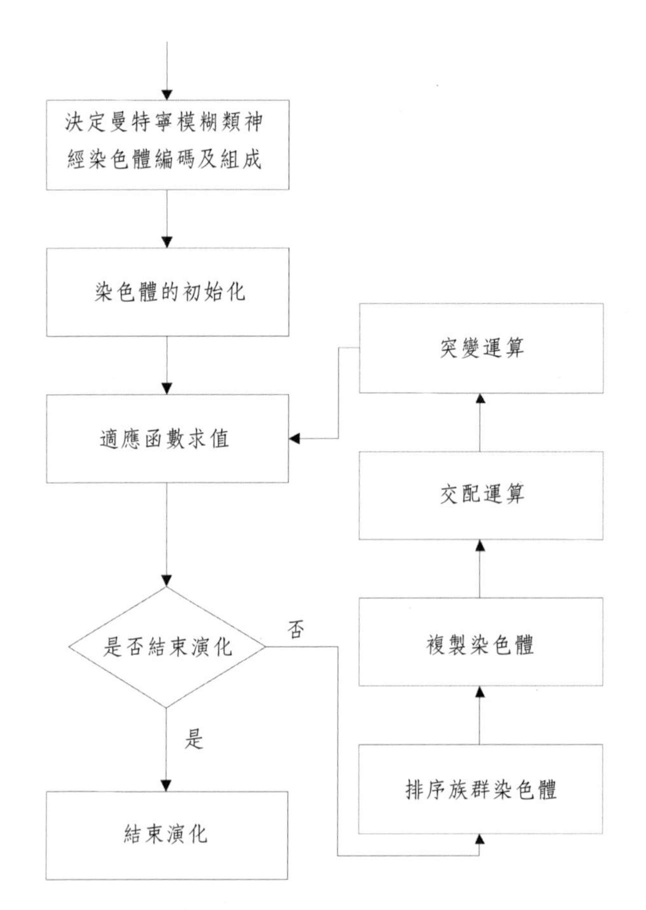

圖 6.26　曼特寧模糊類神經系統遺傳演算法學習設計流程

a. 曼特寧模糊類神經系統基因編碼以及染色體的組成

首先進行基因編碼以及染色體組成的設計，基因編碼主要是決定基因的形式，基因的形式在本書中介紹的有：二進位形、實數形、編碼型，選擇的依據主要是跟欲處理的問題相關，在此由於基因的組成與曼特寧模糊類神經系統的神經元有關，所以須取決於曼特寧模糊類神經系統的神經元的類型，一般來說以二進位形以及實數形基因編碼形式最為常見，在本章節中，將以實數型基因編碼為主，主要是這種基因編碼較為直覺也較為有效率。

在介紹決定基因編碼的方式後，接下來便是染色體的設計，在曼特寧模糊類神經系統中所定義的解為一組代表曼特寧模糊類神經系統的各模糊法則相關模糊歸屬函數參數以及相關權重值，一般來說染色體的組成如圖 6.27 所示，在圖 6.27 中，A_{ij} 代表第 i 個輸入對應的第 j 個法則的模糊歸屬函數，w_{kj} 代表第 j 個法則所對應第 k 個輸出的權重，Q 代表輸出層神經元數，例 6.10 說明曼特寧模糊類神經系統染色體基因設計的實例。

基因值									
$A_{1,1}$	…	$A_{i,j}$	…	$A_{n,R}$	$w_{1,1}$	…	$w_{k,j}$	…	$w_{Q,R}$

圖 6.27　曼特寧模糊類神經系統染色體基因編碼

例 6.10　曼特寧模糊類神經系統染色體基因設計

若有一個曼特寧模糊類神經系統為 2 個輸入以及 1 個輸出，假設模糊法則數為 3，歸屬函數為高斯形態，則網路架構圖如圖 6.25 所示，而所對應的染色體基因設計如圖 6.28 所示。

基因值														
$A_{1,1}$		$A_{1,2}$		$A_{1,3}$		$A_{2,1}$		$A_{2,2}$		$A_{2,3}$		$w_{1,1}$	$w_{1,2}$	$w_{1,3}$
0.5	0.3	0.2	0.1	0.4	0.5	0.9	0.1	0.8	0.2	0.2	0.5	0.2	0.3	0.8

圖 6.28　曼特寧模糊類神經系統染色體基因編碼

在決定好基因以及染色體的形式之後，整個曼特寧模糊類神經系統的前置工作就算告一個段落了，接下來是遺傳曼特寧模糊類神經系統的設計重點－演化流程的開始。

b. 染色體的初始化

在這個步驟中，主要是進行染色體初始化的動作。在決定完染色體形式以及基因的編碼後，接下來就是進行染色體初始化的動作，產生染色體初始族群的方法，主要可以分為隨機產生初始族群以及啟發式產生初始族群兩種方法，在決定相關的產生方法後，就可以依據該方法產生初始族群，產生出來的族群中每條染色體都是一組曼特寧模糊類神經系統的解，一般來說產生初始族群染色體的流程如圖 6.29 所示，圖 6.29 的流程詳細說明如下：

1. 首先是決定染色體中各個基因值的大小範圍，各基因值大小範圍的主要可以分為曼特寧模糊類神經系統的歸屬函數參數範圍以及模糊法則權重值的範圍，一般來說曼特寧模糊類神經系統歸屬函數參數範圍的設定主要是根據歸屬函數的涵蓋和包覆程度來決定，也有透過分群的方式來尋找歸屬函數參數範圍，而針對模糊法則權重值的範圍，一般多是以錯誤嘗試法則來尋找。

2. 接著依據步驟 2 設定值，產生族群中的染色體，產生染色體的方式如上所述可以分為隨機產生初始族群以及啟發式產生初始族群，在決定好產生方式後即依照該產生方式產生族群中的染色體。

3. 判斷是否產生足夠的染色體，若不足族群大小，則返回步驟 2 否則結束初始化步驟。

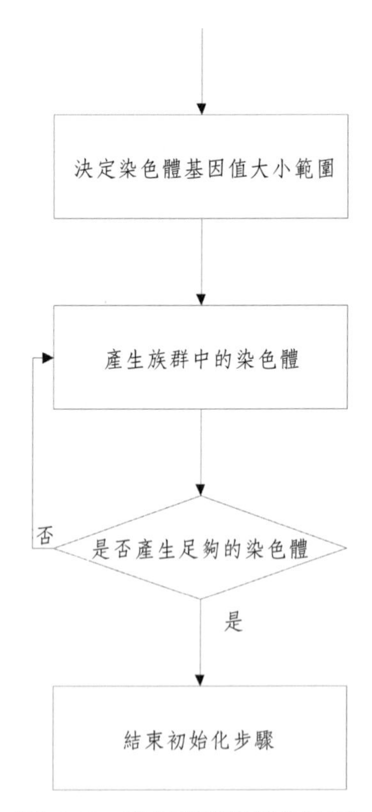

圖 6.29　染色體的初始化流程

例 6.11 說明透過例 6.10 隨機產生初始化染色體的族群。

例 6.11　初始化染色體族群

若基因值的範圍設為權重參數介於 0-1 以及偏權值參數介於 0-3，族群大小為 5，則例 6.10 隨機產生初始化染色體的族群如圖 6.30 所示。

基因值														
$A_{1,1}$		$A_{1,2}$		$A_{1,3}$		$A_{2,1}$		$A_{2,2}$		$A_{2,3}$		$w_{1,1}$	$w_{1,2}$	$w_{1,3}$
0.5	0.3	0.2	0.1	0.4	0.5	0.9	0.1	0.8	0.2	0.2	0.5	0.2	0.3	0.8
0.2	0.5	0.1	0.1	0.8	0.3	0.2	0.8	0.7	0.3	0.2	0.3	0.1	2.3	1.2
0.6	0.7	0.8	0.9	0.1	0.2	0.3	0.5	0.7	0.9	0.1	0.3	1.8	3.5	2.4
0.3	0.5	0.7	0.8	0.5	0.4	0.6	0.3	0.8	0.4	0.4	0.5	1.3	3.0	2.2
0.8	0.1	0.2	0.5	0.8	0.3	0.7	0.8	0.8	0.4	0.4	0.3	0.2	0.4	0.7

圖 6.30　染色體初始族群

c. 染色體族群適應函數求值的步驟

在前述的步驟中，我們已經將染色體初始化完成，每條染色體代表著曼特寧模糊類神經系統的歸屬函數和模糊法則權重組，但是目前我們無法了解每條染色體代表著曼特寧模糊類神經系統的歸屬函數和模糊法則權重組的效能如何，為了計算效能，就必須進行適應函數的設計。

一般來說，針對整個染色體族群適應函數求值步驟的流程如圖 6.31 所示，適應函數求值步驟完整流程的詳細說明如下：

1. 讀取族群中染色體。

2. 根據步驟 1 選擇的染色體架構曼特寧模糊類神經系統。

3. 取得明確輸入資料。

4. 代入步驟二所架構的曼特寧模糊類神經系統依據式（6.18）－（6.22）計算網路輸出。

5. 進行適應函數值的計算，適應函數的設計主要根據不同的控制系統有不同的設計，讀者可以參考第三章的詳細說明。

6. 判斷適應函數計算是否終止，也就是輸入器是否有輸入資料，若是有則進行步驟 3，否則將適應函數值設定給步驟 1 選擇的染色體繼續步驟 6。

7. 判斷整個染色體族群的染色體是否都被選取，若無則進行步驟 1，否則結束整個染色體族群適應函數求值步驟。

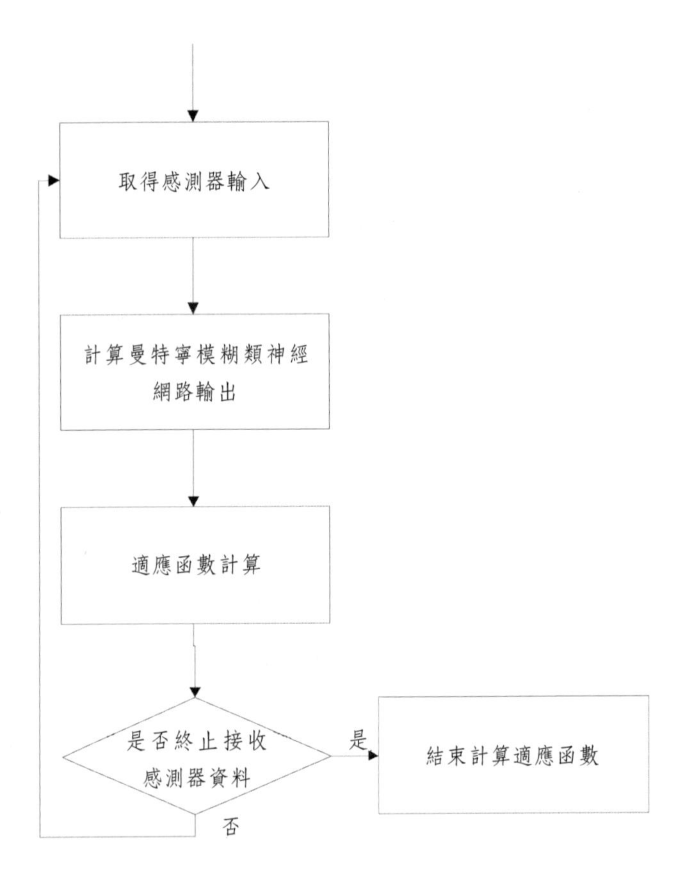

圖 6.31　適應函數求值步驟流程

d. 排序的運算

經過上述的步驟，族群中所有的染色體的適應函數值以經被計算出來，接下來要進行排序族群染色體的運算，排序的運算主要是將經過計算而得到適應值的染色體進行排序，以方便進行接下來的演化步驟，透過排序可以知道目前染色體的效能狀況，而排序的方法，與資料結構所提及的排序演算法一樣。一般來說，排序運算的流程如圖 6.13 所示，排序運算完整流程可參照上節的說明。

e. 複製的運算

在排序好族群中染色體後，接下來就是針對族群中的染色體進行複製的步驟，複製的步驟主要是希望染色體族群中表現較佳的染色體可以被較大量的保留，透過複製步驟，新的子代族群染色體可以保留母代族群中表現較好的染色體，藉以加速族群染色體收斂的速度。複製的流程如圖 6.16 所示，複製運算完整流程可參照上節的說明：

f. 交配的運算

在經過複製運算後新產生的子代族群染色體可以保留原先母代中具有較佳效能的染色體，然而，在子代族群中並未有新的基因值組加入染色體中，為了讓演化能順利進行，必須透過交配運算來透過組合不同染色體的基因產生新的染色體。

交配的目的是希望子代能夠藉由交配來組合子代族群染色體使其產出具有更高適應函數值的染色體，但是也有可能子代在將配過程中只交換了母代染色體較差的基因，所以交配策略無法保證一定可以產生出更好的子代族群，不過在遺傳演算法中因為有選擇以及複製的機制，較差的染色體會逐漸遭到淘汰，而具有較佳適應函數值的染色體可以繼續存活並執行演化步驟。交配運算的流程如圖 6.19 所示，交配運算完整流程可參照上節的說明。

透過交配運算，子代染色體族群將注入新的候選解，透過交換染色體的基因值搜尋目前值組空間中的是否存在最佳解，交配的實例如下：

例 6.12　交配運算

若圖 6.32 染色體排序以及複製後的結果如圖 6.15 所示。若交配機率為 0.4，而所產生的隨機值為 0.3 小於交配機率，則進行交配運算，參考圖 6.18，若挑選出來的母代染色體為第一條以及第二條，則若採取兩點式交配，假設挑選交配點為第 5 個以及第 8 個基因位置，則交配結果如圖 6.33 所式。

基因值														
$A_{1,1}$		$A_{1,2}$		$A_{1,3}$		$A_{2,1}$		$A_{2,2}$		$A_{2,3}$		$w_{1,1}$	$w_{1,2}$	$w_{1,3}$
0.5	0.3	0.2	0.1	0.4	0.5	0.9	0.1	0.8	0.2	0.2	0.5	0.2	0.3	0.8
0.6	0.7	0.8	0.9	0.1	0.2	0.3	0.5	0.7	0.9	0.1	0.3	1.8	3.5	2.4
0.8	0.1	0.2	0.5	0.8	0.3	0.7	0.8	0.8	0.4	0.4	0.3	0.2	0.4	0.7

由交配及突變產生

圖 6.32　複製後染色體族群

基因值														
$A_{1,1}$		$A_{1,2}$		$A_{1,3}$ 交配點		$A_{2,1}$ 交配點		$A_{2,2}$		$A_{2,3}$		$w_{1,1}$	$w_{1,2}$	$w_{1,3}$
0.5	0.3	0.2	0.1	0.1	0.2	0.3	0.5	0.8	0.2	0.2	0.5	0.2	0.3	0.8
0.6	0.7	0.8	0.9	0.4	0.5	0.9	0.1	0.7	0.9	0.1	0.3	1.8	3.5	2.4

圖 6.33　兩點交配

g. 突變的運算

突變運算元主要是希望遺傳演化不會因為複製或交配等過程中而遺失了有用資訊。突變運算元有時也具有跳脫區域最佳解、廣大搜尋空間範圍以及逼近全域最佳解。突變運算的流程如圖 6.21 所示，突變運算完整流程可參照上節的說明。

透過突變運算，子代染色體族群將注入新的基因值來幫助原來染色體跳脫區域最佳解、廣大搜尋空間範圍以及逼近全域最佳解，突變的實例如下：

例 6.13　突變運算

若圖 6.32 染色體排序以及複製後的結果如圖 6.15 所示。假設突變機率為 0.2，而所產生的隨機值為 0.1 小於突變機率，則進行突變運算，參考圖 6.18，若挑選出來的母代染色體為第三條，則若採取隨機選取突變，假設挑選突變點為第 14 個基因位置，則突變結果如圖 6.34 所示。

基因值														
$A_{1,1}$		$A_{1,2}$		$A_{1,3}$		$A_{2,1}$		$A_{2,2}$		$A_{2,3}$		$w_{1,1}$	$w_{1,2}$	$w_{1,3}$
													突變	
0.8	0.1	0.2	0.5	0.8	0.3	0.7	0.8	0.8	0.4	0.4	0.3	0.2	0.8	0.7

圖 6.34　單位元突變

6.2.2　TSK 模糊類神經系統權重學習

本節中，我們將討論另一種形式的模糊類神經系統－ TSK 模糊類神經系統以及遺傳演算法的應用，曼特寧模糊類神經系統主要是模糊規則所採用的是由學者是由學者 Takagi 以及 Sugeno 所提出 [97]，一般稱之為 TSK 模型。它可以描述一般動或靜態的非線性系統，利用模糊化分割（fuzzy partition）將輸入空間視為線性分割的拓展，其模糊規則屬於函數式模糊規則，可描述為：

$$R^{(j)}\text{: If } x_1 \text{ is } A_1^j \text{ and}\cdots\text{and}\cdots X_n \text{ is } A_n^j \text{ Then } y^j \text{ is } c_0^j + c_1^j x_1 + \cdots + c_n^j x_n \quad (6.28)$$

其中 A_i^j 是第 j 個法則對應第 i 個輸入的歸屬函數，$C^j = (c_0^j, c_1^j, \cdots, c_n^j)^T \in U \subset \mathscr{R}^n$ 為線性方程式的係數，$x = (x_1, x_2, \cdots, x_n)^T \in \mathrm{U} \subset \mathscr{R}^n$ 為輸入訊號，$y \in V \subset \mathscr{R}$ 分別是以歸屬函數 A_i^j、線性方程式的係數 $C^j = (c_0^j, c_1^j, \cdots, c_n^j)^T \in U \subset \mathscr{R}^n$ 以及 $x = (x_1, x_2, \cdots, x_n)^T \in U \subset \mathscr{R}^n$ 輸入訊號來定義。

A_i^j 歸屬函數設計方法與前節所述一般，主要分為三角形，梯形以及高斯歸屬函數設計，其中 A_i^j 為將明確輸入訊號當作歸屬函數的輸入，而 $C^j = (c_0^j, c_1^j, \cdots, c_n^j)^T \in U \subset \mathscr{R}^n$ 則是將 $x = (x_1, x_2, \cdots, x_n)^T \in U \subset \mathscr{R}^n$ 的輸入訊號當作線性方程式的輸入。此種模型可處理非線性系統，其做法是將整個輸入空間切割為數個可用線性系統描述的模糊空間，而輸出空間再以一個線性方程式表示。

遺傳 TSK 模糊類神經系統的設計流程如圖 6.35 所示，在圖 6.35 中我們可以發現遺傳 TSK 模糊類神經系統主要分為設計相關初始化參數、TSK 模糊類神經系統的設計以及遺傳演算法學習流程的設計，以下將針對這三個主題做說明。

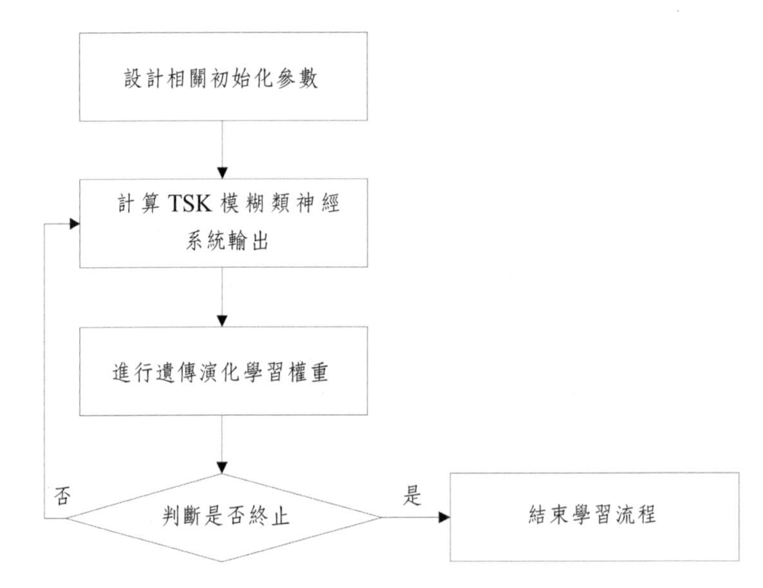

圖 6.35　遺傳 TSK 模糊類神經系統設計流程

1. 設計相關初始化參數

在這個步驟中主要分為 TSK 模糊類神經系統參數以及遺傳演算法學習參數分說明如下：

a.TSK 模糊類神經系統參數

- TSK 模糊類神經系統階層數。
- 模糊法則數。
- 各神經元運算類型。

b. 演算法學習參數

- 染色體族群大小。
- 適應函數設計。
- 演化終止條件定義。
- 排序演算法的定義。
- 複製策略定義。

・交配機率以及交配策略定義。

・突變機率以及突變策略定義。

2.TSK 模糊類神經系統的設計

圖 6.36 描述了一個以多層的 TSK 模糊化類神經網路來建構 TSK 模糊化類神經模型 [111]-[112]，此模型有 n 個輸入、一個輸出，並擁有五層的架構，每一層的 TSK 模糊化類神經元都做相同的運算。第一層為輸入層，直接將輸入的信號傳送至下一層，這一層中每一個相連接的權值皆為一，並且不會被調整。第五層為輸出層。網路第三層稱之為規則層（rule layer），其為 n 個輸入值，構成模糊規則的基底。整個模型中每一層的運算元的功能及詳細運算我們將會說明於下。

b. 第一層（輸入層）

第一層的類神經元並不作任何的運算，只是直接將輸入信號傳送至下一層。連接輸入信號與類神經元的權值在運算中也不會被調整，將一直保持為 1；其計算公式如下：

$$u_i^{(1)} = x_i, \tag{6.29}$$

c. 第二層（歸屬函數層）

第二層的類神經元，執行輸入值與模型的相關模糊集合的相容程度運算，其計算如下：

$$u_{ij}^{(2)} = s_i^j(u_i^{(1)}),$$
$$\text{where} = 1, 2, \cdots, n; j = 1, 2, \cdots, R \tag{6.30}$$

其中 $u_i^{(1)}$ 表示第個輸入信號、$u_{ij}^{(2)}$ 表示第 i 個輸入信號在模糊規則為 j 時類神經元的輸出信號、而 $s_i^j(u_i^{(1)})$ 表示模糊化機構，它的功能是將明確的資料模糊化成為模糊的資訊，我們可將它視為一種映射關系，由明確的輸入空間映射至模糊集合空間。模糊化機構會視各種不同的應用而使用不同的歸屬函數表示式，在本篇論文中我們將選擇以高斯式歸屬函數作為模糊化機構，其數學式如下：

$$s_i^j(u_i^{(1)}) = \exp\left(-\frac{[u_i^{(1)} - m_{ij}]^2}{\sigma_{ij}^2}\right), \tag{6.31}$$

其中 m 表示高斯函數的中心點（mean）、σ 為寬度（deviation）並以 σ 控制歸屬函數遞減的速率。這種模糊化方式較其他方法（三角形函數、梯形函數）複雜，所需的計算量也比較大，但是此種模糊化方式的優點是，當輸入資料易被雜訊干擾時，還能有效的消除由雜訊引起的錯誤，即有比較好的容錯能力。

c. 第三層（法則層）

在這一層的輸出主要是將第二層的歸屬程度值透過 AND 的模糊運算得到一個法則的激發量（fire strength）在若是使用乘積的運算，則這一層的輸出說明如下：

$$u_j^{(3)} = \prod_{i=1}^{n} u_{ij}^{(2)}, \text{ where } j = 1, 2, \cdots, R, \tag{6.32}$$

d. 第四層（推論層）

在這一層中主要是將第三層的輸出值乘上一個由輸入參數所組成的線性組合而得到推論結果，這一層的輸出說明如下：

$$u_j^{(4)} = u_j^{(3)}\left(w + \sum_{i=0}^{n} w_{ij\,x_i}\right) \tag{6.33}$$

其中 w_{ij} 代表輸入參數所組成的線性組合中的權重。

e. 第五層（輸出層）

在這一層中主要是做一個解模糊化的動作，透過推論的結果將模糊值轉換成一個明確的結果，解模糊化的動作說明如下：

$$y=u^{(5)}=\frac{\sum_{j=1}^{R}u_j^{(4)}}{\sum_{j=1}^{R}u_j^{(3)}}=\frac{\sum_{j=1}^{R}u_j^{(3)}\left(w+\sum_{i=0}^{n}w_{ij\,x_i}\right)}{\sum_{j=1}^{R}u_j^{(3)}} \tag{6.34}$$

其中 R 是法則數，n 是輸入參數的維度。

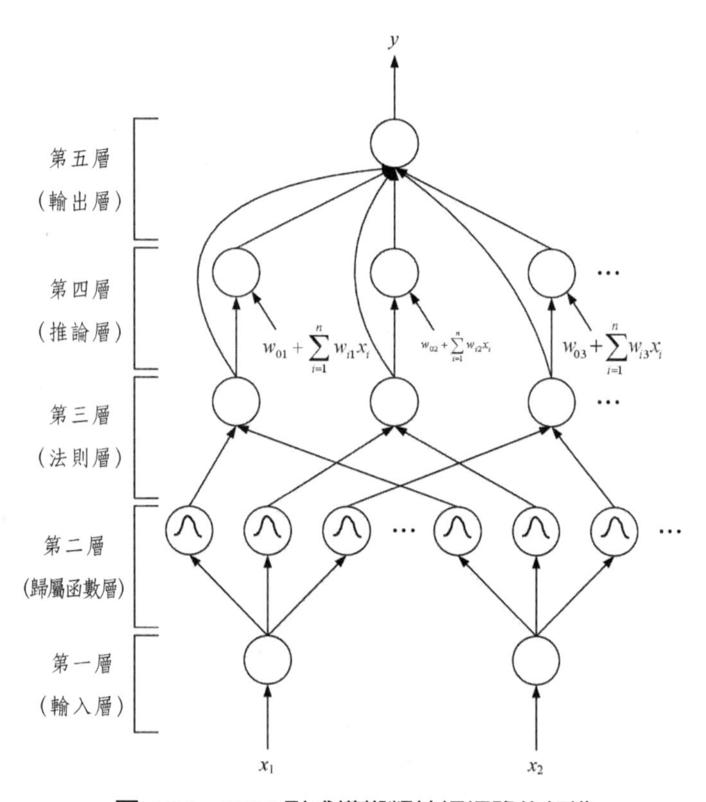

圖 6.36　TSK 形式模糊類神經網路的架構

例 6.14 說明 TSK 形式模糊類神經網路輸出的計算，透過例 6.14 的說明，讀者可以更加了解 TSK 形式模糊類神經網路的相關運算。

例 6.14　TSK 形式模糊類神經網路

假設有一個 2 個輸入 1 個輸出的 TSK 形式模糊類神經網路其中法則層的神經元數量為 2，相關參數如圖 6.37 所示，若輸入為 0.7 以及 0.8，則網路輸出計算如下：

輸入層：

$$u_1^{(1)} = 0.7 \quad (6.35)$$

$$u_2^{(1)} = 0.8 \quad (6.36)$$

歸屬函數層

$$\begin{aligned} s_1^1(u_1^{(1)}) &= \exp\left(-\frac{[u_1^{(1)} - m_{11}]^2}{\sigma_{11}^2}\right) = 0.2096 \\ s_1^2(u_1^{(1)}) &= \exp\left(-\frac{[u_1^{(1)} - m_{12}]^2}{\sigma_{12}^2}\right) = 0.8208 \\ s_2^1(u_2^{(1)}) &= \exp\left(-\frac{[u_2^{(1)} - m_{21}]^2}{\sigma_{21}^2}\right) = 0.1690 \\ s_2^2(u_2^{(1)}) &= \exp\left(-\frac{[u_2^{(1)} - m_{22}]^2}{\sigma_{12}^2}\right) = 0.4650 \end{aligned} \quad (6.37)$$

法則層

$$\begin{aligned} u_1^{(3)} &= \prod_{i=1}^{n} u_{i1}^{(2)} = 0.2096 \times 0.1690 = 0.0354 \\ u_2^{(3)} &= \prod_{i=1}^{2} u_{i2}^{(2)} = 0.8208 \times 0.4650 = 0.3817 \end{aligned} \quad (6.38)$$

推論層

$$\begin{aligned} u_1^{(4)} &= u_1^{(3)}\left(w_{01} + \sum_{i=0}^{n} w_{i1}\, x_i\right) \\ &= 0.0354 \times (4.5 + 3.3 \times 0.7 + 1.8 \times 0.8) = 0.2921 \\ u_2^{(4)} &= u_2^{(3)}\left(w_{02} + \sum_{i=0}^{n} w_{i2}\, x_i\right) \\ &= 0.3917 \times (4.9 + 0.1 \times 0.7 + 3.8 \times 0.8) = 3.0574 \end{aligned} \quad (6.39)$$

輸出層

$$y = u^{(5)} = \frac{\sum_{j=1}^{2} u_j^{(4)}}{\sum_{j=1}^{2} u_j^{(3)}} = \frac{(0.2921 + 3.0574)}{(0.0354 + 0.3817)} = 8.0304 \qquad (6.40)$$

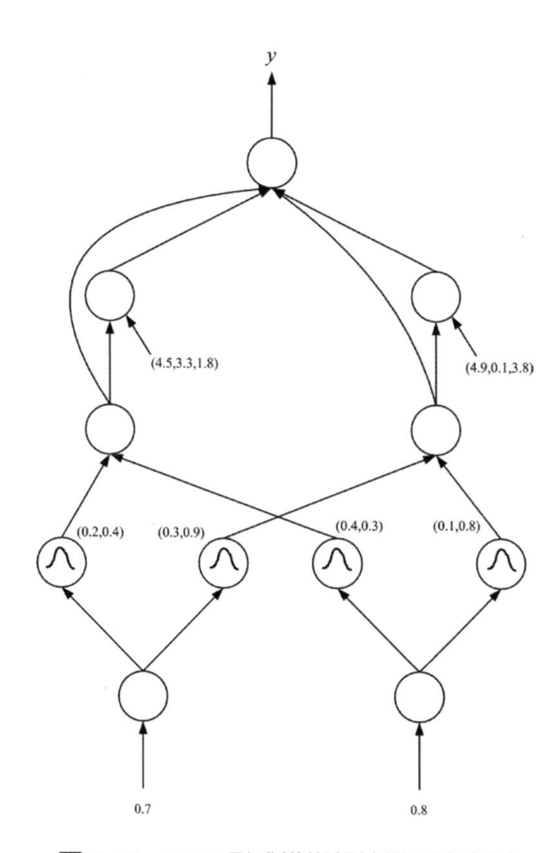

圖 6.37　TSK 形式模糊類神經網路實例

4. 遺傳演算法學習設計流程

在介紹完 TSK 形式模糊類神經系統架構以及其相關運算後，接著本書將介紹應用於 TSK 形式模糊類神經系統的遺傳演算法學習設計流程，TSK 形式模糊類神經系統的遺傳演算法學習設計流程如圖 6.38 所示，與曼特寧模糊類神經系統一樣，主要的流程有：TSK 形式模糊類神經系統基因編碼以及染色體的組成、染色體的初始化、適應函數求值的步驟、排序的運算、複製的運算、交配的運算、突變的運算以及演化結束條件判斷，以下將針對這些運算做詳細的說明。

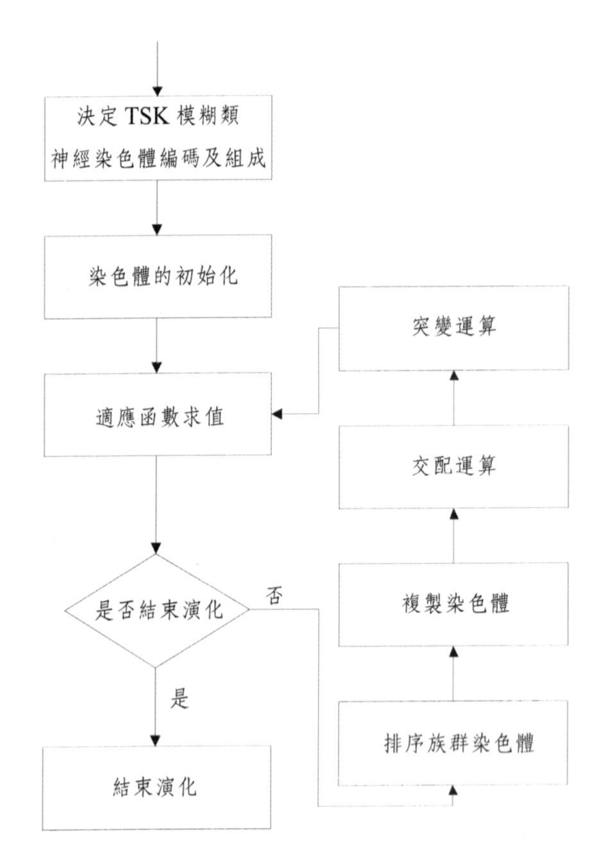

圖 6.38　TSK 形式模糊類神經系統遺傳演算法學習設計流程

a.TSK 形式模糊類神經系統基因編碼以及染色體的組成

首先進行基因編碼以及染色體組成的設計，如前所述在本章節中以實數型基因編碼為主，在介紹決定基因編碼的方式後，接下來便是染色體的設計，在TSK 形式模糊類神經系統中所定義的解為一組代表 TSK 形式模糊類神經系統的各模糊法則相關模糊歸屬函數參數以及相關權重值，一般來說染色體的組成如圖 6.39 所示，在圖 6.39 中，A_{ij} 代表第 i 個輸入對應的第 j 個法則的模糊歸屬函數，C_{kj} 代表第 j 個法則所對應第 k 個輸出的輸入參數所組成的線性組合中的權重集合。例 6.15 說明 TSK 形式模糊類神經系統染色體基因設計的實例。

基因值					
A_{11}	…	A_{ij}	C_{11}	…	C_{kj}

圖 6.39　TSK 形式模糊類神經系統染色體基因編碼

例 6.15　TSK 形式模糊類神經系統染色體基因設計

若有一個 TSK 形式模糊類神經系統為圖 6.37 的架構，2 個輸入以及 1 個輸出，假設模糊法則數為 2，歸屬函數為高斯形態，則所對應的染色體基因設計如圖 6.40 所示。

基因值													
A_{11}		A_{12}		A_{21}		A_{22}		C_{11}			C_{22}		
0.2	0.4	0.3	0.9	0.4	0.3	0.1	0.8	4.5	3.3	1.8	4.9	0.1	3.8

圖 6.40　TSK 形式模糊類神經系統統染色體基因編碼

b. 染色體的初始化

在這個步驟中，主要是進行染色體初始化的動作，產生染色體初始族群的方法，主要可以分為隨機產生初始族群以及啟發式產生初始族群兩種方法，產生出來的族群中每條染色體都是一組 TSK 形式模糊類神經系統的解，產生初始族群染色體的流程如圖 6.14 所示產生初始族群染色體完整流程可參照曼特寧模糊類神經系統產生初始族群染色體完整流程的說明，其中在決定染色體中各個基因值的大小範圍，各基因值大小範圍的主要可以分為 TSK 形式模糊類神經系統的歸屬函數參數範圍以及輸入參數所組成的線性組合中的權重集合值的範圍，一般來說 TSK 形式模糊類神經系統歸屬函數參數範圍的設定可以透過分析歸屬函數的涵蓋和包覆程度也可以透過分群的方式來尋找歸屬函數參數範圍，而針對輸入參數所組成的線性組合中的權重集合值的範圍，一般多是以錯誤嘗試法則來尋找。

例 6.16 說明透過例 6.15 隨機產生初始化染色體的族群。

例 6.16　初始化染色體族群

若基因值的範圍設為 A_{ij} 權重參數介於 0-1 以及 w_{kj} 偏權值參數介於 0-5，族群大小為 5，則例 6.15 隨機產生初始化染色體的族群如圖 6.41 所示。

基因值														
A_{11}		A_{12}		A_{21}		A_{22}		C_{11}			C_{22}		
0.2	0.4	0.3	0.9	0.4	0.3	0.1	0.8	4.5	3.3	1.8	4.9	0.1	3.8
0.5	0.3	0.2	0.8	0.6	0.5	0.6	0.3	4.4	3.4	0.9	0.4	3.1	2.4
0.7	0.7	0.6	0.5	0.4	0.6	0.8	0.8	4.5	3.4	2.8	1.3	0.3	3.3
0.3	0.9	0.4	0.4	0.3	0.4	0.9	0.5	4.6	3.9	0.3	2.6	2.4	1.8
0.1	0.4	0.3	0.2	0.2	0.3	0.1	0.4	4.8	3.3	4.5	0.8	1.2	2.8

圖 6.41　染色體初始族群

5. 色體族群適應函數求值的步驟

在前述的步驟中，已經將染色體初始化完成，每條染色體代表著 TSK 形式模糊類神經系統的歸屬函數和輸入參數所組成的線性組合中的權重集合，為了計算效能，就必須進行適應函數的設計。

整個染色體族群適應函數求值步驟的流程如圖 6.42 所示，適應函數求值步驟完整流程的詳細說明如下：

1. 讀取族群中染色體。

2. 根據步驟 1 選擇的染色體架構 TSK 形式模糊類神經系統。

3. 取得明確輸入資料。

4. 代入步驟二所架構的 TSK 形式模糊類神經系統依據式（6.29）－（6.34）計算網路輸出。

5. 進行適應函數值的計算。

6. 判斷適應函數計算是否終止，也就是輸入器是否有輸入資料，若是有則進行步驟 3，否則將適應函數值設定給步驟 1 選擇的染色體繼續步驟 6。

7. 判斷整個染色體族群的染色體是否都被選取，若無則進行步驟 1，否則結束整個染色體族群適應函數求值步驟。

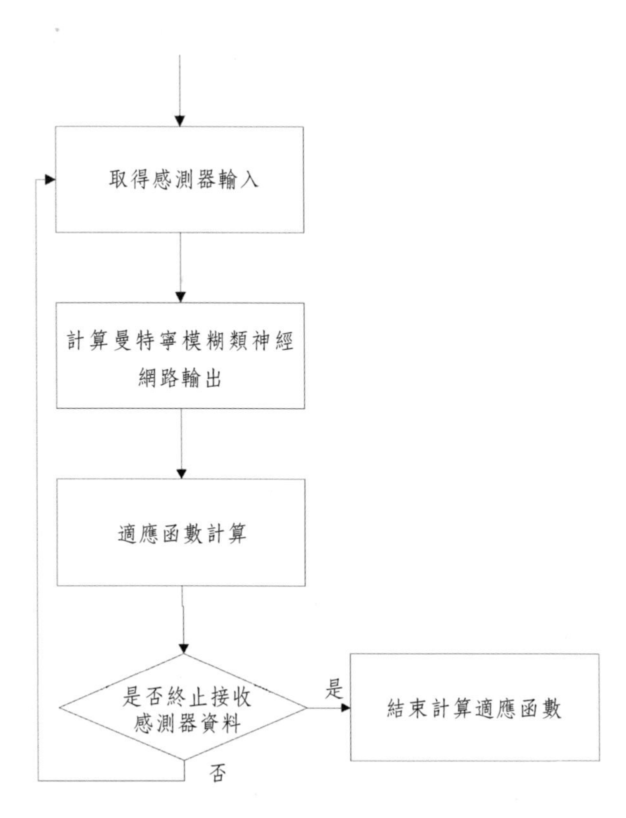

圖 6.42　適應函數求值步驟流程

6. 排序的運算

計算完族群中所有的染色體的適應函數值後便是進行排序族群染色體運算，排序運算是將經過計算而得到適應值的染色體進行排序，以方便進行接下來的演化步驟，透過排序可以知道目前染色體的效能狀況，而排序的方法，與資料結構所提及的排序演算法一樣。排序運算的流程如圖 6.13 所示，排序運算完整流程可參照上節的說明。

7. 複製的運算

排序好族群中染色體後，接下來是針對族群中的染色體進行複製的步驟，複製的步驟主要是染色體族群中表現較佳的染色體可以被較大量的保留，透過複製步驟，新的子代族群染色體可以保留母代族群中表現較好的染色體，藉以加速族群染色體收斂的速度。複製的流程如圖 6.16 所示，複製運算完整流程可參照上節的說明。

8. 交配的運算

在經過複製運算後，接著便是進行交配運算，交配的目的是希望子代能夠藉由交配來組合子代族群染色體使其產出具有更高適應函數值的染色體。交配運算的流程如圖 6.19 所示，交配運算完整流程可參照上節的說明，交配的實例如下：

例 6.17　交配運算

若圖 6.43 為染色體排序以及複製後的結果如圖 6.41 所示。若交配機率為 0.5，而所產生的隨機值為 0.3 小於交配機率，則進行交配運算，參考圖 6.43，若挑選出來的母代染色體為第一條以及第三條，則若採取兩點式交配，假設挑選交配點為第 7 個以及第 11 個基因位置，則交配結果如圖 6.44 所示。

基因值													
A_{11}		A_{12}		A_{21}		A_{22}		C_{11}			C_{22}		
0.3	0.9	0.4	0.4	0.3	0.4	0.9	0.5	4.6	3.9	0.3	2.6	2.4	1.8
0.5	0.3	0.2	0.8	0.6	0.5	0.6	0.3	4.4	3.4	0.9	0.4	3.1	2.4
0.1	0.4	0.3	0.2	0.2	0.3	0.1	0.4	4.8	3.3	4.5	0.8	1.2	2.8

由交配及突變產生

圖 6.43　複製後染色體族群

基因值													
A_{11}		A_{12}		A_{21}		A_{22}		C_{11}			C_{22}		
						交配點							
0.3	0.9	0.4	0.4	0.3	0.4	0.1	0.4	4.8	3.3	4.5	2.6	2.4	1.8
0.1	0.4	0.3	0.2	0.2	0.3	0.9	0.5	4.6	3.9	0.9	0.8	1.2	2.8

圖 6.44　兩點交配

9. 突變的運算

突變運算元主要是希望遺傳演化不會因為複製或交配等過程中而遺失了有用資訊。突變運算元有時也具有跳脫區域最佳解、廣大搜尋空間範圍以及逼近全域最佳解。突變運算的流程如圖 6.21 所示，突變運算完整流程可參照上節的說明，突變的實例如下：

例 6.18　突變運算

若圖 6.43 染色體排序以及複製後的結果如圖 6.41 所示。假設突變機率為 0.3，而所產生的隨機值為 0.2 小於突變機率，則進行突變運算，參考圖 6.43，若挑選出來的母代染色體為第二條，則若採取隨機選取突變，假設挑選突變點為第 10 個基因位置，則突變結果如圖 6.45 所式。

基因值													
A_{11}		A_{12}		A_{21}		A_{22}		C_{11}			C_{22}		
								突變點					
0.5	0.3	0.2	0.8	0.6	0.5	0.6	0.3	4.4	1.8	0.9	0.4	3.1	2.4

圖 6.45　單位元突變

參考文獻

[1] W. S. McCulloch and W. Pitts, "A logical calculus of ideas immanent in nervous activity," *Bulletin of Mathematical Biophysics*, vol. 5, pp. 115-133, 1943.

[2] D. O. Hebb, *The Organization of Behavior*, New York: Addison-Wiley, 1949.

[3] F. Rosenblatt, "The perceptron: A probabilistic model for information storage and organization in the brain," *Psychology Review*, vol. 65, pp. 386-408, 1958.

[4] B. Widrow and M. E. Hoff, "Adaptive switching circuits," *IREWESCON Convention Record*, part 4, pp. 96-104, 1960.

[5] M. L. Minsky and S. Papert, *Perceptrons: An Introduction to Computational Geometry*, Cambridge: MIT Press, 1969; 2nd ed., 1988.

[6] J. S. Albus, "A new approach to manipulator control: the cerebellar model articulation controller (CMAC)," *Dyn. Sys., Meas., Contr.*, vol. 97, pp. 220-227, 1975.

[7] S. Grossberg, "Adaptive pattern classification and universal recoding: I. parallel development and coding of neural feature dectors," *Biological Cybernetics*, vol. 23, pp. 121-134, 1976.

[8] J. J. Hopfield, "Neural networks and physical system with emergent collective computational abilities," *Proc. of the National Academy of Sciences*, vol. 79, pp. 2554-2558, 1982.

[9] T. Kohonen, "Self-organized formation of topologically correct feature maps," *Biological Cybernetics*, vol. 43, pp. 59-69, 1982.

[10] D. E. Rumelhart, J. L. McClelland, and the PDP Research Group, Parallel *Distributed Processing*, Cambridge: MIT Press, vol. 1, 1986.

[11] Z. Zhu, S. Yang, G. Xu, X. Lin, and D. Shi, "Fast road classification and orientation estimation using omni-view images and neural networks," *IEEE Trans. Neural Networks*, vol. 7, no. 8, Aug. 1998.

[12] J. Chang, G. Han, J. M. Valverde, N. C. Griswold, J. F. Duque-Carrillo, and E. Sanchez-Sinencio, "Cork quality classification system using a unified image processing and fuzzy-neural network methodology," *IEEE Trans. Neural Networks*, vol. 8, no. 4, July 1997.

[13] J. H. L. Hansen and B. D. Womack, "Feature analysis and neural network-based classification of speech under stress," *IEEE Trans. Speech and Audio Processing*, vol. 4, no. 4,

July 1996.

[14] J. Wu and C. Chan, "Isolated word recognition by neural network models with cross-correlation coefficients for speech dynamics," *IEEE Trans. on Pattern Analysis and Machine Intelligence*, vol. 15, no. 11, Nov. 1993.

[15] B. Xiang and T. Berger, "Efficient text-independent speaker verification with structural gaussian mixture models and neural network," *IEEE Trans. on Speech and Audio Processing*, vol. 11, no. 5, Sep. 2003.

[16] R. Lienhart and A. Wernicke, "Localizing and segmenting text in images and videos," *IEEE Trans. on Circuits and Systems for Video Technology*, vol. 12, no. 4, Apr. 2002.

[17] N. Hovakimyan, F. Nardi, A. Calise, and N. Kim, "Adaptive output feedback control of uncertain nonlinear systems using single-hidden-layer neural networks," *IEEE Trans. Neural Networks*, vol. 13, no. 6, Nov. 2002.

[18] J. Y. Choi and J. A. Farrell, "Adaptive observer backstepping control using neural networks," *IEEE Trans. Neural Networks*, vol. 12, no. 5, Sep. 2001.

[19] F. Sun, Z. Sun, and P. Y. Woo, "Stable neural-network-based adaptive control for sampled-data nonlinear systems," *IEEE Trans. Neural Networks*, vol. 9, no. 5, Sep. 1998.

[20] K. S. Narendra and S. Mukhopadhyay, "Adaptive control using neural networks and approximate models," *IEEE Trans. Neural Networks*, vol. 8, no. 3, May 1997.

[21] M. D. Kramer and D. Zhang, "GAPS: a genetic programming system," *24th Annual Int. Conf. Computer Software and Applications*, pp. 614-619, 2000.

[22] K. J. Lee and B. T. Zhang, "Learning robot behaviors by evolving genetic programs," *26th Annual Int. Conf. Industrial Electronics Society*, vol. 4, pp. 2867-2872, 2000.

[23] L. Huo, X. Fan, Y. F. Xie, and J. L. Yin, "Short-term load forecasting based on the method of genetic programming," *Int. Conf. Mechatronics and Automation*, pp. 839-843, 2007.

[24] S. A. Kayani, "Theoretical foundations of automated synthesis using Bond-Graphs and genetic programming," *4th Int. Conf. Emerging Technologies*, pp. 11-16, 2008.

[25] G. D. Boetticher and K. Kaminsky, "The assessment and application of lineage information in genetic programs for producing better models," *Proc. IEEE Int. Conf. Information Reuse and Integration*, pp. 141-146, 2006.

[26] D. F. Cook, D. C. Ragsdale, and R. L. Major, "Combining a neural network with a genetic algorithm for process parameter optimization," *Engineering Applications of Artificial Intelligence*, vol. 13, pp. 391-396, 2000.

[27] G. R. Harik, F. G. Lobo and D. E. Goldberg, "The compact genetic algorithm," *IEEE Trans. Evolutionary Computation*, vol. 3, no. 4, pp. 287-297, Nov. 1999.

[28] H. Braun, "On solving travelling salesman problems by genetic algorithms," *Lecture Notes in Computer Science*, vol. 496, pp. 129-133, 2006.

[29] D. Whitley and T. Starkweather, *Scheduling problems and traveling salesman: the genetic edge recombination*, Morgan Kaufmann Publishers Inc. San Francisco, CA, USA, 1989.

[30] J. B. Jensen and M. Nielsen, "A simple genetic algorithm applied to discontinuous regularization," *Proc. of the IEEE-SP Workshop Neural Networks for Signal Processing*, pp. 69 -78, 1992.

[31] G. B. Fogel, G. W. Greenwood, and K. Chellapilla, "Evolutionary computation with extinction: experiments and analysis," *Proc. IEEE Int. Conf. Evolutionary Computation*, vol. 2, pp. 1415-1420, 2000.

[32] C. Jiang and C. Wang, "Improved evolutionary programming with dynamic mutation and metropolis criteria for multi-objective reactive power optimization," *Proc. IEE Generation, Transmission and Distribution*, vol. 152, no. 2, pp. 291-294, 2005.

[33] J. Zhang and H. Ju, "Evolutionary programming based on ladder-changed mutation for adaptive system recognition," *Proc. IEEE Int. Conf. Communications, Circuits and Systems Proceedings*, vol. 1, pp. 181-184, 2006.

[34] J. Dou and X. J. Wang, "An efficient evolutionary programming," *Proc. IEEE Int. Conf. Information Science and Engieering*, pp. 401-404, 2008.

[35] S. R. Sathyanarayan, H. K. Birru, and K. Chellapilla, "Evolving nonlinear time-

series models using evolutionary programming," *Proc. IEEE Congress on Evolutionary Computation*, vol. 1, pp. 23-59, 1999.

[36] H. Narihisa, K. Kohmoto, T. Taniguchi, M. Ohta, and K. Katayama, "Evolutionary programming with only using exponential mutation," *IEEE Congress on Evolutionary Computation*, pp. 552-559, 2006.

[37] A. Qing, "Dynamic differential evolution strategy and applications in electromagnetic inverse scattering problems," *IEEE Trans. Geoscience and Remote Sensing*, vol. 44, no. 1, pp. 116-125, Jan. 2006.

[38] R. Eichardt, J. Haueisen, T. R. Knosche, and E. G. Schukat-Talamazzini, "Reconstruction of multiple neuromagnetic sources using augmented evolution strategies- A comparative study," *IEEE Trans. Biomedical Engineering*, vol. 55, no. 2, pp. 703-712, Feb. 2008.

[39] T. Y. Huang and Y. Y. Chen, "Modified evolution strategies with a diversity-based parent-inclusion scheme," *Proc. IEEE Int. Conf. Control Applications*, pp. 379-384, 2000.

[40] S. H. Lee, H. B. Jun, and K. B. Sim, "Performance improvement of evolution strategies using reinforcement learning," *Proc. IEEE Int. Conf. Fuzzy Systems*, vol. 2, pp. 639-644, 1999.

[41] A. Qing, "Dynamic differential evolution strategy and applications in electromagnetic inverse scattering problems," *IEEE Trans. Geoscience and Remote Sensing*, vol. 44, no. 1, pp. 116-125, Jan. 2006.

[42] J. M. Quero, J. G. Ortega, C. L. Janer, and L. G. Franquelo, "VLSI implementation of a fully parallel stochastic neural network," *Proc. IEEE Int. Conf. Neural Networks*, vol. 4, pp. 2040-2045, 1994.

[43] M. G. M. Hussain, "General solutions of Maxwell's equations for signals in a lossy medium. II. Electric and magnetic field strengths due to magnetic exponential ramp function excitation," *IEEE Trans. Electromagnetic Compatibility*, vol. 30, no. 1, pp. 37-40, Feb. 1988.

[44] B. Kim, W. Choi, and H. Kim, "Using neural networks with a linear output neuron

to model plasma etch processes," *Proc. IEEE Int. Conf. Industrial Electronics*, vol. 1, pp. 441-445, 2001.

[45] H. K. Kwan and Q. P. Li, "New nonlinear adaptive FIR digital filter for broadband noise cancellation," *IEEE Trans. Circuits and Systems II: Analog and Digital Signal Processing*, vol. 41, no. 5, pp. 355-360, May 1994.

[46] R. J. Craddock and K. Warwick, "State-space central theory based analysis of feedforward neural networks," *IEEE World Congress on Computational Intelligenc Neural Networks Proceedingse*, vol. 2, pp. 1383-1387, 1998.

[47] W. Zhang, Y. Wang, J. Wang, and J. Liang, "Electricity demand forecasting based on feedforward neural network training by a novel hybrid evolutionary algorithm," *Int. Conf. Computer Engineering and Technology*, vol. 1, pp. 98-102, 2009.

[48] L. Zhang, H. Wang, J. Liang, and J. Wang, "Decision support in cancer base on fuzzy adaptive PSO for feedforward neural network training," *Int. Symposium on Computer Science and Computational Technology*, vol. 1, pp. 220-223, 2008.

[49] J. T. Tsai, J. H. Chou, and T. K. Liu, "Tuning the structure and parameters of a neural network by using hybrid Taguchi-genetic algorithm," *IEEE Trans. Neural Networks*, vol. 17, no. 1, pp. 69-80, Jan. 2006.

[50] S. Tamura and M. Tateishi, "Capabilities of a four-layered feedforward neural network: four layers versus three," *IEEE Trans. Neural Networks*, vol. 8, no. 2, pp. 51-255, March 1997.

[51] L. Jin and M. M. Gupta, "Equilibrium capacity of analog feedback neural networks," *IEEE Trans. Neural Networks*, vol. 7, no. 3, pp. 782-787, May 1996.

[52] D. Liu and Z. Lu, "A new synthesis approach for feedback neural networks based on the perceptron training algorithm," *IEEE Trans. Neural Networks*, vol. 8, no. 6, pp. 1468-1482, Nov. 1997.

[53] T. Yamada and T. Yabuta, "Application of learning type feedforward feedback neural network controller to dynamic systems," *Proc. IEEE Int. Conf. Intelligent Robots and*

Systems, vol. 1, pp. 225-231, 1993.

[54] Y. D. Jou and F. K. Chen, "Least-squares design of fir filters based on a compacted feedback neural network," *IEEE Trans. Circuits and Systems II: Express Briefs*, vol. 54, no. 5, pp. 427-431, May 2007.

[55] D. Bhattacharya and A. Antoniou, "Design of equiripple FIR filters using a feedback neural network," *IEEE Trans. Circuits and Systems II: Analog and Digital Signal Processing*, vol. 45, no. 4, pp. 527-531, April 1998.

[56] W. W. Y. Ng, D. S. Yeung, and E. C. C. Tsang, "Pilot study on the localized generalization error model for single layer perceptron neural network," *Int. Conf. Machine Learning and Cybernetics*, pp. 3078-3082, 2006.

[57] M. Oide, S. Ninomiya, and N. Takahashi, "Perceptron neural network to evaluate soybean plant shape," *Proc. IEEE Int. Conf. Neural Networks*, vol. 1, pp. 560-563, 1995.

[58] J. C. Park and R. M. Kennedy, "Remote sensing of ocean sound speed profiles by a perceptron neural network," *IEEE Journal of Oceanic Engineering*, vol. 21, no. 2, pp. 216-224, April 1996.

[59] J. L. Chen and J. Y. Chang, "Fuzzy perceptron neural networks for classifiers with numerical data and linguistic rules as inputs," *IEEE Trans. Fuzzy Systems*, vol. 8, no. 6, pp. 730-745, Dec. 2000.

[60] F. Mahmood, S. A. Qureshi, and M. Kamran, "Application of wavelet multi-resolution analysis & perceptron neural networks for classification of transients on transmission line," *Conf. Universities Power Engineering*, pp. 1-5, 2008.

[61] C. J. Lin and Y. J. Xu, "Efficient reinforcement learning through dynamical symbiotic evolution for tsk-type fuzzy controller design," *International Journal General Systems*, vol. 34, no.5, pp. 559-578, 2005.

[62] J. Arabas, Z. Michalewicz, and J. Mulawka, "GAVaPS-A genetic algorithm with varying population size," *Proc. IEEE Int. Conf. Evolutionary Computation, Orlando*, pp. 73-78, 1994.

[63] M. Lee and H. Takagi, "Integrating design stages of fuzzy systems using genetic

algorithms," *Proc. 2nd IEEE Int. Conf. Fuzzy Systems*, San Francisco, CA, pp. 612-617, 1993.

[64] C. F. Juang, J. Y. Lin, and C. T. Lin, "Genetic reinforcement learning through symbiotic evolution for fuzzy controller design," *IEEE Trans. Syst., Man, Cybern., Part B*, vol. 30, no. 2, pp. 290-302, Apr. 2000.

[65] S. Bandyopadhyay, C. A. Murthy, and S. K. Pal, "VGA-classfifer: design and applications," *IEEE Trans s. Syst., Man, and Cyber., Part B: Cybernetics*, vol. 30, pp. 890-895, DEC. 2000.

[66] C. T. Lin and C. P. Jou, "GA-based fuzzy reinforcement learning for control of a magnetic bearing system," *IEEE Trans. Syst., Man, Cybern., Part B*, vol. 30, no. 2, pp. 276-289, Apr. 2000.

[67] B. Carse, T. C. Fogarty, and A. Munro, "Evolving fuzzy rule based controllers using genetic algorithms," *Fuzzy Sets and Systems*, vol. 80, no. 3, pp. 273-293 June 24, 1996.

[68] C. F. Juang, "A hybrid of genetic algorithm and particle swarm optimization for recurrent network design," *IEEE Trans. Syst., Man, and Cyber.*, vol. 34, Part B, no. 2, pp. 997-1006, 2004.

[69] C. J. Lin and Y. J. Xu, "A Self-adaptive neural fuzzy network with group-based symbiotic evolution and its prediction applications," *Fuzzy Sets and Systems*, vol.157, no. 8, pp. 1036-1056, 2006.

[70] C. F. Juang, "Combination of online clustering and Q-value based GA for reinforcement fuzzy system design," *IEEE Trans. Fuzzy Systems*, vol. 13, no. 3, pp. 289-302, JUNE 2005.

[71] D. Taniar and J. W. Rahayu, "Sorting in parallel database systems," *Proc. IEEE Int. Conf. High Performance Computing in the Asia-Pacific Region*, vol. 2, pp. 830-835, 2000.

[72] M. V. Chien and A. Yavuz Oruc, "Adaptive binary sorting schemes and associated interconnection networks," *IEEE Trans. Parallel and Distributed Systems*, vol. 5, no. 6, pp. 561-572, 1994.

[73] J. D. Fix and R. E. Ladner, "Sorting by parallel insertion on a one-dimensional subbus

array," *IEEE Trans. Computers*, vol. 47, no. 11, pp. 1267-1281, 1998.

[74] A. A. Colavita, A. Cicuttin, F. Fratnik, and G. Capello, "SORTCHIP: a VLSI implementation of a hardware algorithm for continuous data sorting," *IEEE Journal of Solid-State Circuits*, vol. 38, no. 6, pp. 1076-1079, 2003.

[75] B. M. McMillinand and L. M. Ni, "Reliable distributed sorting through the application-oriented fault tolerance paradigm," *IEEE Trans. Parallel and Distributed Systems*, vol. 3, no. 4, pp. 411-420, 1992.

[76] D. Wicker, M. M. Rizki, and L. A. Tamburino, "The multi-tiered tournament selection for evolutionary neural network synthesis," *Proc. Int. Conf. Combinations of Evolutionary Computation and Neural Networks*, pp. 207-215, 2000.

[77] Z. Yuanping, M. Zhengkun, and X. Minghai, "Dynamic load balancing based on roulette wheel selection," *Proc. Int. Conf. Communications, Circuits and Systems*, vol. 3, pp.1732-1734, 2006.

[78] N. Chaiyaratana and A. M. S. Zalzala, "Recent developments in evolutionary and genetic algorithms: theory and applications," *Proc. IEEE Int. Conf. Genetic Algorithms in Engineering Systems: Innovations and Applications*, pp. 270-277, 1997.

[79] F. Herrera and M. Lozano, "Gradual distributed real-coded genetic algorithms," *IEEE Trans. Evolutionary Computation*, vol. 4, no. 1, pp. 43-63, 2000.

[80] A. H. Mantawy, Y. L. Abdel-Magid, and S. Z. Selim, "Integrating genetic algorithms, tabu search, and simulated annealing for the unit commitment problem," *IEEE Trans. Power Systems*, vol. 14, no. 3, pp. 829-836, 1999.

[81] K. Y. Lee and P. S. Mohamed, "A real-coded genetic algorithm involving a hybrid crossover method for power plant control system design," *Proc. Int. Conf. Evolutionary Computation*, pp. 1069-1074, 2002.

[82] D. Beasley, D. R. Bull, and R. R. Martin, "An overview of genetic algorithms: Part 1, Fundamentals," *University Computing*, vol. 15, no. 2, pp. 58-69, 1993.

[83] W. M. Spears, K. A. De Jong, T. Back, D. B. Fogel, and H. deGaris, "An overview of

evolutionary computation," *Proc. Conf. Machine Learning*, 1993.

[84] G. Syswerda, "Uniform crossover in genetic algorithms," Proc. Int. Conf. Genetic Algorithms and Their Applications, San Mateo, CA: Morgan Kaufmann, pp. 2-9, 1989.

[85] R. Kowalczyk, "Constrained genetic operators preserving feasibility of solutions in genetic algorithms," *Proc. Int. Conf. Genetic Algorithms in Engineering Systems: Innovations and Applications*, pp. 191-196, 1997.

[86] S. Lee, X. Bai, and Y. Chen, "Automatic mutation testing and simulation on owl-s specified web services," *Proc. IEEE Int. Conf. Simulation Symposium*, pp. 149-156, 2008.

[87] A. J. Offutt and S. D. Lee, "An empirical evaluation of weak mutation," *IEEE Trans. Software Engineering,* vol. 20, no. 5, pp. 337-344, 1994.

[88] M. E. Delamaro, J. C. Maidonado, and A. P. Mathur, "Interface Mutation: an 8approach for integration testing," *IEEE Trans. Software Engineering*, vol. 27, no. 3, pp. 228-247, 2001.

[89] G. R. Raidl, G. Koller, and B. A. Julstrom, "Biased mutation operators for subgraph-selection problems," *IEEE Trans. Evolutionary Computation*, vol. 10, no. 2, pp. 145-156, 2006.

[90] R. Tinos and S. Yang, "Evolutionary programming with q-Gaussian mutation for dynamic optimization problems," *Proc. IEEE Int. Conf. Evolutionary Computation*, pp. 1823-1830, 2008.

[91] W. L. Tung and C. Quek, "GenSoFNN: a generic self-organizing fuzzy neural network," IEEE Trans. Neural Networks, vol. 13, no. 5, pp. 1075-1086, 2002.

[92] C. J. Lin, Y. C. Hsu, and C. Y. Lee, "Supervised and reinforcement evolution learning for wavelet-based neuro-fuzzy networks," *Journal of Intelligent and Robotic Systems*, vol. 52, pp. 285-312, 2008.

[93] O. Cordon, F. Herrera, F. Hoffmann, and L. Magdalena, *Genetic fuzzy systems evolutionary tuning and learning of fuzzy knowledge bases*. Advances in Fuzzy Systems-Applications and Theory, vol.19, NJ: World Scientific Publishing, 2001.

[94] C. F. Juang, J. Y. Lin, and C. T. Lin, "Genetic reinforcement learning through symbiotic evolution for fuzzy controller design," *IEEE Trans. Syst., Man, Cybern., Part B*, vol. 30, no. 2, pp. 290-302, 2000.

[95] K. R. Lo, C. J. Chan, and C. B. Shung, "A neural fuzzy resource manager for hierarchical cellular systems supporting multimedia services," *IEEE Trans. Vehicular Technology*, vol. 52, no. 5, pp. 1196-1206, Sept. 2003.

[96] J. M. Mendel, "Modulated reasoning for Mamdani fuzzy systems: singleton fuzzification," *Proc. IEEE Int. Conf. Fuzzy Systems*, vol. 1, pp. 590-595, 2003.

[97] M. Tayel and M. G. A. Abd-Elmonem, "NSNFRM: construction of neuro TSK new fuzzy reasoning model using hybrid genetic-least squares algorithm," *Proc. IEEE Int. Conf. Radio Science*, vol. 2, pp. C8-1-8, 2004.

[98] W. L. Tung and C. Quek, "Falcon: neural fuzzy control and decision systems using FKP and PFKP clustering algorithms," *IEEE Trans. Syst., Man, Cybern., Part B*, vol. 34, no. 1, pp. 686-695, Feb. 2004.

[99] J. H. Lai and C. T. Lin, "Application of neural fuzzy network to pyrometer correction and temperature control in rapid thermal processing," *IEEE Trans. Fuzzy Systems*, vol. 7, no. 2, pp. 160-175, April 1999.

[100] C. L. Chen and F. Y. Chang, "Design and analysis of neural/fuzzy variable structural PID control systems," *Proc. IEE Control Theory and Applications*, vol. 143, no. 2, pp. 200-208, 1996.

[101] Z. Pang and Y. Zhou, "A Hybrid Approach-based Recurrent Compensatory Neural Fuzzy Network," *The Sixth World Congress on Intelligent Control and Automation*, pp. 2737-2741, 2006.

[102] C. J. Lin, C. H. Chen, and C. T. Lin, "A Hybrid of Cooperative Particle Swarm Optimization and Cultural Algorithm for Neural Fuzzy Networks and Its Prediction Applications," *IEEE Trans. Syst., Man, Cybern., Part C*, vol. 39, no. 1, pp. 55-68, Jan. 2009.

[103] K. R. Lo, C. J. Chang, and C. B. Shung, "A neural fuzzy resource manager for hierarchical cellular systems supporting multimedia services," *IEEE Trans. Vehicular Technology*, vol. 52, no. 5, pp. 1196-1206, Sept. 2003.

[104] F. Russo, "Evolutionary neural fuzzy systems for noise cancellation in image data," *IEEE Trans. Instrumentation and Measurement*, vol. 48, no. 7, pp. 915-920, Oct. 1999.

[105] C. S. Shieh and C. T. Lin, "Direction of arrival estimation based on phase differences using neural fuzzy network," *IEEE Trans. Antennas and Propagation*, vol. 48, no. 7, pp. 1115-1124, July 2000.

[106] P. C. Panchariya, A. K. Palit, D. Popovic, and A. L. Sharrna, "Nonlinear system identification using Takagi-Sugeno type neuro-fuzzy model," *Proc. IEEE Int. Conf. Intelligent Systems, 2004. Proceedings*, pp. 76-81, 2004.

[107] G. Serra and C. Bottura, "An IV-QR Algorithm for neuro-fuzzy multivariable online identification," *IEEE Trans. Fuzzy Systems*, vol. 15, no. 2, pp. 200-210, April 2007.

[108] E. T. Fonseca, P. C. Gd. S. Vellasco, M. M. B. R. Vellasco, and S. A. L. de Andrade, "A neuro-fuzzy system for steel beams patch load prediction," *Fifth Int. Conf. Hybrid Intelligent Systems*, pp. 1823-1830, 2005.

[109] J. Zhang, "Modeling and optimal control of batch processes using recurrent neuro-fuzzy networks," *IEEE Trans. Fuzzy Systems*, vol. 13, no. 4, pp. 417- 427, Aug. 2005.

[110] J. Zhang and J. Morris, "Neuro-fuzzy networks for process modelling and model-based control," *IEE Colloquium on Neural and Fuzzy Systems: Design, Hardware and Applications*, pp. 6/1-6/4, May 1997.

[111] J. P. Ferreira, M. Crisostomo, and A. P. Coimbra, "Neuro-fuzzy control of a biped robot able to be subjected to an external pushing force in the sagittal plane," *Proc. IEEE Int. Conf. Intelligent Robots and Systems*, pp. 4191-4191, 2008.

[112] C. F. Juang, C. I. Lee, and T. J. Chan, "A Fuzzified Neural Fuzzy Inference Network that Learns from Linguistic Information," *Proc. IEEE Int. Conf. Neural Networks*, pp. 2894-2899, 2006.

第七章
相關應用

在第五章以及第六章中，本書針對遺傳演算法用於模糊系統以及類神經網路系統做說明，內容主要包含遺傳模糊系統、遺傳類神經網路系統以及遺傳模糊類神經網路系統等方面，透過第四章以及第五章的介紹，相信讀者對於遺傳演算法的學習流程以及設計方式都有了初步的認識，也明白如何將遺傳演算法應用於模糊系統、類神經網路系統以及模糊類神經網路系統等方面。

在本章中，我們將針對遺傳模糊系統、遺傳類神經網路系統，以及遺傳模糊類神經網路系統的相關應用做說明，希望讀者可以了解如何將遺傳模糊系統、遺傳類神經網路系統，以及遺傳模糊類神經網路系統應用於相關問題上，在本章中，主要分為分類、預測以及控制三個方面的應用來說明，在分類方面，本書主要是利用遺傳模糊系統來設計分類器，在這個章節中，本書舉了蝴蝶花（鳶尾屬植物）資料分類以及威斯康辛乳癌診測兩個例子，透過這兩個例子，讀者可以明白如何設計遺傳模糊分類器。在預測的例子上本書主要是利用遺傳類神經網路來設計，本書主要是以混沌時間序列的預測為主，內容主要包括：MackyClass 時間序列以及太陽黑子的預測。在控制的例子中，本書主要以是利用遺傳模糊類神經網路來設計，內容主要包括：倒單擺以及翹翹板的控制。

透過本章的介紹，讀者可以對遺傳模糊系統、遺傳類神經網路系統以及遺傳模糊類神經網路系統的相關應用有初步的認識，也可對如何設計遺傳模糊系統、遺傳類神經網路系統，以及遺傳模糊類神經網路系統有更深入的認識。

7.1 | 分類

在這個章節中，主要是利用遺傳模糊系統實作蝴蝶花（鳶尾屬植物）資料分類 [1]-[5] 以及威斯康辛乳癌診測（The Wisconsin Breast cancer diagnostic data）[6]-[10]。由於主要是用作分類問題上，所以針對演算法的適應函數設計上在本例中是使用準確度作為適應函數，參考式（3.15）如下：

$$\text{If } x_i^d = x_i \text{ then}$$

$$Fitness\_Value = Fitness\_Value + 1, \quad (3.15)$$
$$\text{where } i = 1, 2, \cdots, n$$
$$Fitness\_Value = Fitness\_Value/n$$

在式（3.15）中 n 代表輸入總數、x_i^d 代表第 i 個目標輸出解以及 x_i' 代表染色體輸出第 i 個解，式（3.15）的適應值計算即為準確度也就是在 n 個輸入中，目標輸出解以及染色體輸出解之間相同的程度。準確度的適應函數設計讀者可以參考第三章的適應函數設計章節。而遺傳模糊分類器經過解模糊化後的明確輸出是以區間值來判斷屬於哪一類的。

7.1.1 蝴蝶花（鳶尾屬植物）資料分類（Iris database）

蝴蝶花（鳶尾屬植物）分類資料庫是由 Fisher 所建立的 [1]，其中共有三個類別：Virginica、Setosa 以及 Versicolor。每一筆資料中包含四個連續的特徵：萼片長度（sepal length）、萼片寬度（sepal width）、花瓣長度（petal length）以及花瓣寬度（petal width）。在蝴蝶花分類資料庫一共有 150 筆資料，每一類各有 50 筆資料。在這個例子中，每次實驗先利用隨機選取挑其中 75 筆資料當作訓練資料，而剩下未挑選的當作測試資料。本例一共進行了 20 次的實驗每一次進行 500 次演化而曼特寧的模糊分類器 [11]-[15] 主要是採用 4 個法則數(rule number)。為了要有效分類輸出資料到某一類別，本書使用了以下的分類規則：

$$\text{Class} = \begin{cases} \text{Virginica}, & \text{if } 0 \le y < 0.33 \\ \text{Setosa}, & \text{if } 0.33 < y \le 0.66 \\ \text{Versicolor}, & \text{if } 0.66 < y \le 1 \end{cases} \quad (7.1)$$

曼特寧的模糊分類器的設計參數如表 7.1 所示，相關的設計方法可以參考第五章所述，在這個例子中，我們主要是將 4 個模糊法則的前後建部參數設計成一條染色體，透過第五章的說明，我們可以將遺傳曼特寧模糊分類器的染色體設計如圖 7.1 所示。在圖 7.1 中，A_i^j 代表第 j 個 Mamdani 模糊法則對應到第

i 個輸入的前建部歸屬函數以及 B_j 代表第 j 個模糊法則的後建部歸屬函數。參考表 7.1 我們可以發現前後建部歸屬函數是高斯函數 [16] 為主，所以圖 7.1 的 A_i^j 以及 B_j 個包含其所對應的高斯函數的中心、以及左右邊界。整個遺傳曼特寧模糊分類器學習流程則如圖 7.2 所示。圖 7.2 的詳細步驟，讀者可以參考第五章的說明。

基因值					
A_1^1	B_1	$\cdots$	A_I^j	B_j	$\cdots$

圖 7.1　遺傳曼特寧模糊分類器染色體基因編碼

表 7.1　實驗參數

參數名稱	設定值
族群大小	20
交配機率	0.4
突變機率	0.3
排序策略	氣泡排序法
複製策略	輪盤式
交配策略	雙點交配
突變策略	位元突變
編碼形式	實數
演化代數	300
$[\sigma_{\min}, \sigma_{\max}]$	[0, 1]
$[m_{\min}, m_{\max}]$	[0, 1]
前後建部模糊歸屬函數類型	高斯模糊歸屬函數
模糊法則數	4
模糊推論法	乘積推論機制
解模糊法	重心法

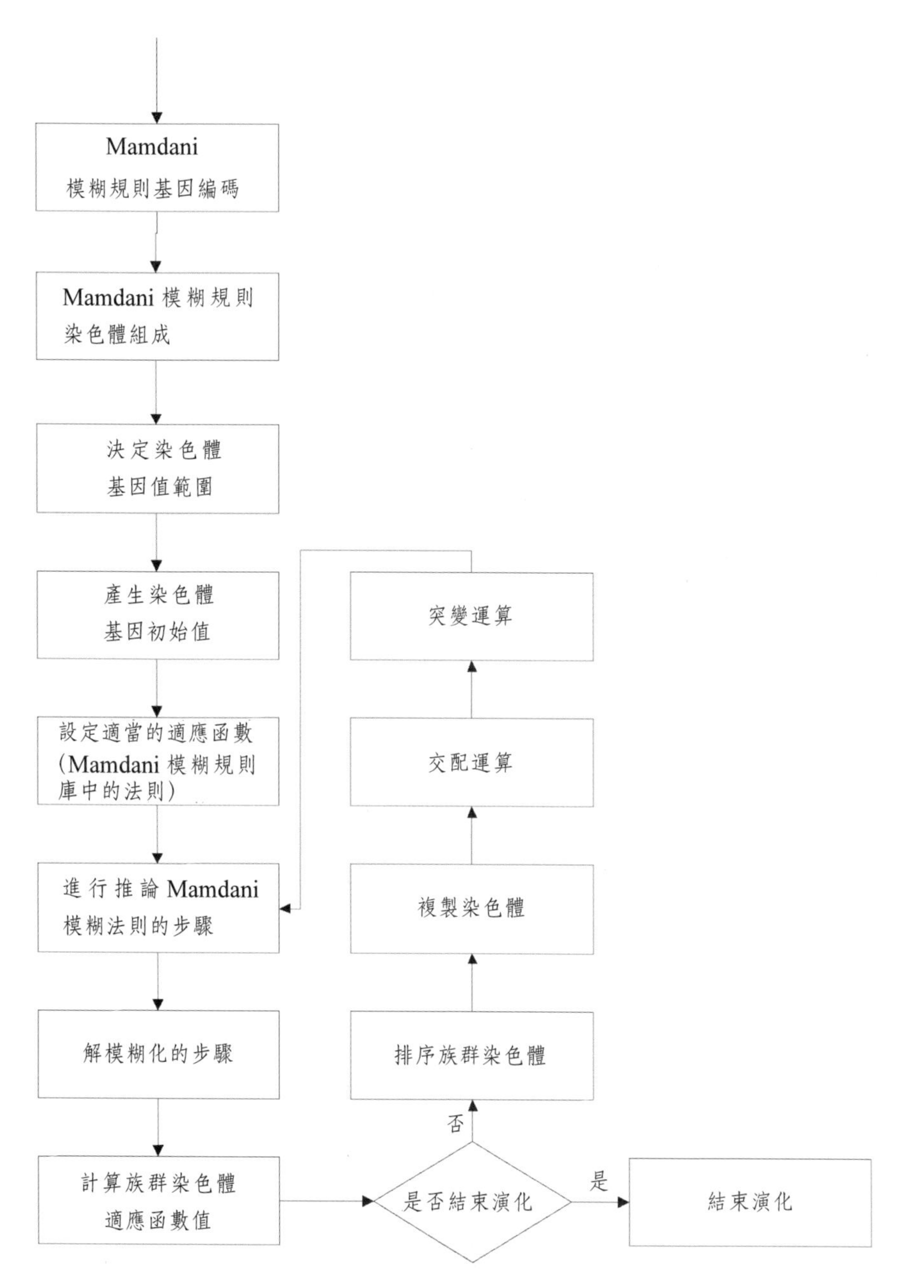

圖 7.2　Mamdani 遺傳模糊分類器學習流程

在實驗結果方面，圖 7.3 是遺傳曼特寧模糊分類器經過 5 次實驗的適應函數，在圖 7.3 中，每一條線代表的是遺傳曼特寧模糊分類器經過 100 次學習演化後的結果，從圖 6.3 中可以發現，並非每一條線都可以到達 100% 的最佳適應值（在這裡 100% 代表 75 筆資料都分類正確），主要的原因是遺傳演化中主要是根據染色體初始值的好壞來決定日後的遺傳速度，所以當我們以固定演化代數來進行設計時可能會造成最後的適應值未能收斂的結果，但是若以達到 100% 準確度做為演化中止的條件，則有可能造成演化過長，甚至無法停止的情形，主要的原因是雖然遺傳演算法具有全域最佳解的能力，但是並無法確認找到全域最佳解的機會以及時間，所以若以達到 100% 準確度做為演化中止的條件，可能會有無法停止的狀況。

一般來說，我們在設計演化停止條件時，主要是以固定演化代數為主，若無法達到時則重新演化，這樣會比較符合我們的實際情形。

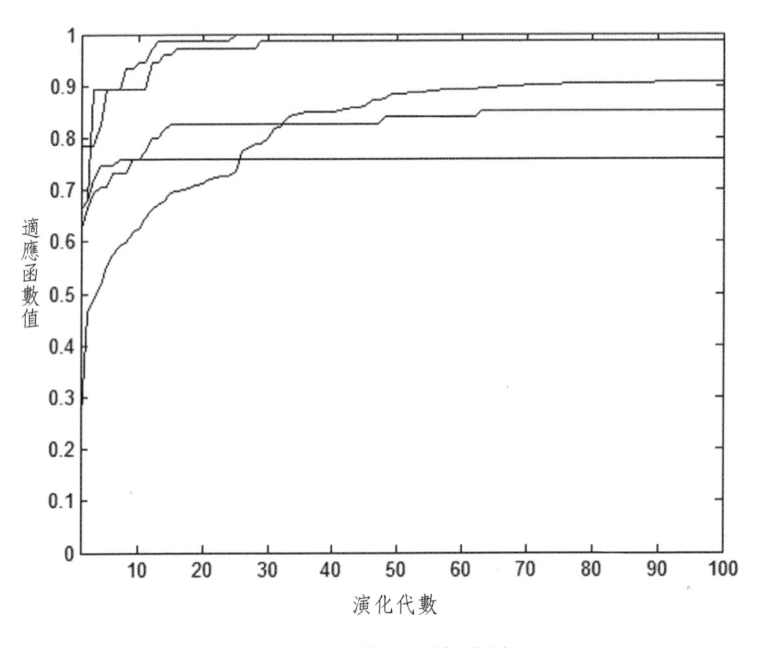

圖 7.3　適應函數曲線

表 7.2 列出了遺傳曼特寧模糊分類器經過 5 次實驗後的平均、最佳、最差的測試效能（以準確度作為效能的衡量）。表 7.3 列出了遺傳曼特寧模糊分類器經過 5 次實驗後的平均 CPU 執行時間。

表 7.2　演算法效能

方法	適應函數值		
	最佳	平均	最差
遺傳演算法	100.00	88.21	76.36

表 7.3　演算法 CPU 執行時間

方法	執行秒數
遺傳演算法	109

7.1.2　威斯康辛乳癌診測（The Wisconsin Breast Cancer Diagnostic Data）

威斯康辛乳癌診測資料庫是由加州大學（Irvine）透過調查匿名者建立的（網址：ftp://ftp.ics.uci.edu/pub/machine-learning-databases）。這個資料庫包含 699 筆資料，而每筆資料可以分為兩類：良性腫瘤（benign）以及惡性腫瘤（malignant）其中 458 筆資料是屬於良性腫瘤而 241 筆資料是屬於惡性腫瘤。每一筆資料包含 9 個輸入特徵：clump thickness、uniformity of cell size、uniformity of cell shape、marginal adhesion、single epithelial cell size、bare nuclei、bland chromatin、normal nucleoli 以及 mitoses。因為在 699 筆資料 中有 16 筆資料是無效的，所以在本文中只使用 683 筆資料來進行分類。在本實驗中，每次實驗先利用隨機選取挑其中 342 筆資料當作訓練資料，而剩下未挑選的當作測試資料。本實驗一共進行了 20 次的實驗每一次進行 500 次演化而遺傳 TSK 形式的模糊類神經分類器 [17]-[21] 主要是採用 6 個法則數（rule number）。為了要有效分類輸出資料到某一類別，本篇論文使用了以下的分類規則：

$$\text{Class} = \begin{cases} \text{Benign}, & \text{if}\, y < 0 \\ \text{Malignant}, & \text{if}\, 0 \leq y \end{cases} \tag{7.2}$$

遺傳 TSK 形式的模糊分類器的設計參數如表 7.4 所示，相關的設計方法可以參考第五章所述，在這個例子中，我們主要是將 6 個模糊法則的前後建部參數設計成一條染色體，透過第五章的說明，我們可以將遺傳 TSK 形式模糊分類器的染色體設計如圖 7.4 所示。在圖 7.4 中，A_i^j 代表第 j 個 TSK 形式模糊法則對應到第 i 個輸入的前建部歸屬函數以及代 C_j 表第 j 個模糊法則的後建部歸屬函數。參考表 7.4 我們可以發現前建部歸屬函數是高斯函數為主，所以圖 7.4 的 A_i^j 包含其所對應的高斯函數的中心，以及左右邊界，而後建部的參數設計主要線性方程式的參數解 [22]〔在此例中因為有 9 個輸入訊號，所以後建部的參數量為 10（輸入訊號的個數 +1）〕。整個遺傳 TSK 形式模糊分類器學習流程則如圖 7.5 所示。圖 7.5 的詳細步驟，讀者可以參考第五章的說明。

基因值					
A_1^1	C^1	$\cdots$	A_i^j	C^j	$\cdots$

圖 7.4　遺傳 TSK 形式模糊分類器染色體基因編碼

在實驗結果方面，圖 7.6 是遺傳 TSK 形式模糊分類器經過 5 次實驗的適應函數，在圖 7.6 中，每一條線代表的是遺傳 TSK 形式模糊分類器經過 100 次學習演化後的結果（在這裡 100% 代表 342 筆資料都分類正確）。

表 7.5 列出了遺傳 TSK 形式模糊分類器經過 20 次實驗後的平均、最佳、最差的測試效能（以準確度作為效能的衡量）。表 7.6 列出了遺傳 TSK 形式模糊分類器經過 20 次實驗後的平均 CPU 執行時間。

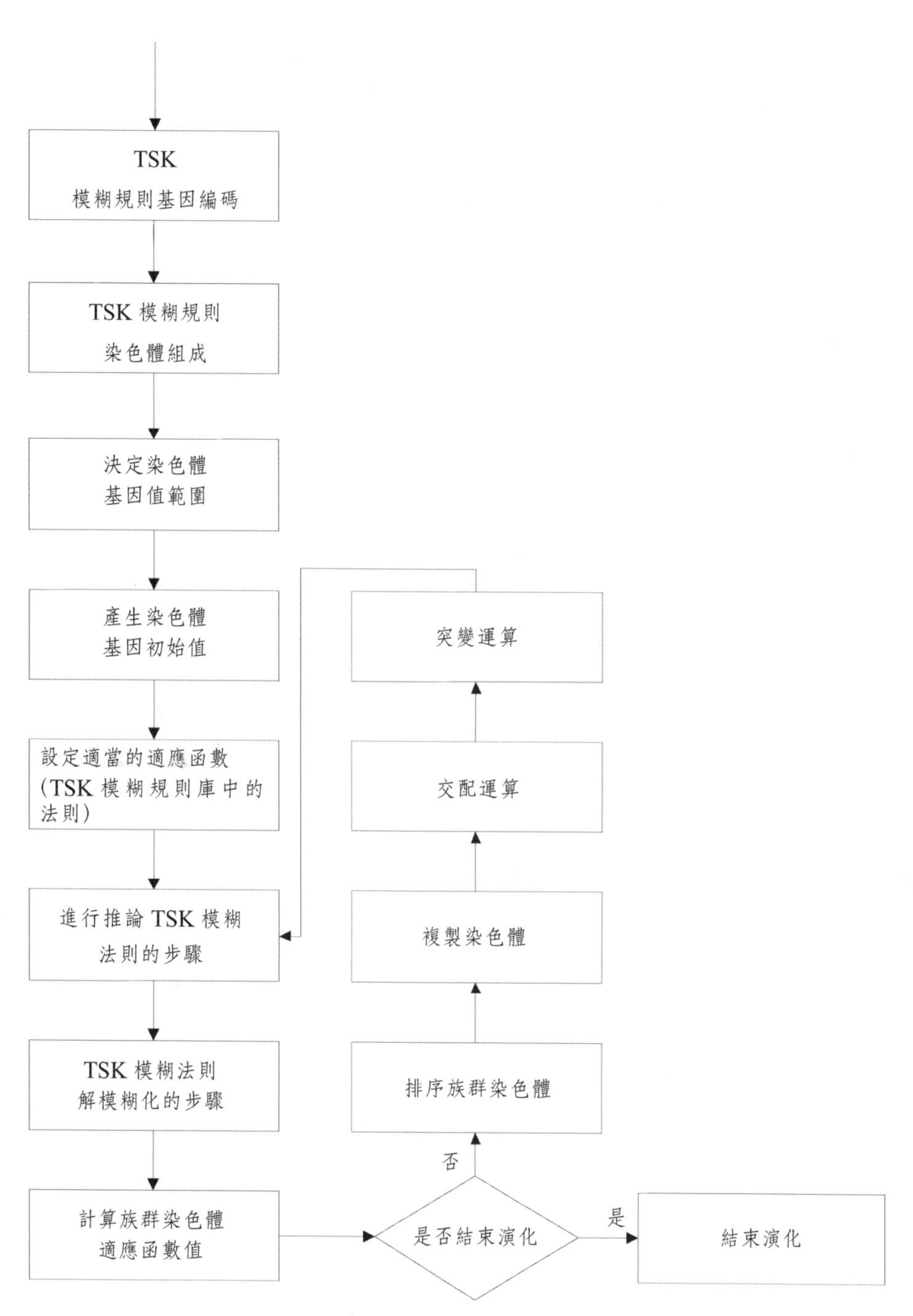

圖 7.5　遺傳 TSK 形式模糊分類器學習流程

表 7.4　實驗參數

參數名稱	設定值
族群大小	40
交配機率	0.3
突變機率	0.2
排序策略	快速排序法
複製策略	輪盤式
交配策略	單點交配
突變策略	位元突變
編碼形式	實數
演化代數	500
$[\sigma_{\min}, \sigma_{\max}]$	[0, 1]
$[m_{\min}, m_{\max}]$	[0, 1]
$[w_{\min}, w_{\max}]$	[−5, 5]
前建部模糊歸屬函數類型	高斯模糊歸屬函數
模糊法則數	4
模糊推論法	最小推論機制
解模糊法	重心法

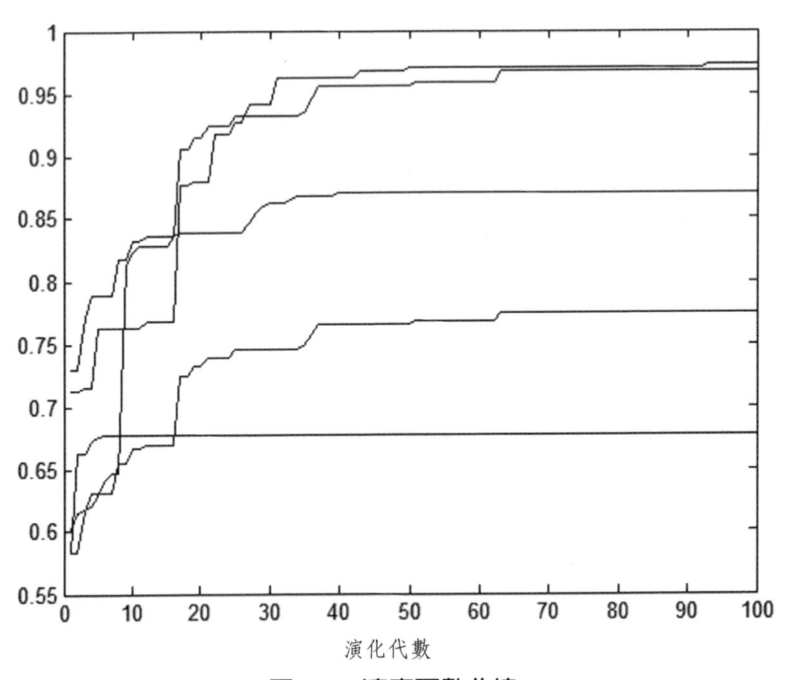

圖 7.6　適應函數曲線

表 7.5 演算法效能

方法	適應函數值		
	最佳	平均	最差
遺傳演算法	97.00	78.20	67.57

表 7.6 CPU 執行時間

方法	執行秒數
遺傳演算法	257

7.2 | 混沌時間序列分析

混沌系統 [23]-[27] 的發展是自從 1963 年美國的氣象學者 Lorenz 發表一篇確定性非周期流而開始的，混沌科學研究隨著現代科學技術之進步有了快速的發展與延伸，並且混沌理論與相對論、量子力學等合稱為二十世紀科學界三大重要的物理理論。概略的來說混沌是一種在確定性（deterministic）非線性動態系統中出現的類隨機行為，並且混沌現象廣泛的存在於自然界，例如化學、物理、生物學、工程科技、社會科學等領域之中，而其基本特徵為確定性且非週期性、對於初值的敏感依賴性與長期行為之不可預測性等。

在大多數現實世界的實際問題中；例如氣象系統即為一個混沌的系統，一般混沌的不規則性（irregularity）與不可預測性（unpredictability）均為不利於系統行為掌控之因素。因此，預防及抑制混沌就成了控制非線性動態系統之首要工作。混沌控制簡單的說就是將動態系統之混沌振盪態（chaotic oscillation）經由適當之控制處理作為轉變成想要的規律狀態（ordering state）[28]-[30]。圖 7.7 之時間序列所示即為原本處於混沌態之系統受到控制之後達到定常態以及週期態之示意圖。混沌控制的發展自從 1990 年 Ott, Grebogi and Yorke[42] 首先提出控制混沌動態系統之 OGY 法後，過去十幾年來，各種混沌控制方法也不斷被提出研究及發表出來。一般來說混沌控制的主要目標有兩種：一種是基於混沌吸引子（chaotic attractor）內存在無窮多的週期軌道，而控制目標是對其中某個不穩定週期軌道（unstable periodic orbits）進行有效的穩定控制；而另外一種控制目標是不要求必須穩定控制原系統中之週期軌道，而是只要使用各種可能的方法得到所需之週期軌道即可。

近年來提出的研究，藉著使用連續諧和（harmonic）微擾動信號 來控制混沌運動一直是個重要的研究方向。其基本原理是將此微擾信號加到混沌系統中，而當此週期信號在倚附在原混沌吸引子的眾多不穩定週期軌道中，找出一個能與其發生頻率共振（resonance）之軌道，最後會將系統驅動到與此共振軌道非常接近的週期軌道上而穩定下來，進而成功地抑制了系統的混沌行為。

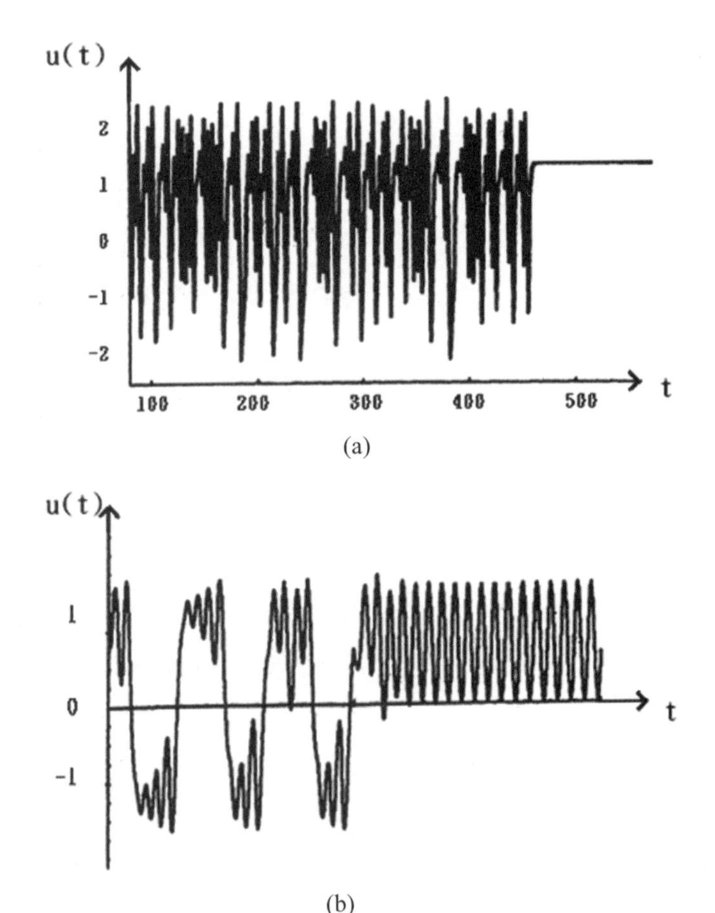

圖 7.7　混沌控制，(a) 混沌態受控為定常態；(b) 混沌態受控為週期態

在本節中，我們將提出利用遺傳類神經演算法來實作混沌時間序列預測的預測器，在本節中，主要分為 Mackey-Glass 混沌時間序列預測 [31]-[33] 以及實際應用於太陽黑子的預測 [34]-[38]，而遺傳類神經預測器的適應值是以最小均方差（RMS）的倒數來設計。參考式（3.14）

$$Fitness\_Value = \frac{1}{\sqrt{\frac{\left(\sum_{i=1}^{n}(x_i^d - x_i')^2\right)}{n}}} \tag{3.14}$$

在式（3.14）中 n 代表輸入總數、x_i^d 代表第 i 個目標輸出解以及 x_i' 代表染色體輸出第 i 個解。最小均方差（RMS）的適應函數設計讀者可以參考第三章的適應函數設計章節。

7.2.1 Mackey-Glass 混沌系統

在這個例子中，Mackey-Glass 時間序列 [31] 來進行混沌時間序列預測中混沌時間序列的產生；其中輸入值 $x(t)$ 可以由延遲微分方程式（7.3）得到

$$\frac{dx(t)}{dt} = \frac{0.2x(t-\tau)}{1+x^{10}(t-\tau)} - 0.1x(t), \tag{7.3}$$

其中 τ 必須大於 17 系統才會產生混沌態的型式，在本例中初始參數設定為 τ =18 and $x(0) = 1.2$ 以及 $\Delta t = 6$，這個設定表示目前的狀態會被前 18 態的狀態值所影響。系統的 4 個輸入訊號分別為 $x(t-18), x(t-12), x(t-6), x(t)$；而輸出訊號則為 $x(t+6)$。

在本例中透過式（7.3）所產生的前 500 筆資料（$x(1)$ 到 $x(500)$）我們將其用作訓練資料而後 500 筆資料（$x(501)$ 到 $x(1000)$）我們將其用作測試資料。在本例中，我們主要是使用遺傳類神經網路 [39]-[40] 作為預測器的設計，而類神經網路的架構，本例使用了三層式感知機網路 [41]-[45]（如圖 7.8 所示），其中隱

藏層的神經元數為 6。遺傳三層式感知機類神經預測器的設計參數如表 7.7 所示，相關的設計方法可以參考第六章所述，在這個例子中，我們主要將三層式感知機網路的權重以及偏權值設成一條染色體，透過第六章的說明，我們可以將遺傳三層式感知機類神經預測器的染色體設計如圖 7.9 所示。在圖 7.9 中，W_j^k 代表連結到第 k 層第 j 個神經元的權重，B_j^k 代表第 k 層第 j 個神經元的偏權權值，n_2 為隱藏層數量，n_3 為輸出層數量。在此例中，隱藏層數量 6，輸出層數為 1，整個遺傳三層式感知機類神經預測器學習流程則如圖 7.10 所示。圖 7.10 的詳細步驟，讀者可以參考第六章的說明。

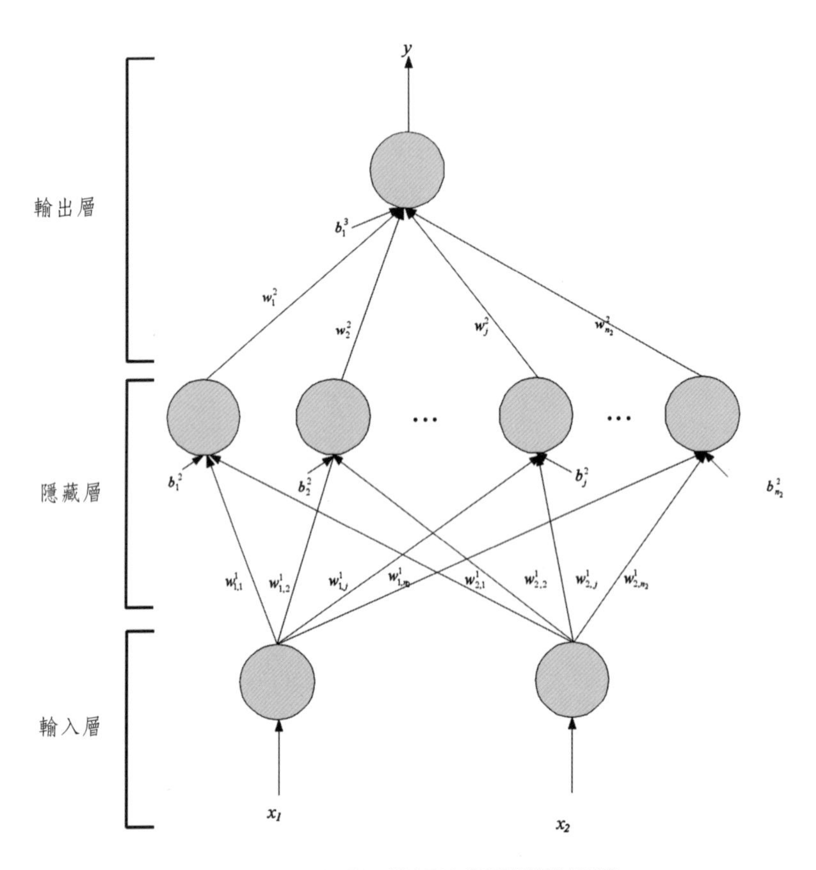

圖 7.8　三層式感知機類神經預測器架構

基因值												
W_1^2	B_1^2	$\cdots$	W_j^2	B_j^2	$\cdots$	$W_{n_2}^2$	$B_{n_2}^2$	W_1^3	B_1^3	$\cdots$	$W_{n_3}^3$	$B_{n_3}^3$

圖 7.9　遺傳三層式感知機類神經預測器染色體基因編碼

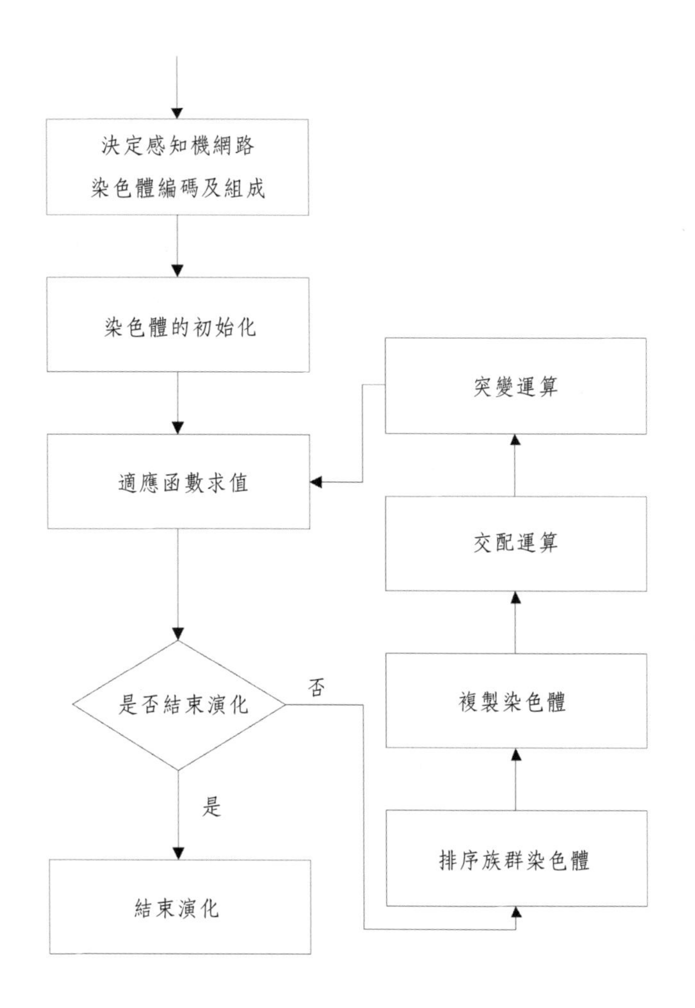

圖 7.10　三層式感知機類神經預測器學習流程

表 7.7　實驗參數

參數名稱	設定值
族群大小	80
交配機率	0.5
突變機率	0.4
排序策略	氣泡排序法
複製策略	輪盤式
交配策略	雙點交配
突變策略	位元突變
編碼形式	實數
演化代數	500
$[w_{min}, w_{max}]$	[−5, 5]
$[b_{min}, b_{max}]$	[−1, 1]
激化函數	單極雙彎曲函數
隱藏神經元數量	6

在實驗結果方面，圖 7.11 是遺傳三層式感知機類神經預測器經過 5 次實驗的適應函數，在圖 7.11 中，每一條線代表的是遺傳三層式感知機類神經預測器經過 500 次學習演化後的結果。圖 7.12 是測試結果圖，其中圖 7.12 (a) 是測試資料的結果，其中實線代表目標資料，而虛線則代表遺傳三層式感知機類神經預測器的輸出，圖 7.12 (a) 是測試的誤差圖，也就是將圖 7.12 (a) 的實虛線相減得到的結果。

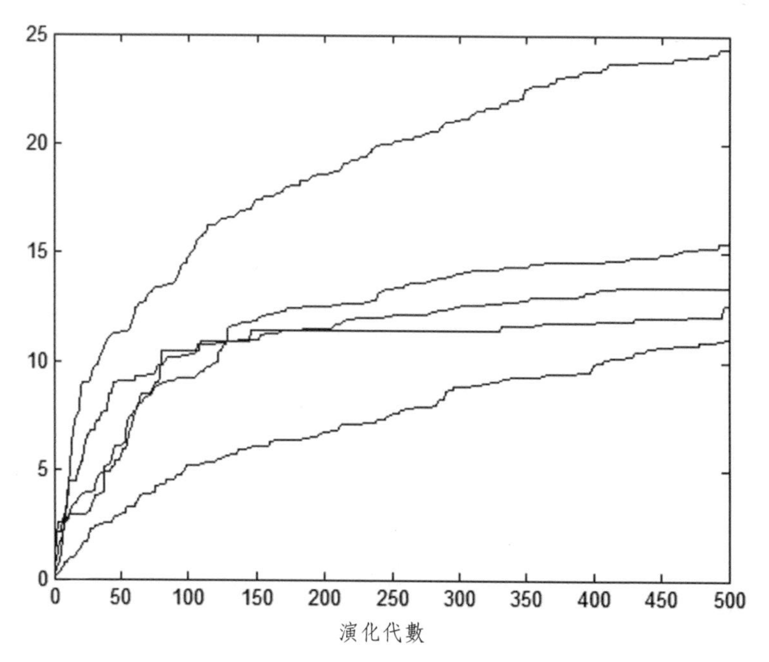

圖 7.11　適應函數曲線

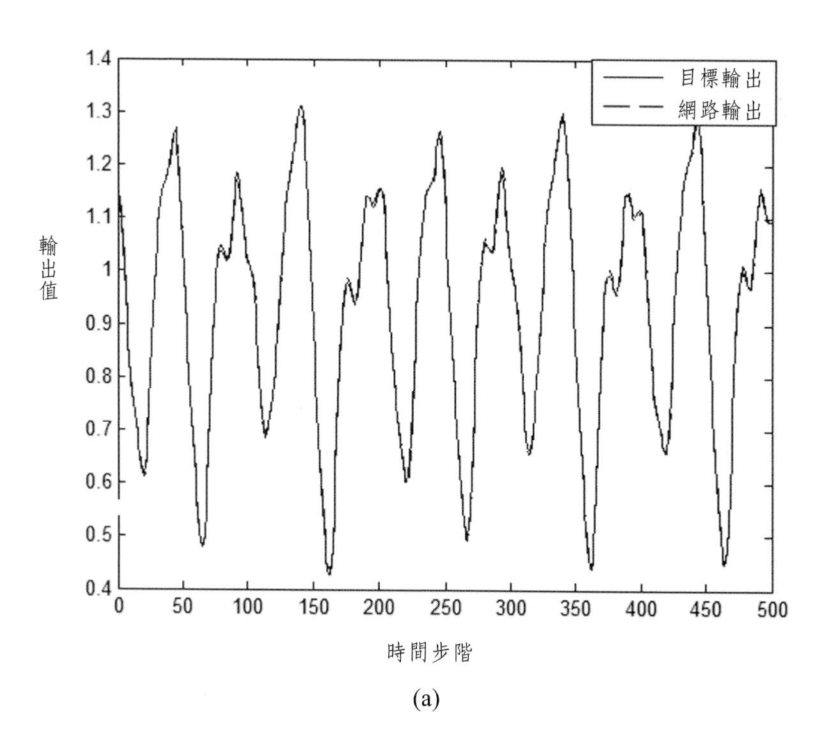

(a)

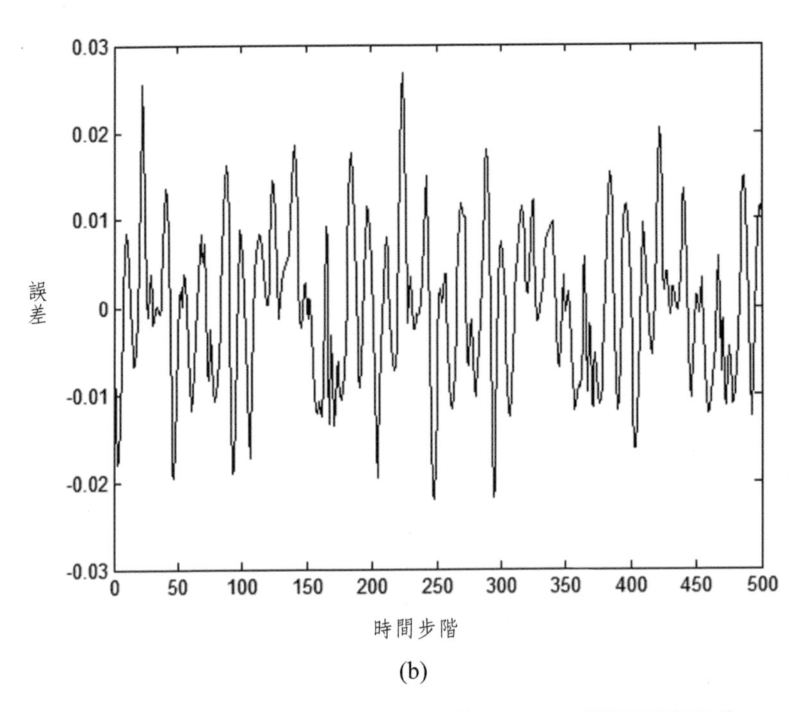

(b)

圖 7.12　實驗結果 (a) 測試預測結果，(b) 與目標值誤差

表 7.8 列出了遺傳三層式感知機類神經預測器經過 50 次實驗後的平均、最佳、最差的測試效能（以最小均方差（RMS）作為效能的衡量）。表 7.9 列出了遺傳三層式感知機類神經預測器經過 50 次實驗後的平均 CPU 執行時間。

表 7.8　演算法效能

方法	RMS error		
	最佳	平均	最差
遺傳演算法	0.03	0.06	0.09

表 7.9　演算法 CPU 執行時間

方法	執行秒數
遺傳演算法	542

7.2.2 太陽黑子預測

太陽黑子 [34] 主要是由於熱對流以及各部分自轉速度不同所引起。太陽物質不同部位會以不同的轉速運動（差動旋轉），一般來說，靠近赤道附近轉速較快而靠近極區轉速較慢。太陽內部對流層由於不均勻的特性，各處的氣體壓力並不完全相同，如果某處磁壓超過氣壓就會膨脹，甚至連磁力線帶物質都冒出太陽表面。在磁力線集中穿過對流層頂部進入光球處就會形成所謂的太陽黑子。

如果以過去世界各地所觀測黑子的平均數目來看可以觀測出太陽黑子週期性的變化。黑子週期最長可達 13.3 年，最短週期只有 7.3 年，平均週期 10.8 年。在太陽活動週期裡，黑子出現的位置是會變動的。先在新週期出現的黑子位置往往在緯度約 30 度至 35 度之間，然後會隨著黑子數量的增加向低緯度區移動。等到大部分太陽黑子都出現在 10 度至 20 度區時，黑子數量就會開始減少，最後黑子都會出現在靠近太陽赤道附近，數量也減到最低。這時下個週期的黑子就會在高緯度區出現，太陽黑子的極性卻和即將結束的週期相反。

在本例中我們將以太陽黑子的預測為例子進行遺傳三層式感知機類神經預測器的設計，其中太陽黑子的資料是取自網路上太陽黑子的資料庫 [34]。由上可知，太陽黑子的預測是非常困難的，主要是太陽黑子的數量具有非線性（nonlinear）以及非高斯週期（non-Gaussian cycle）的特性。所以非常適合用作遺傳三層式感知機類神經預測器的測試例子。

在本文中，我們自網路上下載 1700 到 2004 的太陽黑子資料庫，根據 [34] 我們利用時間序列來設計訓練以及測試資料，三個輸入資料設計為 $x_1(t) = y_1^d(t-1)$、$x_2(t) = y_1^d(t-2)$ 以及 $x_3(t) = y_1^d(t-3)$ 輸出資料則為第 t 年的黑子數（$y_1^d(t)$），其中 $y_1^d(t)$ 代表第 t 年的黑子數。在本例中，我們以前 180 年（1705 年到 1884 年）的資料作為訓練資料而後 119 年（1885 年到 2004 年）的資料作為測試資料。

在本例中，我們主要是使用遺傳類神經網路作為預測器的設計，而類神經網路的架構，本例也是使用了三層式感知機網路（如圖 7.8 所示），其中隱藏層的神經元數為 8。遺傳三層式感知機類神經預測器的設計參數如表 7.10 所示，相關的設計方法可以參考第六章所述，在這個例子中，我們主要將三層式感知機網路的權重以及偏權值設成一條染色體，透過第六章的說明，我們可以將遺傳三層式感知機類神經預測器的染色體設計如圖 7.9 所示，在此例中，隱藏層數量 8，輸出層數為 1。整個遺傳三層式感知機類神經預測器學習流程則如圖 7.10 所示。圖 7.10 的詳細步驟，讀者可以參考第六章的說明。

表 7.10　實驗參數

參數名稱	設定值
族群大小	100
交配機率	0.4
突變機率	0.1
排序策略	選擇排序法
複製策略	輪盤式
交配策略	多點交配
突變策略	位元突變
編碼形式	實數
演化代數	500
$[w_{min}, w_{max}]$	$[-10, 10]$
$[b_{min}, b_{max}]$	$[-3, 3]$
激化函數	雙極雙彎曲函數
隱藏神經元數量	8

在實驗結果方面，圖 7.13 是遺傳三層式感知機類神經預測器經過 50 次實驗的適應函數，在圖 7.13 中，每一條線代表的是遺傳三層式感知機類神經預測器經過 500 次學習演化後的結果。圖 7.14 是測試結果圖，其中圖 7.14(a) 是太陽黑子測試資料的結果（1885 年到 2004 年），其中實線代表太陽黑子真實數量，而虛線則代表遺傳三層式感知機類神經預測器的預測太陽黑子數量，圖 7.14(a) 是測試的誤差圖，也就是將 7.13(a) 的實虛線相減得到的結果。

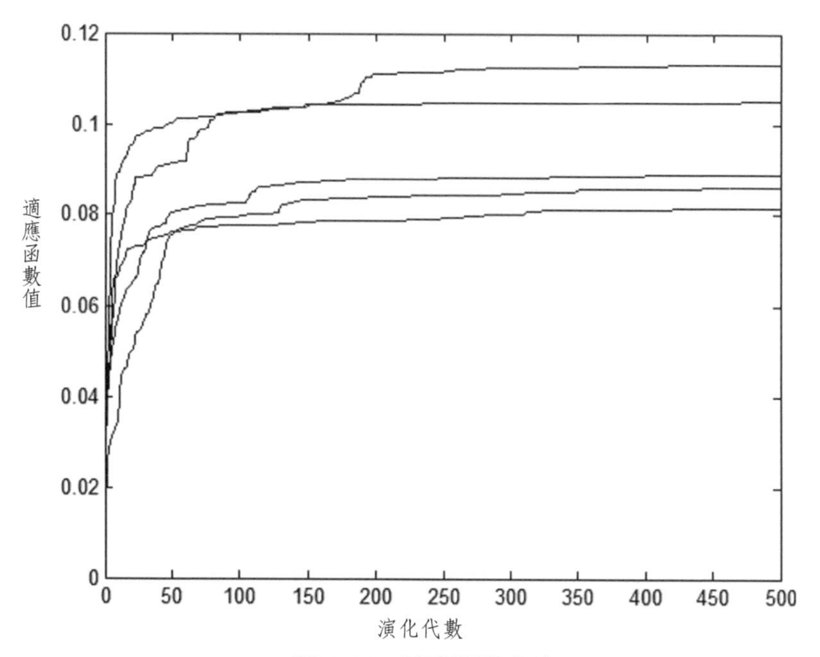

圖 7.13　適應函數曲線

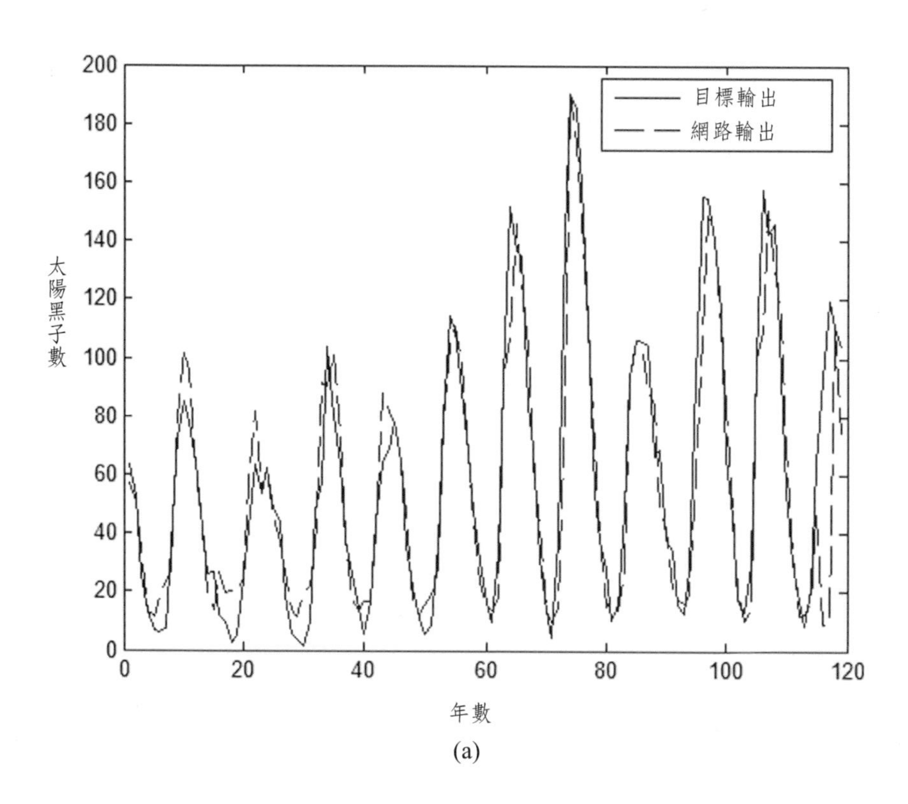

(a)

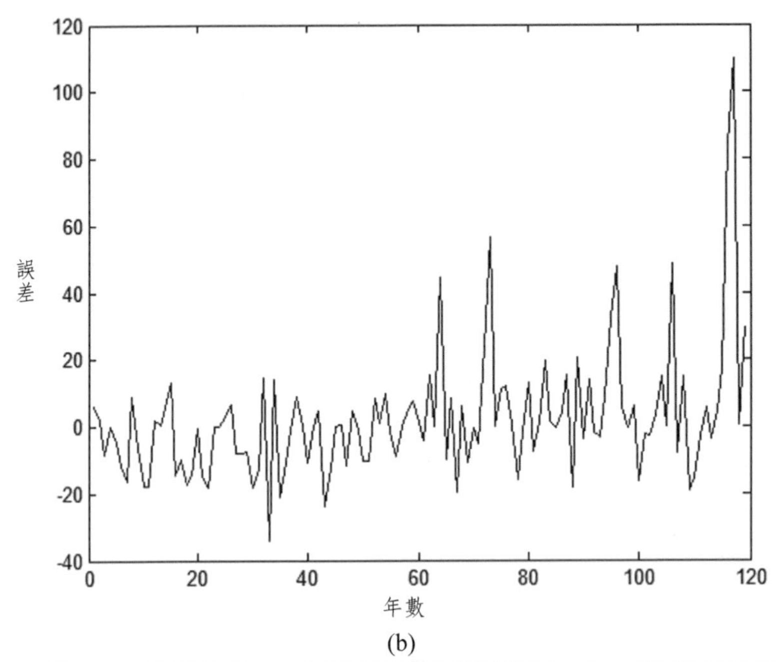

(b)

圖 7.14　實驗結果 (a) 太陽黑子測試預測結果，(b) 與目標值誤差

表 7.11 列出了遺傳三層式感知機類神經預測器經過 50 次實驗後的平均的測試效能，其中測試效能分為訓練以及測試步驟的效能，其中測試效能除了包含原有的最小均方差（RMS）之外，還包含訓練以及測試誤差 [46]。訓練以及測試誤差設計如下：

$$\sum_{t=1705}^{1884}\frac{|y_1^d(t)-y_1(t)|}{180} \tag{7.4}$$

$$\sum_{t=1885}^{2004}\frac{|y_1^d(t)-y_1(t)|}{180} \tag{7.5}$$

其中，$y_1^d(t)$ 代表太陽黑子資料庫中第 t 年的黑子數，$y_1(t)$ 代表遺傳三層式感知機類神經預測器第 t 態的輸出黑子數。

表 7.12 列出了遺傳三層式感知機類神經預測器經過 50 次實驗後的 CPU 的平均執行時間。

表 7.11　演算法效能

方法	訓練數	RMS	訓練誤差	預測誤差
遺傳演算法	500	17.47	12.27	19.81

表 7.12　演算法 CPU 執行時間

方法	執行秒數
遺傳演算法	542

7.3｜控制系統

在這個章節中，主要是利用遺傳模糊類神經系統實作倒單擺 [47]-[50] 以及球桿控制系統 [51]-[55]。由於主要是用作控制問題上，而在本例中，本書將介紹增強式學習（reinforcement learning）的控制方式。

一般來說，機器學習（machine learning）可定義為：研究利用電腦自動獲取解決問題的知識的科學 [56]-[60]。機器學習依其學習策略我們可以分成以下幾類：

1. 監督式學習 [61]：從一組已分類的特殊性訓練範例中，加以普遍化，導出普遍性的知識法則。

2. 無監督式學習 [62]：從一組未分類的特殊性訓練範例中，加以普遍化，導出普遍性的知識法則。

3. 類比式學習（learning from analogy）[63]：將一個已解決的問題之解題策略推到一個未解決的問題之解決策略上。

4. 增強式學習 [64]：一種試誤（trial-and-error）的過程，其機制在試誤過程中得到回饋（feedback）以增加經驗累積，並透過不斷的試誤，得到最佳化的反應組合。

增強式學習概略來說有兩件主要的工作，第一個是其嘗試找尋出最佳的控制訊號，第二則是發出最佳控制訊號使得系統能達到控制的目標 [64]-[66]，這兩件工作本應是先後進行，但在無法確定何時才能找到最佳控制器的情況下，我們只能同時進行這兩件工作，造成增強式學習有著初期效率較為不佳的問題，所以找到適當的初始值，便可改善初期效果太差，以及增加訓練的速度。

我們用圖 7.15 簡單的介紹增強式學習基本概念。首先系統機制先根據致動訊號（action）進入環境中，此時環境將根據環境的條件給定一個結果值（result）回傳到系統機制中，接下來系統機制再根據演算的過程給予環境一個回饋。因此整個學習架構形成一個迴路，直到系統機制達到我們訂定的結束規則為止。經過學習之後，系統機制所得到回饋愈多，相對的在得到的結果值時也就能有最佳的決定，這也是使用者在利用增強式學習時所期望得到的結果。對於

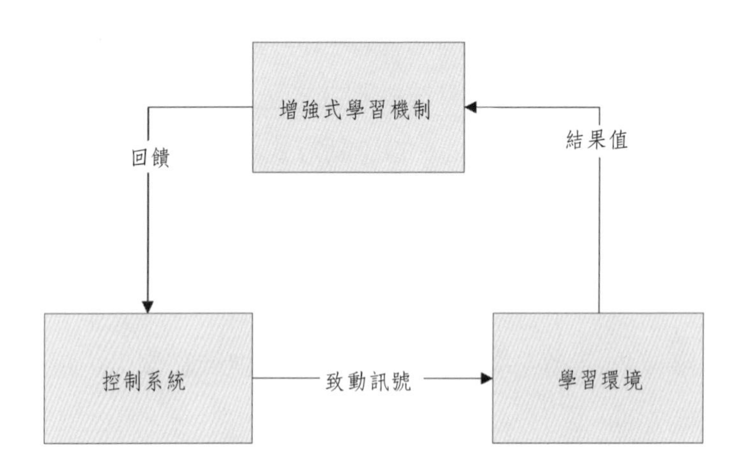

圖 7.15　增強式學習架構

針對增強式學習，演算法的適應函數設計必須符合增強式學習架構，在本例中我們採用最簡易的方式來設計增強式學習訊號 [67]-[70]，我們所使用的增強式訊號是第三章所提過的增強式訊號，參考式（3.16）

$$Fitness\_Value = TIME\_STEP \qquad (3.16)$$

其中的 *TIME_STEP* 代表成功次數，成功次數越高代表適應值越高。增強式訊號的適應函數設計讀者可以參考第三章的適應函數設計章節。

7.3.1 倒單擺控制系統

在這個例子中，我們將透過遺傳曼特寧模糊類神經 [71]-[75] 實作倒單擺控制系統的例子，倒單擺控制系統 [47] 是一個典型的非線性系統以及不穩定的控制系統，通常單擺控制系統被用作證明控制系統的強鍵性，在本模擬中，不詳細探討實體上控制之公式推導，而著重於成功控制此系統之輸入－輸出對應關係，進而加以學習，旨在學習此控制方式，且以易懂的規則方式表述。一個典型的倒單擺控制系統如圖 7.16，在圖 7.16 中倒單擺控制系統主要是控制如何平衡車上桿子，車子和桿子同時都只能在水平面上移動，也就是只有一個自由度。

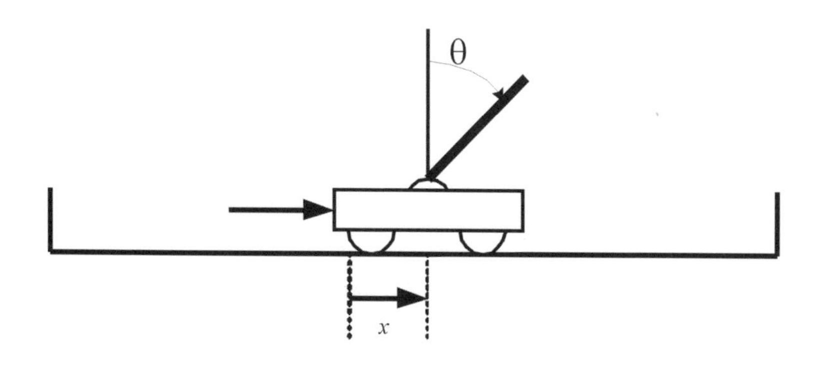

圖 7.16　倒單擺控制系統

在倒單擺控制系統中主要有四個狀態變數： 桿子的角度（θ）、桿子的角速度（$\dot{\theta}$）、車子的位置（x），以及車子的速度（$\dot{x}$）。在倒單擺控制系統中主要的輸出為作用於車子的力（f）。在本例中，系統失敗定義為桿子離開某個角度範圍 （在此角度設定為 ±12° ）或是車子碰撞到軌道的界線（在此設定為距離中心 2.4 公尺處）。 倒單擺控制系統的目標是決定一系列的作用在車子的力令桿子平衡。倒單擺控制系統的動態方程式如下：

$$\theta(t+1)=\theta(t)+\Delta\dot{\theta}(t), \tag{7.6}$$

$$\begin{aligned}\dot{\theta}(t+1)=\dot{\theta}(t)+\Delta&\frac{(m+m_p)g\sin\theta(t)}{(4/3)(m+m_p)l-m_pl\cos^2\theta(t)}\\&-\frac{\cos\theta(t)[f(t)+m_pl\dot{\theta}(t)^2\sin\theta(t)-\mu_c\,\text{sgn}(\dot{x}(t))]}{(4/3)(m+m_p)l-m_pl\cos^2\theta(t)}\\&-\frac{\dfrac{\mu_p(m+m_p)\dot{\theta}(t)}{m_pl}}{(4/3)(m+m_p)l-m_pl\cos^2\theta(t)},\end{aligned} \tag{7.7}$$

$$x(t+1)=x(t)+\Delta\dot{x}(t), \tag{7.8}$$

$$\dot{x}(t+1)=\dot{x}(t)+\Delta\frac{f(t)+m_pl[\dot{\theta}(t)^2\sin\theta(t)-\ddot{\theta}(t)\cos\theta(t)]}{(m+m_p)}-\frac{\mu_c\text{sgn}(\dot{x}(t))}{(m+m_p)}, \tag{7.9}$$

其中

$l=0.5$ m，桿子的長度，

$m=1.1$ kg，桿子和車子結合的質量，

$m_p=0.1$ kg，桿子的質量，

$g=9.8$ m/s，重力加速度，（7.10）

$\mu_c=0.0005$，車子在軌道上的摩擦力係數，

$\mu_p=0.000002$，車子上桿子的摩擦力係數，

$\Delta=0.02$(s)，取樣區間。

倒單擺控制系統相關參數限制為：$-12^\circ\le\theta\le12^\circ$、$-2.4\text{m}\le x\le2.4\text{m}$，以及 $-10\text{N}\le f\le10\text{N}$。在本例中演化終止條件是透過式（3.16）所產生的適應值函數必須成功 100,000 次才能停止。

在本例中演化終止條件是透過式（3.16）所產生的適應值函數必須成功 100,000 次才能停止。在本例中，我們主要是使用遺傳曼特寧模糊類神經網路作為控制器的設計，而曼特寧模糊類神經網路的架構如圖 7.17 所示。遺傳曼特寧模糊類神經網路控制器的設計參數如表 7.13 所示，相關的設計方法可以參考

第六章所述，在這個例子中，我們主要將遺傳曼特寧模糊類神經網路控制器的前建部以及後建部的參數設成一條染色體，透過第六章的說明，我們可以將遺傳曼特寧模糊類神經網路控制器的染色體設計如圖 7.18 所示。在圖 7.18 中，R 是總法則數，A_{ij} 代表第 i 個輸入對應的第 j 個法則的模糊歸屬函數，w_{kj} 代表第 j 個法則所對應第 k 個輸出的權重，Q 代表輸出層神經元數。參考表 7.13 我們可以發現前建部歸屬函數是高斯函數為主，所以圖 7.18 的 A_{ij} 包含其所對應的高斯函數的中心，以及左右邊界，整個遺傳曼特寧模糊類神經網路控制器學習流程則如圖 7.19 所示。圖 7.19 的詳細步驟，讀者可以參考第六章的說明。

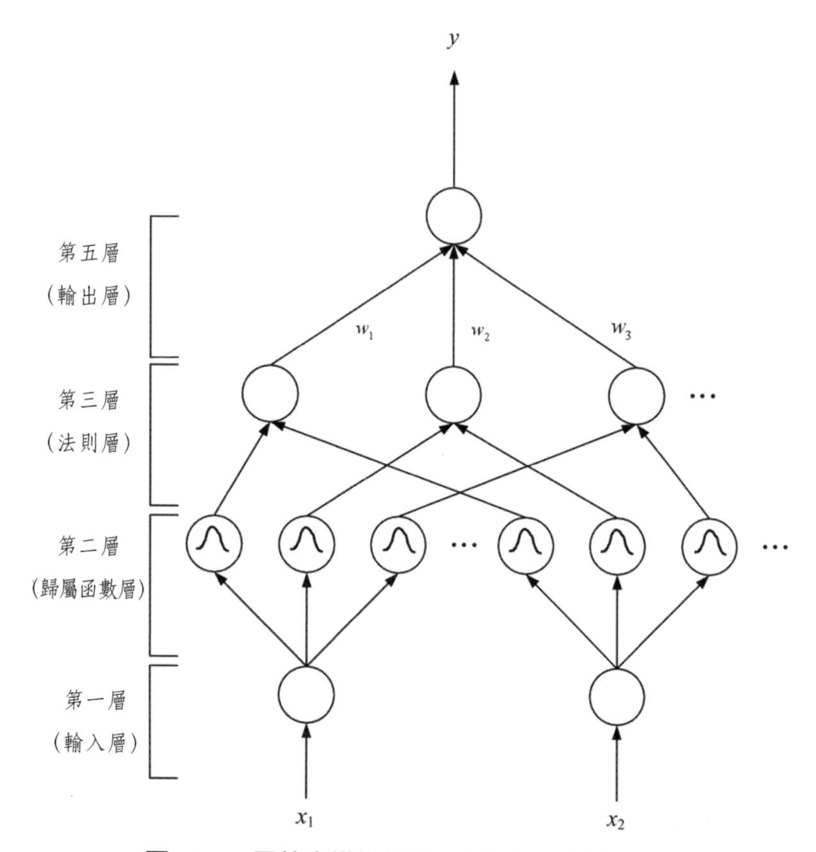

圖 7.17　曼特寧模糊類神經網路控制器架構

基因值									
$A_{1,1}$	…	$A_{i,j}$	…	$A_{n,R}$	$w_{1,1}$	…	$w_{k,j}$	…	$w_{Q,R}$

圖 7.18　遺傳曼特寧模糊類神經網路控制器染色體基因編碼

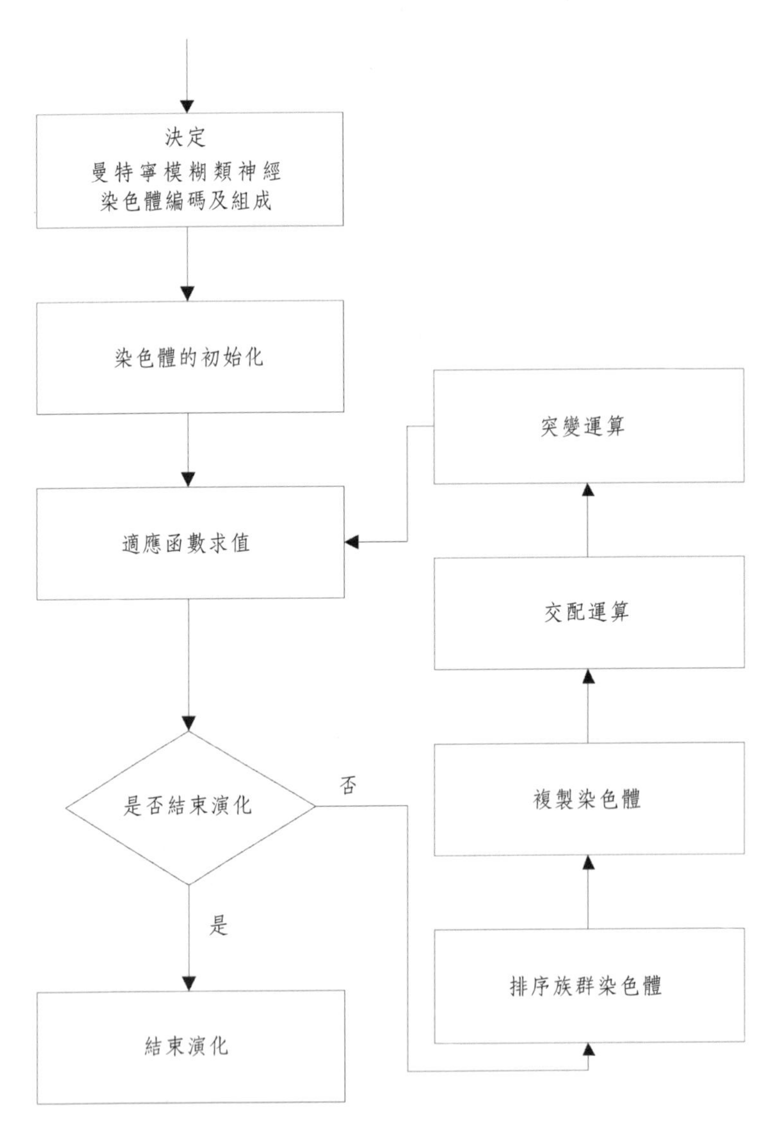

圖 7.19　遺傳曼特寧模糊類神經網路控制器學習流程

表 7.13 實驗參數

參數名稱	設定值
族群大小	80
交配機率	0.3
突變機率	0.2
排序策略	氣泡排序法
複製策略	輪盤式
交配策略	多點交配
突變策略	位元突變
編碼形式	實數
前建部歸屬函數	高斯歸屬函數
$[m_{min}, m_{max}]$	[0, 1]
$[\sigma_{min}, \sigma_{max}]$	[0, 1]
$[w_{min}, w_{max}]$	[-10, 10]
模糊法則數	7

在實驗結果方面，圖 7.20 是遺傳曼特寧模糊類神經網路控制器經過 30 次實驗的適應函數，在圖 7.20 中，每一條線代表的是遺傳曼特寧模糊類神經網路控制器學習演化後的結果。圖 7.21 是系統的控制結果，系統的控制結果包含桿子角度、車子的位置和控制器的輸出，圖 7.21 是系統成功控制 10,000 次的前 500 次結果。其中圖 7.21(a) 是桿子角度圖，圖 7.21(b) 是車子的位置圖，而圖 7.21(c) 是控制器的輸出圖。

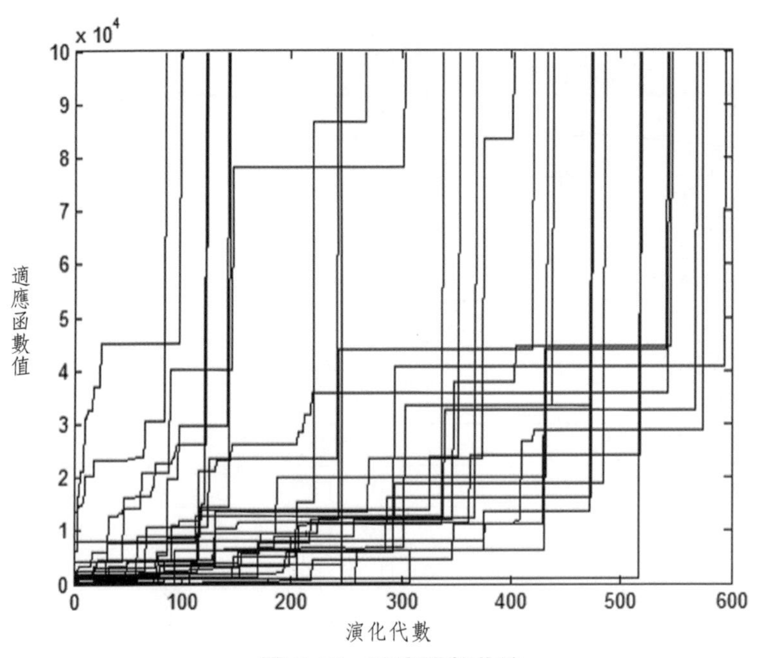

圖 7.20　適應函數曲線

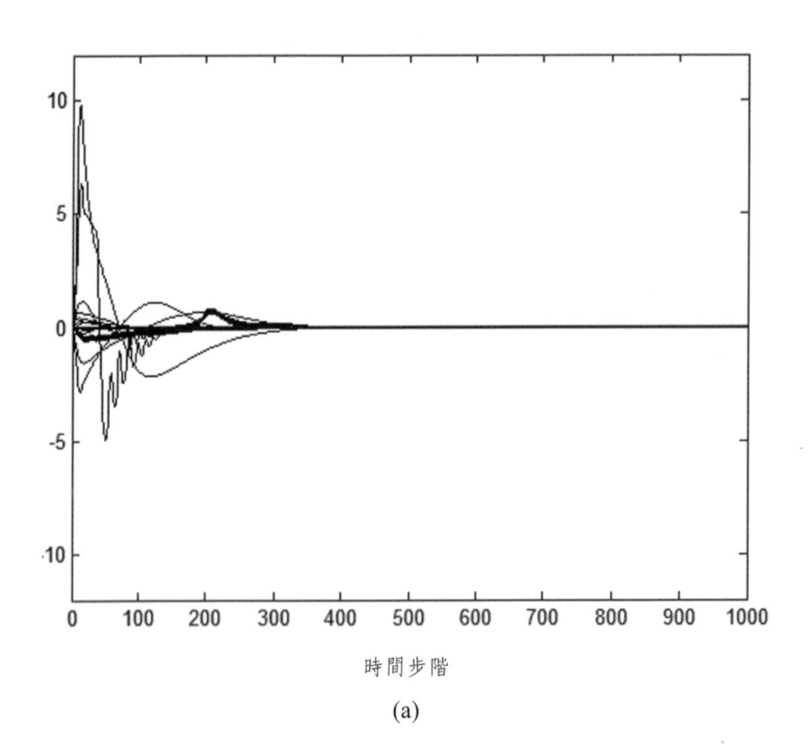

(a)

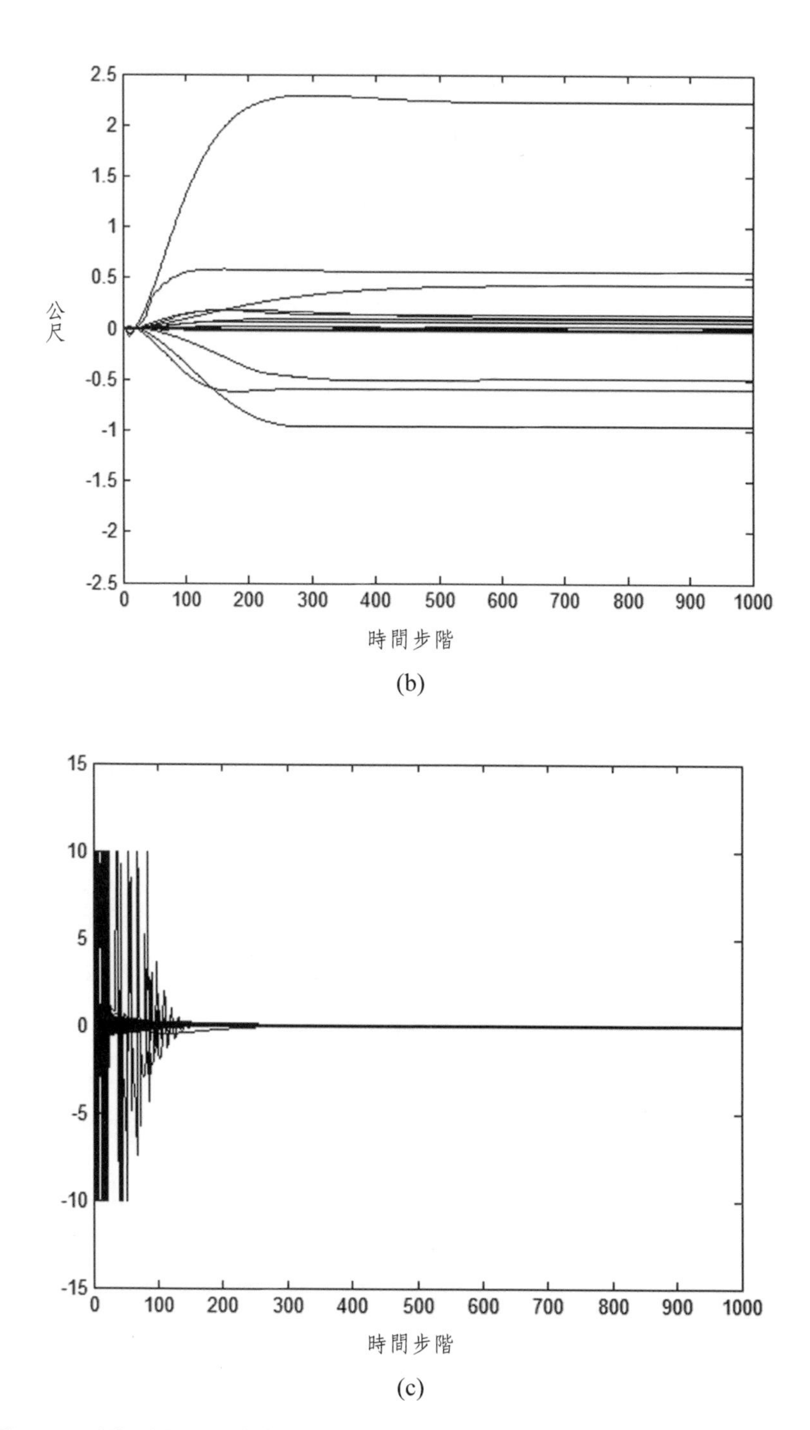

(b)

(c)

圖 7.21　倒單擺平衡系統控制結果；(a) 桿子角度，(b) 車的位置，(c) 推力

表 7.14 列出了遺傳曼特寧模糊類神經網路控制器經過 20 次實驗後的平均、最佳、最差的測試效能（以 CPU 演算時間和成功演化代數衡量）。

表 7.14　倒單擺系統效能（演化代數和 CPU 時間）

方法	平均		最佳		最差	
	代數	演算時間 (秒)	代數	演算時間 (秒)	代數	演算時間 (秒)
GA	514	25.34	78	8.23	887	64.75

7.3.2　球桿控制系統

本例是介紹一個典型的非線性系統的控制；一維球桿系統之平衡控制 [51]，在本模擬中，不詳細探討實體上控制之公式推導，而著重於成功控制此系統之輸入－輸出對應關係，進而加以學習，旨在學習此控制方式，且以易懂的規則方式表述。最初這個非線性系統是由 Laukonen 和 Yurkovich[76] 所提出來討論的；他們利用 PID 控制器來控制馬達轉動桿子使得球能停在桿子的中心點而達到平衡。接著 Benbrahim[77] 等人利用類神經網路來學習控制球桿系統；一共使用了四個變數（桿子的角度和角速度；球的位置和速度）進行訓練，進而控制系統。之後還有很多學者提出各種不同的學習演算法來控制球桿系統；希望在學習速度和系統的穩定度上能有所加強。

模擬環境為；當球靜止在一個呈水平狀態的桿上（2 公尺長）是屬於隨遇平衡，此時若受到外界干擾（大於滾動摩擦時）或桿子稍微有一傾斜時，就會破壞原來的平衡而形成另一個新平衡或是無法達成新平衡。因此，本模擬期望能利用目前的狀態變數求得下一個狀態的輸入，直到球停止在桿子的中心點為止，此模擬的回授控制變數包含球之位置、球之速度、桿之水平角度、桿之角速度，起始時由四個初始狀態變數值進入模糊類神經網路推論系統進行學習，經由規則之推論，給予輸出的控制力，傳送至球桿平衡系統，由這個控制力控制產生下個狀態之不同的輸入狀態變數，圖 7.22 即為簡單的球桿系統示意圖 [78]。

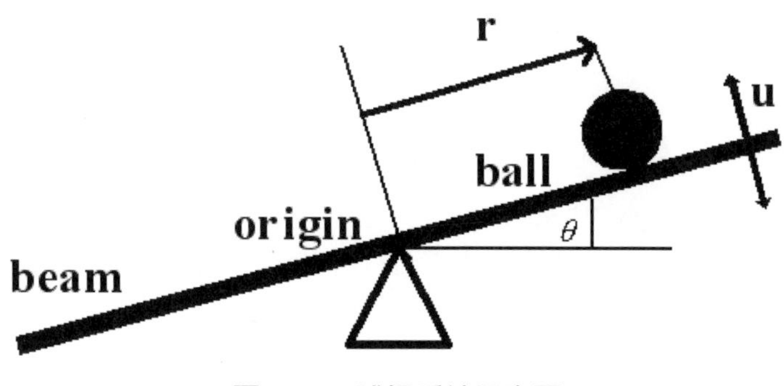

圖 7.22　球桿系統示意圖

而針對圖中的系統可先定義出狀態變數為：

r：球的位置（單位：m）。

$\dot{r}$：球的速度（單位：m/sec）。

θ：桿旋轉的角度（單位：rad）。

$\dot{\theta}$：桿旋轉的角速度（單位：rad/sec）。

另外，其他變數則分別定義如下：

τ：施於桿的轉矩（單位：N-m）。

m_B：球的質量（單位：kg）。

m_b：桿的質量（單位：kg）。

J_B：球的慣量（單位：$kg-m^2$）。

J_b：桿的慣量（單位：$kg-m^2$）。

R：鋼球的半徑（單位：m）。

ℓ：桿的長度（單位：m）。

g：重力加速度（單位：m/sec^2）。

ω：經過轉換後的轉子角速度（單位：rad/sec）。

到目前為止，即可求得系統的動能及位能分別為：

(A) 總動能：

$$平移動能 = \frac{1}{2} m_B \dot{r}^2 , \qquad (7.11)$$

$$旋轉動能=\frac{1}{2}J_b\dot{\theta}^2+\frac{1}{2}(J_B+m_B\dot{r}^2)\dot{\theta}^2+\frac{1}{2}J_B\omega^2 \quad , \tag{7.12}$$

總動能＝平移動能＋旋轉動能。所以

$$T=\frac{1}{2}\left[(J_b+J_B+m_Br^2)\dot{\theta}^2+\left(m_B+\frac{J_B}{R^2}\right)\dot{r}^2\right] \tag{7.13}$$

(B) 位能：

$$U=m_Bgr\sin\theta, \tag{7.14}$$

由（4-3）與（4-4）式可得 Lagrangian 為：

$$L=T-U=\frac{1}{2}\left[(J_b+J_B+m_Br^2)\dot{\theta}^2+\left(m_B+\frac{J_B}{R^2}\right)\dot{r}^2\right]-m_Bgr\sin\theta \tag{7.15}$$

將式（7.15）代入以下的 Lagrangian equations：

$$\frac{\partial}{\partial t}\left(\frac{\partial L}{\partial \dot{r}}\right)-\frac{\partial L}{\partial r}=0 \quad , \tag{7.16}$$

$$\frac{\partial}{\partial t}\left(\frac{\partial L}{\partial \dot{\theta}}\right)-\frac{\partial L}{\partial \theta}=\tau \quad , \tag{7.17}$$

依序可分別得到系統之動態方程式：

$$\left(m_B+\frac{J_B}{R^2}\right)\ddot{r}-m_Br\dot{\theta}^2+m_Bg\sin\theta=0, \tag{7.18}$$

$$(J_b+J_B+m_Br^2)\ddot{\theta}+2m_Br\dot{r}\dot{\theta}+m_Bgr\sin\theta=\tau, \tag{7.19}$$

將式（7.18）及（7.19）式表示成矩陣型式為：

$$\begin{bmatrix}\left(m_B+\frac{J_B}{R^2}\right) & 0\\ 0 & (J_b+J_B+m_Br^2)\end{bmatrix}\begin{bmatrix}\ddot{r}\\ \ddot{\theta}\end{bmatrix}+\begin{bmatrix}0 & -m_Br\dot{\theta}\\ m_Br\dot{\theta} & m_Br\dot{r}\end{bmatrix}\begin{bmatrix}\dot{r}\\ \dot{\theta}\end{bmatrix}+\begin{bmatrix}m_Bg\sin\theta\\ m_Bg\cos\theta\end{bmatrix}=\begin{bmatrix}0\\ \tau\end{bmatrix}, \tag{7.20}$$

則式（7.20）式之系統狀態方程式可表示為：

$$\begin{aligned}
\dot{x}_1 &= x_2,\\
\dot{x}_2 &= \frac{m_B}{\left(m_B+\frac{J_B}{R^2}\right)}x_1x_4^2-\frac{m_Bg}{\left(m_B+\frac{J_B}{R^2}\right)}\sin x_3,\\
\dot{x}_3 &= x_4,\\
\dot{x}_4 &= \frac{1}{(J_b+J_B+m_Br^2)}(\tau-2m_Bx_1x_2x_4-m_Bgx_1\cos x_3)
\end{aligned} \qquad (7.21)$$

為了計算方便，故選取 $A=\frac{1}{J_b+J_B+m_Br^2}$ 與 $B=\frac{m_B}{\left(m_B+\frac{J_B}{R^2}\right)}$，所以系統之狀態方程式可簡化為：

$$\begin{bmatrix}\dot{x}_1\\ \dot{x}_2\\ \dot{x}_3\\ \dot{x}_4\end{bmatrix}=\begin{bmatrix}x_2\\ B(x_1x_4^2-g\sin x_3)\\ x_4\\ 0\end{bmatrix}+\begin{bmatrix}0\\0\\0\\1\end{bmatrix}u, \qquad (7.22)$$
$$y=x_1$$

其中狀態項和輸出項分別如下：

$$x=(x_1,x_2,x_3,x_4,)^T\equiv(r,\dot{r},\theta,\dot{\theta})^T \qquad (7.23)$$

$$y=x_1\equiv r \qquad (7.24)$$

系統的輸入項 $u(x)$ 為桿子的角加速度 $\ddot{\theta}(x)$，且我們令參數 $B=0.7143$ 以及重力系數 $g=9.18$。此非線性系統我們利用輸入輸出線性化理論可以求得 $u(x)$ 如式（7.23）所推得：

$$v(x)=-\alpha_3\phi_4(x)-\alpha_2\phi_3(x)-\alpha_1\phi_2(x)-\alpha_0\phi_1(x), \qquad (7.25)$$

其中：

$$\phi_1(x) = x_1, \tag{7.26}$$

$$\phi_2(x) = x_2, \tag{7.27}$$

$$\phi_3(x) = -BG\sin x_3, \tag{7.28}$$

$$\phi_4(x) = -BGx_4\cos x_3, \tag{7.29}$$

其中 α_i 是由 Hurwitz 多項式：$s^4 + \alpha_3 s^3 + \alpha_2 \mathbf{s}^2 + \alpha_1 s + \alpha_0$ 決定，計算 $a(x) = -BG \cos x_3$ 以及 $b(x) = BGx_4^2 \sin x_3$，即可求得：

$$u(x) = [v(x) - b(x)]/a(x) \tag{7.30}$$

系統每一次學習成功的條件是限制桿子角度 $|\theta|<12^{\circ}$以及球的位置 $|r| < 1$m 且在收斂的步驟次數（time step）增加時；能逐漸收斂穩定，系統每成功控制一次；參數控制次數（*STEP_TIME*）則增加一，而我們的控制目標是系統的控制次數大於我們訂定的目標值（適應值門檻）。

在本例中演化終止條件是透過式（3.16）所產生的適應值函數必須成功 100,000 次才能停止。在本例中，我們主要是使用遺傳 TSK 形式模糊類神經網路 [79]-[82] 作為控制器的設計，而 TSK 形式模糊類神經網路的架構如圖 7.23 所示。遺傳 TSK 形式模糊類神經網路控制器的設計參數如表 7.15 所示，相關的設計方法可以參考第六章所述，在這個例子中，我們主要將遺傳 TSK 形式模糊類神經網路控制器的前建部以及後建部參數設成一條染色體，透過第六章的說明，我們可以將遺傳 TSK 形式模糊類神經網路控制器的染色體設計如圖 7.24 所示。在圖 7.24 中，A_{ij} 代表第 i 個輸入對應的第 j 個法則的模糊歸屬函數，C_j 代表第 j 個法則所對應第 k 個輸出的輸入參數所組成的線性組合中的權重集合。參考表 7.15 我們可以發現前建部歸屬函數是高斯函數為主，所以圖 7.24 的 A_{ij} 包含其所對應的高斯函數的中心，以及左右邊界，而後建部的參數設計主要線性方程式的參數解（在此例中因為有 4 個輸入訊號，所以後建部的參數量為 5

（輸入訊號的個數 +1））。整個遺傳 TSK 式模糊類神經網路控制器學習流程則如圖 7.25 所示。圖 7.25 的詳細步驟，讀者可以參考第六章的說明。

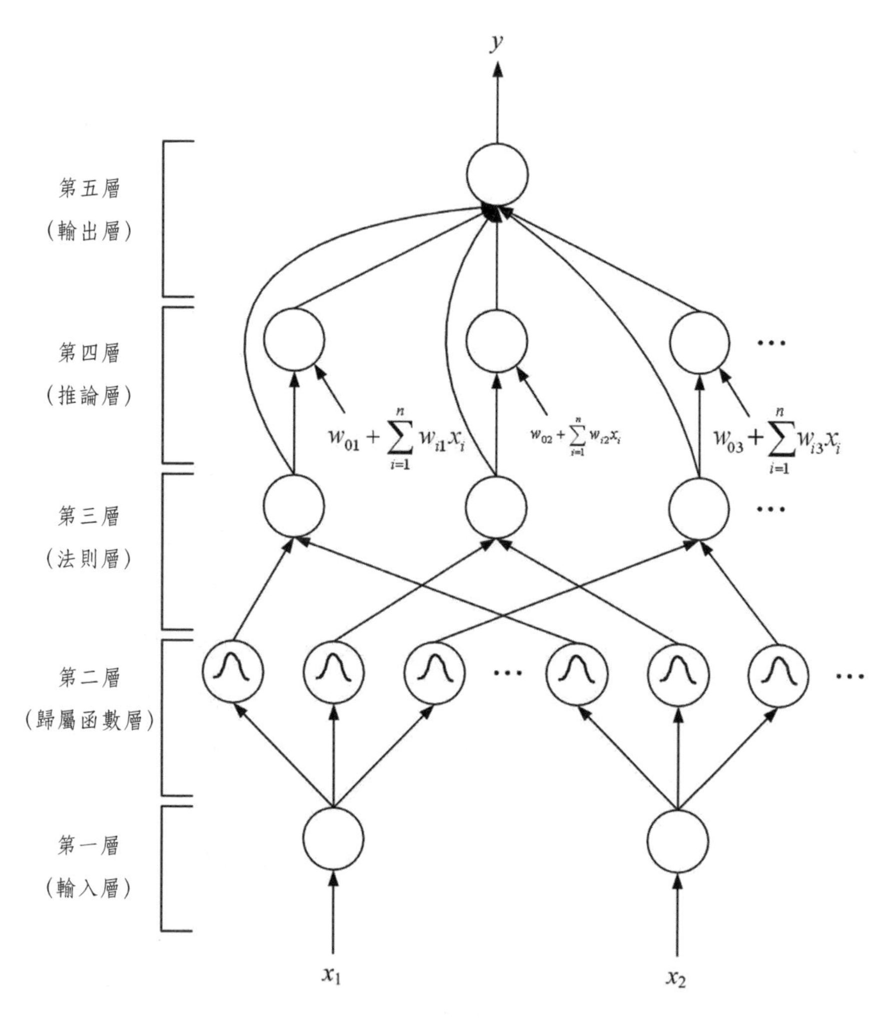

圖 7.23　TSK 形式模糊類神經網路控制器架構

基因值					
A_{11}	$\cdots$	A_{ij}	$\cdots$	C_{11}	C_{kj}

圖 7.24　遺傳 TSK 形式模糊類神經網路控制器染色體基因編碼

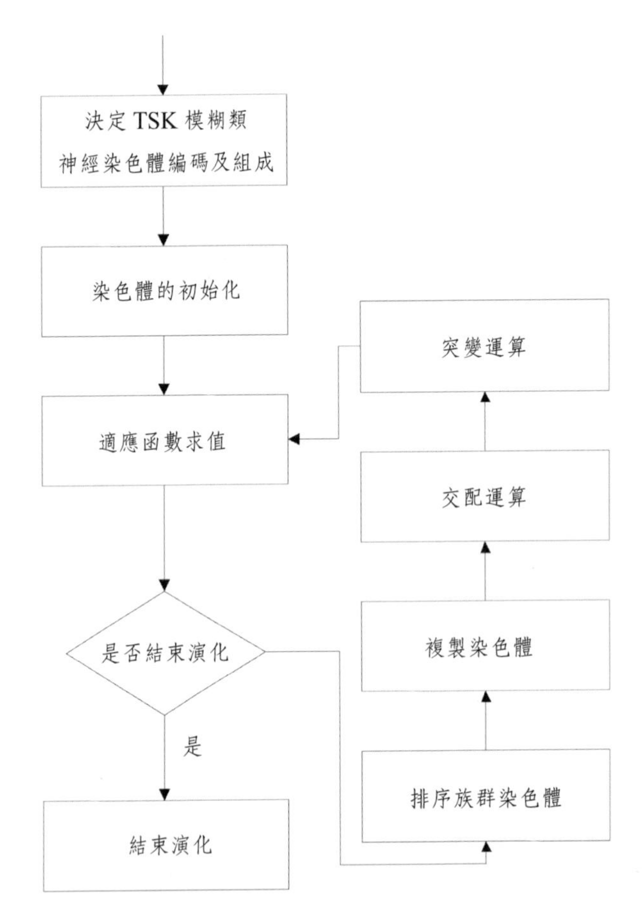

圖 7.25　遺傳 TSK 形式模糊類神經網路控制器學習流程

在實驗結果方面，圖 7.26 是遺傳 TSK 形式模糊類神經網路控制器經過 20 次實驗的適應函數，在圖 7.26 中，每一條線代表的是遺傳 TSK 形式模糊類神經網路控制器學習演化後的結果。圖 7.27 是系統的控制結果，系統的控制結果包含桿子角度、球的位置和控制器的輸出由圖 7.27 呈現，圖 7.27 是系統成功控制 10,000 次的前 1,000 次結果。其中圖 7.27(a) 是桿子角度圖，圖 7.27(b) 是球的位置圖，而圖 7.27(c) 是控制器的輸出圖。

表 7.15 實驗參數

參數名稱	設定值
族群大小	60
交配機率	0.5
突變機率	0.4
排序策略	氣泡排序法
複製策略	輪盤式
交配策略	雙點交配
突變策略	位元突變
編碼形式	實數
前建部歸屬函數	高斯歸屬函數
$[m_{\min}, m_{\max}]$	[0, 1]
$[\sigma_{\min}\}, \sigma_{\max}]$	[0, 1]
$[w_{\min}, w_{\max}]$	[−10, 10]
模糊法則數	6

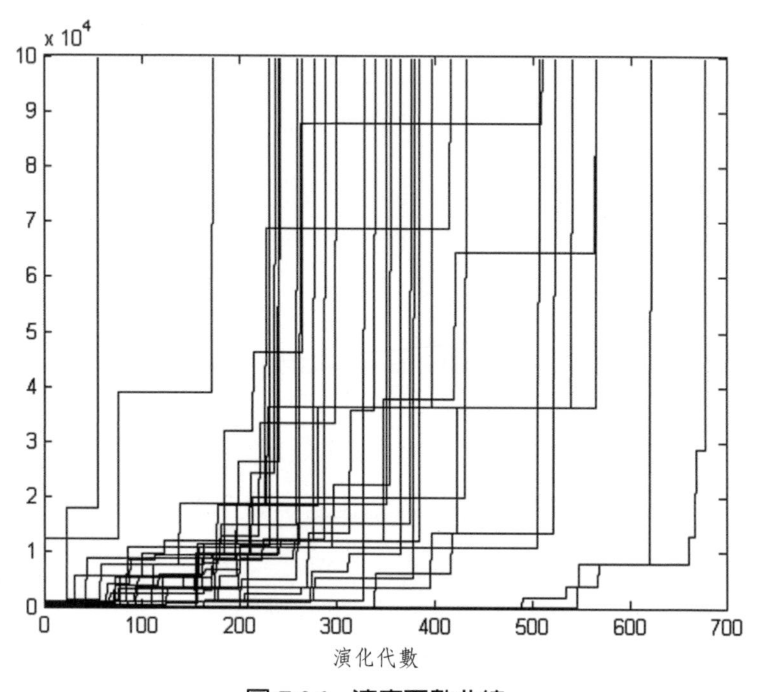

圖 7.26 適應函數曲線

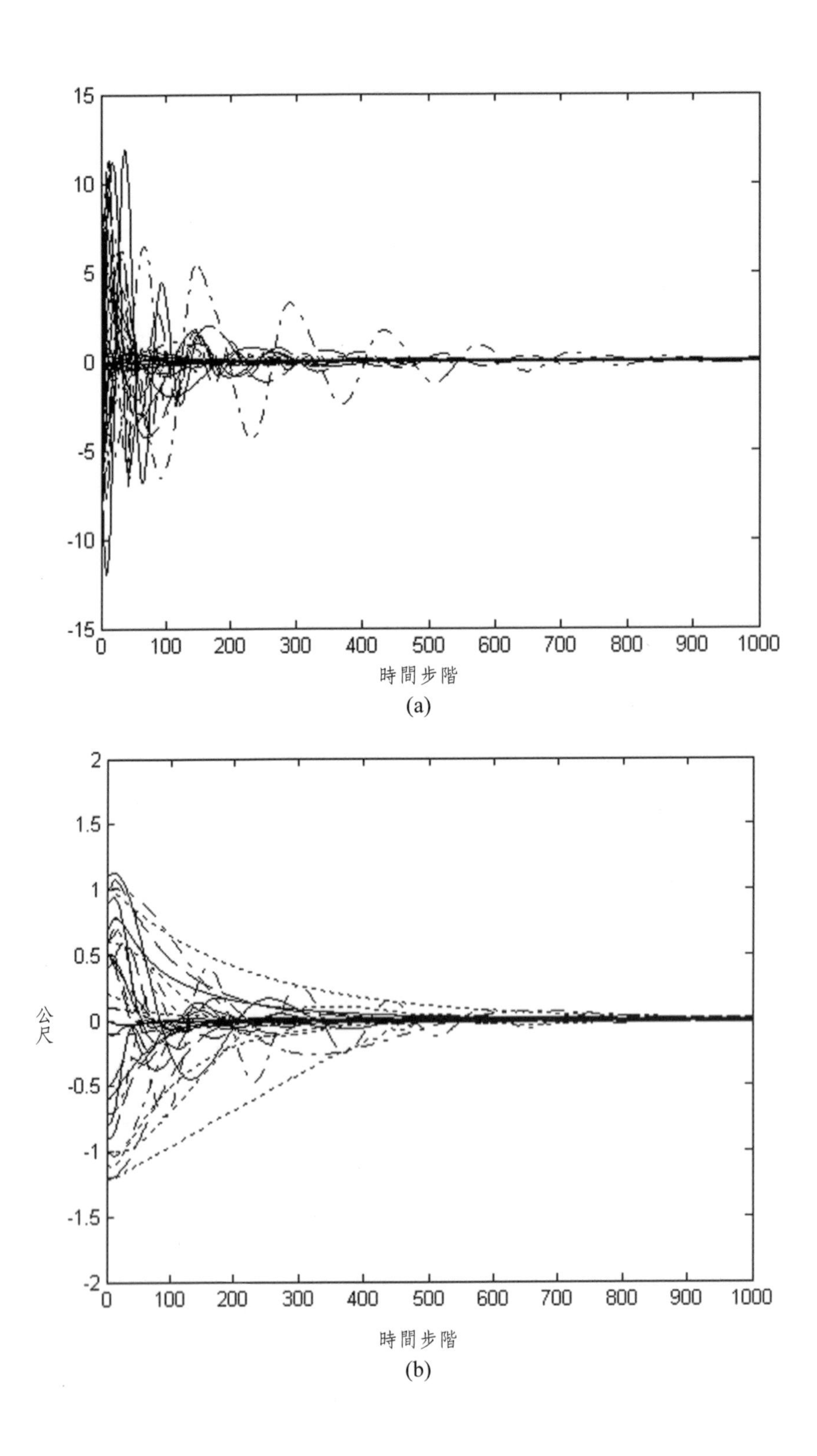
15
10
5
0
-5
-10
-15
0 100 200 300 400 500 600 700 800 900 1000
時間步階
2
1.5
1
0.5
0
-0.5
-1
-1.5
-2
公尺
0 100 200 300 400 500 600 700 800 900 1000
時間步階

(a)

(b)

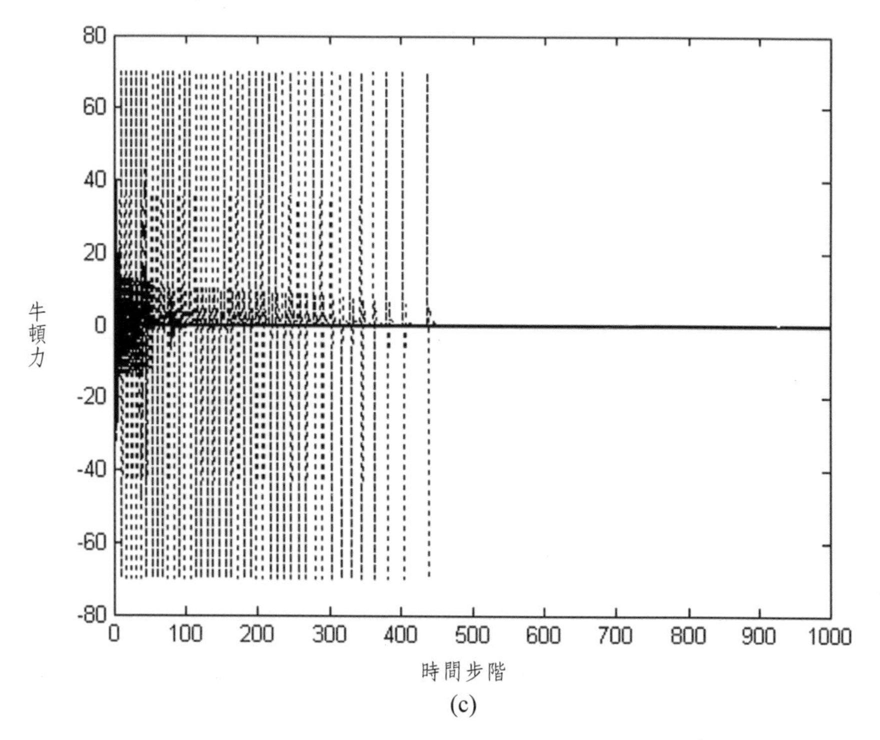

(c)

圖 7.27 球桿平衡系統控制結果；(a) 桿子角度，(b) 球的位置，(c) 推力

表 7.16 列出了遺傳 TSK 形式模糊類神經網路控制器經過 20 次實驗後的平均、最佳、最差的測試效能（以 CPU 演算時間和成功演化代數衡量）。

表 7.16 球桿系統效能（演化代數和 CPU 時間）

方法	平均		最佳		最差	
	代數	演算時間 (秒)	代數	演算時間 (秒)	代數	演算時間 (秒)
GA	416	63.05	103	17.05	791	119.36

參考文獻

[1] S. A. C. Schuckers, N. A. Schmid, A. Abhyankar, V. Dorairaj, C. K. Boyce, and L. A. Hornak, "On techniques for angle compensation in nonideal iris recognition," *IEEE Trans. Syst., Man, Cybern., Part B*, vol. 37, no. 5, pp. 1176 - 1190, 2007.

[2] Z. Sun, Y. Wang, T. Tan, and J. Cui, "Improving iris recognition accuracy via cascaded classifiers," *IEEE Trans. Syst., Man, Cybern., Part C*, vol. 35, no. 3, pp. 435 - 441, 2005.

[3] P. Broussard, R. Ives, and W. Robert, "Using artificial neural networks and feature saliency to identify iris measurements that contain the most discriminatory information for iris segmentation," in *Proc. IEEE Int. Conf. Computational Intelligence in Biometrics: Theory, Algorithms, and Applications*, pp. 46 - 51, 2009.

[4] M. Vatsa, R. Singh, A. Noore, "Improving iris recognition performance using segmentation, quality enhancement, match score fusion, and indexing," *IEEE Trans. Syst., Man, Cybern., Part B*, vol. 38, no. 4, pp. 1021 - 1035, 2008.

[5] L. Ma, T. Tan, Y. Wang, and D. Zhang, "Personal identification based on iris texture analysis," *IEEE Trans. Pattern Analysis and Machine Intelligence*, vol. 25, no. 12, pp. 1519 - 1533, 2003.

[6] X. Chang and J. H. Lilly, "Evolutionary design of a fuzzy classifier from data," *IEEE Trans. Syst., Man, Cybern., Part B*, vol. 34, no. 4, pp. 1894 - 1906, 2004.

[7] H. M. Lee, C. M. Chen, J. M. Chen, and Y. L. Jou, "An efficient fuzzy classifier," *IEEE Trans. Syst., Man, Cybern., Part B*, vol. 31, no. 3, pp. 426 - 432, 2001.

[8] P. Meesad and G. G. Yen, "Combined numerical and linguistic knowledge representation and its application to medical diagnosis," *IEEE Trans. Syst., Man, Cybern., Part B*, vol. 33, no. 2, pp. 206 - 222, 2003.

[9] A. Chatterjee and A. Rakshit, "Influential rule search scheme (IRSS) - a new fuzzy pattern classifier," *IEEE Trans. Knowledge and Data Engineering*, vol. 16, no. 8, pp. 881 - 893, 2004.

[10] N. S. Chaudhari, A. Tiwari, and J. Thomas, "Performance evaluation of SVM based

semi-supervised classification algorithm," in *Proc. IEEE Int. Conf. Control, Automation, Robotics and Vision*, pp. 1942 - 1947, 2008.

[11] H. Ishibuchi and T. Nakaskima, "Improving the performance of fuzzy classifier systems for pattern classification problems with continuous attributes," *IEEE Trans. Industrial Electronics*, vol. 46, no. 6, pp. 1057 - 1068, 1999.

[12] M. S. Kim, C. H. Kim, and J. J. Lee, "Classifying neuro-biological signals by evolutionary fuzzy classifier construction," in *Proc. IEEE Int. Conf. Annual*, vol. 2, pp. 1813 - 1818, 2004.

[13] S. Abe, "Dynamic cluster generation for a fuzzy classifier with ellipsoidal regions," *IEEE Trans. Syst., Man, Cybern., Part B*, vol. 28, no. 6, pp. 869 - 876, 1998.

[14] T. Yang and L. Yao, "A fuzzy classifier with adaptive learning of norm inducing matrix," *in Proc. IEEE Int. Conf. Networking, Sensing and Control*, pp. 362 - 367, 2007.

[15] S. Abe, R. Thawonmas, and M. Kayama, "A fuzzy classifier with ellipsoidal regions for diagnosis problems," *IEEE Trans. Syst., Man, Cybern., Part C*, vol. 29, no. 1, pp. 140, 1999.

[16] K. Basterretxea, J. M. Tarela, and I. del Campo, "Digital Gaussian membership function circuit for neuro-fuzzy hardware," *Electronics Letters*, vol. 42, no. 1, pp. 44-6, 2006.

[17] C. C. Chuang, C. C. Hsiao, and J. T. Jeng, "Adaptive fuzzy regression clustering algorithm for TSK fuzzy modeling," in *Proc. IEEE Int. Conf. Computational Intelligence in Robotics and Automation*, vol. 1, pp. 201 - 206, 2003.

[18] A. Banakar and M. F. Azeem, "Input selection for TSK fuzzy model based on modified mountain clustering," in *Proc. IEEE Int. Conf. Intelligent Systems*, pp. 295 - 299, 2006.

[19] M. Cococcioni, B. Lazzerini, and F. Marcelloni, "A TSK fuzzy model for combining outputs of multiple classifiers," in *Proc. IEEE Int. Conf. Fuzzy Information*, vol. 2, pp. 871 - 876, 2004.

[20] K. Kim; Y. K. Kim, E. Kim, and M. Park, "New TSK fuzzy modeling approach," in *Proc. IEEE Int. Conf. Fuzzy Systems*, vol. 2, pp. 773 - 776, 2004.

[21] A. Kumar, D. P. Agrawal, and S. D. Joshi, "A GA-based method for constructing TSK

fuzzy rules from numerical data," in *Proc. IEEE Int. Conf. Fuzzy Systems*, vol. 1, pp. 131 - 136, 2003.

[22] T. Hatanaka, Y. Kawaguchi, and K. Uosaki, "Nonlinear system identification based on evolutionary fuzzy modeling," *Proc. IEEE Int. Conf. Evolutionary Computation*, vol. 1, pp. 646 - 651, 2004.

[23] S. Qu, X. Wang, and M. Gong, "Synchronization of unified chaotic systems and application to secure communication," in *Proc. IEEE Int. Conf. Control*, pp. 370 - 373, 2008.

[24] S. C. Qu, X. Y. Wang, and M. J. Gong, "Secure communication based on synchronization of unified chaotic systems," in *Proc. IEEE Int. Conf. Intelligent Information Hiding and Multimedia Signal Processing*, pp. 1336 - 1339, 2008.

[25] T. Yang and L. O. Chua, "Impulsive stabilization for control and synchronization of chaotic systems： theory and application to secure communication," *IEEE Trans. Circuits and Systems I: Fundamental Theory and Applications*, vol. 44, no. 10, pp. 976 - 988, 1997.

[26] D. M. Li, "Identification of chaotic systems with large noise based on regularized feedforward neural networks," in *Proc. IEEE Int. Conf. Machine Learning and Cybernetics*, vol. 7, pp. 4060 - 4063, 2005.

[27] G. P. Jiang, G. Chen, and W. K. S. Tang, "Stabilizing unstable equilibria of chaotic systems from a State observer approach," *IEEE Trans. Circuits and Systems II: Express Briefs*, vol. 51, no. 6, pp. 281 - 288, 2004.

[28] G. Qian, X. Zhou, and S. Qiu, "Chaotic control of nonlinear systems based on improving cross correlation," in *Proc. IEEE Int. Conf. Communications, Circuits and Systems Proceedings*, vol. 4, pp. 2381 - 2384, 2006.

[29] H. B. Xu, B. C. Lu, and G. Chen, "Chaotic control of a nonlinear continuous-time system with uncertainty," in *Proc. IEEE Int. Conf. Intelligent Control and Automation*, vol. 5, pp. 3274 - 3276, 2000.

[30] M. Oide, S. Ninomiya, and N. Takahashi, "Perceptron neural network to evaluate

soybean plant shape," *Proc. IEEE Int. Conf. Neural Networks*, vol. 1, pp. 560-563, 1995.

[31] M. Farzad, H. Tahersima, and H. Khaloozadeh, "Predicting the Mackey Glass Chaotic Time Series Using Genetic Algorithm," in *Proc. IEEE Int. Conf. SICE-ICASE*, pp. 5460 - 5463, 2006.

[32] D. Wang and J. Yu, "Chaos in the fractional order Mackey-Glass system," in *Proc. IEEE Int. Conf. Communications, Circuits and Systems*, pp. 641 - 645, 2008.

[33] T. M. Martinetz, S. G. Berkovich, and K. J. Schulten, "`Neural-GAs' network for vector quantization and its application to time-series prediction," *IEEE Trans. Neural Networks*, vol. 4, no. 4, pp. 558 - 569, 1993.

[34] Y. R. Park, T. J. Murray, and C. Chen, "Predicting sun spots using a layered perceptron neural network," *IEEE Trans. Neural Networks,* vol. 7, no. 2, pp. 501 - 505, 1996.

[35] Q. L. Ma, Q. L. Zheng, H. Peng, T. W. Zhong, and L. Q. Xu, "Chaotic time series prediction based on evolving recurrent neural networks," in *Proc. IEEE Int. Conf. Machine Learning and Cybernetics*, vol. 6, pp. 3496 - 3500, 2007.

[36] K. Y. Lee, D. W. Lee, and K. B. Sim, "Evolutionary neural networks for time series prediction based on L-system and DNA coding method," in *Proc. IEEE Int. Conf. Evolutionary Computation*, vol. 2, pp. 1467 - 1474, 2000.

[37] R. B. Smith, "SPOTWorld and the Sun SPOT," in *Proc. IEEE Int. Conf. Information Processing in Sensor Networks*, pp. 565 - 566, 2007.

[38] C. J. Lin and Y. J. Xu, "A self-adaptive neural fuzzy network with group-based symbiotic evolution and its prediction applications," *Fuzzy Sets and Systems*, vol. 157, no. 8, pp. 1036-1056, 2006.

[39] Z. Zhu, S. Yang, G. Xu, X. Lin, and D. Shi, "Fast road classification and orientation estimation using omni-view images and neural networks," *IEEE Trans. Neural Networks*, vol. 7, no. 8, Aug. 1998.

[40] J. Chang, G. Han, J. M. Valverde, N. C. Griswold, J. F. Duque-Carrillo, and E. Sanchez-Sinencio, "Cork quality classification system using a unified image processing and

fuzzy-neural network methodology," *IEEE Trans. Neural Networks*, vol. 8, no. 4, July 1997.

[41] W. W. Y. NG, D. S. Yeung, and E. C. C. Tsang, "Pilot study on the localized generalization error model for single layer perceptron neural network," *Int. Conf. Machine Learning and Cybernetics*, pp. 3078 - 3082, 2006.

[42] C. OTT, E. GREBOGI, and J. A. YORKE, "Controlling chaos," *Physical Review Letters*, vol. 64, pp. 1196-1199, 1990.

[43] J. C. Park and R. M. Kennedy, "Remote sensing of ocean sound speed profiles by a perceptron neural network," *IEEE Journal of Oceanic Engineering*, vol. 21, no. 2, pp. 216 - 224, April 1996.

[44] J. L. Chen and J. Y. Chang, "Fuzzy perceptron neural networks for classifiers with numerical data and linguistic rules as inputs," *IEEE Trans. Fuzzy Systems*, vol. 8, no. 6, pp. 730 - 745, Dec. 2000.

[45] F. Mahmood, S. A. Qureshi, and M. Kamran, "Application of wavelet multi-resolution analysis & perceptron neural networks for classification of transients on transmission line," *Conf. Universities Power Engineering*, pp. 1 - 5, 2008.

[46] C. J. Lin and Y. J. Xu, "The design of TSK-type fuzzy controllers using a new hybrid learning approach," *International Journal of Adaptive Control and Signal Processing*, vol. 20, pp. 1-25, 2006.

[47] K. C. Cheok and N. K. Loh, "A ball-balancing demonstration of optimal and disturbance-accommodating control," *IEEE Contr. Syst. Mag.*, pp. 54-57, 1987.

[48] D. Whitley, S. Dominic, R. Das, and C. W. Anderson, "Genetic reinforcement learning for neuro control problems," *Mach. Learn.*, vol. 13, pp. 259-284, 1993.

[49] C. T. Lin and C. P. Jou, "GA-based fuzzy reinforcement learning for control of a magnetic bearing system," *IEEE Trans. Syst. Man Cybern. Part B* vol. 30, no. 2, 276-289, 2000.

[50] H. R. Berenji and P. Khedkar, "Learning and tuning fuzzy logic controllers through

reinforcements," *IEEE Trans. Neural Networks*, vol. 3, no. 5, pp. 724-740, 1992.

[51] C. J. Lin and Y. J. Xu, "Efficient reinforcement learning through dynamical symbiotic evolution for TSK-type fuzzy controller design," *International Journal of General Systems*, vol. 34, no.5, pp. 559-578, 2005.

[52] J. Hauser, S. Sastry, and P. Kokotovic, "Nonlinear control via approximate input-output linearization: the ball and beam example," *IEEE Trans. Automatic Control*, vol. 37, no. 3, pp. 392-398, 1992.

[53] I. Hasanzade, S. M. Anvar, and N. T. Motlagh, "Design and implementation of visual servoing control for ball and beam system," in *Proc. IEEE Int. Conf. Mechatronics and Its Applications*, pp. 1-5, 2008.

[54] H. Benbrahim, J. S. Doleac, J. A. Franklin, and O. G. Selfridge, "Real-time learning： a ball on a beam," in *Proc. IEEE Int. Conf. Neural Networks*, vol. 1, pp. 98 - 103, 1992.

[55] L. Marton and B. Lantos, "Stable adaptive ball and beam control," in *Proc. IEEE Int. Conf. Mechatronics*, pp. 507 - 512, 2006.

[56] Y. Jin and B. Sendhoff, "Pareto-based multiobjective machine learning： an overview and case studies," *IEEE Trans. Syst., Man, Cybern., Part C*, vol. 38, no. 3, pp. 397 - 415, 2008.

[57] S. K. Chalup, C. L. Murch, and M. J. Quinlan, "Machine learning with aibo robots in the four-legged league of robocup," *IEEE Trans. Syst., Man, Cybern., Part C*, vol. 37, no. 3, pp. 297 - 310, 2007.

[58] S. R. Hedberg, "Machine learning in biology： a profile of David Haussler," *IEEE Trans. Intelligent Systems*, vol. 21, no. 1, pp. 8 - 10, 2006.

[59] R. Bianco, J. Hernandez, and M. J. Ramirez, "Knowledge acquisition through machine learning： minimising expert's effort," in *Proc. IEEE Int. Conf. Machine Learning and Applications*, pp. 6, 2005.

[60] A. Kostov, "Machine learning methods in assistive technologies," in *Proc. IEEE Int. Conf. Syst., Man, Cybern.*, vol. 4, pp. 3729 - 3734, 1998.

[61] C. J. Lin and C. T. Lin, "An ART-based fuzzy adaptive learning control network," *IEEE Trans. Fuzzy systs.*, vol. 5, no. 4, pp. 477-496, 1997.

[62] P. Liu, J. Zhu, L. Liu, Y. Li, and X. Zhang, "Data mining application in prosecution committee for unsupervised learning," in *Proc. IEEE Int. Conf. Services Systems and Services Management*, vol. 2, pp. 1061 - 1064, 2005.

[63] J. Self, "Grounded in reality： the infiltration of AI into practical educational systems," *IEE Colloquium on Artificial Intelligence in Educational Software*, pp. 1/1 - 1/4, 1998.

[64] X. Xu and H. G. He, "Residual-gradient-based neural reinforcement learning for the optimal control of an acrobat," in *Proc. IEEE Int. Conf. Intelligent Control.*, 27-30, 2002.

[65] O. G.rigore, "Reinforcement learning neural network used in control of nonlinear systems," in *Proc. IEEE Int. Conf. Industrial Technology* 1, 19-22, 2000.

[66] A. G. Barto, R. S. Sutton, and C. W. Anderson, "Neuron like adaptive elements that can solve difficult learning control problem," *IEEE Trans. Syst., Man, Cybern.*, vol. 13, no 5, pp. 834-847, 1983.

[67] C. J. Lin, "A GA-based neural network with supervised and reinforcement learning," *Journal of the Chinese Institute of Electrical Engineering*, vol. 9, no. 1, pp. 11-25, 2002.

[68] C. F. Juang, J. Y. Lin and C. T. Lin, "Genetic reinforcement learning through symbiotic evolution for fuzzy controller design," *IEEE Trans. Syst., Man, Cybern., Part B*, vol. 30, no. 2, pp. 290-302, 2000.

[69] C. J. Lin and Y. J. Xu, "Efficient reinforcement learning through dynamical symbiotic evolution for tsk-type fuzzy controller design," *International Journal General Systems*, vol. 34, no.5, pp. 559-578, 2005.

[70] C. J. Lin and Y. J. Xu, "A novel genetic reinforcement learning for nonlinear fuzzy control problems," *Neurocomputing*, vol. 69, no. 16-18 , pp. 2078-2089, 2006.

[71] P.C. Panchariya, A.K. Palit, D. Popovic, and A. L. Sharrna, "Nonlinear system identification using Takagi-Sugeno type neuro-fuzzy model," *Proc. IEEE Int. Conf. Intelligent Systems, 2004. Proceedings*, pp. 76 - 81, 2004.

[72] G. Serra and C. Bottura, "An IV-QR algorithm for neuro-fuzzy multivariable online identification," *IEEE Trans. Fuzzy Systems*, vol. 15, no. 2, pp. 200 - 210, April 2007.

[73] E. T. Fonseca, P. C. Gd. S. Vellasco, M. M. B. R. Vellasco, and S. A. L. de Andrade, "A neuro-fuzzy system for steel beams patch load prediction," *Fifth Int. Conf. Hybrid Intelligent Systems*, pp. 1823 - 1830, 2005.

[74] J. Zhang, "Modeling and optimal control of batch processes using recurrent neuro-fuzzy networks," *IEEE Trans. Fuzzy Systems*, vol. 13, no. 4, pp. 417- 427, Aug. 2005.

[75] J. Zhang and J. Morris, "Neuro-fuzzy networks for process modelling and model-based control," *IEE Colloquium on Neural and Fuzzy Systems: Design, Hardware and Applications*, pp. 6/1 - 6/4, May 1997.

[76] E. Laukonen and S. Yurkovich, "A ball and beam testbed for fuzzy identification and control design," *Proc. Amer. Contr. Conf., San Francisco*, vol. 1, pp. 665-669, June 1993

[77] H. Benbrahim, J. S. Doleac, J. A. Franklin, and O. G. Selfridge, "Real-time learning： a ball on a beam," *International Joint Conf. on Neural Networks*, vol. 1, pp. 98-103, 1992.

[78] C. J. Lin and Y. C. Hsu, "Reinforcement hybrid evolutionary learning for recurrent wavelet-based neuro-fuzzy systems," *IEEE Trans. Fuzzy Systems*, vol. 15, no. 4, pp. 729-745, 2007.

[79] J. P. Ferreira, M. Crisostomo, and A. P. Coimbra, "Neuro-fuzzy control of a biped robot able to be subjected to an external pushing force in the sagittal plane," *Proc. IEEE Int. Conf. Intelligent Robots and Systems*, pp. 4191 - 4191, 2008.

[80] C. F. Juang, C. I. Lee, and T. J. Chan, "A fuzzified neural fuzzy inference network that learns from linguistic information," *Proc. IEEE Int. Conf. Neural Networks*, pp. 2894 - 2899, 2006.

[81] C. J. Lin and Y. J. Xu, "A hybrid evolutionary learning algorithm for tsk-type fuzzy model design," *Mathematical and Computer Modelling: An International Journal*, vol. 43, pp. 563-581, 2006.

[82] C. J. Lin and Y. J. Xu, "The design of TSK-type fuzzy controllers using a new hybrid

learning approach," *International Journal of Adaptive Control and Signal Processing*, vol. 20, no. 1, pp. 1-25, 2006.

國家圖書館出版品預行編目資料

遺傳演算法及其應用／林昇甫、徐永吉著；--
初版. -- 臺北市：五南, 2009.09
面； 公分
參考書目：面
ISBN 978-957-11-5731-3（平裝）
1.遺傳工程 2.演算法
368.4 96019957

5DC1

遺傳演算法及其應用

作 者 — 林昇甫(138.3)徐永吉(181.5)
發 行 人 — 楊榮川
總 編 輯 — 龐君豪
主 編 — 穆文娟
責任編輯 — 蔡曉雯 陳俐穎
封面設計 — 簡愷立
出 版 者 — 五南圖書出版股份有限公司
地 址：106台北市大安區和平東路二段339號4樓
電 話：(02)2705-5066 傳 真：(02)2706-6100
網 址：http://www.wunan.com.tw
電子郵件：wunan@wunan.com.tw
劃撥帳號：01068953
戶 名：五南圖書出版股份有限公司
台中市駐區辦公室/台中市中區中山路6號
電 話：(04)2223-0891 傳 真：(04)2223-3549
高雄市駐區辦公室/高雄市新興區中山一路290號
電 話：(07)2358-702 傳 真：(07)2350-236
法律顧問 元貞聯合法律事務所 張澤平律師
出版日期 2009年9月初版一刷
定 價 新臺幣550元

凝煉知識 品味閱讀